環境動物昆虫学の
すゝめ

－生物多様性保全の科学－

石井 実・平井規央・上田昇平
平田慎一郎・那須義次 編著

大阪公立大学出版会

はじめに

　環境動物昆虫学という学問分野は比較的新しく，目的や対象，方法などが広く理解されているとはいえません．本書は，生物多様性が劣化した現代社会の中で，環境動物昆虫学を人と昆虫・動物との共存に向けて調査・研究する実学的な学問分野ととらえ，実際の研究事例をわかりやすく紹介する入門書です．本書には，生物多様性の保全や害虫管理の基礎とするために，昆虫・動物の特定の群をもちいておこなった系統分類や生物地理学的な研究，生活史についての生理・生態学的な研究，野外観察にもとづく行動・生態学的な研究，絶滅が危惧される種の保全生態・遺伝学的な研究などが掲載されています．

　昆虫・動物の多様性やその生息地を保全するためには，まずその相や群集を分類学的に正確に把握・モニタリングする必要があります．絶滅危惧種については，動物生態学，集団遺伝学などの研究にもとづき危機要因や保全単位などを明らかにして，保全生態学的に適切な方法で検討・実践することになります．一方，農林水産業や人の健康，在来生態系に被害を及ぼす侵略的外来生物を含む害虫などの有害生物については，IPM（総合的有害生物管理）や IBM（総合的生物多様性管理）の考え方にもとづき，防除手段について検討・実践するために調査・研究を行います．地域における持続可能な昆虫・小動物の生物多様性の維持のためには，調査・研究だけでなく，条約や法令，政策，財政といった社会経済的な観点や普及・啓発，環境教育，人材育成，多様な主体の連携などの観点が重要なのはいうまでもありません．

　本書は大阪府立大学（現大阪公立大学）昆虫学研究室同窓会が 2021 年に創立 30 周年を迎えたのを記念して企画されたもので，2019 年 3 月に退職した石井実名誉教授の退職記念出版物でもあります．大阪府立大学の昆虫学研究室は1949 年に農業昆虫学講座（当時は浪速大学農学部）として出発しましたが，学部や学科の改組の際に応用昆虫学講座，応用昆虫学研究室，昆虫学研究グループと名称を変え，大阪府立大学が法人化した 2005 年に現在の環境動物昆虫学研究グループになりました．石井名誉教授はこの環境動物昆虫学研究グループの創設に関わりました．

　そこで本書は，現在の研究グループの教育研究領域でもある環境動物昆虫学をテーマとし，これからこの学問分野の研究を始める人にとって参考になる内容としました．本書は，序章「環境動物昆虫学が目指すもの」，第 1 章「地域

の生物群集を調べる」，第 2 章「生物の生活史戦略を調べる」，第 3 章「昆虫類の多様性を調べる」，第 4 章「分子情報を利用した解析」，第 5 章「人間社会との関係を考える」の構成とし，環境動物昆虫学の領域を幅広く紹介しています．

　本書の執筆者は研究室の現旧教員や客員研究員，卒業生・修了生です．各著者には，実際に行った研究を題材として調査・研究の方法などを紹介するだけでなく，調査・研究時の苦労話など，調査研究のポイントや注意点なども紹介することをお願いしました．また，写真や図表を多用し，大学でのゼミ等の参考になることを意識して，初学者にも理解できるような記述に努めていただきました．

　本書が，環境動物昆虫学という学問分野を理解する一助となり，多くの人がこの分野の研究を始めるきっかけとなれば幸いです．

2024 年 10 月
編者を代表して
那須　義次

目　次

はじめに
.... 那須義次 i

序章　環境動物昆虫学がめざすもの
はじめに〜環境動物昆虫学時代の到来〜／昆虫の生物多様性の減少と危機
要因／昆虫の生態系での役割と人との関わり／あらためて環境動物昆虫学
とは／おわりに〜自然と共生する社会を目指して〜
.... 石井　実 1

第1章　地域の生物群集を調べる

1　コウノトリの巣は希少種アカマダラハナムグリの天国
コウノトリとアカマダラハナムグリ／アカマダラハナムグリは本当に兵庫
県の絶滅種か？／アカマダラハナムグリはコウノトリの巣をどのように利
用しているのか／異分野間の共同研究のすすめと今後の課題
.... 那須義次 29

2　水田生物の多様性
はじめに／水田とそこに住む生物の特徴／水田の生物多様性を調べる研究
方法
.... 夏原由博 43

3　トンボの楽園「中池見湿地」の過去と現在
中池見湿地とは／中池見湿地の豊かなトンボ相／湿地全域でトンボ類調査
を実施／調査結果の概要／中池見湿地のトンボ類群集の現状／北陸新幹線
の影響はあるか？
.... 森岡賢史 59

4　チョウ類の視点で里山をみる
人間が利用してきた自然“里山”／チョウ類群集の調べ方／チョウ類の視
点から里山を評価する／おわりに
.... 西中康明 71

5　土の中の多様な動物の世界：里山林の土壌性甲虫類
土壌動物とは／土壌動物の調査法／土壌性甲虫類の多様性／里山林の土壌
性甲虫類を調べる／里山林の土壌性甲虫類の季節消長／里山林の土壌性甲
虫類群集の多様性／おわりに
.... 澤田義弘 85

第2章　生物の生活史戦略を調べる

6　源流部にサンショウウオを求めて
　　　―マホロバサンショウウオの生活史の解明―
　　サンショウウオという生きもの／サンショウウオの分類と生態／大阪府内
　　におけるマホロバサンショウウオの分布と遺伝的多様性／日本における有
　　尾類の現状とその保全
　　　　　　　　　　　　　　　　　　　　　　　　　　秋田耕佑 ……… 97

7　オオカマキリとチョウセンカマキリのすみわけ
　　はじめに／両種のすみわけに関する仮説／両種の導入除去実験／カマキリ
　　の利用者の生活史／種間交尾／すみわけに与える要因のまとめ／おわりに
　　　　　　　　　　　　　　　　　　　　　　　　　　岩崎　拓 ……… 115

8　クモに便乗するカマキリモドキの不思議な生活史
　　はじめに／日本産2種もやはりクモを利用していた／2種のカマキリモド
　　キの寄主クモは異なっていた／クモに便乗した幼虫の付着位置／カマキリ
　　モドキ類の産卵数／カマキリモドキ類の生活史／カマキリモドキ類2種が
　　利用するクモ類の生活史／孵化直後の幼虫の行動／カマキリモドキ類の分
　　類学的な見直しが進んでいる／おわりに
　　　　　　　　　　　　　　　　　　　　　　　　　　平田慎一郎 ……… 135

9　ウラナミジャノメの不規則な世代数の変異を追って
　　昆虫の季節適応／世代数の地理的変異が不規則なウラナミジャノメ／研究
　　にも練習が必要だ／年1化個体群を用いた実験／年2化個体群を用いた実
　　験／化性の変異をもたらす仕組み／個体群の化性は不変ではない
　　　　　　　　　　　　　　　　　　　　　竹内　剛・長谷川湧人 ……… 149

10　ブチヒゲヤナギドクガ成虫の行動と生態を追って
　　はじめに／ブチヒゲヤナギドクガの生活史／配偶行動とスズメによる捕食
　　／成虫の配偶行動と光周性／謝辞
　　　　　　　　　　　　　　　　　　　　　　　　　　上田恵介 ……… 161

第3章　昆虫類の多様性を調べる

11　森に棲む赤い妖精ベニボタル
　　森の昆虫，ベニボタル／世界のベニボタルの多様性と分類／ベニボタルの
　　成虫の生活／少しずつわかってきたベニボタルの幼虫の生活
　　　　　　　　　　　　　　　　　　　　　　　　　　松田　潔 ……… 171

12 世界最小の甲虫・ムクゲキノコムシ
はじめに／ムクゲキノコムシ科について／ムクゲキノコムシ科甲虫の採集
方法と標本作製／ムクゲキノコムシ科の分類／おわりに
.... 澤田義弘 ……… 185

13 ハナカメムシの生物学
カメムシ研究との出会い／ハナカメムシとは／分類と系統／分布／多様な
くらし／害虫の天敵としてのハナカメムシ／ふしぎな交尾戦略／まだまだ
尽きない研究テーマ
.... 山田量崇 ……… 195

14 幼虫がケースをつくる小蛾類
ケースを作るグループ／マガリガ類／ヒロズコガ類／キバガ類／カザリバ
ガ類
.... 広渡俊哉 ……… 213

15 分類研究のおもしろさと難しさ－キバガ科の研究をとおして
日本産 *Brachmia* 属の分類－複数の科が混じるカオス／交尾器の観察を始
める／キバが生えた蛾 – キバガについて／キバガ科の分類は混沌状態／キ
バガ科のノコメキバガ亜科 Chelariinae に近縁なグループは何か／おわり
に
.... 上田達也 ……… 221

16 河川のベントス調査の難関，ユスリカ類の同定作業を克服する
はじめに／ユスリカはどんな昆虫か／河川のベントス調査では必須のユス
リカ類幼虫の同定作業／成虫の同定作業のストレスを軽減する／ユスリカ
研究の現状と将来性
.... 山本　直 ……… 235

第4章　分子情報を利用した解析

17 ペット魚，"メダカ"の他地域個体群の侵入による遺伝子攪乱
はじめに／減りゆく"メダカ"とその地域変異／大阪府内における"メダカ"
の遺伝的多様性／"メダカ"の国内外来種としての問題点／謝辞
.... 鳥居美宏・平井規央 ……… 249

18 絶滅危惧種アサマシジミの遺伝的多様性と保全単位
中部山岳は「遺伝子進化の実験場」／アサマシジミの分布と現在の分類／
アサマシジミの分類史／アサマシジミの遺伝的分化を紐解く／山域・標高
間の遺伝的分化／遺伝子の分化と亜種分類の関係／山域間の遺伝的分化に
は例外がある／標高間の遺伝分化にも例外がある／山域間・標高間の遺伝
的分化が生み出された歴史／保全への提言／謝辞
　　　　　　　　　　　　　　　　　　　　　　　　 上田昇平 ……… 257

19 ミカドアゲハ日本本土亜種の分類学的特徴と分布拡大
ミカドアゲハとその近縁種／ミカドアゲハ日本本土亜種について／ミカド
アゲハ日本本土亜種の分布とその拡大
　　　　　　　　　　　　　　　　　　　　　　　　 長田庸平 ……… 267

20 分子情報が解き明かす潜葉性小蛾類の多様性
はじめに／表皮層に潜る銀白色の微小蛾　コハモグリガ／DNA バーコー
ディングと証拠標本／おわりに
　　　　　　　　　　　　　　　　　　　　　　　　 小林茂樹 ……… 279

21 湿地に生息する蛾類の生活様式と系統
湿地に生息する蛾類／水域環境への適応とその多様性／エンスイミズメイ
ガの生息域に対する適応／ミズメイガ亜科の固有の形態形質／ミズメイガ
亜科の単系統性－分子分析１／ミズメイガ亜科内の進化の道筋－分子分析２
／おわりに／謝辞
　　　　　　　　　　　　　　　　　　　　　　　　 吉安　裕 ……… 291

第５章　人間社会との関係を考える

22 博物画や標本コレクションから探る京都市のチョウ相の変化
はじめに／京都市周辺の植生の変化／円山応挙「写生帖」に描かれた
チョウ／箕浦コレクションによる昭和前期のチョウ相の推定／京都市
北部岩倉のチョウ相の変化／おわりに
　　　　　　　　　　　　　　　　　　　　　　　　 吉田　周 ……… 301

23 滋賀県における農林業・里山の生物多様性を脅かすニホンジカ被害と
対策
はじめに／野生鹿の増加で食物連鎖の均衡が崩れる／シカが増加した要因
／シカの抑制に向けた対策／滋賀県におけるニホンジカの生態と防除対策
／おわりに
　　　　　　　　　　　　　　　　　　　　　　　　 寺本憲之 ……… 315

24 大阪府北部におけるギフチョウの衰退とニホンジカの増加
はじめに〜衰退が進む各地の個体群〜／大阪における分布と現状／能勢町
の生息地の変電所計画と保全対策／能勢のギフチョウを守る会の活動／減
少の要因はニホンジカの増加か？／ニホンジカの増加とチョウ類の衰退／
おわりに
.... 石井　実 329

25 チャノキイロアザミウマはなぜウンシュウミカンの大害虫になったのか
はじめに／チャノキイロアザミウマとは／本種による農作物の被害／ミカ
ンは好適な食べ物ではなかった／虫の接種による被害再現／ミカンにおけ
る被害の出方／JA 出荷場における被害の扱い／チャノキイロアザミウマ
はなぜミカンの害虫になったか／おわりに
.... 多々良明夫 343

26 ビオトープ池の水生動物・昆虫群集〜池干しによる撹乱の効果を実証
する〜
日本の水生昆虫の危機／水生生物保全のためのビオトープ池／水生動物・
昆虫群集への池干し効果／野外実験は突然始まった／おわりに
.... 鈴木真裕 353

27 長距離移動昆虫オオカバマダラ – 市民科学が支える調査と保護
はじめに／オオカバマダラの生態と季節移動／衰退を始めたオオカバマダ
ラ／保護の動き／市民科学者とともに／市民科学の現在とこれから／おわ
りに／謝辞
.... 馬淵　恵 359

引用文献
.... 377

おわりに
.... 平井規央 431

編著者紹介
.... 433

Photo Collection
.... 42 , 58 , 70 , 114 , 134 , 194 , 212 , 256 , 314 , 352

索引　事項／生物名
.... 437

序章

環境動物昆虫学がめざすもの

石井 実

　環境動物昆虫学は昆虫とその生息場所の生物群集，そのうちとくに動物を対象とする生物多様性保全の科学である．主な対象である昆虫は人類に有形無形のさまざまな恩恵をもたらす一方で，人体・生命や生活・産業に被害を及ぼすなど有害な種も少なくない．人類は，自然への依存度の高い狩猟社会から農耕社会の時代を経て，産業革命以降は工業化社会の時代に向かい，人口の急激な増加と経済活動の拡大にともない，地域や地球の生態系に大きな影響を及ぼすようになった．環境動物昆虫学は，「人新世」という新たな地質学的時代が提唱されるほど人類の地球環境への影響が増大した現代社会において，昆虫などの動物を地域の生態系の重要な要素であり，自然資源ととらえ，その多様性と生態系内での役割，危機要因を解明するとともに，人間社会との相互作用や保全方法などを探究することで，自然と共生する社会の実現を指向する学際的な学問領域である．

1　はじめに～環境動物昆虫学時代の到来～

　環境動物昆虫学の主な対象である昆虫は，世界から現在 100 万種以上が知られているが，実際には 1,000 万種以上は存在するとされ，現時点でも全動物種の約半数を占め，個体数も多く，極地方から熱帯，高山から河川，湖沼，海岸，海面，氷河や温泉から洞窟や地中，地下水と，海中・深海を除く地球上の生物圏の多くの生態系で多様な生活を営む重要な生物群である（石井ほか編，1996，1997，1998；石川，1996；森本，2003；日本ユスリカ研究会編，2010；野村，2013；丸山，2014；丸山ほか監修，2022 など）．昆虫は里地里山の雑木林や草原，農耕地，河川敷のほか，市街地や公園，住居などにも多くの種が生息することから，私たちにとって身近な存在であり，日本では古来鳴く虫をめでる文化があり，また文学や絵画，意匠などの素材としても利用されてきた（笹川，1979；奥本監修，1990；金子ほか，1992；日本自然保護協会編，1996；小西・田中，2003；丸山，2014 など），一方で，生活や健康，産業との関わりでは，ミツバチやカイコ，天敵やポリネーター昆虫のような「益虫」の利用や農業害

2　序章

虫，林業害虫，衛生害虫，家屋害虫，貯蔵食品害虫，不快害虫といった「害虫」の防除などが注目されてきた（笹川，1979；クラウズリー＝トンプソン，1982；安富・梅谷，1983；上村，1986；斎藤ほか，1986；佐々木，1994；安富，1994；今村ほか，2000；瀬戸口，2009；梅谷編，2012；丸山，2014；後藤・上遠野，2019；石川・野村，2020 など）．

　そのため，明治期に東京動物学会（日本動物学会の前身）とは別に，昆虫を対象とした東京昆蟲学会（日本昆虫学会の前身）が大正期に設立されたのに続き，昭和の初期にはダニや線虫，農薬，害虫防除器材の分野を含む応用動物学会と応用昆虫学会が設立され，現在の日本応用動物昆虫学会に発展した（小西，2003 など）．また，昆虫を扱う大学の研究室は農学系の学部に置かれることが多く，益虫の利用や害虫の防除の研究に力が注がれてきた．

　しかし，戦後の薪や炭から化石燃料への燃料革命や化学肥料の普及による肥料革命，1950 年代から 70 年代にかけての高度経済成長期を経て，世界でも日本でも自然環境は大きく変化し，生物多様性の減少が顕著になってきた．この間，1966 年には国際自然保護連合（IUCN, International Union for Conservation of Nature）のレッドリストづくりが始まり，日本でも 1989 年に日本自然保護協会と世界自然保護基金日本委員会（現在の WWF ジャパン）による植物版のレッドリスト，1991 年には環境庁（現在の環境省）による動物版のレッドリストの初版が公表された（岩槻，1990；環境庁編，1991a, b）．また，1992 年に開催された地球サミット（国連環境開発会議）において気候変動枠組条約とともに生物多様性条約が採択され，日本でも 1993 年の「種の保存法」の施行に続き，1995 年には最初の「生物多様性国家戦略」が策定されるなど，世界は生物多様性の劣化を含む地球環境問題への対応に注力する時代に入った．

　日本初の植物版レッドリストには絶滅種 35 種を含む 895 種（亜種等を含む．以下同様）が，動物版には絶滅種 22 種を含む 631 種がそれぞれ掲載され，フジバカマやサクラソウ，サギソウ，タガメ Kirkaldyia deyrolli，ナゴヤダルマガエル Pelophylax porosus brevipodus，オオタカ Accipiter gentilis などの里地里山の種が含まれるなど，生物多様性の減少が身近なものであることが理解されるようになった（岩槻，1990；加藤・沼田監修，1992，1993a, b）．レッドリストの公表は，昆虫への関心が，益虫の利用と害虫の防除や管理だけではなく，「ただの虫」（桐谷，2004）の生物多様性の保全にも向けられる契機となった．

　昆虫の保全のためには，対象昆虫とその生息場所の保全に向けた調査研究だけでなく，食物連鎖を含め，直接的・間接的に生物間相互作用（大串，2003；

日本生態学会編, 2012) に関わる他の動植物の生態学的な研究も欠かせない. 環境動物昆虫学はそのニーズに応える生物多様性保全の新しい科学分野であり, 昆虫類を主な対象としつつ, その生息場所の生物群集を構成する多様な動物も研究対象としている.

2 昆虫の生物多様性の減少と危機要因
1) 増加するレッドリストの掲載種と特徴

生物多様性は世界的な規模で減少が続いており, 地球温暖化や熱帯林の減少, 砂漠化などとともに地球環境問題のひとつに位置づけられている (生物多様性政策研究会編, 2002; 地球環境研究会編, 2008 など). IUCN のレッドリスト (2021-3) によると, 世界ではすでに 897 種が絶滅し, 79 種が野生絶滅, 40,084 種が絶滅危惧とされ, 種の多様性とそれを支える生態系の多様性, 遺伝的多様性が危機的な状況にあることを示している. 日本でも, 環境省のレッドリスト掲載種 (以下, レッド種) は増加の一途であり, 「レッドリスト2020」には絶滅種 110 種, 野生絶滅種 14 種, 絶滅危惧種 3716 種を含む 5,748 種が掲載されている (岩槻・太田編, 2022; 図1). 昆虫についても, 環境省のレッ

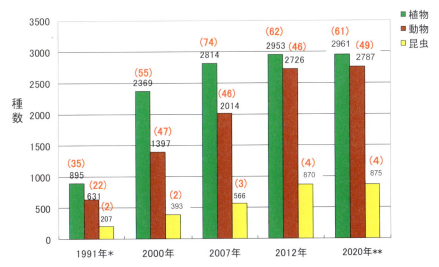

図1 環境省等のレッドリスト掲載種数 (亜種等を含む) の変遷. 絶滅のおそれのある地域個体群 (LP) を除く合計種数, カッコ内の数字は絶滅種数. 昆虫の種数は動物の内数. *1991年の植物は日本自然保護協会・WWFJ (1989) に基づく. **2020年のリストは随時見直し版.

ド種は 1991 年の初版のリスト（第 1 次リスト）では 2 種の絶滅種を含む 207 種であったが，2000 年の第 2 次リストでは 393 種，第 3 次リスト（2007 年）では 566 種，第 4 次リスト（2012 年）では 870 種と増加し，最新の「レッドリスト 2020」（第 4 次リストの改訂版）では 877 種と，この 30 年間で 4 倍以上に膨れ上がった（環境省編，1991a，b，2006，2015；岩槻・太田編，2022）.

　南北に長く，山地や山脈が多く，地形の変化に富む日本列島は，四季の明瞭な温帯を中心に亜熱帯から寒帯の気候帯が含まれるため，面積の割に豊かな昆虫相に恵まれている．日本の昆虫は 3 万種以上が知られているが（石井ほか編，1996，1997，1998；丸山ほか監修，2022），調査・研究が進めば，実際には 10 万種程度に達すると考えられている（森本，1996，2003 など）．また，日本列島は大陸との接続と分断など，さまざまな地史的経過で形成された大小の島々からなり，固有種や固有亜種を含む動植物が多いのも大きな特徴である（川合ほか編，1980；安間，1982；木元編，1986；桐谷編，1986；佐藤編，1988，1994；伊藤，1995；木元・保田，1995；森本，2003；大場，2009；荒谷，2010；岸本，2010；塚本，2010；寺山ほか，2014；石井，2016b；鹿児島大学生物多様性研究会編，2016；中島ほか，2020；加藤，2022 など）.

　日本の昆虫のレッド種についても，大きな特徴は約 6 割が日本固有種か日本固有亜種という点にある（石井，2009，2010，2016a，2022）．また，それらを含めて約 85% の種が極東ロシア，朝鮮半島，中国，台湾などの東アジア地域に分布する温帯系（以下，「日華区系」（日浦，1973））である（表 1），例えば，日本産チョウ類では，土着種 245 種のうちレッド種は 70 種と多いが，その 8 割以上が日華区系と北方系である（石井，2016b）.

２）日本の昆虫の危機要因

　生物多様性条約にもとづく日本の「生物多様性国家戦略」は，前述のように 1995 年から策定されてきたが，第 2 次戦略（2002 年策定）から，日本の生物多様性の危機要因を「開発など人間活動による危機」（第 1 の危機），「自然に対する働きかけの縮小による危機」（第 2 の危機），「人間により持ち込まれたものによる危機」（第 3 の危機）の 3 類型に整理して掲げ，「第 3 次生物多様性国家戦略」（2007 年策定）からはさらに，第 4 の危機として「地球環境の変化による危機」が付け加えられた（環境省編，2002，2008，2010，2013）.

　昆虫のレッド種の危機要因を，環境省の「レッドデータブック 2014」（環境省編，2015）の解説に記載されたタイプ区分にもとづき集計すると，最も多い

表1 環境省第4次レッドリスト掲載昆虫種（亜種等を含む）の分布型（環境省編, 2015より）. 各分布型のレッド種の種数と割合（%）, 該当する種の例とカテゴリー区分も示した
EX：絶滅, CR：絶滅危惧ⅠA類, EN：絶滅危惧ⅠB類, VU：絶滅危惧Ⅱ類, NT：準絶滅危惧

分布型	種数（%）	該当するレッド種の例
日本固有種	387（44.5）	オガサワラトンボ（CR）, オガサワラハンミョウ（CR）, シャープゲンゴロウモドキ（CR）, オガサワラアオゴミムシ（EN）, フサヒゲルリカミキリ（CR）, ミクラミヤマクワガタ（NT）, オガサワラシジミ（CR）, ギフチョウ（VU）など
日本固有亜種	127（14.6）	ヨナグニマルバネクワガタ（CR）, アマミバネクワガタ（VU）, ツシマウラボシシジミ（CR）, オオクワガ（VU）, オオイチモンジ（VU）, ウスバキチョウ（NT）など
日華区系	226（26.0）	ベッコウトンボ（CR）, ミヤジマトンボ（CR）, ヒヌマイトトンボ（EN）, タガメ（VU）, ルイスハンミョウ（EN）, コガタノゲンゴロウ（VU）, オオクワガ（VU）, ウスイロヒョウモンモドキ（CR）, ヒョウモンモドキ（CR）, シルビアシジミ（EN）など
東洋区	56（6.4）	スジゲンゴロウ（EX）, フチトリゲンゴロウ（CR）, ヒメフチトリゲンゴロウ（VU）, イカリモンハンミョウ（EN）, ヨナグニサン（NT）など
旧北区*	43（4.9）	ゲンゴロウ（VU）, エゾゲンゴロウモドキ（VU）, ヒメチャマダラセセリ（VU）など
その他**	31（3.6）	ハマヤマトシジミ（VU）, シャープツブゲンゴロウ（NT）など
合計	870（100）	

* 全北区の種を含む, ** 広域分布種と分布不明種を含む.

のは, 森林開発, 河川開発, 道路建設などの「第1の危機」に関わるものである（石井, 2016a, 2021；図2）. 湿地開発, 草地開発, 土地造成などによる生息場所の消失や改変は, 農耕地の管理放棄などによる植生変化（第2の危機；後述）とともに, 草原性・湿原性の昆虫の主要な危機要因になっている. 海岸開発は海浜性のハンミョウ類やゴミムシ類, アメンボ類, ハナバチ類などの, 石灰採掘を含む洞窟の消失・環境悪化は地下浅層性のメクラチビゴミムシ類や洞穴性ゴキブリ類の危機要因になっている（郷右近, 2010；環境省編, 2015など）. また, 捕獲・狩猟や交通事故も第1の危機に含まれ, チョウ類やクワガタムシ類, ゲンゴロウ類, オサムシ類, ハンミョウ類などの乱獲, 歩行移動が多いミクラミヤマクワガタ *Lucanus gamunus* などのロードキル（road kill）の例がある.

3）里地里山の管理放棄と植生変化の影響

　第2の危機に位置づけられている「自然に対する働きかけの縮小」は, 他の危機要因とも関連し, 直接的・間接的に日本の生物多様性の減少に広範な影響をおよぼしてきた要因である. 典型的なのは「二次的自然の管理放棄」で, 里地里山の水田や水路, ため池などからなる稲作水系, 畦畔や茅場などの人里草地, コナラやアカマツなどを主体とする里山林などの管理不足や管理放棄により植生遷移が進行し, 全国的な規模で昆虫を含む多くの動植物の衰退が続いている（守山, 1988；石井ほか, 1993；田端編, 1997；武内ほか編, 2001；広木

編, 2002;石井監修, 2005;丸山・宮浦編, 2009;鷲谷, 2011;日本生態学会編, 2014;永幡, 2021 など).レッド種としてこのタイプ区分に該当する昆虫は,例えば,日本固有種ギフチョウ Luehdorfia japonica のような里山林の種やヒョウモンモドキ Melitaea scotosia をはじめとする草地性・湿原性の種のほか,水田や休耕田,水源湿地の放棄・放置による植生変化や水域そのものの消失で衰退しているゲンゴロウ類やミズスマシ類などの水生の種も含まれる(図2).

　管理放棄され人影が薄くなった里山林や人里草地では,各地でニホンジカ Cervus nippon などの野生獣が増加し,過剰な採食により嗜好植物が衰退する一方で不嗜好植物が繁茂するなど,下層植生が単純化することで生物多様性の減少が顕著になっている(長谷川, 2008, 2010;依光編, 2011;前迫・高槻編, 2015;高槻, 2015;梶・飯島編, 2017;田中, 2020 など).「植生変化」のタイプ区分には,このような野生鹿の増加などによる植生の変化も含まれている.例えば,対馬固有亜種のツシマウラボシシジミ Pithecops fulgens tsushimanus は,ニホンジカによる食草群落を含む下層植生の衰退で 2013 年に一時は絶滅状態

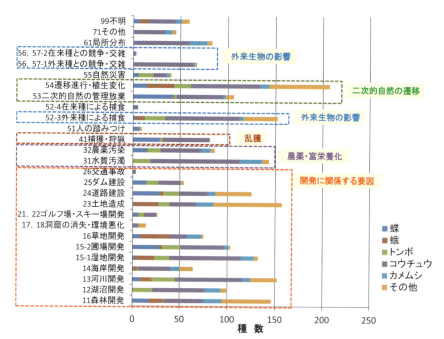

図2　環境省第4次レッドリスト掲載昆虫種(亜種等を含む)のグループ別にみた危機要因.タイプ区分とコード番号は環境省編(2015)に従った.

になり，種の保存法の「国内希少野生動植物種」（以下，国内希少種）として，防鹿柵の設置による生息地の植生保護や昆虫館などでの累代飼育と野生復帰などの保護増殖事業が行われている（中村ほか，2015；矢後ほか，2019；矢後，2022など）．

小笠原諸島のギンネムやアカギなど国内外から持ち込まれた樹木の繁茂やノヤギ *Capra aegagrus* の過剰採食による草地植生の変化も「植生変化」の区分に含まれ，同諸島固有のカミキリムシ類やタマムシ類，ハチ類などの危機要因になっている（環境省編，2015）．また，北海道アポイ岳の山頂付近のみに生息するヒメチャマダラセセリ *Pyrgus malvae malvae* ではハイマツやゴヨウマツの分布拡大，本州の高山蝶ミヤマモンキチョウ浅間山系亜種 *Colias palaeno aias* ではササ類の侵入により，それぞれ生息環境が悪化している（環境省編，2015）．

4）深刻な農薬と外来種の影響

第3の危機要因の「人間により持ち込まれたもの」には，栄養塩類や農薬，外来生物などが含まれる．肥料や生活排水などに起因する「水質汚濁」，殺虫剤や除草剤などによる「農薬汚染」は，多くの水辺の昆虫の危機要因になっている（図2）．該当するレッド種には，河川の中下流域や河口に生息する水辺のコウチュウ類のほか，稲作水系のトンボ類や水生コウチュウ類・カメムシ類などが多数含まれる．近年，日本固有種のアキアカネ *Sympetrum frequens* など水田を主な繁殖場所とするトンボ類をはじめとする水生昆虫が各地で急激に減少しており，その要因としてイネの育苗箱に施用する浸透移行性殺虫剤の影響が指摘されている（五箇，2010b；上田，2012；二橋，2023；中原，2023；中西，2023など）．里地里山の稲作水系やその畦畔については，イネというただ1種の草本植物によるコメ生産の場であるにも関わらず，昆虫を含む多様な生物の生息場所でもあり，個々の種の生活史や種間相互作用などの生態学的研究とともに，生物多様性の減少要因や保全に関する研究なども行われてきた（守山，1997；江崎・田中編，1998；浜島ほか，2001；滋賀自然環境研究会編，2001；矢野，2002；桐谷，2004；石井監修，2005，2010；市川，2010；内山，2005；根本編，2010；大庭編，2018；大塚・嶺田編，2020；平井，2022aなど）．

稲作水系の昆虫は，前述の各種開発による水田やため池の減少や夜間照明の増加，圃場整備による乾田化や水路のコンクリート化・暗渠化，ため池の改修などで衰退してきたが，水質汚濁や農薬汚染に加えて，侵入・定着したオオクチバス *Micropterus salmoides* やブルーギル *Lepomis macrocjirus*，ウシガエル

8　序章

Rana catesbeiana，アメリカザリガニ *Procambarus clarkii*，ミシシッピアカミミ
ガメ *Trachemys scripta elegans* などの侵略的外来生物の捕食や競争による影響
も顕著になっている（福井，2010；五箇，2017；市川，2010，2020a；苅部，
2010；大庭，2018；渡部・大庭，2018；西原，2010；環境省編，2015；平井，
2022a など）．その結果，初版のレッドリストからベッコウトンボ *Libellula
angelina* やタガメなど多くの種がレッド種となっていたが，その後，かつて水
田やため池などで普通に見られたミズスマシ類やガムシ類が次々にレッドリス
トに追加され，ゲンゴロウ類では，スジゲンゴロウ *Hydaticus satoi* が絶滅種と
されるなど，日本産の約半数が高いカテゴリー区分のレッド種となっている（環
境省編，2015；石井，2016a，2021 など）．

5）外来種の侵入で危機的な小笠原固有の昆虫

外来種による昆虫の衰退は，小笠原諸島などの島嶼部でも顕著である．第4
次リストで「外来種による捕食」のタイプ区分に該当するレッド種の約4分の
3は小笠原諸島の固有種または固有亜種である（図2）．とくに外来種グリーン
アノール *Anolis carolinensis* による捕食は，小笠原諸島固有種のオガサワラシ
ジミ *Celastrina ogasawaraensis* やオガサワラトンボ *Hemicordulia ogasawarensis*
をはじめ，カミキリムシ類，ハナノミ類，ゾウムシ類などのコウチュウ類，バッ
タ類，ハチ類など，小笠原諸島の多くの昆虫の危機要因になっている（図3；
苅部，2014，2022；矢後；2014；環境省編，2015；石川，2022；加賀，2022
など）．また，外来種オオヒキガエル *Bufo marinus* もオガサワラアオゴミムシ
Chlaenius ikedai やムニンツヅレサセコオロギ *Velarifictorus politus* などの地表付
近に生息する昆虫の脅威になっている（苅部，2014；環境省編，2015）．

小笠原諸島は大陸と接続されたことのない海洋島で，動植物の固有性が高く
（佐藤編，1994 など），昆虫についても約1,300種の既知種の約3割は固有種と
される（大林，2002；岸本，2010 など）．その一方で，小笠原諸島にはグリー
ンアノールやオオヒキガエルだけでなく，セイヨウミツバチ *Apis mellifera* や
ノヤギ，クマネズミ *Rattus rattus*，アカギ，ギンネム，モクマオウ，リュウキュ
ウマツ，アイダガヤなど国内外から多くの動植物が持ち込まれ，固有性の高い
昆虫の生物多様性を劣化させている（苅部，2002，2014，2022；川上，2002；
大林，2002；清水，2002；岸本，2010，2014，2022a,b；自然環境研究センター
編，2019；石川，2022；加賀，2022；森・涌井，2022 など）．さらに近年は，
1981年に初確認された外来の陸生ヒモムシ *Geonemertes palaensis* の分布拡大

にともない，ワラジムシ類などの陸生甲殻類の激減が認められ，オガサワラアオゴミムシやオガサワラハンミョウ Cylindera bonina，オガサワラクチキコオロギ Duolandrevus major などの固有の昆虫の新たな危機要因になると指摘されている（苅部ほか，2019；岸本，2022a,b；森・涌井，2022）．

　前述のオガサワラシジミは，食樹であるオオバシマムラサキやコブガシなどの低木がノヤギの採食，外来高木のアカギやギンネムなどによる被陰，干ばつや台風の影響などにより衰退し，成虫もグリーンアノールの捕食圧にさらされるなどして急激に減少した（環境省編，2015；苅部，2021など；図3）．そのため，2005年から多様な主体による保全の取組みがスタートし，2008年に国内希少種に指定され，翌年から保護増殖事業が始まったが，2018年に生息地での記録が途絶え，2020年には生息域外個体群も途絶してしまった（矢後，2014；石井，2021；苅部，2021，岸本，2022a など）．グリーンアノールについては，小笠原諸島の父島・兄島・母島のほか沖縄諸島の沖縄島南部・座間味島にも定着し，行政機関による防除が進められているが，小笠原では囲い込み柵と粘着トラップの高密度設置により低密度化に成功した場所もある（戸田，2022）．

6）外来種による遺伝的攪乱の脅威

　このように外来生物による生態系あるいは生物多様性への影響には，侵略的な外来種による捕食や競合・駆逐，生息環境の破壊・改変などがあるが，それ

図3　小笠原諸島固有種のオガサワラシジミ（左）と特定外来生物のグリーンアノール（本文参照）．写真提供：中村康弘氏．

10　序章

以外にも外来種との交雑による遺伝的攪乱や外来種による寄生虫や疾病の伝播などによる悪影響も無視できない（日本生態学会編，2002；五箇，2010a, b, 2017；自然環境研究センター編，2019 など）．例えば，日本固有亜種のオオクワガタ *Dorcus hopei binodulosus* では外国産の近縁種・近縁亜種との交雑が危機要因としてあげられている（環境省編，2015）．クワガタムシ・カブトムシ類は，植物防疫法の規制緩和により生きた外国産種の輸入が 1999 年以降解禁され，ペットとしての輸入の増加にともない外国産種の野外での目撃・採集記録も増え，オオクワガタのほかヒラタクワガタ *D. titanus* でも外来亜種との交雑による遺伝的攪乱が確認されるようになった（荒谷，2002，2010；五箇，2010a, b, 2017；自然環境研究センター編，2019 など）．またトマトの施設栽培用にコロニーが大量に輸入されているセイヨウオオマルハナバチ *Bombus terrestris* は，北海道などで野外に定着し，在来マルハナバチ類を圧迫するとともに，交雑による遺伝子攪乱や外国産寄生ダニの水平感染も確認されている（五箇，2010a, b, 2017；横山，2010；自然環境研究センター編，2019 など）．

「外来生物法」の外来種は外国産の種や亜種を指すが，国内であっても自然分布域の外側に運ばれたものは外来種（以下，国内外来種）といえる，小笠原諸島のアカギは沖縄地方から導入された国内外来種であり，北海道や沖縄には本土亜種のカブトムシ *Trypoxylus dichotomus septentrionalis* がペットとして持ち込まれ，沖縄ではオキナワカブトムシ *T. d. takarai* との交雑が懸念されている（荒谷，2002，2010；五箇，2010a, b, 2017；自然環境研究センター編，2019 など）．また，全国各地でゲンジボタル *Luciola cruciata* の他の地域の個体群を安易に放流する例もあり，遺伝的な攪乱が確認されている（大場，2006；加藤ほか，2022 など）．

7）温暖化の影響

第 4 の危機「地球環境の変化」には地球温暖化のほか，強い台風や豪雨の頻度の増加なども含まれる（環境省編，2013）．昆虫では，タカネヒカゲ *Oeneis norna* やウスバキチョウ *Parnassius eversmanni daisetsuzanus* などの高山蝶で地球温暖化による植生変化が危機要因として指摘されている（環境省編，2015）．また，地球温暖化によるニホンジカの高山への進出にともなう植生の過剰採食もタカネキマダラセセリ南アルプス亜種 *Carterocephalus palaemon akaishianus* や前述のヒメチャマダラセセリなどで指摘されている（環境省編，2015）．

北米西海岸に分布するヒョウモンモドキの一種 *Euphydryas editha* では，南の

産地ほど，また低標高の産地ほど個体群の絶滅率が高く，地球温暖化による衰退が指摘されている（Parmesan, 1996）．前述のように，日本のチョウ類でもレッド種の多くは温帯系と北方系であり（石井，2016b），地球温暖化の影響を受けやすいと考えられる．ギフチョウでは，最低気温の月平均値が5℃未満の生息地域が多いことから，温暖化傾向が続くと分布域が縮小する可能性がある（谷川・石井，2010）．また，富士山麓のギンボシヒョウモン *Speyeria aglaja* では近年，生息域の標高が上昇しており（渡邉，2016），地球温暖化が温帯系・北方系の種の衰退要因になることが懸念される．地球温暖化は，寄主植物の分布や新芽の展葉・開花・結実のタイミングなどを変化させることでも，その植物に依存する昆虫を衰退させると考えられるが，実際，九州地域のブナタマバエ類ではブナ林の衰退によって確認できる種数が減少している（湯川，2010）．

3 昆虫の生態系での役割と人との関わり
1）昆虫なしで陸上生態系は成り立たない

　生態系 ecosystem は，生物群集とそれを支え取り巻く大気，水，土，光などの無機的環境から構成される（日本生態学会編，2012 など）．多くの昆虫が生息する陸上生態系には，森林や草原，池沼，河川などさまざまなタイプがあるが，植物が光合成により有機物を生産し，その有機物の栄養やエネルギーを動物や菌類などが食物連鎖あるいは食物網の中で利用し合うという基本形は同じである．その意味で植物は生態系の基盤をなす「生産者」であり，植物を食べる動物（植食者），動物を食べる動物（肉食者）などは「消費者」と呼ばれる．また，どの生態系でも動植物の遺体や排泄物など無生物の有機物（デトリタスdetritus）が常に発生するが，それらを食物あるいは栄養源とする動物や菌類，細菌類などが存在し，「分解者」と呼ばれている．昆虫は陸上生態系の多くの環境で生活し，植食者，肉食者，分解者として重要な生態的地位（ニッチniche）を占めている（石井監修，2005 など）．

　例えば里山林では，チョウ類やガ類，ハバチ類の幼虫のほか，コガネムシ類の成虫，ナナフシ類やハムシ類，バッタ類の幼虫・成虫など多くの昆虫が木本や草本の植物の葉を食べるタイプの植食者である．葉食性の昆虫は種ごとに寄主植物が限定されていることが多く，その多様性は植物相の豊かさにより支えられている．他のタイプの植食者はチョウ類やハナバチ類，ハナアブ類の成虫のような花蜜食者であり，種子植物の花粉媒介に貢献している．また，クワガタムシ類やカナブン類の成虫のような樹液食者，セミ類やカメムシ類のような

吸汁者などもいる.

　里山林の豊富な植食性昆虫のバイオマスは，スズメバチ類やカマキリ類，ムシヒキアブ類，オサムシ類などの多様な捕食性の肉食昆虫の生活を支えている. 昆虫の肉食者には，カ類やアブ類のような動物の血液を摂取する吸血者のほか，寄生バチや寄生バエのような他の昆虫を寄主として寄生し，最終的には殺してしまう「捕食寄生者」もおり，それらは一般に寄主特異性が高いため，昆虫相の豊かな生態系でその多様性が高い. 例えば寄生バチでは，他の昆虫の卵に寄生するものや，水中の昆虫に寄生するもの，他の寄生バチに寄生するもの（高次寄生）などもいて，生活史は実に多様である（前藤編，2020 など）.

　里山林の生態系には，落葉や落枝，朽木，動物の遺体や排泄物などが豊富に存在し，それらの有機物を食物とする多様な昆虫の分解者が生息する. 大型動植物の遺体を含む土壌環境で生活する動物（土壌動物）は，原生動物門のアメーバー類から哺乳類のモグラ類まで多くの分類群の種が含まれ，個体数も多い（青木，1973 など）. 昆虫では，トビムシ類やガ類・コウチュウ類の幼虫が枯葉や枯枝，腐植土など植物起源のデトリタス（リター litter）やそこに生育する菌類などを食物としているほか，動物の遺体はシデムシ類やハエ類，アリ類などが，動物の糞はセンチコガネ類やエンマコガネ類などがそれぞれ食物として利用している（中森，2024；島野，2024 など）.

　生態系は，それを構成する生物群集の生産者，消費者，分解者による食物連鎖の中で物質が循環するが，各種の生物は食う食われる関係や競争，共生など他種との関係（生物間相互作用 biological interaction）の中で生活している. 多様性に富み個体数の多い昆虫は大部分の陸上生態系において，食物連鎖を含む各種の生物との相互作用に関わるなど必要不可欠な存在である.

２）生物多様性の価値

　「生物多様性はなぜ必要なのか」「すべての生物を保全する必要があるのか」という問いは，誰しもがいだく疑問だが，明確に答えるのは難しい. 生物学研究者，とくに分類学や生態学の研究者は，生物の各種が生態系を構成する要素であり，他の生物種との関わりの中で生存していることから，不要な生物種がいるとは考えないだろう. とはいえ，ペストを媒介するネズミ類とノミ類や「眠り病」を媒介するツェツェバエ類のように人間の生命を脅かす生物もいて（クラウズリー・トンプソン，1982；丸山，2014 など），すべての生物が必要という合意は得にくいかもしれない.

生物多様性条約の目的は「生物の多様性の保全，その構成要素の持続可能な利用及び遺伝資源の利用から生ずる利益の公正かつ衡平な配分」となっている（第1条より）．また，この条約の前文は「生物の多様性が有する内在的な価値並びに生物の多様性及びその構成要素が有する生態学上，遺伝上，社会上，経済上，科学上，教育上，文化上，レクリエーション上及び芸術上の価値を意識し」で始まるが，実は，IUCN の原案では「人類が他の生物と共に地球を分かちあっていることを認め，それらの生物が人類に対する利益とは関係無しに存在していることを受け入れ」が書き出しだった（堂本，1995）．この地球の生物すべてを大切にしなければならないとするフレーズは，会議の最終日にマラリア蚊のように人間に害を与える生物もいることに配慮して「内在的な価値」という抽象的な言葉に置き換わったのだという（堂本，1995）．その結果，この条約では生物多様性自体の保全から，それをいかに人間が利用して利益を得るかという方向に軸が移行した（堂本，1995）が，その方向性は 30 年以上にわたり社会に受け入れられてきた．

3）生態系サービスという観点

　多種多様な生物が関わる生態系が人間生活に与える影響については，国連の提唱で行われた今世紀初めの「ミレニアム生態系評価 Millennium Ecosystem Assessment, MA」から，「供給サービス」，「基盤サービス」，「調整サービス」，「文化的サービス」の 4 つの「生態系サービス ecosystem services」の観点から評価されるようになった（環境省編，2010，2013；表 2）．森林や土壌，水，大気，動植物など自然界でつくられるあらゆる資源の「ストック（ある時点の財の総量）」は「自然資本」といえるが，生態系サービスはそれが生み出す「フロー（経済的価値）」であり，社会経済に便益をもたらす（藤田，2017，2023）．

　私たち人間は，生物である限り生物多様性の恵みなくして生存・生活することはできない．食物としての動物に限っても，私たちは牛や豚や鶏，魚介類な

表2　生物多様性がもたらす生態系サービス（本文参照）．環境省編（2010, 2013），本川（2015），岩槻・太田編（2022）などを参考に作成

サービスの種類	概　　要
供給サービス	衣食住・医薬品，燃料，愛玩・鑑賞・装飾等の利用に関わる生物資源・材料・原料などを提供する
文化的サービス	文学・芸術・教育・観光・癒し・バイオミメティクスなど，文化的・精神的な基盤や恩恵，技術開発のヒントなどをもたらす
調整サービス	気候の調整，洪水の抑制，有害生物の拡大防止など，環境や他の生物からの悪影響を緩和する
基盤サービス	食物連鎖による物質の循環，光合成による酸素の供給など，生態系の基盤となる機能を提供する

14 序章

どの肉，卵，乳汁などを利用して毎日の食生活を豊かにしている．昆虫についても，旧石器時代の洞窟にミツバチを採取する人の壁画が残されているように蜂蜜は紀元前から利用されていたと考えられるほか，コオロギ類やイナゴ類，タガメなどの昆虫が東南アジアをはじめ世界各地で重要なタンパク源となっている（笹川，1979；後藤・上遠野編，2019；細谷，2023；田川ほか，2023 など）．日本でも，長野県などでは「ざざむし」と呼ばれるトビケラ類などの水生昆虫やクロスズメバチ *Vespula flaviceps* の幼虫，イナゴ類などの昆虫が古くから利用されてきた（篠永・林，1996 など）．食物のように，生態系がいろいろな生物資源をもたらすサービスは「供給サービス」と呼ばれる．食物以外でも，私たちは，カイコ *Bombyx mori* から絹，コチニールカイガラムシ *Dactylopius coccus* から色素，ラックカイガラムシ *Laccifer lacca* から色素やシェラック（光沢材），ミツバチ類の巣からプロポリスや蜜蝋などを得るほか，スズムシ *Meloimorpha japonica* やカブトムシ，クワガタムシ類などを愛玩用に飼育し，チョウの翅は装飾品などとして利用している．また遺伝子も資源とみなすことができ，遺伝的多様性の利用による品種改良などは可能性の宝庫である（本川，2015 など）．昆虫では，ナミテントウ *Harmonia axyridis* の遺伝的に飛翔能力を欠く系統の育成に成功し，アブラムシ類の生物的防除に使われている事例がある（後藤・上遠野編，2019；石川・野村，2020）．

　生物多様性は生物資源としてばかりではなく，「生命維持装置」としての価値も有しており（高橋，2021），これは生物多様性条約前文の第 2 パラグラフに「生物の多様性が進化及び生物圏における生命保持の機構の維持のため重要であることを意識し」と明記されている．「基盤サービス」は私たち人間を含め，すべての生命が存立する基盤を整える上位のサービスである．例えば，植物の光合成機能による二酸化炭素の吸収と酸素の放出，分解者によるデトリタスの分解と土壌形成などの生態系のプロセスが該当する．多種多様な昆虫が生物の遺体や排泄物の分解に関わっているのは前述のとおりであるが，オーストラリアでは牛の糞を分解する昆虫がいなかったため牧場が糞で覆われ，南アフリカから糞虫が導入されたことはよく知られている（グールソン，2022）．

　「調整サービス」も，森林による土砂流出・崩壊の防止，気候の緩和など生態系の環境を健全に保ち，将来にわたり私たちの暮らしの安全性を保証するサービスである．昆虫については，ハナバチ類などの訪花性の種が花粉を媒介する「送粉サービス」や害虫の増殖を抑制する捕食性の種や寄生性の種などの天敵のはたらきが「調整サービス」に含まれる（本川，2015 など）．農業現場

のポリネーターとして，リンゴ園でマメコバチ *Osmia cornifrons*，トマトなどの施設栽培でマルハナバチ類が利用されるほか（後藤・上遠野編，2019 など），近年はイチゴのハウス栽培でヒロズキンバエ *Lucilia sericata* が使われるようになった（西本，2022 など）．

「文化的サービス」は，具体的な物ではなく，私たちに精神的・文化的恩恵をもたらすサービスである．昆虫を含む野生生物やそれらが織りなす生態系は，文学，芸術，教育，研究などの対象となり，美しい自然の景観は借景となり，憩いの場を提供するなど，私たちの豊かな文化の根源となっている．例えば，キイロショウジョウバエ *Drosophila melanogaster* は遺伝的研究のほか時間生物学的な研究にも利用されるなど生物学の発展に寄与してきた（沼田，2022 など）．また前述のヒロズキンバエの幼虫は，その食性を利用して皮膚の慢性感染性創傷の壊死組織を除去する「マゴットセラピー」にも用いられているが（岡田，2022 など），これも昆虫の機能を利用した「文化的サービス」といえる．生物の体のデザインや構造から物作りのヒントを得る「バイオミメティクス」も「文化的サービス」に該当する（本川，2015）．昆虫では，ヤマトタマムシ *Chrysochroa fulgidissima* やモルフォチョウ類の翅の構造色による金属光沢を模した新素材の繊維開発（竹田，2003 など）や，低い空域における複雑で不安定な自然環境を自由自在に飛ぶ昆虫の翅の構造や機能，飛行力学の機能や飛行制御システムを規範とした次世代ドローンや空飛ぶクルマ開発（劉，2021）などの事例がある．

このような生態系サービスの観点からみると，地域の生物多様性は自然資本であり，公共財ということができる．持続可能な社会の構築のためには，生物多様性の減少を止めることは喫緊の課題と言えるだろう．

4 あらためて環境動物昆虫学とは

1）昆虫を主な対象とする生物多様性保全の科学

地球の生命の 40 億年にわたる進化のなかで形成されてきた生物多様性は減少を続けている（ウィルソン，1995 など）．このような生物多様性が直面している危機に呼応して 1980 年代に始まった新しい学問分野が「保全生物学 conservation biology」であり，その目的は人間活動が生物の種，生物群集，生態系に及ぼす影響を研究するとともに，種の絶滅を防ぐための学際的な方法を開発することとされる（プリマック・小堀，1997 など）．危機管理の応用的学問領域として位置づけられる保全生物学は，生態学，進化生物学，個体群生物

学，分類学，遺伝学の学問原理をその中心に据えているが，環境法学，環境政策論，環境経済学，環境倫理学，人類学・社会学・地理学などの社会科学，気象学のような生物学以外の広範な専門分野の考え方や判断をも取り入れている（Soule, 1986；プリマック・小堀，1997）.

　日本では，1996 年に東京大学を中心に「保全生態学研究会」が設立され，定期刊行物として「保全生態学研究」が発行されてきたが，2003 年からは日本生態学会の機関誌のひとつとなった（松田，2003）. 日本生態学会による解説では，同誌は「生物多様性の保全，健全な生態系の維持と再生，自然保護，地球環境問題，持続可能な資源利用など，広義の保全生態学に関係する多様な研究の成果を論文や総説として掲載する」とされている. 環境動物昆虫学は，保全生物学や保全生態学の考え方にもとづく，昆虫とその生息場所の生物群集，そのうちとくに動物を対象とする生物多様性保全の科学である. その意味では，「保全動物昆虫学」と言ってもよいかもしれない.

　日本生態学会がそうであるように，保全生物学的な研究発表は，一般にその分野の基礎研究を扱う学術団体で行われてきた. 昆虫学についても，日本昆虫学会や日本鱗翅学会などは古くから自然保護委員会を設置し，大会や例会では基礎研究分野とともに保全生物学的な研究も扱っている. 一方，昆虫学の応用研究は害虫の防除や益虫の利用に関する分野を中心に，日本応用動物昆虫学会や日本家屋害虫学会（現在の都市有害生物管理学会）などで行われてきた. そのため，昆虫や動物の絶滅危惧種や外来生物（害虫や益虫を除く），危機的な生物群集や生態系などを対象とする基礎研究や応用研究の発展を促すには，それに特化した学問分野の創設が必要であり，それが環境動物昆虫学である. なお，同じ名称をもつ日本環境動物昆虫学会は，主に建築害虫や不快・衛生害虫などを対象とする学術団体として 1988 年に発足したが，早くから生物保護を扱う部会が設置され，年次大会でも次第に保全生物学分野の発表が増加してきた（石井，1999；渡辺，2009；平林，2018）.

　前述の「保全生態学研究」誌が日本生態学会の機関誌に移行する際には，同会の体質が基礎から応用重視に変化し会自体が衰退することを危惧する意見が出された（松田，2003）. 同会は設立当初から自然保護専門委員会を設けて社会的活動をしてきたが，それは基礎科学としての生態学の発展に裏づけられたものであり，今後も行政や環境団体などに対しては科学的視点から責任ある助言を行うことが求められている（松田，2003）. このことは環境動物昆虫学についても同じである. 例えば，絶滅危惧種の生息する里山林や湿地の「順応的

管理 adaptive management」では，実証されていない仮説にもとづいて管理や事業が実施されることがあるが，厳密な科学的評価が重要であり，その経過や結果を論文などとして公表することが求められる（鷲谷，1998；松田，2003）．

２）研究の基本はインベントリー

保全生物学と同様，環境動物昆虫学ではまず，対象とする地域や生態系における対象種とその生息場所の生物群集の現状を把握するためのインベントリー（目録作り）や個体群のモニタリング調査を優先すべきである（鷲谷・矢原，1996；プリマック・小堀，1997 など）．昆虫の場合，チョウ類やトンボ類，セミ類など一部の同定の容易な種群を除けば，微小な種や酷似した種が多く，新種や新記録種の発見も珍しくないことから，この調査には分類学や形態学の知識が要求され，特別な道具や技術，経験なども必要とされる専門性の高いものである（石井，2002 など）．

この調査や研究において専門性の高さが求められるのは他の動植物の生物群でも同じであるが，昆虫の場合は際立って種数が多く，多くの分類群で相の全体像が未解明のため，図鑑類やチェックリスト，同定のための検索資料等の整備も遅れているのが現状である．また図鑑類があっても，昆虫では「絵合わせ」だけで確実な同定が可能な分類群は少なく，交尾器や翅脈，刺毛などの形態の検鏡を要するため，ここでも高度の技術と専門性が必要となる．昆虫を主な対象とする保全生物学の学問分野の創設が必要なゆえんである．近年は遺伝情報を種の同定や系統解析に用いる方法が普及し，昆虫のインベントリーや分類学の調査・研究の手法にも変化が見られる．とくに，微生物や両生類，魚類などで先行していた「環境 DNA」分析の手法を昆虫調査に導入する潮流が本格化し，調査地の水や土壌，葉に残された食痕などから水生昆虫やアリ類，チョウ類などの生息を検出する技術開発が進められている（馬場ほか，2022；工藤，2022；坂田・矢指本，2022；山本，2022 など）．

本書では，トンボ類（第 1 章 –3）やチョウ類（第 1 章 –4）の目視によるモニタリング調査とツルグレン装置を用いた微小な土壌甲虫（第 1 章 –5）の群集調査の事例を紹介している．また，ベニボタル（第 3 章 –11）やムクゲキノコムシ（第 3 章 –12），小蛾類（第 3 章 –14，15，第 4 章 –20，21），ハナカメムシ（第 2 章 –13）では，各グループの相の全体像と系統関係を明らかにする調査や研究の事例を掲載している．本書ではこのほか，コウノトリの巣から絶滅危惧種の甲虫を発見した事例（第 1 章 –1）や山の斜面でサンショウウオを

探索した事例（第 2 章 –6），水田に生息する昆虫や動物の調査法（第 1 章 –2），
ユスリカ類幼虫の同定法（第 3 章 –16）なども紹介している．

３）種と個体群の保全

　インベントリーやモニタリング調査により，対象とする地域や生態系の生物
群集あるいは昆虫などの種の生息の現状が明らかになると，それがレッドリス
トづくりの基礎にもなる．確認された絶滅危惧種などの希少種の保全にあたっ
ては，生息地での持続可能な個体群（population；対象種の個体の集合）の維持・
回復，すなわち「生息域内保全（in situ conservation）」が最優先の課題である．
昆虫のレッド種の危機要因は前述のとおりであるが，対象種の個体群が縮小す
ると性比や産卵数，生存率などの人口学的要素の偶然のゆらぎ，遺伝的多様性
の減少や近交弱勢，遺伝的浮動などの遺伝学的要因などによりさらに集団が小
さくなるという悪循環に陥り，環境変動などによる絶滅リスクが高まる（Gilpin
and Soule, 1986；プリマック・小堀，1997 など）．そのため保全生物学では，
希少種の個体群がさまざまな危機に耐えて存続するのに最小限必要な個体数
「最小生存可能個体数（Minimum Viable Population, MVP）」や MVP の維持に必
要な「最小必要面積（Minimum Dynamic Area, MDA）」，「個体群存続可能分析
（Population Viability Analysis, PVA）」などの概念や方法があり，哺乳類や鳥類，
両生類，魚類などでの研究が先行しているが（Gilpin and Soule, 1986；樋口編，
1996；プリマック・小堀，1997；ベゴンほか，2003 など），昆虫の野外個体群
を対象とした研究例はほとんどない，
　　希少種の生息域内保全では生態学的な調査・研究が欠かせない．その考え方
や方法は，これまで生態学や動物生態学，昆虫生態学，保全生物学などの分野
で培われてきたものが利用できる（伊藤ほか，1992；樋口編，1996；鷲谷・矢
原，1996；プリマック・小堀，1997；ベゴンほか，2003；大串，2003；Pullin,
2004；渡辺，2007；日本生態学会編，2012；藤崎ほか，2014；宮下ほか，
2012，2017；大串ほか編，2020；大脇，2022 などを参照）．優先的な調査・研
究項目は，対象種の寄主植物や食物，捕食者・寄生者などの天敵，競争者や共
生者といった生物間相互作用の関係にある他の生物種の解明であり，それによ
り減少要因が推定できるかもしれない．また，生息地における対象種の個体群
動態を生命表づくりやルートセンサス調査，トラップ調査，標識再捕獲法（マー
キング法），コドラート法などで把握することも順応的管理を進めるうえで重
要である．成虫の標識再捕獲法では，移動・分散の距離や方向の把握のほか，

寿命の推定なども可能であり、「メタ個体群（Metapopulation）」のような対象種の個体群の構造なども明らかになるかもしれない．メタ個体群は，個体の移動・分散によって相互に関連する局所個体群（Local Population）の集まりとする考え方で，例えば，北欧のヒョウモンモドキの一種 *Melitaea cinxia* では，個々の局所個体群はしばしば絶滅するものの，相互の個体の移動により種が存続している（Hanski *et al.*, 1994）．

　昆虫の絶滅危惧種は増加の一途であり，生息域内保全のみでは絶滅する恐れのある種や個体群も少なくないことから，人間の管理下で繁殖個体群を保全・確保し（生息域外保全 ex situ conservation），生息地（過去の生息地を含む）に野生復帰（reintroduction）させることも多くなってきた（石井，2019；松木・兼子，2019；中村，2022など）．したがって，希少種の保全では，将来の生息域外保全や野生復帰に備えて，雌雄成虫の交配を含む累代飼育技術の開発や遺伝的多様性の解析による保全単位（個体を移動させても遺伝的攪乱を起こさない地理的範囲（中濱，2022））の究明なども重要である．累代飼育技術の開発に当たっては，異なる温度・日長条件での飼育により各発育段階の発育零点と積算温度，休眠ステージと休眠の誘起・維持・消去条件，年間世代数（化性voltinism）などを明らかにすることが対象種の季節生活環を推定するのにも有用なのは農業害虫などと同じである（中筋ほか，2000；野村，2013；後藤・上遠野編，2019などを参照）．また昆虫の希少種についても，近交弱勢や遺伝的攪乱などの遺伝的多様性の劣化要因を解析し，対象種の絶滅を防止する保全遺伝学分野の研究も盛んになってきた（宮下ほか，2012；中濱，2022など）．

　昆虫の累代飼育においては，チョウ類では雌雄成虫の交配や越冬方法，ゲンゴロウ類では幼虫に与える餌と蛹化時の上陸のタイミングなど，種ごとに特別の技術や施設が必要な場合が多いことから，希少種の生息域外保全に昆虫館などが関わる事例が増えてきた（図4；石井，2019；松木・兼子，2019；全国昆虫施設連絡協議会，2021，2022；北野・佐藤，2023；田中，2023a,b；涌井・小山田，2023；渡部，2023など）．前述のツシマウラボシシジミやオガサワラシジミ，オガサ

図4　国内のいくつかの昆虫館で生息域外保全が行われているフチトリゲンゴロウ *Cybister limbatus*．伊丹市昆虫館で撮影．

ワラハンミョウのほか，ヒョウモンモドキやミヤジマトンボ *Orthetrum poecilops miyajimaensis*，ゲンゴロウ類，マルバネクワガタ類などで，生息域内保全と生息域外保全の連携によるレッド種の保護増殖事業が行われている（荒谷，2019；石井，2019；苅部ほか，2019；中村，2019，2022；西原，2019；坂本，2019；松木・兼子，2019 など）．

本書では種と個体群のレベルの基礎研究として，ウラナミジャノメ（第 2 章 –9）とブチヒゲヤナギドクガ（第 2 章 –10）の生活史形質の研究事例，アサマシジミ（第 4 章 –18）とミカドアゲハ（第 4 章 –19）の遺伝的多様性に関する研究事例，オオカマキリとチョウセンカマキリの「すみわけ」（第 2 章 –7）やカマキリモドキ類の寄主クモ類への「便乗」（第 2 章 –8）という生物間相互作用に関する研究事例について紹介している．またギフチョウ（第 5 章 –24）とオオカバマダラ（第 5 章 –27）では，各種の危機要因と市民，行政，専門家による保全活動の事例を紹介している．

4）生物群集・生態系・景観レベルの保全

希少種の個体群を持続的に保全するには，生息地の生物群集を含む生態系の健全性の維持が必要なことは言うまでもない．日本の昆虫のレッド種は森林，池沼・湿地，草原・湿原，河原・草地，河口・海浜などに生息するが（環境省編，2015；図5），それらの生態系には，他の動植物の希少種も生息・生育し

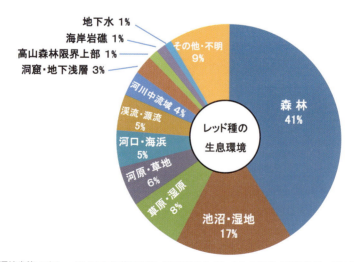

図 5　環境省第 4 次レッドリスト掲載昆虫種（亜種等を含む）の生息環境（環境省編，2015 より）．

ていると考えられる．その意味で，生物群集や生態系の生物多様性の保全は重要であり，効率的である（プリマック・小堀，1997など）．実際には，生態系は単独で存在することはなく，各地域で複数の生態系（景観要素）が複合した景観（ランドスケープ landscape）を構成している．景観は生物多様性の最も上位の階層であり，植生などの生物群集と無機環境および人間活動の三者の相互作用系であるため，例えば里地里山のような景観では人間社会を含めた系として保全方法を検討することになる（鷲谷・矢原，1996；大澤監修，2001；根本編，2010；宮下ほか，2012；日本生態学会編，2012など）．

　生物群集や生態系，景観レベルの保全についても，生態学や動物生態学，保全生態学などの考え方や方法が適用できる（前掲の文献参照）．例えば，特定の分類群に着目すると，大きな島ほど生息する種数が多いという「種数－面積関係」が知られているが，この「島」を市街地に点在する緑地のような生物の生息場所と考えることもできる（プリマック・小堀，1997；樋口編，1996；武内ほか編，2001；ベゴンほか，2003；根本編，2010；日本生態学会編，2012など）．島に生息する生物の種数は，一定時間に島外から新たに移入する種数（移入率）と島内で絶滅する種数（絶滅率）との平衡状態になっており，平衡種数は大陸（種の供給源）に近く大きい島ほど多いとする「島の生物地理学の平衡理論」（MacArthur and Wilson，1967）も，陸上の島状環境の生物多様性の解析に応用できる理論のひとつである（樋口編，1996；ベゴンほか，2003；日本生態学会編，2012など）．

　また「遷移 succession」は，季節変化とは異なる各種の個体群の移入と消滅によって生じる方向性をもった連続的変化のパターンと定義されるが（ベゴンほか，2003など），例えば「植生遷移」では，裸地から草本植物，低木類，陽樹林，陰樹林へと変遷する過程（遷移系列）で生物群集全体が変化するため，里地里山の二次的自然の生物多様性の理解には欠かせない概念である（石井ほか，1993；樋口編，1996；大澤監修，2001；広木編，2002；ベゴンほか，2003；根本編，2010；日本生態学会編，2012など）．

　前述のように，昆虫は各種の陸上生態系のさまざまなニッチを占めることから，チョウ類やトンボ類，アリ類，地表性甲虫類などいくつかのグループは，生態系の状態を評価する生物指標として調査や研究がおこなわれている．例えばチョウ類では，1960年代にヨーロッパで「トランセクト調査法 transect count」が開発され，英国では自然保護区の植生管理などにも利用されている（阿江，1992；Pollard and Yates, 1993；石井，1993，1996など）．日本では1930年

代に京都市でおこなわれた同様の調査が先駆的で（森下，1967），その後多く
の研究者によりチョウ類群集の調査がおこなわれ（大脇，2022 など），現在で
は環境省の重要生態系監視地域モニタリング推進事業（モニタリングサイト
1000）の里地部門と高山帯部門で実施されている（石井，2016c，2022 など）．

　健全な生態系の持続は保全生態学の主要なテーマであるが，そのための森林，
草原，湿原，河川，流域などの管理手法は「生態系管理 ecological management」
と呼ばれ，地域の生態系の生物多様性や生産性の持続とそれらの回復に資する
科学・技術を表す用語として定着している（鷲谷，1998 など）．生態系管理では，
生物多様性保全を優先しつつ，人間が生態系の要素であることや生態系の複雑
性とダイナミズムなどが認識され，科学的データにもとづき関係者の合意形成
が図られる必要がある（鷲谷，1998 など）．生態系管理の実施にあたっては，
事業対象の不確実性を認めたうえで，計画は仮説，事業は実験ととらえ，モニ
タリングにより仮説の検証をする順応的管理の考え方が大切であり，このプロ
セスを多様な利害関係者と共有する「説明責任 accountability」が求められる（鷲
谷，1998 など）．

　本書の第 1 章 –4（チョウ類）と第 1 章 –5（土壌甲虫類），第 3 章 –14（小蛾類）
で研究事例を紹介した大阪府北部の「三草山ゼフィルスの森」の里山林では，
多様な主体の関わりでチョウ類を生物指標とした植生管理が行われている（図
6；天満，2009；石井ほか，2019 など）．また第 1 章 –3 では，ラムサール条約
登録湿地でモニタリングサイト 1000 里地部門コアサイトの中池見湿地におい
て実施したトンボ類群集の調査結果を紹介している．

5）農耕地の生物多様性保全

　環境動物昆虫学では，希少種や希少な生態系の保全が主要なテーマであるが，
昆虫は農耕地や市街地にも生息する身近な生物であることから，害虫や益虫，
ペット昆虫などの扱いも含め，人間社会における昆虫の生物多様性保全につい
ても研究の対象となる．水田を含む農耕地における害虫の防除については，第
二次世界大戦後，BHC や DDT のような有機塩素系殺虫剤をはじめとする化学
合成農薬がつぎつぎに導入され，生産性の向上につながった一方で，害虫の薬
剤抵抗性の発達やリサージェンスの誘発，散布者や消費者の健康被害などが顕
在化した．とくにレイチェル・カーソンが「沈黙の春 Silent Spring」（邦訳初版
のタイトルは「生と死の妙薬―自然均衡の破壊者科学薬品」）（カーソン，
1964）の中で訴えた有機塩素系殺虫剤の生物濃縮（biological concentration）の

問題は深刻であり，ごく低濃度で散布された農薬が害虫を殺すだけでなく，生態系の食物連鎖を通じて上位の捕食者や稲わらを食べた乳牛の体に蓄積するなどして，濃縮されて私たち人間の食卓に戻ってくることが認識されるようになった（桐谷，2004；日本生態学会編，2012 など）．

そのため，1960 年代に FAO（国連食糧農業機関）により総合的有害生物管理（Integrated Pest Management, IPM）の考え方が提唱され，現在では害虫管理の主流になっている（中筋ほか，2000；後藤・上遠野編，2019 など）．IPM は，天敵や非害虫をも除去する農薬による害虫の「皆殺し防除」ではなく，耕種的防除，物理的防除，生物的防除，化学的防除などあらゆる防除手段を組み合わせて使用し，害虫個体群を「経済的被害許容水準，Economic Injury Level, EIL」以下に抑制する防除システムである（中筋ほか，2000；矢野，2002；桐谷，2004；日本生態学会編，2012；後藤・上遠野編，2019；石川・野村編，2020 など）．しかし，IPM では作物の生産性を最終目標とするため，天敵生物の食物でもある害虫や希少種を含む「ただの虫」の個体群の絶滅は問題にしないことから，必ずしも生物多様性保全とは両立しない（桐谷，2004）．そこで，害虫個体群を EIL 以下に抑制・維持するとともに，希少種を含む「ただの虫」の個体群を MVP 以上で EIL 以下にする農耕地内外での総合的な生物多様性の保

図 6　三草山ゼフィルスの森の植生管理．多くの個人・団体の支援・協力のもとでおこなわれている．

全・管理である「総合的生物多様性管理（Integrated Biodiversity Management, IBM)」が提唱されている（桐谷，2004；後藤・上遠野編，2019；大塚，2020 など）．生物多様性保全型の農業はさまざまな形で実践されており，休耕田を利用したタガメやゲンゴロウ類などの希少種の保全を目的としたビオトープづくりが行われているほか，トキ *Nipponia nippon* やコウノトリ *Ciconia boyciana* の野生復帰事業地では減農薬などによる生物多様性の高い水稲栽培が行われている（市川，2010, 2018, 2020a；日鷹，2020；中西・田和，2020 など）．

　農業では作物の授粉や害虫の防除のために外来ポリネーターや外来天敵を導入・利用することがあるが，前述のセイヨウオオマルハナバチの逸出問題のように在来生態系に悪影響を及ぼす事例も少なくない．例えば，作物のアブラムシ類の防除のために導入した捕食性の外来テントウムシが増殖し，在来テントウムシを駆逐した北米の事例があるほか，同じく北米において害虫の生物学的防除のために導入した寄生バチや寄生バエなどの外来捕食寄生性天敵の一部が在来昆虫にも寄生する事例が知られている（桐谷・森本，2012 など）．日本でもクリタマバチ *Dryocosmus kuriphilus* の防除のために中国から導入したチュウゴクオナガコバチ *Torymus sinensis* が増加し，在来種のクリマモリオナガコバチ *Torymus beneficus* と置き換わった事例が報告されている（梅谷編，2012）．外来ポリネーターのセイヨウオオマルハナバチについては，在来種のクロマルハナバチ *Bombus ignitus* や同種が分布しない北海道ではエゾオオマルハナバチ *Bombus hypocrite sapporoensis* への転換が推奨されているが，地理的な変異に配慮し，遺伝的攪乱を発生させないことが求められる（五箇，2010a；自然環境研究センター編，2019 など）．

　本書では，第 5 章 –25 でチャの新芽を加害するチャノキイロアザミウマ *Scirtothrips dorsalis* がウンシュウミカンの害虫になった事例を紹介し，害虫とは何かについて考える．また，第 5 章 –23 では増加したニホンジカによる農林業被害や里地里山の生物多様性減少の現状と対策について紹介している．

６）市街地や海浜における生物多様性保全

　市街地には，かつての里地里山の里山林やため池の名残などを含む大小の緑地が散在し，例えば東京都心の皇居では 4,000 種以上（国立科学博物館編，2000a,b,c；2006 など），大阪都心の大阪城公園では 1,200 種以上など多くの動植物が確認されている（追手門学院大阪城プロジェクト編，2008 など）．このような市街地の緑地では外来種が多いという課題はあるが，希少種の動植物が

生息・生育しているものもあり，各地で民間団体や地元自治体，市民，専門家などによる調査・研究・保護活動などがおこなわれている。例えば，大阪国際空港（伊丹空港）とその周辺の緑地にはシルビアシジミ *Zizina emelina* が生息しており（Minohara *et al.*, 2007；Ishii *et al.*, 2008 など），地元の伊丹市や豊中市では，空港に隣接する公園や進入路の緩衝緑地などに本種の生息に配慮した草丈の低い草地環境が創出され，自治体や民間団体により管理・維持されている（平井，2022b）．また，名古屋市都心の名古屋城の外堀に生息するヒメボタル *Luciola prvula* では，地元自治体や民間団体により調査や観察会などがおこなわれているが（安田ほか, 2014），堀に沿った高架の自動車道路の建設の際には，路面のみを照らす管状のナトリウム灯を設置して夜間照明の影響を軽減させるなどの配慮がなされた（大場，2002）．

　市街地では学校や企業，自治体などによるビオトープづくりも盛んにおこなわれている．ビオトープ（biotope）は「生態学辞典」（沼田編, 1983）では「特定の生物群集が生存できるような特定の環境条件を備えた均質なある限られた地域」とされるが，ドイツでは旧西ドイツ時代に制定された「連邦自然保護法」にもとづき，池沼，河川，湿地，草原，森林などのビオトープの保護・保全だけでなく，復元や創造によるネットワーク化が進められている（埼玉県野鳥の会編，1990；杉山，1992 など）．日本では計画的なネットワーク化の観点は欠如していると言わざるを得ないが，前述の休耕田を利用した水生昆虫のビオトープのほか，トンボ池やトンボ公園，郊外の公園型ビオトープ，市街地の学校ビオトープなどさまざまなタイプのビオトープづくりがおこなわれている（杉山，1992；日本環境動物昆虫学会編，2010；市川，2020 など）．北九州市の廃棄物埋立跡地に造られた湿地ビオトープにはコガタノゲンゴロウ *Cybister tripunctatus lateralis* やマダラコガシラミズムシ *Haliplus sharpi* などの水生甲虫が生息するほか，ベッコウトンボが発生し，注目されている（市川，2020b）．

　海浜や河口の干潟，市街地の緑地など人為の影響が大きい生態系にも多くの昆虫が生息し，調査・研究や保全活動などが行われている．砂浜・河口の干潟は，海浜性のハンミョウ類やゾウムシ類，ハナバチ類などの生息場所になっているが，河川改修や護岸工事，港湾造成，工業利用，道路建設などで生態系そのものが失われるほか，河川上流の堰堤建設による土砂供給量の減少などで規模が縮小し，草地化の進行，防潮堤建設による内陸との分断，レジャー・観光利用，自動車の乗り入れなどで自然環境が悪化している（佐藤，2008；郷右近，2010，2022；堀編，2019；亀山・加藤，2019；鶴崎，2022；山本・曽田，

2022；山下・小島，2022など）．日本産の海浜性ハンミョウは自然海岸の減少で6種すべてが危機的な状況にあり，各地で民間団体と自治体，市民，専門家などによる調査・研究・保護活動がおこなわれている（佐藤，2008 堀編，2019など）．例えば，能登半島のイカリモンハンミョウ *Abroscelis anchoralis* の残された海岸では，密猟防止の巡視や車輌乗り入れ・公共工事の規制，防風林への殺虫剤散布の禁止措置などがおこなわれているほか（上田ほか，2019），開発予定地でルイスハンミョウ *Cicindela lewisii* の生息が確認された徳島県吉野川河口では，生息地の代償措置（ミティゲーション）として造成された人工海浜での保護増殖に向けた活動が続けられている（渡辺・上月，2019）．また，三重県宮川河口域のヒヌマイトトンボ *Mortonagrion hirosei* の生息地では，下水処理場の建設にともない隣接地に新たなヨシ群落を造成するミティゲーション事業がおこなわれ，個体群の移動が確認されている（渡辺，2007）．

　本書では，第5章–22で市街化による里地里山のチョウ類の衰退について京都市において博物画や標本コレクションなどから明らかにした事例を，第5章–26では都市域の企業の造成したビオトープ池における水生動物や水生昆虫の多様性保全の試みを紹介している．また，市街地の河川やため池などでは外来種や他地域の動植物の侵入が見られるが，第4章–17ではメダカ類について遺伝的撹乱も生じている事例を紹介している．

5　おわりに〜自然と共生する社会を目指して〜

　レイチェル・カーソンが「沈黙の春」（カーソン，1964）を発表して有機塩素系の農薬などによる環境汚染が生態系や人間に与える深刻な影響を警告してから60年以上が経過した．その後，ローマクラブが「成長の限界」（メドウズほか，1972）と題する報告書でさまざまなシナリオを探究し，人類がこのまま自然資源や環境コストを無視して経済成長と消費を続ければ，やがて人間社会が崩壊する日がやってくると警鐘を鳴らしてからも半世紀以上が過ぎた．そして現在であるが，オゾン層の破壊問題はようやく改善のきざしが見えてきたものの，地球温暖化や生物多様性の減少をはじめとする地球環境問題の多くは未解決のままである．

　オゾンホール研究の業績でノーベル化学賞を受賞したパウル・クルッツェンは，2000年に開催されたIGBP（地球圏－生物圏国際共同計画）の科学委員会において，地球はこれまでの完新世（Holocene）の後の新たな地質学的時代に入ったとして，「人新世 Anthropocene」という概念を提唱した（ディクソン・

デクレーブほか，2022；前田，2023 など）．完新世は最後の氷期の終わりから始まり，安定した地球環境のもとで 1 万年以上にわたり人類の文明の発展を支えてきたが，人類の活動による影響がこの安定状態の維持に必要な気候，生物多様性，森林，生物地球化学的循環などの「地球の限界」（プラネタリーバウンダリーズ planetary boundaries）を超え始めてしまったという（ディクソン・デクレーブほか，2022 など）．

　昆虫についても，Hallmann *et al.*（2017）がドイツの自然保護地域における 27 年間の捕獲調査で飛翔昆虫の生物量が平均で 76％減少したとする報告をオープンアクセスジャーナルに発表して，世界に衝撃が走った．日本でも，モニタリングサイト 1000 の里地部門の報告書で里地里山の「普通種」のチョウ類の約 4 割が絶滅危惧種並みの減少率を示したほか，水辺の指標種にしているゲンジボタルやヤマアカガエルのほか，ノウサギやカヤネズミ，ハシブトガラス，ヒヨドリ，ツバメなどの身近な生物の減少傾向も明らかになった（石井，2022 など）．Hallmann *et al.*（2017）の報告で解析に関わったデイヴ・グールソン（2022）は「サイレント・アース　昆虫たちの「沈黙の春」」と題する著書の中で，世界の昆虫の減少とその要因について総覧し，昆虫の減少を止めるための方策を提案している．グールソンは，残された時間はなくなりつつあるものの，私たち人間が手を差し伸べることで昆虫の危機を救うことはできるとしている．

　前述のように，昆虫は水域を含む陸上生態系の大部分に生息し，小型あるいは微小ながら圧倒的な個体数で捕食者や寄生者の食物となり，種子植物の花粉媒介に寄与し，生物の遺体や排泄物を分解するなど，他の生物の豊かさや個々の生態系の機能を支えている．昆虫のレッド種の増加は，自然環境の悪化を映すものであるとともに，生物多様性全体に影響するものとして懸念される．ほとんどの昆虫は人間の存在なしで生活できるが，人間はそうはいかない．例えば，地球上の植物の約 8 割は昆虫がいないと受粉できず，農作物も同様である（グールソン，2022）．生物学者で「生物多様性の父」とも呼ばれるエドワード・ウィルソンは，昆虫と陸生の節足動物が絶滅すると，両生類，爬虫類，鳥類，哺乳類の大部分とともに人類もおそらく数か月ももたないとし，やがて陸上生態系はほぼ古生代初期の状態に後戻りすることになるかもしれないと述べている（ウィルソン，1995）．

　これまで昆虫はどちらかというと有害生物として扱われる傾向が強かった．しかし，昆虫の大部分は「ただの虫」であり，「害虫」とされる種も生態系の

図7 モニタリングサイト1000の里地調査で減少傾向が示されたイチモンジセセリ（左）．幼虫（右）はイネツトムシと呼ばれる水稲の害虫（本文参照）．

中で重要な役割を担っている．例えば，前述のモニタリングサイト1000の報告書で高い減少率を示したイチモンジセセリ *Parnara guttata* は，幼虫がイネツトムシと呼ばれる水稲の食葉性害虫だが，成虫は農作物を含む多様な植物の花粉媒介者であり，幼虫も成虫も野鳥や他の昆虫類などの食物となり生態系を支えている（図7）．その意味で，完全な害虫という種はいないはずで，農林業などの現場でも共存の方向を探る必要がある．

　環境動物昆虫学の目標は，生物多様性が減少を続ける現代において自然と共生する社会の実現を指向し，昆虫を含む地域の生物多様性を自然資源として保全することであり，とりわけ昆虫については，生物多様性ばかりでなく個体群やバイオマスの減少をも食い止める手立てを探求するのが急務といえる．「(人と) 自然との共生」という概念は，稲作文化を育む中で里地里山での多様な生物との共存を経験してきた日本と違い，国際的には理解されにくいようであるが，「コスモス国際賞」でも使われている「harmonious co-existence between nature and humankind」という英訳で海外にも浸透しつつあるという（岩槻・太田編，2022）．環境動物昆虫学という新たな学問領域が多くの人たちに受け入れられ，発展し，自然と共生する社会の実現に貢献することを期待したい．

第1章　地域の生物群集を調べる

1　コウノトリの巣は
希少種アカマダラハナムグリの天国

那須義次

　一度は絶滅した国の特別天然記念物コウノトリ．国と豊岡市などの取り組みで再導入・野生復帰事業が行われ，次第に個体数が増えてきた．そこでは無農薬・減農薬でのコメ作りや冬水田んぼ，休耕田を利用した湿地づくりなどによる餌となる水生動物群集の回復がはかられ注目を集めてきた．しかし，意外と知られていないのがコウノトリ個体群の復活にともなう，やはり地域で一度は絶滅したと考えられていたアカマダラハナムグリの再発見である．ひとつの種が多くの種の生活を支えていることを示す好事例として紹介したい．

1　コウノトリとアカマダラハナムグリ

1）調査のきっかけ

　2009年5月に，当時兵庫県立コウノトリの郷公園に勤務されていた三橋陽子氏から村濱史郎氏を介して質問を受けたのが調査のきっかけであった．彼女は，同年5月18日に豊岡市戸島にあるコウノトリ *Ciconia boyciana* の巣上で死んでいたヒナ1羽を回収し，机の上にしばらく置いておいたところ，ヒナの体から這い出して来たきれいな甲虫を3個体見つけた．これは，兵庫県では当時絶滅したと考えられていたコガネムシ科のアカマダラハナムグリ *Anthracophora rusticola* であった（兵庫県，2003）．質問は，この甲虫で間違いがないか，本種は最近猛禽類の巣で発見されているが，どのような甲虫かといったことであった．この発見のニュースは，同年6月10日の神戸新聞に掲載された．

　絶滅種のはずのアカマダラハナムグリがコウノトリの死んだヒナに3個体もついていたのはなぜだろう．単なる偶然か，それともこの甲虫とコウノトリには強い結びつきがあるのか．これは絶対面白い研究になると思った．

2）アカマダラハナムグリは里山の昆虫

　アカマダラハナムグリ（以前は，アカマダラコガネと呼ばれていた）は，体

長が 15 〜 21 mm の，黄褐色と黒色の斑模様のきれいな甲虫（図1）で，北海道から九州に分布し，国外ではベトナム北部からロシア東部までの東アジアに分布するコガネムシ科ハナムグリ亜科の甲虫である（酒井，2012）．40年以上前は各地の里山で普通に見ることができたが，近年急速に減少し，県によってはレッドリストの絶滅危惧種に指定されている（槇原ら，2004）．

図1　コウノトリの巣から羽化したアカマダラハナムグリ成虫．

生活史の知見としては，成虫がクヌギやコナラの樹液に集まり，幼虫が堆肥や藁屋根等植物が腐植した中で育つとされていた（村山，1950；伊賀，1955）．しかし，この甲虫が，2000年以降ハチクマ *Pernis ptilorhynchus*，オオタカ *Accipiter gentilis* やサシバ *Butastur indicus* といった里山の猛禽類の巣や巣の下の土壌から続々と発見され，肉食性が強そうだということがわかってきた（槇原ら，2004；佐藤ら，2006；山田ら，2007 など）．

図2　コウノトリの勇姿．翼を広げると2mにもなる（三橋陽子氏撮影）．

3）コウノトリとは

　ここで，コウノトリについて簡単に紹介しておこう．コウノトリは，中国東北部とロシア極東部，日本に分布するコウノトリ科の鳥で，樹林が散在する湿地草原で繁殖し（中村・中村，1995），翼を広げると2mにもなる大型の鳥類である（図2）（水谷・叶内，2017）．主にドジョウやコイなどの魚，貝，両生類，昆虫，小哺乳類などを餌にしている（中村・中村，1995）．昔は各地の農耕地で生息していたものが，しだいに個体数を減少させ，近年は兵庫県豊岡市でほそぼそと生息していたが，1971年に最後まで生きていた個体が死亡したため，日本のものは一端絶滅した．国と豊岡市は，1985年にロシア産のコウノトリを再導入し，再びコウノトリが飛び交う市にしようと，飼育を続けて個体数を

図3 電柱の上に作った巣でヒナを育てるコウノトリ（三橋陽子氏撮影）

図4 人工巣塔の巣．高所作業車を使って，高さ12m以上に登って調査した．

増やしながら，地域全体でコウノトリの生育に適した環境作りや餌資源の確保等に取り組んできた．2005年から野外への放鳥を開始したところ，翌2006年には，コウノトリは農耕地に設置された人工巣塔や電柱上で巣作りを再開し始めるまでになった（図3）（Osako *et al.*, 2008；豊岡市，2021）．現在では，取り組んできた保護活動が実を結び，豊岡市で放鳥したものが各地に飛来するようになり，徳島県と島根県などでも野外で繁殖を始めている（徳島県コウノトリ定着推進連絡協議会，2021；雲南市，2021など）．

2　アカマダラハナムグリは本当に兵庫県の絶滅種か？
1）なんて大きな巣だ（1回目の調査）

　前述の三橋陽子氏を通じて，コウノトリの保護研究をされている兵庫県立大学の大迫義人氏を紹介してもらい，両氏に調査したい旨を伝えたところ，2009年8月に，人工巣塔の巣の調査をやるので，そのときに来ませんか，巣材の一部を持ち帰ってもよいですよとの返事をいただいた．いよいよ，この年の8月23日に豊岡市の4か所で人工巣塔を調査することになった．

　コウノトリは，高木の樹上に枯れ枝などを集めて，直径2mにもなる大きな

巣を作る．このため，巣作りしやすいようにと高木のかわりに高さ 12.5 m の人工巣塔が立てられている．図 4 に示したように，人工巣塔は細い支柱の上に，直径 1.6 m，深さ 17 cm の金属製の皿状の巣台を取り付け，巣台にあらかじめ少量の枯れ枝を乗せてある．このような巣なので，他の鳥の巣調査のように，木によじ登って調査できないし，登ろうと思ってもはしごもついていない（鳥の巣の調査方法は，那須ら（2018）に詳しい）．このため，高所作業車でオペレーターと一緒にバケットに乗り込み，高さ 10 m 以上まで上げてもらうことになる（図 4）．ま，上り下りは楽だが，高所が苦手な人にはお勧めできない．

調査した巣は，4 巣とも直径が約 1.8 m，深さが約 45 cm あり，親鳥が集めた枯れ枝が交互に積み重ねられて作られた大きなもので，巣の中心部の産座には，なんと草や土が大量に堆積しており，腐植土になっていた（図 5，7）．草

図 5　コウノトリの巣の上部，中心部の産座には大量の土と枯れ草があった．

図 6　ヒナの俵形をしたペリット，右端に餌の甲殻類の脚が見える．

図 7　産座を少し掘ったところ，土と枯れ草は腐植化していた．コウノトリの羽毛（左下）と甲虫の幼虫（右下）が見える．

図 8　巣底部の積み重ねられた枯れ枝，コウノトリの羽毛や糞が付着している．

図9 産座の腐植中から見つかった甲虫の穴が開いていなかった土繭．中を見ると羽化に失敗したアカマダラハナムグリ（左）とシラホシハナムグリ（右）が入っていた．

図10 甲虫の土繭．成虫の脱出穴が開いている．お互いに固着しているものが多い．

や土は，親鳥が産座を作るために草を根ごと引き抜いてくるので，これに付着していた土，そしてヒナは土ごと餌をもらうこともあるため消化できない土や骨などをペリット（図6）として吐き出したものに由来しているようだ．巣内には，コウノトリの羽毛，餌

図11 腐植中のアカマダラハナムグリの幼虫．成虫まで飼育できたので本種とわかった．

の食べ残し，ヒナのペリットや糞といった動物質も豊富に見られた（図8）．産座に大量の腐植土がある巣なんて，想像もしていなかった．

　巨大な巣を見て，どう調査したらいいか悩んだが，とりあえず産座の部分の土を掘ったところ甲虫の幼虫（図7，11）や土繭（図10）がでてきた．幸先がいい．ねらいどおり，幼虫や土繭はアカマダラハナムグリかもしれない．堆積物を大量に持ち帰る準備もしていなかったので，少量だけ持ち帰ることにし，各巣約 2.2 ℓ ずつ回収した．持ち帰った堆積物から，目視で甲虫類をわけ，幼虫は堆積物ごと容器に入れ，室内で飼育を続けた．目視で動物が発見できなかった堆積物も，同様に容器に入れて，飼育を続け，羽化成虫等を回収した．

　調査結果は表1に示したとおりであった．各巣の堆積物を少量しか回収していないにも関わらず，甲虫の幼虫と土繭を多数確認できた．甲虫の幼虫が7個体得られた巣があり，2個体が約1か月後の9月下旬に羽化し，アカマダラハナムグリと確認できた．回収した土繭は，長さが20 mmほどの小型のものと，

34 第1章 地域の生物群集を調べる

25 mm ほどの大型のものの2群に分けることができた．土繭は成虫の脱出穴があるものが多かった．脱出穴のない小型の繭の中に脱出できなかったアカマダラハナムグリ成虫の死体が，大型のものにはコガネムシ科のシラホシハナムグリ *Protaetia brevitarsis* のものが入っていた（図9）．これにより，小型の繭はアカマダラハナムグリ，大型のものはシラホシハナムグリが作ったものと判断できた．アカマダラハナムグリは多い巣で40個体，シラホシハナムグリは多い巣で6個体確認できた．蛾類では，ウスグロイガ *Niditinea tugrialis* が羽化した．

アカマダラハナムグリは兵庫県で絶滅なんかしていなかった．わずか2㍑ほどの腐植土中に生きた幼虫や40個もの繭があったのである．コウノトリの巣にたまたまやって来たのではなく，幼虫の繁殖場所として巣を積極的に利用している可能性が高いと考えられた．

2）電柱の巣を調査する（2回目の調査）

人工巣塔でなく，豊岡市野上にある電柱の上に巣をつくったコウノトリのカップルがおり，巣はそのまま放置しておくと漏電の原因になるので，繁殖が終わって幼鳥が巣立ったあとは，関西電力（株）が巣を撤去するので調査に来ますかと連絡があった．2010年2月のことである．撤去日は2月12日，撤去した巣は自由にできるということであった．これは，自分らで登る必要がなく，

表1　豊岡市のコウノトリ巣内の鞘翅目と鱗翅目昆虫の個体数（2009年8月と2010年2月調査）．
那須ら（2010）を改変

調査地	調査日	巣材の回収量	鞘翅目						鱗翅目	
			コガネムシ科						ヒロズコガ科	メイガ科
			アカマダラハナムグリ *Anthracophora rusticola*			シラホシハナムグリ *Protaetia brevitarsis*			ウスグロイガ *Niditinea tugurialis*	フタスジシマメイガ *Orthopygia glaucinalis*
			幼虫	土繭内の死亡成虫	羽化脱出穴のある土繭	幼虫	土繭内の死亡成虫	羽化脱出穴のある土繭	成虫	幼虫
百合地	2009年 8月23日	上層部の一部（約2.2㍑）		1	12				1 *	
伊豆			7 **							
福田					40			6		
戸島				1	19		1	1		
野上	2010年 2月14日	下層部の一部（約200㍑）			84	6		147		2 ***

* 2009年9月30日に羽化
** 2009年9月25日に羽化した2成虫を含む
*** 2010年3月上旬に1成虫羽化

調査が楽だと思ったし，巣全体の調査ができるかもしれない．しかし，撤去日は仕事の都合でどうしても行けないため，すでに撤去され地面に下ろされた巣を同年2月14日に調査した．巣は，撤去する時に残念ながらかなり壊されていた．巣の残骸を見ると巣の底部の枯れ枝に多数の甲虫類の土繭が付着している．このときは，底部の枯れ枝約200㍑中の土繭をできるだけ回収し，堆積物も一部持ち帰った．

結果は，表1に示したとおり，アカマダラハナムグリが84個体，シラホシハナムグリが153個体と想像していたよりも多数の甲虫が確認できた．蛾はフタスジシマメイガ Orthopygia glaucinalis が後日，堆積物から羽化した．しかし，今回も巣の一部しか調査できていない．巣全体では，どれくらいの甲虫がいるのだろうか．

3）巣の全体調査にチャレンジ（3回目の調査）

2010年8月に，その年の冬から豊岡市日撫にある電柱に巣作りをしたカップル（図3）がおり，幼鳥が1羽6月に巣立ったので，8月24日に関西電力（株）が撤去する予定だが調査に来ますかと連絡があった．バケットに乗って近くで巣を観察してもらってもよいと関電は言っている，しかもアカマダラハナムグリという絶滅危惧の珍しい昆虫もいるということで，地元の新聞社が取材にくるため，対応してほしいとのことであった．こんなチャンスはまたとない，これはぜひ行かねばなるまいと職場に年休を出して急ぎかけつけた．このときは，バケットに乗って間近に巣の状態や土繭の付着状況などを観察できた．こんどこそ，巣全体の調査が可能になるかもしれない．しかし，10m以上の高所で詳しい調査なんかできない．なんとか巣の形を保ったまま地面に下ろしてくれるよう，関電にお願いしたところ，巣の下に金属の角棒を差し込んでうまく持ち上げて，地面まで下ろしてくれた．関電さんには本当に苦労をおかけしました．

下ろされた巣から，生きたアカマダラハナムグリ成虫が出てきて，報道用の写真も撮影ができ，ほっとした．報道関係者がいると，虫がいな

図12　コカブトの成虫．

36 第1章 地域の生物群集を調べる

表2 豊岡市日撫のコウノトリの巣に生息していた動物（2010年8月24–25日調査）　那須ら（2012）を改変

綱	目	科	種	個体数
腹足綱	柄眼目	コウラナメクジ科	チャコウラナメクジ *Lehmannia valentiana*	2
		ナメクジ科	ヤマナメクジ *Meghimatium fruhstorferi*	1
貧毛綱	ナガミミズ目	フトミミズ科	フトミミズ類 *Pheretima sp.*	4
甲殻綱	等脚目	ワラジムシ科	ワラジムシ *Porcellio scaber*	50＋
倍脚綱	オビヤスデ目	ヤケヤスデ科	ヤケヤスデ類 *Paradoxosomatidae sp.*	10＋
昆虫綱	革翅目	マルハネハサミムシ科	ヒゲジロハサミムシ *Gonolabis marginalis*	20＋
	鞘翅目	ゴミムシダマシ科	ゴミムシダマシ類 *Tenebrionidae sp.*	1（幼虫）
		コガネムシ科	アカマダラハナムグリ *Anthracophora rusticola*	291
			シラホシハナムグリ *Protaetia brevitarsis*	14
			コカブト *Eophileurus chinensis*	5

表3 豊岡市日撫のコウノトリの巣内のコガネムシ科の成虫，蛹と幼虫の個体数（2010年8月24–25日調査）　那須ら（2012）を改変

種	羽化成虫	土繭内の成虫	土繭内の蛹	土繭内の死亡幼虫	羽化脱出穴のある土繭
アカマダラハナムグリ *Anthracophora rusticola*	3	12	6	2	268
シラホシハナムグリ *Protaetia brevitarsis*	0	0	0	0	14
コカブト *Eophileurus chinensis*	0	2	0	0	3

かった場合のことを考えると心配だった．今回は巣を丁寧に撤去してくれたので，枯れ枝に付着している甲虫の土繭をほぼすべて回収でき，産座の堆積物もできるだけ持ち帰ろうと大型容器を2個準備していたので，約68％回収することができた．後日，この電柱に巣を作っていたカップルの片方が死亡したので，電柱に巣を作るものがいなくなったと聞いた．やはり，チャンスは何度も来ないのだ．無理してでも調査に行って良かった．

　この時の調査結果は，表2と表3に示したとおりであった．アカマダラハナムグリは，蛹を入れて成虫が23個体，羽化後の空の土繭が268個確認できた．なんとコウノトリの1巣に300個体近くいたことになる．絶滅していたと思われていたものが，コウノトリの巣にこれだけ多くいるとは，たいへんな驚きであった．まさに，アカマダラハナムグリにとって，コウノトリの巣は天国だ．甲虫は他にシラホシハナムグリが14個体，今回はじめてコガネムシ科のコカブト *Eophileurus chinensis*（図12）が5個体とゴミムシダマシ科と思われる幼虫が1個体得られた．堆積物からは，表2に示したとおり，昆虫以外ではナメクジ類，ワラジムシ *Porcellio scaber*，ヤケヤスデ類，ヒゲジロハサミムシ

Gonolabis marginalis，ミミズ類も確認できた．中でもワラジムシやハサミムシ，ヤスデが多かった．今回は，目視で確認できた動物だけの調査であったが，より小さなトビムシ類やダニ類も豊富にいたと考えられる．堆積物中には思っていたよりもいろんな動物がいることがわかったのだ．

3　アカマダラハナムグリはコウノトリの巣をどのように利用しているのか
1）アカマダラハナムグリと鳥の巣

　前述のように，アカマダラハナムグリは，今までに国内ではオオタカ，クマタカ *Spizaetus nipalensis*，サシバ，ノスリ *Buteo buteo*，ミサゴ *Pandion haliaetus*，トビ *Milvus migrans* の巣や巣の下の地面（槇原ら，2004；佐藤ら，2006；山田ら，2007；常永ら，2009；野中ら，2010；飯島，2011；越山，2012；越山ら，2012；長船・越山，2014）から，韓国ではアカハラダカ *Accipiter soloensis* の巣（Choi *et al.*, 2008）から発見されている．九州以北の国内で繁殖するタカ目12種（水谷・叶内，2017）のうち，なんと半数以上の7種から記録されたことになる．しかも，アカマダラハナムグリは少数が巣を利用しているのではなく，ハチクマの巣から100個体以上の幼虫が発見されている（槇原ら，2004）．

　しかし，本種は猛禽類の巣に特有でないこともわかってきた．猛禽類以外では，コウノトリの巣以外に，カワウ *Phalacrocorax carbo*（山本，2010）とハシボソガラス *Corvus corone* の巣（永幡ら，2013）にも生息することが報告されている．最近では，新潟県佐渡島で落鳥したトキ *Nipponia nippon* のヒナの胃内容物から本種成虫の破片が発見され，その破片の状態から成虫が産卵のために巣内に潜り込んだところを，ヒナに捕食されたと推測されている（岸本，2019）．トキの巣でも繁殖している可能性がある．

　私は，多くの鳥の巣を調査してきたが，同じような肉食性を示すフクロウ類やブッポウソウ *Eurystomus orientalis* といった樹洞に巣を作る習性をもつ鳥の巣からは，アカマダラハナムグリは発見されていない．このような巣に生息する甲虫は，シラホシハナムグリ（那須ら，2011），コブナシコブスジコガネ *Trox nohirai* とチビコブスジコガネ *Trox niponensis* である（稲垣・稲垣，2007；稲垣，2008；浅野ら，2016，2017；那須，未発表；佐藤ら，未発表）．このように，アカマダラハナムグリが繁殖に利用している鳥の巣は，比較的大きな上部が開けた開放巣で，巣内に巣材由来等の腐植などを含む堆積物があり，かつ肉食性が強いかあるいは雑食性の鳥の巣であることがわかってきた．甲虫の種類によっても，繁殖に利用する鳥の巣を選択していることがわかってきた．

２）アカマダラハナムグリは何のために巣にやってきたのか

　はじめてコウノトリの巣の死んだヒナからアカマダラハナムグリ成虫が見つかった時，私は死亡したヒナの匂いにつられて成虫が巣にやってきたのか，ヒナの体液を吸ったり，肉を食べたりしているのか，あるいはコウノトリの巣を幼虫繁殖に利用しているのではないかと考えた．今回の３回の調査で，この甲虫はコウノトリの巣を繁殖のため積極的に利用していることがわかった．

　では，成虫が死亡したヒナの匂いに誘引されたのか，これは今のところ不明である．しかし，成虫が乾燥鶏糞に誘引される可能性が予備的な試験で確かめられている（那須，未発表）ことから，動物死骸あるいは鳥類の巣の匂いに集まる習性をもっている可能性がある．成虫が死んだヒナの体液を吸っていたのか，あるいは肉を摂食していたのかという点については，いずれも直接的な観察は今のところない．成虫は樹液に集まるという観察は昔からあるのだが，肉食性もあるという証拠はまだない．今後，実験的に確認する必要があるだろう．

　アカマダラハナムグリの幼虫は，腐植土だけでなく鶏肉を与えて飼育すると生存率が上がり幼虫期間が半分以下に短縮することが実験的に確かめられている．このことから，鳥の巣で繁殖する理由は幼虫がヒナの食べ残した肉を餌として利用するためであると考えられている（Koshiyama *et al.*, 2012；越山, 2014）．私も幼虫が鶏肉をよく食べることを確認している．このことから，本種はコウノトリの巣では餌の食べ残しやペリットを摂食していた腐肉食者と考えられる．

３）アカマダラハナムグリの生活史

　豊岡市におけるアカマダラハナムグリの観察記録として，今回の調査以外では，大迫義人氏が2008年8月12日，豊岡市伊豆のコウノトリの巣内に甲虫の幼虫を1個体，2010年5月3日，この巣の枯枝に止まっていたアカマダラハナムグリ成虫1個体を発見している．幼虫は，形態および発見時期から推察して，本種を含むコガネムシ科である可能性が高い．前述したが，2009年5月18日，豊岡市戸島のコウノトリの巣から回収された死亡ヒナ1羽に付着していたアカマダラハナムグリ成虫が3個体発見された（神戸新聞2009年6月10日）．三橋陽子氏の観察によると，3個体の中には雌も含まれ，シャーレ内で白い俵型の卵（長さ約2 mm，直径0.5〜1 mm）を3個産卵したが孵化しなかったとのことである．

　以上の知見と今回の調査結果をまとめてみると，豊岡市では，アカマダラハ

ナムグリ成虫は5月上旬にコウノトリの巣に飛来し産卵，幼虫が巣内で発育して，8月中旬頃から9月上旬までに羽化することがわかった．さらに，2009年の8月24日時点で巣にいたアカマダラハナムグリ成虫はごく少数であり（那須ら，2012），翌年2月の巣全体の調査でも巣内に成虫が見られない（那須ら，2010）ことから，羽化後の成虫は巣からすぐに飛び去るものと考えられる．越冬は，成虫態でおこなうことが確かめられている（槇原ら，2004；那須ら，2012など）ため，おそらく，堆肥内などの別の場所で越冬するのだろう．

4）アカマダラハナムグリの減少の要因と保護

　かつては里山に普通にいたアカマダラハナムグリが衰退した要因は何だったのか．槇原ら（2004）は猛禽類の減少，Koshiyama *et al.*（2012）はカワウの減少との関連を示唆した．しかし，本種の幼虫は猛禽類とカワウだけでなく，コウノトリをはじめ他の鳥の巣からも見つかっている．本種はこれまで見てきたように鳥の巣と関係が深い甲虫と考えられるが，過去の観察では堆肥中でも幼虫が確認されている．那須ら（2010）は，本種の動物質食への依存性が強い（Koshiyama *et al.*, 2012；越山，2014）ことから，他の開放巣を作る動物食性あるいは雑食性鳥類の巣内堆積物，厩肥や動物質を多く含んだ堆肥なども広く利用していると推察した．

　事実，その後，雑食性のハシボソガラスの巣から幼虫が，動物食性のトキの巣からも幼虫ではないが成虫が見つかった．これらは那須ら（2010）の指摘するように，近年，本種が各地で激減したのは，猛禽類などの鳥類や野積み厩堆肥などの減少といった複合的な里山環境の変化の可能性が高いことを裏付けるものと言えるのではないだろうか．

　今回の3回のコウノトリの巣調査で調査した6巣すべてでアカマダラハナムグリを確認し，相当数の幼虫が生息し，成虫に育っていることは，アカマダラハナムグリはコウノトリの巣といった生育に好適な環境が再生されさえすれば，速やかに繁殖に利用し，個体数を増加させるものと考えられる．我々がおこなったコウノトリの巣調査は，一度は絶滅したコウノトリの保護がアカマダラハナムグリといった希少な甲虫の保全にもつながることを示した，たいへん興味深い研究になった．

　兵庫県では当時絶滅したと考えられていたアカマダラハナムグリであった（兵庫県，2003）が，コウノトリの巣調査で相当数生息することがわかった．このため，その後Aランク（環境省レッドデータブックの絶滅危惧Ｉ類に相当）

40 第1章 地域の生物群集を調べる

に変更された（兵庫県，2012）．

4 異分野間の共同研究のすすめと今後の課題

　コウノトリの巣の調査は，私個人だけでできる調査ではなく，多くの人の協力があったからこそ，実現した研究であった．さまざまな鳥の巣を調査するためには，鳥の繁殖状況の情報が必須で，巣は高木の上などに作られることが多く，木に登って巣を調査回収する必要がある．しかし，私は木に登れないので，巣に登って，巣材を回収してもらう共同研究者が不可欠であった．巣の情報は，各地の日本野鳥の会会員や鳥の研究者などの多くの人から提供してもらったり，場合によっては巣の巣材を送ってもらったりした．

　今まで，我が国での鳥の巣調査は，比較的調査が容易な市街地の鳥の巣に限られてきたが，近年，高木に作られる巣などの調査困難な巣も研究されるようになり，ここで紹介したような鳥，鳥の巣と昆虫の3者の関係の一端がわかってきた．これは，昆虫研究者だけでなく，鳥類研究者との共同研究の成果といってよい．ここでは，鳥と昆虫など一部の動物の関係の紹介だけであったが，鳥の巣内には他の生物，微生物も多数生息しているはずで，これらが複雑な生態系を形成していると推察される．今後，鳥類の巣内共生系の構成種の詳しい調査を進めるとともに，それぞれの種が果たしている役割を定量的に調査し，巣内共生系の実態を明らかにする必要があるだろう．

　また，コウノトリの巣の調査は，地域全体で取り組んできた保全活動が，コウノトリだけでなく希少な甲虫の保護にもつながるという，今後の活動の方向性を考えていく上でも貴重な研究になったと思っている．若い研究者が，今後より多くの異分野研究者との共同研究に乗り出すことを期待したい．

謝辞：コウノトリの巣調査では，当時兵庫県立コウノトリの郷公園におられた三橋陽子氏と兵庫県立大学の大迫義人氏には多くの情報提供を受けるとともに，調査の便宜をはかっていただき，コウノトリや巣の写真の提供も受けた．大学の研究室の先輩で立教大学名誉教授の上田恵介氏には，多くのご助言をいただくともに，調査費用に充てるための科学研究費の獲得に研究代表者として尽力していただいた．また，越山洋三氏からは甲虫類の食性等について，加藤敦史と松本武の両氏にはシラホシハナムグリの同定についてご助言いただくとともに，狩野泰典氏にはナメクジ類の同定をしていただいた．安田耕司，佐藤宏明，三橋弘宗，田中寛，柴尾学および大島一正の各氏には文献複写等でお世

話になった．豊岡市とコウノトリ湿地ネットには管理敷地内での調査に対し，ご配慮いただいた．電柱に作られた巣の調査では，関西電力（株）の方々にご足労をおかけした．コウノトリをはじめさまざまな鳥の巣調査では，村濱史郎氏，松室裕之氏，村濱千栄子氏の協力が欠かせなかった．厚く感謝申し上げる．本研究の一部は，日本学術振興会科学研究費（基盤 C：課題番号 21570102）の支援を受けた．

Photo Collection

湿地でたたずむコウノトリ

2010年8月24日　豊岡市祥雲寺　那須義次撮影

電柱の上に作られたコウノトリの巣を撤去する

2010年8月24日　豊岡市日撫　那須義次撮影

第1章　地域の生物群集を調べる

2　水田生物の多様性

夏原由博

　水田は水稲の栽培のために維持・管理されてきた農地であるが，多種多様な生物が生息・利用する里山の生物多様性の要でもある．しかし，近年，開発や圃場整備，農薬の影響などにより，この里山の湿地ではかつての身近な生物の衰退が続いている．水田生態系における生物多様性の保全は重要な課題と言えるが，ここではとくに動物を対象として，主な種の生活史上の特徴や調査・研究法などについて概説する．

1　はじめに

　我が国の水田面積は 2.4 万 km^2（2018 年）で，これは山地や水面を除いた可住地面積 10.35 万 km^2 の 1/4 に達する．一時的にそこが水で満たされることは，自然環境に大きな影響をもたらすことが想像できる．また，日本の湿地面積が 821 km^2（1999 年）なので，水田が湿地を利用する生物にとっていかに重要かがわかる．しかし，水田面積は最も大きかった 1969 年の 3.4 万 km^2 から 1 万 km^2 減少し，耕作放棄農地は 2015 年には 4,230 km^2 に達している．

　水田で記録されたことのある生物は 2020 年 10 月の時点で 6,305 種にのぼる．それらが掲載された「田んぼのいきもの全種リスト」は琵琶湖博物館が公開しているデータベースで，桐谷（2010）を引き継いで整理されたものである．それらのすべてが水田を主な生息・生育場所としているわけではない一方で，バクテリアの多くなど掲載できていない生物もある．

　ここでは，まず，水田生態系（水田および水路やため池の生物間および生物と環境の関係の総体）の特徴について概説する．そして水田の生物多様性の調査研究について紹介する．

2　水田とそこに住む生物の特徴

　水田には，その特殊な環境を巧みに利用できる生物たちが集まり，食う食わ

れるの関係でつながっている．水田が他の農業と異なる点は土地が水によって満たされることである．それによって水生生物の生息が可能となる．しかし，川や池とは異なった環境である．水田は一時的な水域である．田植え前に水を入れ，その後中干しと再湛水を経て稲刈り前に水が抜かれる．そのためほとんどの水生生物は水田だけで生活史を完結することができない．また，水田は浅いために水底にまで光がとどき，施肥によって富栄養である．これは藻類にとって増殖しやすい環境である．

田植え前，水田に水が入ると，それまで休眠していた藻類が再び増殖をはじめ，代かき後1週間で最大に達し，やや遅れて動物プランクトンが増加する（倉沢，1956）．湛水初期には灌漑水に土壌からの溶出や施肥によって窒素，リンなどの栄養塩が供給され，湛水期間中でもっとも富栄養化した状態になる．また光を遮るものがない，水深が浅いため水温が上がりやすいといった，藻類の増殖に有利な条件が重なって大増殖を引き起こす．同時に，バクテリアの増殖も始まり，バクテリアを餌とする原生動物が増加する（Murase and Frenzel, 2008）．藻類や原生動物を餌とするミジンコなど動物プランクトンの増加へとつながる．

そうしたプランクトンを求めて，水生昆虫が産卵する．しかし，夏には水田が排水（中干し）されることもあり，水田に一生留まる昆虫はほとんどいない．水田との接触を逃れる種もあれば，灌漑池などの永久水に移動する種もある（Mukai *et al.*, 2005）．このように，水田の水生昆虫にとっては，水田単独ではなく，周囲にある樹林や水路，ため池などを含むランドスケープスケールの条件が重要である．本州で水田を利用するトンボは31種である（市川，2020）．中でも水田環境をうまく利用しているのがアキアカネ *Sympetrum frequens*（赤とんぼ）である．本種は年1化で，水田土壌の中で卵で越冬する．卵は田植え前に水田に水が入ると孵化する．6月中旬頃，中干し前に羽化した成虫は暑さを避けて高い山に向かい，夏を過ごす．秋になると再び低地に降りて，稲刈りが終わった水田の水たまりに産卵する．埼玉県大宮市の水田では，アキアカネの羽化前のヤゴが4個体/m² 生息し，97 ha の水田全体では173万個体のシナハマダラカ *Anopheles sinensis* のボウフラのうち68万個体（39%）がアキアカネのヤゴに捕食されたと推定されている（浦部ら，1990）．

タガメ *Kirkaldyia deyrolli* も，日本では水田が主要な生息場所である．成虫は体長が5〜6 cm あり，水田の中では最大の捕食者である．餌は主にドジョウ *Misgurnus anguillicaudatus* やカエル，オタマジャクシだが，ニホンマムシ

Gloydius blomhoffii を捕食した例も報告されている（大場，2012）．越冬した成虫は 5 月ごろにため池や水路に移動し，6 月頃に産卵する．幼虫は 1 か月ほどで成虫になると，水田を離れて，水路やため池に移動する．マークを付けて追跡したところ最大で 3 km ほど移動した（市川・北添，2009）．10 月ころになると次第に水辺を離れ，林床の落ち葉の下や湿地で越冬する．

　魚もまた，水田の豊富な餌を求めて水田で産卵する．水田では外来種のカラドジョウ *Paramisgurnus dabryanus* 1 種を含む 18 種が記録されている（片野，1998；中村，2007）．金尾（2020）は水田地帯に特徴的に出現する魚種として，67 種をあげ，そのうち 57 種が本州でみられるとしている．魚類による水田や水路の利用方法はさまざまである．水田や水路で産卵する種，稚魚期の生活場所として利用する種，稚魚から成魚までの生活場所として利用する種，河川・湖沼から迷入する種である．

　カエルやサンショウウオなど両生類も水田の豊富な藻類や有機物の恩恵を受けて繁殖する．ニホンアカガエル *Rana japonica* の卵塊数は 0.01 ～ 1.3 /m^2（Matsushima and Kawata, 2004）や 0.1 /m^2（渡部ら，2014）などの値がある．卵 1 個は 7.5 mg で 1 卵塊は 1,700 個程度の卵を含んでいる．0.1 卵塊 /m^2 の場合には，1 m^2 あたり 170 個体，1.2 g のおたまじゃくしが誕生する．谷津田でのカエルの生体重も 1.2 g/m^2 という調査がある（成田国際空港株式会社，2018）．標準サイズ（3,000 m^2）の水田であれば，3.8 kg である．このように，魚やおたまじゃくしは現存量が大きく，食物連鎖に影響力をもち，生態系の安定性に関与している．その影響のメカニズムには，(1) 採餌による下位の栄養段階への影響，(2) 餌としての上位の栄養段階への影響，(3) 物理的に環境を変えるエコシステムエンジニア，(4) 両生類では水域と陸域の間の物質移動がある．カエルの中には田植え後に産卵する種と田植え前に産卵する種がいる．前者にとっては中干しが，後者にとっては圃場整備による乾田化が脅威である．

　カエルを求めて，ヘビがやってくる．水田でよくみられるヘビはシマヘビ *Elaphe quadrivirgata*，ヤマカガシ *Rhabdrophis tigrinus*，ニホンマムシである．シマヘビとヤマカガシの餌の 80％以上がカエルである（門脇，1992）．面白いことに，ヤマカガシはヒキガエル *Bufo japonicus* を食べるが，シマヘビは食べない．ヒキガエルの毒のためだろうか．ヤマカガシはヒキガエルの毒を自分の毒として利用しており，ヒキガエルのいない金華山のヤマカガシには毒がないという（Hutchinson *et al.*, 2007）．

　韓国と日本では，在来種の鳥類 430 種のうち 30％以上（135 種）が水田を利

46 第1章 地域の生物群集を調べる

用しており，水田を利用している135種のうち24％（32種）が世界規模また
は国内規模で絶滅危惧種に指定されている（Fujioka *et al.*, 2010）．サギ類は湛
水後の稲の高さが低い時に水生動物や昆虫を捕食する．滋賀県と愛知県の水田
で観察したところ，チュウサギ *Ardea intermedia* は10分あたり16個体の餌を
食べ，そのうち5.7個体はおたまじゃくし，3.3個体はドジョウであった（夏
原ら，未発表）．稲が成長すると水田で餌を獲ることが難しくなるため，休耕
田や河川に移動する（Fujioka *et al.*, 2001）．猛禽類のサシバ *Butastur indicus* は
夏鳥で，谷津田近くの樹上に営巣して水田や草地でカエルやヘビなどを捕獲す
る（東ら，1998）．大阪府南部での営巣数は1977年から1980年にかけて37ペ
アであったものが，2020年には9ペアと1/4に減少している（小室ら，
2021）．

　水田の特徴は水によって満たされることだと書いた．実はこれが水田に多様
な生物が生息できる最大の鍵である．畑では作物以外の植物は作物の成長を阻
害するため除草され，畑の動物は，土壌動物を除くと，作物を一次生産者とす
る食物連鎖によって成り立っている．すなわち，害虫とその天敵である．しか
し，水田では，イネから始まる食物連鎖だけでなく，大発生しない限りは問題
にされない藻類から始まる食物連鎖が存在する．水生動物は害虫でなく，クモ
やカエルなど害虫の天敵となる捕食者をささえている．桐谷（2004）のいうた
だの虫である．

3　水田の生物多様性を調べる研究方法
1）水田の生物多様性の研究方法

　生態学の研究方法には，観察（観測），メタ解析，実験，モデルがある．管
理された環境下で実験がおこなわれることの多い分子生物学と異なり，生態学
では野外観察が現象解明や仮説検証の重要な方法となる．まったく予見を伴わ
ない観察から得られる事実も多い．しかし，特定の仮説を検証するための観察
は，対象とする要因以外が同質であるような調査地を選んで調査するなど，適
切な計画が必要である．また，複数の要因の影響が考えられる場合には，統計
モデルによる解析が必要である．メタ解析は，過去におこなわれた複数の研究
データを集めて，統計的方法を用いた解析である．個々の研究の反復数が少な
い場合や複数の研究で得られた結果が一致しない場合に有力な方法である．水
田の場合には，大学や試験機関の農場であれば，ほぼ等しい環境の圃場が得ら
れるので，農薬散布の有無など野外実験も可能である．

生物多様性を研究する第一の目的は，生物多様性に影響を与える要因の特定と多様性を高める方法の開発にあるだろう．水田に限らず農地の生物多様性はランドスケープとローカルな条件の影響を強く受ける（Bennet et al., 2006）．水田の生物にとっての脅威は，周辺の都市化，圃場整備やそれにともなう乾田化や水路のコンクリート舗装，そして農薬である．Katayama et al.（2015）は，圃場整備は主に脊椎動物，農薬は無脊椎動物への影響が大きかったとしている．有機塩素系農薬が主流だった1960年代以前と異なり，現在使用されている殺虫剤は脊椎動物への毒性は低いが，昆虫への作用は強い．

2）ランドスケープの中での生活史の研究

水田は，里山ランドスケープの一部である．このランドスケープは，休耕田，草原，森林，池，用水路などがモザイク状に配置されており，高い種の多様性が維持されている（石井，2001）．

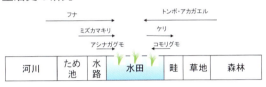

図1　水田の変化と生物の行き来．栽培期には水辺となって，周辺の水辺に生きる生物が進入する．

生物の一時的な生息場所である点は水田のみならず，多くの耕作地に共通である．作物を食べる害虫やその天敵は周囲の半自然草地から移動してくること，そのため耕作地周辺のランドスケープが害虫の個体数に大きな影響を与えることが指摘されている（Hogg and Daane, 2010）．水田の生物もまたランドスケープに依存している．多くの種は水田が干されるとため池などの恒久的な水域に移動する（日比ら，1998；Mukai et al., 2005）（図1）．

（1）マーク再捕法

水田の昆虫による水田周辺の環境の利用を研究する方法としてはマーク再捕法がある．Mukai et al.（2005）は，山間地の水田でタガメをマーク再捕法によって調査し，本種がタイプの異なる水域を使い分けていることを示した．他にも，タイコウチ Laccotrephes japonensis の生存率は水田よりため池で高い（Ohba and Goodwyn, 2010），アジアイトトンボ Ischnura asiatica の移動距離が1.1～1.2 kmである（若杉ら，2002），森林と隣接した水田でシオヤトンボ Orthetrum japonicum は，羽化後にオスは水田にとどまるが，メスは森林と水田を行き来

する（Watanabe and Higashi, 1989），非灌漑期と灌漑期の間での魚の70％以上の個体が200 m 未満しか移動しなかった（皆川ら，2010），ニホンアカガエルの90％が産卵場所から 200 〜 270 m 以内で，ヤマアカガエル *Rana ornativentris* が 330 〜 390 m 以内で採捕された（Osawa and Katsuno, 2001）などの研究がある．

　マーク方法としては，油性ペイントによる体表のマークの他，蛍光塗料を皮下に注入するイラストマータグ（竹村ら，2012），RFID（radio frequency identifer）技術を用いた PIT タグ（野田ら，2019）やハーモニックレーダー（Rowley and Alford, 2007）を用いるパッシブタグ，発信機装着（Kissling *et al.*, 2014），GPS 装着（嶋田ら，2012）などの方法がある．PIT タグはガラス容器に電磁コイル，コンデンサー，マイクロチップを入れた装置で，ディテクターから電波をあてると特定の識別コードを返すため，再捕獲しないで個体を確認できる．大きさは直径 1 〜 2 mm，長さ数 mm 程度で，両生類では体内に埋め込んで使用する．ハーモニックレーダーは雪崩救助用に開発されたもので，レーダーから発せられた電波を受けたタグは周波数を変えて反射し，その電波をレーダーで受信する．カエルでは森林内でも 15 m 程度離れた地点から RFID タグを装着した個体が確認できた（Rowley and Alford, 2007）．これらパッシブタグは，無線テレメトリで使用される能動型発信機とは異なり，重量が非常に軽いため，より多くの動物に使用することができる．しかし，ハーモニックレーダーで最大数十 m（Psychoudakis *et al.*, 2008），RFID タグで通常は 1 〜 5 m 未満など検出距離が短いことが制約となっている．体内に入れる PIT タグは，脱落や死亡なども生じる恐れがある．カエルで指切り，イラストマータグ，PIT タグを比較したところ，指切りによる識別が 96％だったのに対し，皮下に入れた PIT は 73％，イラストマーは 18.4％であった（Brannelly *et al.*, 2013）．

（2）発信機と GPS

　動物に装着する発信機も数多く開発されている．重量 0.2 〜 0.5 g ほどの発信機が両生類や昆虫で使用されている（Baldwin *et al.*, 2006；Hagen *et al.*, 2011）．使用可能期間はバッテリーの能力に依存するため，0.2 g の発信機は 1 〜 2 週間しか使用できない．フィールドで昆虫を無線追跡する際の現在の課題は，バッテリーの寿命が短い（7 〜 21 日），地上での追跡範囲が限られている（100 〜 500 m），発信機の重量が昆虫の重量に近づくことがあるなどである（Kissling *et al.*, 2014）．個体に装着する発信機や GPS の重量は，両生類では 10％以下（Richards *et al.*, 1994），鳥では 3 〜 3.6％以下（Phillips *et al.*, 2003；

Vukovich and Kilgo 2009）が望ましいとされる.

　鳥類は移動距離が大きいため，発信機装着による追跡は困難である．毎年同じ場所で営巣するような種であれば GPS ロガーを装着して回収することができる（依田・牧口，2017）．回収が困難な種では，GPS 発信機が用いられ，GPS で取得した位置情報を電波で発信し人工衛星経由で取得する（嶋田ら，2012）.

　ランドスケープの影響を間接的に調べる方法には，水田周囲の土地利用と水田内の生物の密度を関連付ける方法がある．イネの害虫であるアカスジカスミカメ *Stenotus rubrovittatus* は水田内の雑草密度，周辺 400 m 内の休耕地面積と正の相関がみられた（Takada *et al.*, 2012）．また，水田内のクモの種数は，周囲 300 〜 500 m の森林面積の影響を受けていた（Miyashita *et al.*, 2012）．アオガエル類やアカガエル類は成体が森林で生活するため，森林と接した水田に産卵する．サシバの繁殖を成功させるには，田んぼと森のモザイクが必要である（東ら，1998）．サギは集団営巣するため，繁殖期の水田への飛来数はコロニーからの距離が関係すると思われる．ダイサギ *Ardea alba* の飛来数はコロニーからの距離にしたがって指数的に減少した（Nemeth *et al.*, 2005）.

２）農法の影響に関する研究

　農薬や水管理によって生物がどのような影響を受けるか，比較することによって検証できる．比較には，実験圃場を用いる場合と有機農法（化学農薬不使用）や環境保全型栽培（農薬使用回数減），冬期湛水などを実施している農家の水田と慣行水田を比較する場合がある.

（１）実験的手法

　殺虫剤は昆虫への影響は大きい．例えば，フィプロニルやネオニコチノイド殺虫剤の育苗箱適用がアカネ属に有害であることが報告されている．そうした知見は，試験水田で薬剤使用区と使用しない対照区を設けて比較する（小山・城所，2003）．あるいは，実験用マイクロ水田ライシメーターを用いた試験がなされる（Jinguji *et al.*, 2013）．また，対象種に殺虫剤を直接塗布あるいは噴霧して，濃度と死亡率の関係を見る殺虫剤効力試験がある．しかし，野外には多種の生物が生息し，すべての生物に効力試験をおこなうことは不可能である．そこで，生物種間の感受性差を統計学的に評価する「種の感受性分布，SSD」が考案された（永井，2017）．SSD は薬剤への感受性の異なる数種の生物を感

50　第1章　地域の生物群集を調べる

受性の順にならべて，農薬濃度の対数値と種の割合から回帰式を求め，リスク
指標とする.

　農薬は，餌の減少を介してトンボの幼虫に間接的に影響を与える可能性があ
る（Jakob and Poulin, 2016）. こうした食物連鎖を介した影響を調査するため，
より現実に近い方法として，野外環境を水槽に再現した実験装置であるメソコ
スムを利用した試験が開発されてきた（五箇，2017）. 除草剤の使用は，幼虫
が大型植物に依存しているため，イトトンボやサナエトンボなどの植物親和性
種に悪影響を与えることなどが明らかにされた（Hashimoto *et al.*, 2019）. また，
水田にフナ *Carassius* spp. の稚魚が生息することによって，ミジンコ類が捕食
によって減少し，藻類が増加するという栄養段階カスケードの減少も報告され
ている（Yamazaki *et al.*, 2010）.

（2）野外調査

　農法の異なる農家の水田間で比較する研究は多くなされている. 有機栽培の
効果は広く知られている（片山ら，2020）. 滋賀県と愛知県，合計3地域のそ
れぞれで慣行水田，特別栽培水田，有機水田を比較した調査で，有機水田には
ドジョウやナゴヤダルマガエル *Pelophylax porosus brevipoda* の個体数が多く，
それらを捕食するサギ類も多く飛来した（夏原ら，2020）. サギ類はドジョウ
を好むが，オタマジャクシ，アメリカザリガニ *Procambarus clarkii*，巻貝など
も食べる. これは後述の全国調査の一環で，鳥類は定点で一定半径内にいた鳥
を10分間記録するポイントセンサス，カエル類は畔に沿って一定距離歩き，
出現した個体を記録, 陸上昆虫はスウィーピング, 水生昆虫はすくい取りとペッ
トボトルトラップ，アカネ類は脱皮殻の計数という方法でおこなった.

　冬期湛水水田では，稲作期のジェネラリストのクモの多様性が慣行水田より
も高く，その要因としてユスリカなど餌の個体数が多いことが指摘された
(Takada *et al.*, 2014). 冬期湛水水田では，とくに7月から8月などの植栽期間
後半に水生昆虫の個体数が著しく増加した（中西ら，2009）. 幼虫を越冬させ
るイトトンボ科とシオカラトンボ属 *Orthetrum* spp. 幼虫に加えて，コマツモム
シ *Anisops ogasawarensis* などの成虫の半翅目，ゲンゴロウ科，ガムシ科の個体
数は4月から5月上旬にかけて有意に多かった. その理由は，冬期湛水水田は，
従来の水管理の水田よりも湛水期間が長く，安定した水域が維持され，水生昆
虫を餌とするユスリカが多かった可能性があるためである. 早春に産卵するヤ
マアカガエルや幼生で越冬するツチガエル *Glandirana rugosa* も冬期湛水によっ

て増加する（宇留間ら，2012）．

　一方，冬期湛水水田ではドジョウの数が少なかった（田和・中西，2016）．ドジョウが少ない原因としては，田面水中に餌となるサイズのプランクトンが少なかったことやドジョウの稚魚を捕食するマツモムシ *Notonecta triguttata* が多かったことなどを挙げている．また，冬期湛水を実施するとアカネ属のアキアカネなどが姿を消し，冬期湛水をやめると復活した（中西・田和，2020）．その原因は以下のように推定される．アキアカネなどは稲刈り後の落水中の水田に産卵するが，稲刈り後間もなく湛水される田では産卵できない．アキアカネの孵化時期とミジンコ類の大発生時期が同調しない．若齢幼虫がシオカラトンボ属やギンヤンマ属 *Anax* spp. などのトンボ類幼虫や水生カメムシなどに捕食される．これは，恒久的水域であるハス田に比べ，一時的水域であるイネ田でアカネ属の個体数が多かった事実とも一致する（岩田・藤岡 2006）．

　中干しによってトンボ目幼虫が激減することが報告されている（若杉，2012）．中干しを実施しない水田では，周辺の慣行田で中干しを実施する時期以降，水生動物群集の多様性が増加していた．とくにイトトンボ類やシオカラトンボ属の幼生で顕著であった（田和ら，2014）．トノサマガエル *Pelophylax nigromaculatus* やモリアオガエル *Rhacophorus arboreus* の幼生も中干しによって減少する（Fujita *et al*., 2015；Zheng *et al*., 2021）．中干し延期とビオトープの組み合わせによって，水生動物がより長期間にわたって水田を利用することが可能となる．カエル類を例に挙げると，兵庫県豊岡市のコウノトリ育む農法で中干しを延期し，マルチトープ（迂回水路）を造成している水田域では，周辺慣行田での中干し期以降もヌマガエル *Fejervarya kawamurai* やツチガエルが繁殖場所として利用しており，これらの農法がカエル類の保全にとって非常に効果的であることが明らかになった（田和・佐川，2017）．

（3）大規模調査とメタアナリシス

　野外の環境は複雑で多様であり，完全に条件をコントロールできない．農法による生物多様性への影響も地域差が生じることが考えられる．それを克服する方法として，広い範囲で同じ条件の調査を実施する大規模調査と既存の調査データを集めて再解析するメタアナリシスが考えられる．著者らは全国6地域で統一した方法によって，環境保全型水田の生物多様性保全効果について調査した（池田，2020）．その結果，有機水田では慣行水田とくらべて，在来植物，クモ，アカネ類，ダルマガエル類の個体数が多いことが示された（Katayama *et al.*, 2019). また, 片山ら (2020) は農法の違いによる水田の生物 5 グループ (植物, 無脊椎動物, 両生類, 魚類, 鳥類) への影響をまとめている. それによると, 明確なプラスの効果が認められた手法は, 有機栽培では植物, 無脊椎動物, 鳥類, 冬期湛水は無脊椎動物と鳥類, 承水路 (江) の設置は植物を除く 4 グループ, ビオトープは魚類を除く 4 グループ, 中干しの延期は無脊椎動物と両生類, 魚道の設置は魚類と鳥類, 畦の粗放管理は植物, 無脊椎動物と両生類であった.

　育苗箱施用殺虫剤がアカネ類の減少の原因だと書いたが, 他にも輪作や気候変動などの影響が考えられる. 総合的な評価のために, 複数個所での中期的な野外調査データを用いて数値シミュレーションによる評価がおこなわれた (Nakanishi *et al.*, 2021). その結果, 1990 年代後半頃のアキアカネの減少は, 殺虫剤の使用と圃場整備の複合効果によって引き起こされたことが示唆されている.

3）地理情報システムとリモートセンシングによる研究

　地形や土地利用は生物の分布に大きな影響をもつ. それらの変化は生物の生息環境を大きく変える. 複数の地理情報を重ね合わせて, 情報間の関係を推定する地理情報システムは水田の生物多様性研究でも利用されている. 衛星画像などを利用したリモートセンシングは広域の変化を把握するのに便利である. 水田は森林と異なりオープンな環境なので, 上空からの環境観測に適している.

　種分布モデル (生息適地モデル) は, 生物種の分布情報と確認位置の環境条件を統計的に関連付ける方法である (Elith and Leathwick, 2009) (図 2). それによって, 対象種の分布が不明な場所についても環境条件から対象種が分布し

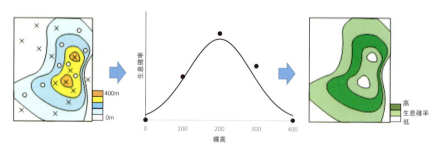

図 2　種分布モデルの考え方.
左：気温の等温線と生物の分布. ○は在, ×は不在
中：左図をもとに描いた気温と生息確率の関係
右：中図の関係から描いた生息確率地図

ている範囲を推定することができる．地理情報システムを用いた種分布モデル
は，開発から生物を保護する目的などで多くの事例が報告されている（Araujo
and Guisan, 2006）．

　手法には調査地点単位でデータを取得，解析するものとグリッド単位でおこ
なうものに分けられる．また，応答変数である生物分布データには個体数など
定量データ，在不在といった定性データ，博物館の標本などを利用した在のみ
データがある．定量データや在不在データには一般化線形モデル，一般化加法
モデル，決定木などが用いられる．定量データでは誤差分布としてポアソン分
布や負の二項分布，定性データでは二項分布を用いることが多い．説明変数と
応答変数がリンク関数を用いても線形にならない場合（環境の変化に対して，
生物の分布が特定の傾向をもたない場合）には，一般化加法モデル（GAM）
の予測性が高い．GAM は説明変数による応答変数の予測値を曲線によって推
定する．そのため，GLM のような係数（傾き）が得られず，解釈が難しい．
在のみデータの場合にはこれらのモデルを用いることはできない．最大エント
ロピー（MaxEnt）などの方法が開発されている（Phillips *et al.*, 2004）．

　生物の分布は，スケールの異なる要因によって階層的に決まっている（図3）．
その要因とは，生物地理区など地史的要因，気候条件，地形，土地被覆，生物
間相互作用などである．たとえば，ニホンアカガエルを例にとると，気候的に
はヨーロッパ南部にも生息可能であるが，日本の本州から九州に分布が限られ
る．本州でも山梨県や長野県など山岳地帯には分布せず，愛知県豊田市では標
高 320 m 以上には生息しなかった（Natuhara and Zheng, 未発表）．おそらく気
温の影響だと考えられる．標高 320 m 以下でも，圃場整備のすすんだ水田には
湛水していないため，産卵しなかった．土地被覆は調査地点だけでなく，種ご
とに異なる範囲の影響を受けている．そのため，調査地点から半径の異なる同
心円をいくつかつくり，その中の土地被覆面積などの影響を比較する（澤邊・
夏原，2015）．水田の生物について，種分布モデルの研究例を表2に示した．

　生物の分布について検討する場合に空間自己相関の存在は無視できない（深
澤ら，2009）．たとえば，カエルは遠くまで移動できないため，ある場所で生
まれて成長した個体は，一定範囲にとどまることになる．たとえ生息に適した
環境があっても遠い場所には到達できない．そのため，集中分布，すなわち正
の空間自己相関となる場合が多い．その結果，本来強い影響のある説明変数が
過小評価したり，逆に過大評価してしまう場合がある．それを防ぐために，誤
差項に空間位置（座標や地点間距離行列）を含めた階層モデルとする．主にベ

54　第1章　地域の生物群集を調べる

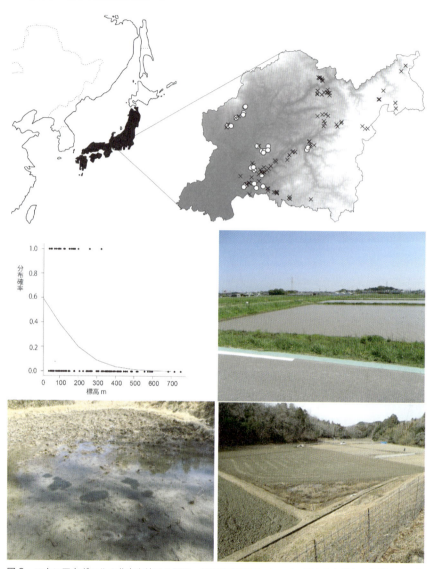

図3　ニホンアカガエルの分布を決める要因．地史的な要因によって，日本の本州から九州までに分布するが，気候的な要因で標高の高い場所にはいない（上段右，中段左）．さらに，近くに樹林がない水田には産卵できず（中段右），圃場未整備の湿田（下段左）には産卵するが，圃場整備済みの乾田（下段右）には産卵できない．

イズ推定を用いた
モデルが用いられ
る．ベイズ推定に
はマルコフ連鎖
（MCMC）が用いら
れることが多いが，
計算に時間がかか
る．その問題を回避
するのが Integrated
nested Laplace
approximation
（INLA）である
（https：//www.r-inla.
org/ でダウンロード
可能）．Natuhara and

表1　水田に生息する動物の種分布モデル

種名	手法	文献
カヤネズミ	GLM	澤邊・夏原 2015
獣害	CAR モデル	Honda 2009
トキ	GLMM	Mochizuki et al. 2015
コウノトリ	MaxEnt	Yamada et al. 2019
水鳥	多変量解析	Toral et al. 2011
サシバ	重回帰分析	百瀬ら 2004
	判別分析	松浦ら 2001
ニホンアカガエル	判別分析	夏原・神原 2000
	GLMM	Kidera et al. 2018
ヤマアカガエル・アマガエル	GLM	Kato et al. 2010
トノサマガエル・アマガエル	GLM	Tsuji et al. 2011
アカガエル2種・ヒキガエル	GLM	Zhen et al. 2021
トウキョウダルマガエル	MaxEnt	Matsushima et al. 2021
モリアオガエル	決定木	伊勢・三橋
モリアオガエル・シュレーゲルアオガエル	GLM	Zheng and Natuhara 2020
カエル5種	GLMM	Naito et al. 2012
トウキョウサンショウウオ	MaxEnt	草野 2016
	GLM	阿部 2017
	MaxEnt	阿部 2017
	GLM	棗田・大木（2014）
ドジョウ	GLM	Kano et al. 2010
クモ	GLM	Miyashita et al. 2012

Zheng は，ヤマアカガエルについて INLA を用いたベイズ階層モデルによる分
布推定と GLM による推定を比較したところ，AOC の値は前者で高く，推定精
度が改善された．

　種分布モデルは，対象種が生息している場合には必ず発見できるという前提
のもとでつくられる．しかし，必ずしもそうではない．発見率が1より小さい
場合，本来は対象生物が存在しているにも関わらず，誤って存在しないと判断
してしまうという事態が生じる．この発見率は，同じ地点を複数回調査するこ
とによって推定できるため，発見率を組み込んだモデルが提案されている（角
谷，2010）．

　もうひとつ，種の不在には環境要因だけでなく，攪乱など何らかの理由で調
査直前に絶滅した後回復していない場合や，他種との競争によって生息できな
い場合などがあることにも注意が必要である．

　リモートセンシングの活用によって，SDM に用いる土地被覆・土地利用を
推定することができる．観測に使われる衛星センサーにはさまざまな種類があ
り，地表面の多様な現象をとらえることができる．生態学分野で最も一般的な
手法は，赤色波長と近赤外波長による正規化植生指数 NDVI である．NDVI は
葉緑素の量，すなわち植物の葉の量を推定する．また，短波赤外（SWIR）は
土壌水分の推定に利用される（Kidera *et al*., 2018）．

56 第1章 地域の生物群集を調べる

ドローン（UAV）はリモートセンシングに革命をもたらした．これまでにも高解像度の衛星画像によってフラミンゴの個体数をカウントするなどの成果は得られていた（Sasamal *et al*., 2008）．しかし，ドローンによって動物の個体数や営巣数などが簡便かつ高頻度で測定できる．ドローンに搭載したセンサーによって，イネの成長をミクロに把握して，ピンポイントで農薬を施用することができる．これによって，殺虫剤の空中散布による無差別な殺虫を防ぎ，生物多様性の維持に貢献できる．また，草地に生育するチョウの食草の検出や生息地の推定にも利用されている（Habel *et al*., 2016）．

４）DNA 情報による研究

両生類は移動能力が乏しいため，生息地の分断化によって個体群が隔離された場合，遺伝的多様性が失われる（Noël *et al*., 2011）．ミトコンドリア（cyt *b*）およびマイクロサテライトの DNA 分析によって，トウキョウサンショウウオ *Hynobius tokyoensis* は分布域の南北で遺伝的に異なっており，一部個体群は遺伝的多様性を失っていることが報告されている（Sugawara *et al*., 2016）．滋賀県におけるヤマトサンショウウオ *Hynobius vandenburghi* のミトコンドリア DNA による分析でも，地理的に異なる 5 グループが存在することが明らかにされている（Mito *et al*., 2018）．淡水魚も水域が異なる集団間での遺伝的交流が乏しい．そのため，再導入や放流には，遺伝学的な配慮が求められる．分子系統解析により，カワバタモロコ *Hemigrammocypris rasborella* の九州西部の個体群は東部のすべての個体群とは著しく区別されており，グループは異なる種に匹敵することが明らかになった（Watanabe *et al*., 2014）．一方で孤立した個体群での遺伝的多様性の喪失も指摘されており，地域の固有性と近交弱勢の回避の両方を考慮して管理すべきである．

環境 DNA は水や土壌など環境中に含まれる DNA から生息する生物種を推定する方法である．魚類を中心にさまざまな生物調査への適用が試みられている．基本的な方法は以下のとおりである（環境省自然環境局生物多様性センター，2021）．（1）対象となる水域から水を採取して保存液を添加，（2）サンプル水のろ過，（3）DNA の抽出（細胞溶解，精製，核酸分解，精製），（4）PCR による増幅・検出．環境 DNA 分析には大きく分けて，網羅的解析法と種特異的検出法がある．前者は，多くの種に共通のプライマーを用いて環境中の種組成を推定するもので，手順の最後に PCR 産物を次世代シークエンサーによって配列を読み取る．後者は種特異的なプライマーを用いて対象種の在不在

を推定する.

　水田関連では，サンショウウオ（Sakai *et al.*, 2019），カワバタモロコ（福岡ら，2016），水生半翅目（Doi *et al.*, 2017），タナゴ *Acheilognathus melanogaster* の宿主となる淡水二枚貝（Togaki *et al.*, 2020），アメリカザリガニ（Cai *et al.*, 2017），ため池の水草（Matsuhashi *et al.*, 2016）などで試みられている．また，組織から採取した試料から現地で種を識別する簡便な方法として LAMP 法がナゴヤダルマガエルなどで調査に用いられている（鈴木ら，2018）.

Photo Collection

水田に多いシュレーゲルアオガエル

2020年8月9日　大阪府能勢町　平井規央撮影

田植え前の水田と夕焼け

2022年5月3日　滋賀県甲賀市　平井規央撮影

第1章 地域の生物群集を調べる

3 トンボの楽園「中池見湿地」の過去と現在

森岡賢史

　袋状埋積谷という独特な地形に発達した内陸低湿地である「中池見湿地」は，江戸時代末期から水田として利用されてきたが，開発計画の発表を機に総合学術調査がおこなわれ，多くの貴重種を含む豊かな生物相の存在が明らかになった．開発は中止され，環境省モニタリングサイト1000のコアサイトや国定公園，ラムサール条約登録湿地となったものの，それだけでこの特異な湿地の生物多様性が確保されたとはいえない．ここでは，中池見湿地でおこなわれたトンボ類の調査を通じて，湿地生態系の生物多様性保全の課題について考える．

1 中池見湿地とは

　中池見湿地は，福井県敦賀市の市街地北東部に位置し，標高約47 m，面積約25 haの低湿地である（和田，2003；笹木，2006；図1）．周囲を標高200 mに満たない山々に囲まれた盆地地形となっているため，植物の遺体，周囲から流れ込む土砂などは外部へ流れ出ることなく溜まり，泥炭が堆積することによってこの湿地は形成されてきた（斎藤，2008）．この湿地は，2012年4月に越前加賀海岸国定公園に編入され（中池見ねっと，2012），さらに2,000種を超える動植物の生息や，過去10万年間の気候変動を記録した40 mを超える泥炭層の存在などが評価され，同年7月にはラムサール条約湿地に登録された（The Ramsar Convention on Wetlands, 2012）．

　この湿地では1990年に，

図1　盆地に植物遺体や土砂が堆積してできた中池見湿地．

図 2 ～ 10 （左上から）
湿地全域での調査区間と地点．2．区間 AB：456 m 笹鼻池沿い．3．区間 BC：341 m 両側に浅い水たまりが形成．4．区間 CD と EG：686 m 林縁に沿った土道．道脇の所々に水たまり．5．区間 DE：46 m 浅い池沿い（泥深く、植生は一部のみ）．6．区間 EF：111 m 膝丈ほどの植生がある湧水湿地．7．区間 GH：859 m 湿地から流れ出る水路と放棄田からなる谷．8．区間 IA と AJ：307 m 幅約 1 m の水路（植生はほとんどなし）．9．地点 K と L：黄昏飛翔観察（草が生えて開けた場所と谷が開ける場所）．10．地点 Q：区間 AJ の水路．

　西側にある国道 8 号線のバイパス建設の際に生じた残土を客土の目的で南西部の水田に入れたところ，そこが陥没して大きな水域が生じた（下田・中本，2003）．2000 年の時点でも既に大きな池が形成されていたが（河野，2000），現在では敷設された道の一部が水没するほどにまで拡大し，「笹鼻池」と呼ばれている（図 2 参照）．

　その後，1992 年に敦賀市が LNG 備蓄基地を誘致し，大阪ガス株式会社が用地買収をおこなった結果，水田は完全に放棄された（中池見湿地トラスト，2002；和田，2003）．しかし，大阪ガスは 2002 年 4 月に LNG 基地建設の中止を発表し（佐々治ほか，2003），取得地全域を 2005 年に敦賀市に寄付した（笹木，2006）．水田放棄以前は水田・廃田と元来の低湿地，水路がモザイク状に

組み合わさり多様性に富んだ水環境があったが（和田，2000），水田の完全放棄以降，草刈りや水路の泥上げなどの人為的管理がおこなわれなくなり，広範囲で草地化や水路の水位低下が起こっている．また，大阪ガスの作業用道路の敷設などの初期工事の影響で水流の停滞，水質の悪化も起こっている（和田，2003）．そのため，あらゆる水域でアメリカザリガニ *Procambarus clarkii*（2023年に条件付特定外来生物に指定；環境省，2024）が爆発的に増加し，浮葉植物・沈水植物の消失などによる水生生物相の単調化が進行している（和田，2001；下田，2003）．

2 中池見湿地の豊かなトンボ相

2002年までにこの湿地からは11科70種のトンボ類が記録されていたが（和田，2003），2011年に新たにキトンボ *Sympetrum croceolum* が（藤野・和田，2011），2013年にカトリヤンマ *Gynacantha japonica* が（中池見ねっと，2013），2020年にトラフトンボ *Epitheca marginata* が（中池見ねっと，2020）それぞれ記録され，総記録種数は11科73種となった．これは日本国内における総記録種数（220種，亜種を含む）の約3割にあたる．

トンボ類は淡水域に広く生息し，その生態系の中の上位捕食者として重要な役割を果たしている（Corbet, 1962；Steytler and Samways, 1995）．また，ほとんどの種が幼虫期間を水中で過ごし，種によって生息する水環境も異なるため，トンボ類の種多様性がその地の水環境の多様性と，個々の水環境内の生物多様性を反映している（中池見湿地トラスト，2002）．

しかし，中池見湿地では開発計画以降，前述のように生息状況が悪化したので，多くの種の生息数が著しく減少している（椿・河野，2003）．また，和田（2003）以降詳細な調査がなされておらず，現在の本湿地内におけるトンボ類の生息状況の確認は十分ではない．そこで著者らは，それを確認するための調査を2012年に実施した（Hirai *et al.*, 2020）．

3 湿地全域でトンボ類調査を実施

トンボ類の調査は2012年4月から11月に原則として月1回，成虫は雨天日以外にルートセンサス法（毎回同じルートを通って出現個体を調査する方法）と2ヶ所の定点調査をおこなった．ルートセンサス法は湿地内を巡る約1.9 km（6区間）と「うしろ谷」と呼ばれる湿地から流れ出る水路沿いの約0.9 km（1区間）に設定した．午前9時から午後2時の間に2時間から3時間かけてルー

図11〜19 （左上から）
湿地全域での調査地点．11．地点R：池の中のヨシに囲まれた小空間．12．地点S：植生が多く，やや深い場所．13．地点T：水たまりが数ヶ所（木陰なし）．14．地点U：水たまりが数ヶ所（木陰あり）．15．地点V：泥深い池（水深10 cm以下）．16．地点W：井戸水の噴出による水たまりと細流．17．地点X：幅約1 mの水路（湿地から流れ出た）．底質は礫．18．地点Y：幅約60 cmの水路．底質は砂と泥．19．地点Z：水がたまった休耕田．

トを歩き，目撃したトンボ類の種名と個体数を記録した．同定が困難な種は捕虫網で捕獲し記録した．2ヶ所の定点調査では，6月から8月に黄昏飛翔性のヤンマ類（以下，黄昏飛翔種）を日没前後に記録した．成虫のルートセンサス調査をおこなった区間と地点の景観と概要を示す（図2〜10）．

　トンボ類の幼虫（以下，幼虫）は成虫調査と同日に，10ヶ所で10回を目安にD型フレーム網（目合い1 mm）を用いてすくい採りをし，成虫と同様に記録した．ただし，数多く採れた同科もしくは同属のものは，その科名・属名で記録した．それら以外の種名のわからないものは99％のエタノールが入ったスクリュー管に入れ，研究室に持ち帰り同定した．すくい採り調査をおこなった各地点の景観と概要を示す（図11〜19）．

4 調査結果の概要

1）トンボ類の多様性

　ルートセンサス法と黄昏飛翔種の観察では，合計 11 科 47 種 2,093 個体の成虫を記録した（Hirai *et al.* 2020）．すくい採り調査では，8 科 27 種 503 個体の幼虫を記録した．幼虫のみ記録した種は，コシボソヤンマ *Boyeria maclachlani*，コオニヤンマ *Sieboldius albardae*，コヤマトンボ *Macromia amphigena* の 3 種であった．これらの結果を表 1 に示した．

　表 2 にルートセンサスの各区間と黄昏飛翔種の観察で記録された上位 5 種の種名，密度（個体数／ km ／月），個体数，多様度指数および合計科数と種数を示した．区間別に成虫の確認数（密度）で見ると，区間 AB で 6 科 31 種 681 個体（186.6 個体／ km ／月），区間 BC で 5 科 23 種 198 個体（72.5 個体／ km ／月），区間 CD and EG で 9 科 22 種 502 個体（91.5 個体／ km ／月），区間 DE で 5 科 16 種 104 個体（282.6 個体／ km ／月），区間 EF で 5 科 14 種 98 個体（110.2 個体／ km ／月），区間 GH で 7 科 26 種 363 個体（52.8 個体／ km ／月），区間 IA and AJ で 5 科 23 種 106 個体（44.3 個体／ km ／月）であった．科数は区間 CD and EG，種数と多様度指数は区間 AB，密度は区間 DE が最も高い値を示した．一方で最も低い値を示したのが，種数は区間 EF，密度は区間 IA and AJ，多様度指数は区間 DE であった．シオカラトンボ *Orthetrum albistylum* は全区間で上位を占めた．他の区間では下位種で，1 つの区間のみでランクした種は，区間 AB ではチョウトンボ *Rhyothemis fuliginosa* とアオモンイトトンボ *Ischnura senegalensis* の 2 種，区間 BC ではウスバキトンボ *Pantala flavescens*，区間 CD and EG ではノシメトンボ *Sympetrum infuscatum* とハラビロトンボ *Lyriothemis pachygastra* の 2 種，区間 DE ではオオアオイトトンボ *Lestes temporalis*，区間 EF ではヒメアカネ *Sympetrum parvulum*，区間 GH ではニホンカワトンボ *Mnais costalis* であった．

　黄昏飛翔種の観察（地点 K and L）では 1 科 4 種 41 個体を記録した．内訳は，マルタンヤンマ *Anaciaeschna martini* が 20 個体，ヤブヤンマ *Polycanthagyna melanictera* が 7 個体，ギンヤンマ *Anax parthenope* が 12 個体，クロスジギンヤンマ *Anax nigrofasciatus* が 2 個体であった．

　黄昏飛翔種は記録した全ての種が他の区間では上位にランクされず，この調査区間のみの上位種であった．また，1 つの区間のみで確認した種は，区間 AB ではキイトトンボ *Ceriagrion melanurum*，ウチワヤンマ *Sinictinogomphus clavatus*，ヨツボシトンボ *Libellula quadrimaculata* の 3 種，区間 DE ではホソミ

64　第1章　地域の生物群集を調べる

表1　各調査方法で確認されたトンボの種類

種名	学名	ルートセンサス	黄昏飛翔	すくい採り
アオイトトンボ科	Lestidae			
ホソミオツネントンボ	*Indolestes peregrinus*	○		
オオアオイトトンボ	*Lestes temporalis*	○		○
カワトンボ科	Calopterygidae			
ニホンカワトンボ	*Mnais costalis*	○		○
アサヒナカワトンボ	*Mnais pruinosa*	○		○
ハグロトンボ	*Atrocalopteryx atrata*	○		
モノサシトンボ科	Platycnemididae			
モノサシトンボ	*Copera annulata*	○		
イトトンボ科	Coenagrionidae			
キイトトンボ	*Ceriagrion melanurum*	○		
クロイトトンボ	*Paracercion calamorum*	○		○
セスジイトトンボ	*Paracercion hieroglyphicum*	○		
オオイトトンボ	*Paracercion sieboldii*	○		○
モートンイトトンボ	*Mortonagrion selenion*	○		
アオモンイトトンボ	*Ischnura senegalensis*	○		○
アジアイトトンボ	*Ischnura asiatica*	○		○
ヤンマ科	Aeshnidae			
サラサヤンマ	*Sarasaechna pryeri*	○		
コシボソヤンマ	*Boyeria maclachlani*			○
ミルンヤンマ	*Planaeschna milnei*	○		○
マルタンヤンマ	*Anaciaeschna martini*		○	
ヤブヤンマ	*Polycanthagyna melanictera*		○	
オオルリボシヤンマ	*Aeshna crenata*	○		
ギンヤンマ	*Anax parthenope*	○	○	○
クロスジギンヤンマ	*Anax nigrofasciatus*	○	○	○
サナエトンボ科	Gomphidae			
ウチワヤンマ	*Sinictinogomphus clavatus*	○		
コオニヤンマ	*Sieboldius albardae*			○
コサナエ	*Trigomphus melampus*	○		○
キイロサナエ	*Asiagomphus pryeri*	○		○
ヤマサナエ	*Asiagomphus melaenops*	○		○
ムカシヤンマ科	Petaluridae			
ムカシヤンマ	*Tanypteryx pryeri*	○		
オニヤンマ科	Cordulegastridae			
オニヤンマ	*Anotogaster sieboldii*	○		○
エゾトンボ科	Corduliidae			
エゾトンボ	*Somatochlora viridiaenea*	○		
ヤマトンボ科	Macromiidae			
オオヤマトンボ	*Epophthalmia elegans*	○		○
コヤマトンボ	*Macromia amphigena*			○
トンボ科	Libellulidae			
チョウトンボ	*Rhyothemis fuliginosa*	○		
ナツアカネ	*Sympetrum darwinianum*	○		
リスアカネ	*Sympetrum risi*	○		○
ノシメトンボ	*Sympetrum infuscatum*	○		
アキアカネ	*Sympetrum frequens*	○		
コノシメトンボ	*Sympetrum baccha*	○		
ヒメアカネ	*Sympetrum parvulum*	○		
マユタテアカネ	*Sympetrum eroticum*	○		○
ネキトンボ	*Sympetrum speciosum*	○		
キトンボ	*Sympetrum croceolum*	○		○
コシアキトンボ	*Pseudothemis zonata*	○		○
コフキトンボ	*Deielia phaon*	○		○
ショウジョウトンボ	*Crocothemis servilia*	○		○
ウスバキトンボ	*Pantala flavescens*	○		
ハラビロトンボ	*Lyriothemis pachygastra*	○		
シオカラトンボ	*Orthetrum albistylum*	○		○
シオヤトンボ	*Orthetrum japonicum*	○		○
オオシオカラトンボ	*Orthetrum melania*	○		○
ヨツボシトンボ	*Libellula quadrimaculata*	○		

表2 各調査区間で観察されたトンボの上位5種の個体数と密度（個体数/km/月）および多様度指数（1 − λ）

順位	AB	BC	CD/EG	DE	EF	GH	IA/AJ	黄昏飛翔
1	アジアイトトンボ 1.99 (91)	シオヤトンボ 1.00 (34)	シオヤトンボ 0.99 (68)	シオカラトンボ 12.17 (56)	アキアカネ 2.16 (24)	ナツアカネ 0.79 (68)	シオカラトンボ 1.00 (30)	マルタンヤンマ *(20)
2	チョウトンボ 1.82 (83)	シオカラトンボ 0.94 (32)	オオシオカラトンボ 0.98 (67)	オオシオカラトンボ 3.48 (16)	シオヤトンボ 1.44 (16)	シオカラトンボ 0.57 (49)	アキアカネ 0.43 (13)	ギンヤンマ *(12)
3	コシアキトンボ 1.47 (67)	アキアカネ 0.79 (27)	ノシメトンボ 0.99 (60)	シオヤトンボ 1.52 (7)	ヒメアカネ 1.17 (13)	アキアカネ 0.55 (47)	アジアイトトンボ 0.37 (11)	ヤブヤンマ *(7)
4	シオカラトンボ 1.45 (66)	ウスバキトンボ 0.64 (22)	ハラビロトンボ 0.82 (56)	オオアオイトトンボ 1.09 (5)	オオシオカラトンボ 1.08 (12)	オオシオカラトンボ 0.37 (32)	コシアキトンボ 0.27 (8)	クロスジギンヤンマ *(2)
5	アオモンイトトンボ 1.12 (51)	ナツアカネ 0.62 (21)	シオカラトンボ 0.80 (55)	アキアカネ 0.87 (4)	シオカラトンボ 0.90 (10)	ニホンカワトンボ 0.33 (28)	ナツアカネ 0.23 (7)	
科数	6	5	9	5	5	7	5	1
種数	31	23	22	16	14	26	23	4
密度	186.6 (681)	72.5 (198)	91.5 (502)	282.6 (104)	110.2 (98)	52.8 (363)	44.3 (106)	*(41)
1 − λ	0.93	0.89	0.90	0.68	0.87	0.90	0.88	**

オツネントンボ *Indolestes peregrinus*，区間 GH ではアサヒナカワトンボ *Mnais pruinosa* とモートンイトトンボ *Mortonagrion selenion* の2種，区間 IA and AJ ではキイロサナエ *Asiagomphus pryeri*，黄昏飛翔調査ではマルタンヤンマとヤブヤンマの2種であった.

5 中池見湿地のトンボ類群集の現状

1）過去の記録との比較

この調査では，幼虫・成虫含め 11 科 50 種のトンボ類を記録したが（Hirai *et al.*, 2020），前述のように中池見湿地からはこれまでに 73 種のトンボ類が記録されている．そのうちの 18 種は，成虫もしくは幼虫の記録がごく少数の種，または遠方から飛来してきたと考えられる種なので「偶産種」として扱った．ただし，日本では八重山諸島以外で越冬できないとされているウスバキトンボは，毎年日本各地で多数の個体が記録されるので（尾園ほか，2012），偶産種としなかった．

この調査で，幼虫のみ確認した種はコシボソヤンマ，コオニヤンマ，コヤマトンボの3種であった．コシボソヤンマは 1999 年に初めて幼虫が確認され（和田，2000），2001 年にはうしろ谷の東端で幼虫が少数記録され，羽化殻も記録されている（和田，2003）．しかし，本種の成虫はいまだ記録されていない．本種は夕方や早朝などの薄暗い時間帯に川の水面上を飛翔する黄昏飛翔性のヤンマであるが（尾園ほか，2012），幼虫を確認した地点 Y 付近のうしろ谷で黄昏飛翔性のヤンマ類を対象とした定点調査をおこなわなかったため，成虫が確認できなかった可能性がある．過去には，コオニヤンマは 1993 年に成虫1個

体が目撃され（和田，1995），2001 年にはうしろ谷と笹鼻池の南西側付近で飛来個体と思われる少数の成虫が確認され，さらにうしろ谷の東端の水路では幼虫も 1 個体確認されている（和田，2003）．この調査でもうしろ谷の水路（地点 X）で幼虫を 1 個体記録した．本種は河川に普遍的に生息する種であり（石田ほか，1988），中池見湿地付近の木の芽川にも生息していると考えられている（和田，1995）．そこから発生した個体の行動圏にはこの湿地，とくにうしろ谷が含まれている可能性は十分にあると考えられ，本種がうしろ谷の水路を産卵場所としていると考えられる．この調査で本種の幼虫は 1 個体のみしか確認できなかったが，和田（2003）に引き続き幼虫を確認できたので，定着しているものと考えられる．

　コヤマトンボは 1993 年に成虫 1 個体，1994 年に幼虫 3 個体が記録され（和田，1995），2001 年には成虫と幼虫が少数，2002 年には成虫が少数記録されている（和田，2003）．我々の調査でも幼虫を地点 X で 2 個体記録できた．本種の未熟成虫は羽化水域から離れた道路の上などを摂食飛翔するが，成熟したオスは水面上に縄張りを形成する（石田ほか，1988）．また，成虫は日中にも活動するが，とくに朝夕の薄暮時に活動が活発になることが知られている（尾園ほか，2012）．設定したルートは，幼虫を確認した水路を通るものであったが，成虫は確認できなかった．その理由は不明であるが，本種が活発に活動するとされる薄暮時に，コシボソヤンマと同様，うしろ谷で調査をおこなう必要があると考えられる．

　リスアカネ *Sympetrum risi* は 1992 年と 2002 年にそれぞれ 1 個体ずつ記録されていたが，この調査で成虫 6 個体，幼虫 1 個体を記録した．本種は丘陵地の木立のある明るい池に生息し，キトンボと同じような環境に生息することが知られている（井上・谷，1999）．キトンボは 2011 年に初めて中池見湿地から記録された種であるが，この調査でも成虫・幼虫ともに笹鼻池を含む場所で確認された．本種は前述の環境に生息するため，その定着が笹鼻池の影響であることは明らかである．本種は 2 年間にわたり生息が確認されており，生息できる環境が整っているといえる．したがって，リスアカネはこの湿地に定着した種であると考えられる．

　一方で，1990 年代初頭に安定して発生していたとされるアオヤンマ *Aeschnophlebia longistigma*，ネアカヨシヤンマ *Aeschnophlebia anisoptera*，ハッチョウトンボ *Nannophya pygmaea*（和田，1995）の 3 種はこの調査では確認できなかった．また，1994 年と 2001 年には少数ながら確認されていたマイコア

図 20 ～ 22 (左から)
再発見されたトンボ．20．アオヤンマ．21．ネアカヨシヤンマ．22．ハッチョウトンボ．

カネ *Sympetrum kunckeli*（和田，2003）と 1996 年と 2001 年に複数確認されているタカネトンボ *Somatochlora uchidai*（佐々治・岸本，1996；和田，2003）も確認できなかった．

マイコアカネは植生豊かな湿地的な池を好む種であるが（井上・谷，2010），調査ルートにはこのような環境は見当たらなかった．しかし，本種は幼虫や羽化殻などは採集されていないが，成虫の出現頻度や水環境の様態から考えてこの湿地に定着している可能性が高い種とされているので（和田，2003），本種が確認できなかった原因は生息数が非常に少ないためであったと考えられる．

タカネトンボは樹林に囲まれた池沼に生息する種であるが（尾園ほか，2012），ルート外にある NPO 法人中池見ねっとが管理・運営しているビジターセンターの東側には本種が生息するような環境があり，このセンターでは 2012 年に成虫が迷い込んだ記録がある（増田茂氏私信）．また，NPO 法人中池見ねっとから幼虫の同定依頼を受けたが，その中にも本種の幼虫が含まれていた．つまり，本種はこの湿地に生息しているものの，生息場所を通るルートで調査をおこなわなかったために確認できなかったと考えられる．これらの 5 種以外の種構成は偶産種を除くと約 10 年前とほぼ同じといえる．なお，これらのうちアオヤンマ（図 20）は 2014 年に 20 年ぶりに（中池見ねっと，2014），ハッチョウトンボ（図 22）は 2017 年に 16 年ぶりに，ネアカヨシヤンマ（図 21）も 2017 年に 20 年ぶりに（中池見ねっと，2017）それぞれ再発見された．

2）湿地内の各区間のトンボ類群集の比較

類似度指数に基づく種構成の解析では，各区間の群集が大きく2つのグループに分岐した（図23）．区間 IA and AJ，AB，BC の3区間は開けた水域，区間 EF，GH，CD and EG，DE の4区間は林縁の水域であり，水域の環境の違いによって大きく種構成が異なることを示している．

密度については，区間 DE が最大値を示したが，多様度指数 $1-\lambda$ は最小値となった（表2）．これはシオカラトンボが高密度で生息していたためといえる．一方，区間 AB は多様度指数 $1-\lambda$，種数がともに最大値を示し，密度は区間 DE に次いで大きかった．これは，笹鼻池が本湿地の多くのトンボ類にとって主要かつ重要な生息場所であることを示している．

現在の中池見湿地は，意図せずに生じた笹鼻池が多くのトンボ類の主要な生息場所となっており，かつて湿地帯だった時のトンボ相とは異なっているかも知れない．しかし，この笹鼻池で新たに記録されるトンボ類がいたり，環境悪化で記録の途絶えていた低草湿地帯を好むハッチョウトンボが再記録されたりするなど，以前にも増して多様なトンボ類の生息地となってきている．これは NPO 法人等による人的管理，例えば爆発的に増加しているアメリカザリガニの駆除や植生管理など，トンボ類の生息しやすい環境が徐々に整えられてきていることが一つの要因と考えられる．水田が維持されてきた頃のように人的管理を行い，豊かなトンボ類の生息地が維持され続けて欲しいと願う．

6　北陸新幹線の影響はあるか？

中池見湿地の東側の「うしろ谷」には，北陸新幹線の建設予定ルートが設定されていた．2005年までは現予定ルートの約150 m 東に予定ルートが設定されていたが，建設事業者の鉄道建

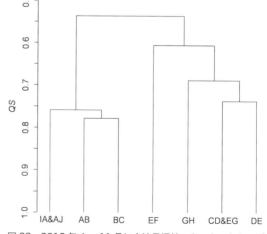

図23　2012年4～11月に中池見湿地でおこなったトンボ類のルートセンサス調査における各地点間の種構成に基づくクラスター解析の結果．類似度 QS を用いて非加重群平均法（UPGMA 法）で描いた．

設・運輸施設整備支援機構が民家などを避けるために環境アセスメント後にルート変更を政府に申請し，これが2012年6月に認可された（朝日新聞，2012；比嘉・藤野，2012a）．環境影響評価法施行令では，300 m未満のルート変更ならばアセスメントのやり直しは必要ないとされている（総務省，2012）．新たなルートでは，湿地内に直接重機を入れて直径約10 mのパイプを設置し，その中に線路を通す工法で建設されることが予定されている（比嘉・藤野，2012a）．

うしろ谷の区間GHでは環境省の準絶滅危惧（NT）に指定されているモートンイトトンボ（成虫）とキイロサナエ（幼虫）が我々の調査でも確認された．とくにモートンイトトンボはうしろ谷でのみ5個体が確認された．また，トンボ類以外の種では，環境省第の絶滅危惧II類（VU）に指定されているメダカ属の一種 *Oryzias sakaizumii*，準絶滅危惧（NT）のアブラボテ *Tanakia limbata*，アカハライモリ *Cynops pyrrhogaster*，ニホンイシガメ *Mauremys japonica*，情報不足（DD）のドジョウ *Misgurnus anguillicaudatus* も記録されている（環境省，2013b）．

うしろ谷はこの湿地に生息する流水性のトンボ類だけではなく，多くのトンボ類の休息場所や餌場，繁殖場所にもなっていると考えられる．さらに湿地と湿地外の生息環境を結ぶコリドーの役割を果たしていると考えられ，保全上重要な場所といえる．このような場所で新幹線線路の建設工事をおこなうと，直接生息場所が縮小・消失するとともに，トンネル工事による水脈の切断が湿地とうしろ谷の水量や水質に影響を与える恐れがある．建設事業者側はすでにルートを詳細に確定する工程に着手しているが（比嘉・藤野，2012a），その一方で，日本自然保護協会は2012年11月に環境省・国土交通省に対してルートの見直しを求める要望書を提出しており（朝日新聞，2012；比嘉・藤野，2012b；日本経済新聞，2012），今後の動向が注目されていた．

その後，2015年に認可ルートよりも約100 m湿地の外側を通るルートに変更された（福田2015）．しかし，中池見湿地を取り囲む山を掘削してトンネルを通すことになっており（JRTT鉄道・運輸機構，2015），この湿地への水文の影響によるトンボ類の種多様性の変化については，今後も引き続き注視していく必要がある．

Photo Collection

晩秋の中池見湿地

2012 年 11 月 16 日　福井県敦賀市　平井規央撮影

コノシメトンボとミゾソバ

2012 年 10 月 15 日　福井県敦賀市　平井規央撮影

第1章　地域の生物群集を調べる

4　チョウ類の視点で里山をみる

西中康明

　里山（里地里山）は，農用林や薪炭林（里山林），稲作水系，畑地，人里草地，集落などの景観要素のモザイクからなっている．人為により維持されてきた里山の二次的自然は，かつては価値の低いものとされていたが，次第に多様な野生生物の生息場所であることが明らかになってきた．そのため，各地で荒れ始めた里山の生態系を回復する取り組みがおこなわれている．ここでは，チョウ類を指標生物として里山林の生物多様性を保全する植生管理の試みを紹介する．

1　人間が利用してきた自然"里山"

　里山が原生自然と大きく異なるのは"人間が利用してきた二次的自然"という点である．すなわち，そこに生息する生物を守るためには，人為を排除するのではなく，適度に人間が手を加える必要がある．かつての里山は，たとえば薪や炭の原料を得るための場であり（図1），農業の場であり，農業のためのたい肥や刈敷の原料を集める場であり，茅葺き屋根の原料を集める場でありと，人間の生活に欠かせない場所であった．このような利用は，もちろん野生生物を守るためにおこなわれていたものではなかったが，結果的には生物多様性を維持するのにプラスに働いてきたものと考えられている．

　しかし，1950年代後半からの燃料革命以降，石油や

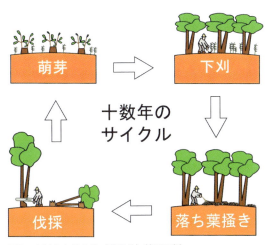

図1　伝統的な里山林（薪炭林）管理の例．

72　第1章　地域の生物群集を調べる

プロパンガス，化学肥料などが普及し，里山林の経済的価値は低下した（守山，1988；石井ら，1993；武内ら編，2001；一般社団法人日本木質バイオマスエネルギー協会編，2019）．それにともなって，住宅地やゴルフ場に姿を変えた里山林も少なくなく（石井監修，2005など），残された場所でも拡大造林政策によって広葉樹林がスギやヒノキなどの針葉樹林に転換されたり（大内，1987；中川，2001），水田などの農地でも圃場基盤整備がおこなわれたりするなど，その姿は大きく変化した（石井監修，2005）．また，これらを免れた場所でも，里山林では利用の放棄によって遷移が進行し，高木林化と林冠部の鬱閉化や林分構造の単純化，林床におけるササ類の繁茂などが生じている（石井ら，1993；服部ら，1995；石井監修，2005）．また農地については，農業者の高齢化・兼業化のため耕作放棄などが生じている（大泉，2010）．

　かつてと比べて質的・量的に変化してしまった里山において，生物多様性の保全を進めるためには，まずは対象となる場所の生物群集の特徴を把握し，そのうえで適切な管理法を検討していく必要がある．では，こうした里山の自然環境の変化が生物多様性に与える影響を評価するにはどうしたらよいのだろうか？すべての分類群の生物の生息状況を調べるのは実質上不可能であるため，“環境指標生物”と呼ばれる分類群に的を絞って調査し，得られた情報に基づいて評価をおこなうのが現実的である．著者はこれまで，主にチョウ類の視点から里山の自然を眺めてきた．ここでは環境指標生物としてのチョウ類とその調査法，著者が実際におこなった調査事例を紹介する．

2　チョウ類群集の調べ方
1）環境指標生物としてのチョウ類

　チョウ類は多くの人に親しまれている昆虫のひとつであるが，環境指標生物としてもすぐれた特徴をもっている．Kudrna（1986）は，チョウ類が大部分の陸上生態系に生息していることや，種数が適当なこと，識別が容易なこと，ほとんどの種が植食性で植物との結びつきが強いこと，野生植物の花粉媒介者になっている種も多く多種多様な捕食者や寄生者の食物や寄主であること，生息のためにはいくつかの環境条件が満たされなければならないことなどの特徴をあげ，多くの陸上生態系の良い生物指標であるとしている．また石井（1993）は，チョウ類群集の多様性や，各種の分布や年次変化の記載・評価は，チョウ類の保全のためだけでなく，その背景にある自然環境の状態やその変化の検出，およびその保全を検討するためにも重要であることを指摘している．そのため，

上述のような里山の自然環境の変化にともなう野生動植物への影響の評価においても，チョウ類を環境指標として用いるのは有効であると考えられる．

ところで，自然環境の変化にともなう生物の種構成や群集構造の変化を把握するには，そこにどのような種が生息しているか，という定性的な情報だけでは不十分で，どの種の個体数が多く，どの種が少ないのかといった定量的なデータも必要である．チョウ類につ

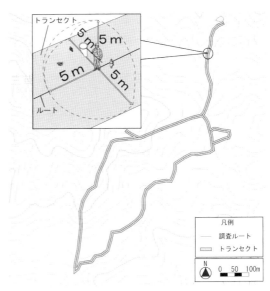

図2 トランセクト法のイメージ図．

いては，後述するトランセクト法（Pollard, 1977, 1982, 1984；Thomas, 1983；Pollard and Yates, 1993；石井，1993など）という定量的な調査手法が確立されており，里山における生物群集の特徴を把握するうえで，有効な方法のひとつであると考えられる．

以下に，チョウ類のトランセクト法および，それを応用したコドラート法の概要を述べる．なお，トラップ法については石井（1998）などが参考になる．

2) トランセクト法

チョウ類群集のトランセクト法は，調査ルートを設定し，そこを歩きながら確認されたチョウの種名および個体数を記録する調査手法である．トランセクト（transect）とは，群落解析調査のため，植生を横断して作った帯状または線上の標本地のことであり（沼田編, 1983），チョウ類を対象とした調査の場合，ルートの左右に一定幅のゾーンを設けることで，ルートの距離×幅の，面積をもった標本地となる（図2参照）．日本では"重要生態系監視地域モニタリング推進事業"（通称"モニタリングサイト1000"）においても，里地および高山帯のチョウ類調査にこの手法が用いられている（石井，2016, 2022など）．モニタリングサイト1000の場合，①チョウの発生期（主に4月から11月上旬）

に，月2回の頻度で調査を実施する，②晴天で無風あるいは微風の日の午前10時頃から午後3時頃までに実施する，③設定した調査ルートを一定の速さで歩きながら，調査者の左右，前方，上方約5mの範囲で確認されたチョウの種名と個体数を記録するというルールでおこなわれている（石井，2016，2022など）．

ところで，ある地域に生息する動物の個体数を把握することは容易ではない．一般的な個体数推定法としては標識再捕法，すなわちある地域において対象種を捕獲した後に何らかの標識をつけて放し，一定時間後に再度捕獲をおこない，回収されたサンプル中の標識個体の割合から個体数を推定するという方法がある（たとえば夏原，1998a）．しかし，これは多大な労力と時間を必要とするうえ，対象となる種の数が多ければ実施するのは困難である．

トランセクト法の場合，全種を対象とした調査が短時間で実施可能，という点で優れた手法といえるが，調査対象となる場所の全種の全個体数まではわからない．いわば，母集団の中からサンプルを抜き出して全体像を推定するという手法のため，得られる個体数データは実数ではなく指標値となる．それでも，経年的に調査をおこなうことで，各種の個体数変動の傾向や，群集構造の変化などを把握することが可能である．つまり，トランセクト法は理想的な調査手法とはいえないが，実現可能な妥協点のひとつといえる（Pollard and Yates，1993など）．

3）コドラート法

コドラート（quadrat）とは"方形区"，すなわち正方形や長方形の調査区のことを指すが，植生調査ではコドラートを設定した調査がよくおこなわれている（たとえば服部ら，2010）．チョウ類の場合，トランセクト調査と同様のことを複数のコドラートにおいて実施すると考えればよいだろう．たとえば，近松ら（2002）や西中ら（2007，2010）などでは，コドラートを設定し，そこに一定時間滞在して確認された各チョウ類の個体数を記録するという方法で調査がおこなわれている．調査を実施する時間帯や天候などのルールはトランセクト法に準じるが，コドラートのサイズや調査時間などは研究ごとに異なっている．たとえば，近松ら（2002）では15m四方のコドラートで10分間，西中ら（2007）では25m四方のコドラートに5分間，西中ら（2010）では10m四方のコドラートに5分間滞在して調査を実施している．

この手法を用いた研究事例については後述するが，局所的な環境要素や植生

などとチョウ類の種多様性との関係などを明らかにしたい場合には，トランセクト法よりもこちらの手法のほうが都合がよい．ただし，この手法は，トランセクト法と比べると，同じ時間内に調査できる範囲はどうしても狭くなってしまう．それぞれの手法のメリット・デメリットを考慮したうえで，目的により調査法を選ぶとよいだろう．

4）成虫か，幼虫か

上記の調査手法はいずれもチョウ類の成虫を対象としたものであるが，著者はこれまでに何度か"幼虫のデータも必要ではないか"という指摘を受けたことがある．幼虫はたいてい寄主植物の周辺で生活しており，移動能力は成虫と比べるとはるかに劣る．幼虫の存在は，その場所でその種が繁殖し，生息に必要な寄主植物や環境要素などが存在している証拠となる．一方，成虫の場合，幼虫よりも移動能力が大きく，調査対象地の外から飛んできたものも含まれる可能性がある．もし幼虫の効率的な調査手法があれば，それを実施するのが理想なのかもしれない．

著者は，ある場所のチョウ類の群集構造の概況を知りたい場合は成虫を対象とするほうがよいと考えている．というのは，幼虫を探すのは成虫と比べて非常に困難であるからである（図3参照）．たとえば，トランセクト法の場合，成虫なら短時間で広範囲（たとえば Nishinaka and Ishii, 2007 では1回の調査で約5.4km）を調査できるが，幼虫では困難である．すなわち，幼虫の場合はトランセクト内に生育する植物を丹念に調べる必要があるために，より時間がかかり，見落としの可能性も高い．また，齢によってサイズや形態の変化する幼虫は，調査者の寄主植物についての知識のほか，熟練度による発見率の違いも

図3　クロヒカゲの幼虫（左）と成虫（右）．幼虫をみつけるにはある程度の慣れが必要である．

生じるだろう．さらに，トランセクトから外れた場所にしか寄主植物が生育していない種を見落としてしまいかねない．もちろんオオムラサキ *Sasakia charonda* やヒロオビミドリシジミ *Favonius cognatus* の生息状況を把握する場合は，越冬幼虫や卵の調査が有用なのは言うまでもない．

3 チョウ類の視点から里山を評価する

1）里山の縮小・分断化による影響を評価する

　"開発など人間活動にともなう生息地の破壊"は，生物多様性にとって大きな脅威のひとつであり（Primack, 2000；Pullin, 2002），それは里山においても例外ではない．著者ら（西中ら，2005）は開発にともなう里山の縮小・分断化が生物多様性に与える影響を評価するために，里山景観が残された場所に造成された"近畿大学奈良キャンパス"をフィールドとしたチョウ類群集の調査をおこなったことがある．この調査では，①大学キャンパスという狭い範囲においても，チョウ類の群集構造は人為的なかく乱の大きさなどの違いに敏感に反応して変化する，②とくに都市化耐性の低い種は人為的なかく乱の影響を受けやすい，③近隣の里山と比べると，この大学キャンパスではとくに都市化耐性の低い種が衰退傾向にある，ということが示された．一方で，調査地のキャンパスにはジャノメチョウをはじめとする都市化耐性の低い種もまだ生息しており，特に林縁や草地周辺ではこういった種が多かった．そのため，今後はこれらの場所をいかに管理していくかが重要であるといえる．

2）里山林の下刈の影響を評価する

　大学キャンパスでの調査で，里山の分断・縮小化がチョウ類，とくに都市化耐性の低い種を衰退させかねないということがわかった．では，どうすれば里山のチョウを守ることができるのだろうか？すでに市街化の進んでしまった場所を緑地に戻すというのは現実的ではないため，現在残された里山をうまく管理していくことが重要である．そのためには"管理によるチョウ類群集への影響"を調べる必要がある．

　そこで次に，大阪府北部に残された里山林"三草山ゼフィルスの森"（面積約 14.48 ha．以下"ゼフィルスの森"）をフィールドとして研究をおこなった．なお，この調査地は 1992 年 4 月より"大阪みどりのトラスト協会"によるトラスト事業地となっており，同年 9 月には大阪府緑地環境保全地域に指定されている．高木層にはナラガシワ，クヌギ，コナラなどが優占し，林床にはネザ

サが密生していた（図4）．

　この調査地における課題のひとつが"林床におけるネザサの管理"だった．ネザサは丈の高いものだと2m以上にもなり，その繁茂は他の林床植物の生育を妨げ，とくに森林性スミレ類などを寄主とするチョウ類を衰退させかねない．一方で，この調査地ではクロヒカゲ *Lethe diana* やヒカゲチョウ *L. sicelis* など，ササ類を寄主とするチョウ類も生息しており（石井ら，1995），ササ類を全部刈ってしまうとこれらのチョウを衰退させかねない．そこでこの調査地では，ネザサなどを強く刈り込む"下刈区"と，下刈を実施しない"放置区"を25m幅で交互に設ける"縞状管理"が採用された（石井ら，

図4　三草山全景（上）と林床のネザサ（下）．

2003）．この管理は1996〜1999年に，トラスト協会の事情によって下刈未実施の面積が拡大し，2000年に再び縞状管理が回復した（Nishinaka and Ishii, 2006；石井ら，2019）．そこで，著者ら（Nishinaka and Ishii, 2006）は縞状管理が不十分だった1999年と，ほぼ完全に縞状に戻った2001年に，トランセクト法によるチョウ類群集の調査を実施した．

　縞状管理の完成前であった1999年には41種975個体のチョウ類が確認されたが，完成後の2001年には46種775個体となり，下刈によって種数が増加した一方で，個体数は減少した．種の多様性を示す指数である H'（Shannon and Weaver, 1949）は，1999年が3.40であったのに対し，2001年は3.99にまで上昇した．この指数は，大まかには種数が多くてかつ個体数の均衡性が高いと数値が高くなる性質をもっている（夏原，1998bなどを参照）．つまり，縞状管理の完成によって，この調査地のチョウ類群集のバランスが良くなったと解釈できる．

　実は1999年は3種のササ食チョウ類，クロヒカゲ，ヒカゲチョウ，サトキマダラヒカゲ *Neope goschkevitschii* の個体数が圧倒的に多く，この3種だけで

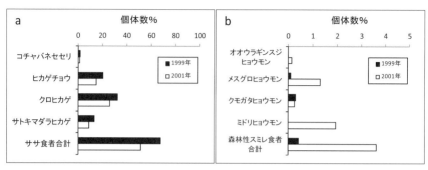

図5 調査地において1999年および2001年に確認されたササ食者(a)および森林性スミレ食者(b)の個体数の割合.

全体の約66％を占めていた．それが2001年には約50％まで低下した．図5は，林床植物であるササ類および森林性スミレ類に依存するチョウ類の個体数の割合の変化を示したものである．ササ食者である4種のチョウ類は，いずれも2001年には全個体数に占める割合が低下した．

一方で，森林性スミレ食者については，クモガタヒョウモン *Nephargynnis anadyomene* 以外はその割合が高くなり，1999年にはこれら4種を合わせた個体数は全体の1％未満だったのが，2001年には3.6％にまで上昇した．しかし，森林性スミレ食者については，密度は高くなったものの，その割合はササ食者の1割にも及ばず，下刈管理だけではこの調査地のチョウ類の群集構造が大きく変化するまでには至っていない．たとえば，森林性スミレ食者であるヒョウモンチョウ類の保全に配慮すれば，下刈だけでは不十分といえるだろう．

3）植生管理の影響を評価する

里山林ではかつては炭や薪づくりのための原料を得るために，定期的にクヌギやコナラなどの伐採がおこなわれていた（図1）．伐採とはいっても根株は残されており，伐採後には再び芽が伸び，ある程度の時間が経つと森は再生する．このような萌芽更新によって，かつての里山林では伐採直後の明るい林分や，伐採前の暗い林分などがモザイク状に配置されていたものと考えられる．

また，下刈以外に，たい肥の原料を得るための落ち葉搔きもおこなわれていた．当然，そこに生息するチョウ類の群集構造も，こういった管理の影響を受けていたものと思われる．植生の管理状況や環境要素とチョウ類の群集構造を結び付けて調べるには，線的な（あるいは帯状の）調査よりも，コドラート法

のほうが都合がよいだろう．そこで，著者らはゼフィルスの森において，25 m
四方のコドラートを多数設定し，チョウ類および植生や環境要素の調査を実施
した（西中ら，2007）．この研究では下刈や落ち葉掻きによる影響についても
検証したが，ここではとくに影響が大きいと思われた林内の光条件によるチョ
ウ類への影響について紹介する．

　光条件に大きく影響する要因としては，里山林内における樹木伐採があげら
れるが，その程度を客観的に評価するには，何らかの形で数値化する必要があ
る．著者らはその方法を試行錯誤した結果，魚眼レンズを装着したデジタルカ
メラで，コドラートの中心からカメラのレンズ面が地面から約 90 cm の高さに
なるようにして林冠を撮影し，写った画像データを解析して林冠開空率を算出
するという方法を採用した．なお，林冠開空率の算出には，当時は戸田・中村
（2001）のプログラムを用いて解析していたが，フリーソフトの CanopOn 2（竹
中，2009）などもおすすめである．

　このような方法で測定した各コドラートの林冠開空率は 53.3％から 9.7％と
幅広く，中央値は 12.5％であった．つまり，光環境の良好なコドラートもある
ものの，大半は林冠開空率が低かったといえる．この調査では，種数や種多様
度指数は林冠開空率が高いほど有意に大きいことが示された．一方，チョウ類
全種の個体数については，林冠開空率との間には有意な相関は認められなかっ
たものの，ササ食者とその他のチョウ類に分けて解析をおこなうと，前者につ
いては負の，後者については正の相関が認められた．すなわち，里山林内にお
ける萌芽更新のための伐採は，林冠を開くことでヒカゲチョウ類をはじめとす
るササ食者を衰退させ，チョウ類群集の種多様性を高めることが示された．

4）寄主植物のランクで里山を評価する

　ところでゼフィルスの森は，調査地にたどり着くまでが一苦労だった．自宅
から約 2 時間半かけて最寄りのバス停にたどり着いた後には，登り坂を含む約
2.5 km の徒歩が待っていた．バス停を出発して住宅地を抜けると長閑な農村景
観が広がり，最初はモンキチョウ Colias erate やモンシロチョウ Pieris rapae な
ど草原性のチョウ類の多い平坦な水田地帯のあぜ道を歩く．その後，ややチョ
ウ類の密度の低い山麓の集落を抜けると上り坂の続く谷津田が現れる．ここま
で来るとチョウ類の顔ぶれも多少変わり，高茎草原依存種のヒメウラナミジャ
ノメ Ypthima argus や低茎草原依存種のベニシジミ Lycaena phlaeas，ササ食者
であるコチャバネセセリ Thoressa varia などに出迎えられながら調査地の入り

口まで登る．ある時ふと，どうせ歩くのならこの道も調査地にしてしまおうと思い立ち，トランセクト調査のルートに組み込むことにした．

　ゼフィルスの森に通いながら，なんとなく農村と里山林のチョウ類群集の異質性と共通性を感じていたが，それを検証するには，きちんとデータをとって解析する必要がある．著者の大学院時代の研究テーマは"里山林のチョウ類の保全"だったが，結果的にはこの山麓部での調査が重要な意味をなすものとなった．余談だが，この調査結果をゼミで発表した時，著者の指導教官だった石井実教授（当時）は"今までのデータの中で一番面白い"とおっしゃり，困惑したのを覚えている．

　ここではこの農村景観とゼフィルスの森内に設定したトランセクトの比較結果を紹介するが，その前に解析に用いたチョウ類の寄主植物によるランク付けについて説明する．これまで"都市化耐性"や"ササ食者"，"森林性スミレ食者"などに注目してきたが，農村から里山林までの幅広い植生環境のチョウ類群集の構造を解析するには，別の尺度を検討した方がよいのではないだろうか？そう考えた著者ら（Nishinaka and Ishii, 2007）は，寄主植物の出現する遷移系列に注目した指数によるチョウ類のランク付けを考案した．

　この指数は遷移系列を反映するものであるため，*SR*（Seral Rank）指数と名付けた．*SR* は 1 〜 9 までの値をとり，1 は初期遷移段階の植生に依存する種を示し，値が大きくなるにつれ，後期遷移系列の植生に依存する種であることを意味する．数式にすると，

$$SR = 2\Sigma\,St_i/n-1$$

となる．ここで，St$_i$ とは寄主植物の出現する遷移ステージ（Seral stage）の番号を，n は該当する遷移ステージの数を意味する．遷移ステージについては低茎草原，高茎草原，若齢林，落葉広葉樹林，常緑広葉樹林をそれぞれ，ステージ 1 〜 5 としている．なお，寄主植物の出現する遷移ステージについては，奥田（1997）や牧野（1982，1983）にもとづいて決定した．たとえば大阪府北部に生息するチョウ類の *SR* 指数値については西中ら（2014）にまとめたので，参照いただければと思う．大まかには，*SR* 1 〜 3 は低茎〜高茎草原，*SR* 4 〜 5 は高茎草原〜若齢林，*SR* 6 は落葉広葉樹林，*SR* 7 〜 9 は常緑広葉樹林に出現する寄主植物に依存している種であるといえる．ちなみに，3 種のササ食ヒカゲチョウ類は，落葉広葉樹林依存の *SR* 6 に分類される．

5）広義の里山のチョウ類群集の構造

　山麓部とゼフィルスの森でのチョウ類のトランセクト調査は 2004 年におこなわれた．この調査では，農村景観を平地水田，山麓集落，谷津田，里山林景観を林間草地，皆伐跡地，林縁，落葉広葉樹中木林，落葉広葉樹高木林，ヒノキ林の合計 9 種類の景観要素に分類し，データを集計した（Nishinaka and Ishii, 2007）．図 6 は，それぞれの景観および景観要素で確認されたチョウ類の種数を遷移ランク別に示したものである．この調査では全体で 56 種が記録され，種数だけでみると里山林（46 種）のほうが農村（39 種）よりも多い結果となったが，たとえば SR 1 や 2 などの低茎草原依存種は農村景観において多かった．一方，SR 3 については農村・里山林景観で同程度であったが，SR 4 については里山林景観で多かった．意外なことに，農村景観においても森林依存種は少なくなく，SR 5 〜 6 の若齢林から落葉広葉樹林に依存する種の種数は，里山

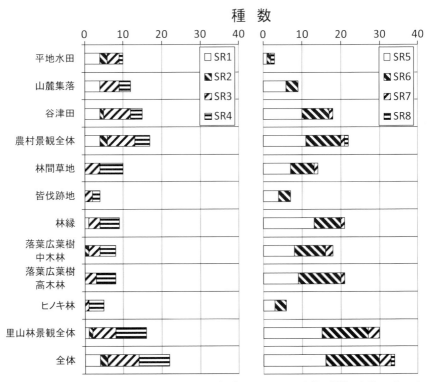

図 6　各景観および景観要素における遷移ランク（SR）別にみたチョウ類の種数．左は SR 1 〜 4，右は SR 5 〜 8 のものを示す．Nishinaka and Ishii（2007）をもとに作成．

林景観ほどではないにせよ多かった．とは言え，その多くは谷津田で確認されており，平地水田ではこれらのランクのチョウ類は少なかった（図6）．種数だけでも，農村と里山林の両景観間の共通性，異質性が何となくみえるが，密度データについてみるとその傾向はより顕著である．

　密度については，農村景観では $SR1〜3$ の，里山林景観では $SR4〜6$ の種の密度が高いというのが大まかな傾向だが，各景観要素間でも違いがみられた（図7）．たとえば，平地水田では $SR1〜2$ の低茎草原依存種の密度が高く，谷津田では高茎草原〜若齢林に依存する $SR3〜5$ の種について，農村景観内で最も密度が高かった．里山林では $SR6$ の落葉広葉樹林依存種の密度がとくに高かったが，林縁や林間草地，皆伐跡地など開けた空間の広がる場所では，$SR3〜5$ の種の密度が高い傾向がみられた．

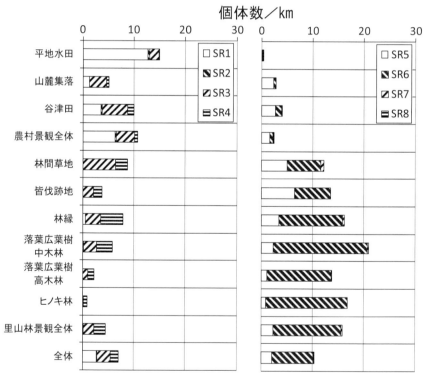

図7　各景観および景観要素における遷移ランク（SR）別にみたチョウ類の密度．左は $SR1〜4$，右は $SR5〜8$ のものを示す．Nishinaka and Ishii（2007）をもとに作成．

上記の結果より，①低茎草原依存種は主に農村景観で，②高茎草原〜若齢林依存種は農村景観の谷津田や，里山林景観の林縁や皆伐跡地，林間草地などで，③落葉広葉樹林依存種は主に里山林景観で，それぞれ多く見られるといった傾向が認められた．つまり，里山林のチョウ類を守るには，高茎草原〜落葉広葉樹林の維持管理が重要であるが，そのためには林内における樹木伐採や下刈だけでなく，隣接する谷津田などの農村エリアの植生管理も不可欠であるといえる．また，幅広い遷移系列の植生に依存する多様なチョウ類を守っていくには，里山林と農村をセットにした"広義の里山"（石井，2001a）を対象とした維持管理が必要だろう．

ところで，$SR 7 \sim 8$ の常緑樹林性のチョウ類については種数・密度ともに小さかったが，これはゼフィルスの森の植生に加え，大阪周辺の森林がたどった歴史とも関係していると思われる．石井（2001b）は，近畿地方では縄文時代後半の焼き畑と水田耕作が照葉樹林の面積の減少を引き起こし，それによって照葉樹林性のチョウ類が衰退した可能性を指摘している．

4 おわりに

著者らは以前，ゼフィルスの森周辺におけるかつての里山林利用について，地元の方たちへの聞き取りも含めた民俗学的調査をおこなったことがあった（道下・西中，2004）．この周辺では，かつては茶の湯に使うための"菊炭"または"池田炭"と呼ばれる高級炭が作られていた．原料となるクヌギは，太くなりすぎると菊炭づくりには不向きのようで，7〜8年周期で萌芽更新がおこなわれていたという．一般的な薪炭林が十数年周期で伐採されていた（たとえば武内ら編, 2001）のと比べると，この地域では丈の低い明るい里山林が広がっていたものと考えられる．

このような炭焼きの歴史があったからこそ，ゼフィルスの森で今日見られるようなチョウ類が守られてきたのだろう．そして，当時はおそらく今とは異なって，ヒョウモンチョウ類をはじめとする若齢林依存のチョウ類の多い群集構造が成り立っていたのではないだろうか．この地域はかつてオオクワガタの有名な産地として知られていたが，この調査を通じて，クワガタムシ類の好きな著者はその時代の薪炭林"に思いを馳せていた．

実はゼフィルスの森の研究については続きがある．石井ら（2019）は，ゼフィルスの森におけるチョウ類群集の 24 年間の変化を解析しているが，上記の研究よりも後におこなわれた 2015 年の調査では，種多様度指数 H' の値は 2.7 と

著しく低下していた．石井ら（2019）は，指数値の低下についてはヒカゲチョウ類の増加に加え，草原性の SR 1〜4 の種や SR 7 以上の種，訪花性の種の減少が影響しているとし，その背景にニホンジカ *Cervus nippon* の増加にともなうこれらのチョウ類の寄主植物や蜜源植物の衰退の可能性を指摘している．

　ここで重要なのは，このような危機が検知できたのは継続的な調査の成果だという点である．できれば毎年調査を実施するのが理想だが，断続的であれデータが取れればその背景で生じている自然環境の変化を推測できる可能性がある．里山林の生物多様性の保全を目指すには，データにもとづいた意思決定が重要だと改めて考えさせられた．

第1章　地域の生物群集を調べる

5　土の中の多様な動物の世界：
　　里山林の土壌性甲虫類

澤田義弘

　森林などの陸上生態系では腐食連鎖が卓越し，土壌動物のほか菌類や細菌類などの微生物を含む生物群集のはたらきで生物の遺体や排泄物などが無機化される．土壌動物の中でも昆虫は種数・個体数ともに多く，さまざまな生態的地位を占めているが，不明な部分も多い．ここでは，里山林の土壌に生息する甲虫類を対象として，優占樹種と群集構造の関係を調べた事例を紹介する．

1　土壌動物とは

　昆虫はさまざまな環境に適応して，地球上の生物種の約67％を占めるとする研究者もいるほどである．植食性の種では，餌資源となる植物との関係はよく知られており，研究者は対象となる昆虫の寄主植物を地表付近まで調査することも多い．しかし，さらにその足元にも多様な昆虫の世界がある．つまり，土壌の中にも多くの昆虫を含むさまざまな生物が生息しているのである（Dybas, 1990）．

　土壌中に生活する動物（以下，土壌動物）は地上や水の中で生息するものと比べると，環境への適応や進化が少なく，いかにも地味なものが多い（青木, 1999）．土壌の中では，光がほとんど届かず，狭い間隙が生活の場となるが，生物にとって非常に安全な世界であると考えられている．土壌中では適度な水分の存在と，温度変化の小さな微気候的に安全な環境が保証されるうえ，土壌は外敵からの襲撃を防いでくれる（青木, 1999）．

　土壌動物には多くのグループが含まれるが，分類学的研究が進んでいないものも多い．また，食性も多様で，生きた植物を食べるもの（植食者），生きた動物を食べるもの（捕食者），植物遺体を食べるもの（腐食者），動物遺体を食べるもの（屍食者），糞を食べるもの（糞食者），菌類を食べるもの（菌食者），いろいろなものを食べるもの（雑食者）などが含まれる（青木, 1999）．これらを表1にまとめた．とりわけ，動植物遺体を食べるものが多く，土壌への分

表1 食性別にみる土壌動物のグループ

植食者	ガガンボ幼虫，セミ幼虫，植物寄生性線虫など
捕食者	ムカデ，クモ，カニムシ，ゴミムシ，ハネカクシなど
腐食者	ミミズ，ダンゴムシ，ワラジムシ，ヤスデ，トビムシ，シロアリなど
屍食者	シデムシ，ハエ目幼虫など
糞食者	センチコガネ，マグソコガネ，ヒメミミズの一部など
菌食者	キノコバエ幼虫，ムクゲキノコムシ，キスイムシ，トビムシ，ササラダニなど
雑食者	アリ，ハサミムシなど

解過程で重要なかかわりをもっている．一方，冬越しのためだけに土壌中に侵入してくる動物もいるが，それらは土壌動物とは扱わない研究者も多い．

2 土壌動物の調査法

　土壌動物を調べるには，まず土壌中から探し出す必要がある．では土壌動物はどのように採集するのか，ここでは青木（1980）に従い，目視法と抽出法について紹介したい．

　目視法は，ハンドソーティングとも呼ばれ，肉眼でも見ることのできる大型の土壌動物を採集する方法で，調査をおこなう場所にわずかな道具を持っていくだけでよい．

　目視法による採集の手順は，まず調査地点の土壌をスコップ等で採取し，落ち葉や落ち枝などを水切り用のざる（園芸用のふるいでもよい）に入れ，下にバットを置いてふるう．バットの中には，落ち葉や落ち枝が取り除かれた土が入っており，それを日光に当てると土壌動物が動き出すので，それをピンセットでつまんで75％のエタノール入りの瓶に入れていく．この時，瓶に入らない大きな土壌動物はビニール袋もしくは通気性の良い目の細かい網などに入れて持ち帰るとよく，ピンセットでつまめない微小な種類は吸虫管（図1）で捕獲する．

　このほかにも，調査地で白い布を

図1　吸虫管．

図2　シフターで土をふるう様子．　　　図3　シフター．

広げ，その上に採取してきた土を薄く広げると土壌動物が動き出すので，それを捕まえる方法もある．しかし，雨の日や風の強い日などには適さない方法で，しかもすぐに動き出す種類（ハネカクシ類やアリ類など）もあれば，しばらくしてからでないと動き出さない種類（ゾウムシ類）もあるから注意が必要である．

　図2は専門の道具で土壌を採集している様子である．土をふるっている人はスロバキアのエンマムシ類の研究者である．シフター（図3）と呼ばれる専門的な道具があり，大きな筒状の布袋の上部に目の細かい網が取り付けてあって，下の開口部をひもで縛り，網の上に土壌を入れて何度も振るっていき，最終的には大量の土を土嚢袋などに入れて持ち帰るというものである．ハンガリーの昆虫器具を扱う店で売っている．

　土壌動物の体長は大きいものから小さなものまでさまざまである．微小なものは目視法での採集は非常に難しい．抽出法は，採取した土壌を持ち帰り，専用の装置を使い，土壌動物の乾燥を嫌うといった性質を利用して動物を取り出す方法である．これらの装置には，線虫などを抽出するベールマン装置，土壌動物全般を抽出するベルレーゼ装置，ベルレーゼ装置を改良したツルグレン装置，ツルグレン装置を簡素化したウィンクラー装置などがある．

　ツルグレン装置の構造は図4のようになっ

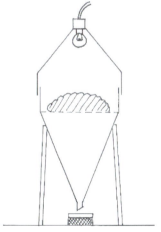

図4　ツルグレン装置．

ている．大きな漏斗の上に園芸用のふるいが
載せてあり，下には抽出した土壌動物を受け
る容器が設置してある．ふるいの上には電球
があり，土の中にいる土壌動物を追い出すた
めに，光を照射し，熱で土を乾燥させるよう
になっている．土壌動物は土壌が乾燥してく
ると，湿度を求めて土壌の下方に移動するこ
とが知られており，この性質を利用している．
下の容器には保存用の約50％のアルコールな
どを入れてあり，漏斗を伝って落ちてきた土
壌動物を逃がさないようにしている．ただ，
使用する電球のワット数を考慮しないと，例
えば，甲虫類ではグループによって抽出に必

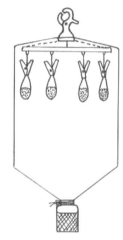

図5 自家製ウィンクラー装置．

要な時間が異なる（保科，2001）など，乾燥が急激に進むとふるい上の土壌中
で土壌動物類が死亡して，低い抽出率となってしまう．また採取してきた土に
は，落ち葉や落ち枝などが含まれることもあり，これらが電球の熱で落葉が燃
えることもあるので，火災にも注意したい．

　ウィンクラー装置（図5）は，ツルグレン装置を簡素化したもので，電球の
熱ではなく，風など自然の力で乾燥を促して抽出する装置である．ツルグレン
装置のように火災の心配はない．基本的に目の細かい網（捕虫網に使用されて
いる素材）を型枠につけてあり，その中に土を入れて土壌動物を抽出する．ツ
ルグレン装置は電球の配線や漏斗など，持ち運びに不向きであり，移動が多い
長期調査には適さない．それに対して，ウィンクラー装置はかさばる部品がな
いので，長期調査に向いている．さらに部品は100円均一ショップなどで購入
ができ，少し加工するだけでウィンクラー装置が作製できる．

　どちらの装置を使っても，下の容器に落ちてきた土壌動物を抽出するために
は，実体顕微鏡が必要で，容器の中を顕微鏡でのぞきながら抽出していく．

3　土壌性甲虫類の多様性

　土壌動物のうち，昆虫類はカマアシムシ目，トビムシ目，コムシ目，シミ目，
ゴキブリ目，バッタ目，ガロアムシ目，シロアリモドキ目，ハサミムシ目，シ
ロアリ目，カメムシ目，アザミウマ目，コウチュウ目，ハエ目，ハチ目の合計
15目が確認されている（青木，1999）．平野（1985）は，甲虫類は昆虫類の中

でもっとも種数が多く，また多くの種が土壌中に生息しており，15目のうち，一番種類が多いのは，やはりコウチュウ目と考えられる．2019年現在，日本列島からコウチュウ目は約130科が確認され，およそ10,600種が含まれると考えられていて，他の目の種数をはるかに上回る（森本，1996）．土壌中から確認されているコウチュウ目には，約50科もの分類群が知られているが（佐々治，1999），偶然に土壌に入り込んでいるものもあるので，真の土壌性甲虫類を把握するには，さらなる調査が必要である．

　国立科学博物館の野村周平博士（野村，1993，1995）は，日本各地の温帯落葉広葉樹林，暖帯常緑広葉樹林，人工林などで土壌性甲虫類の群集構造を調べ，特に暖帯常緑広葉樹林においてその種多様度がもっとも高いとしている．しかし，野村博士は落葉広葉樹林の土壌性甲虫類も独特の種構成をもち，比較的多様であることを指摘している．土壌性甲虫類は捕食者，腐食者，植食者，菌食者などさまざまな栄養段階の種を含み，このグループの昆虫が生態系の中で果たす役割は大きいと考えられる．そのため，土壌性甲虫類の植生の状態による種構成や群集構造，季節消長などの違いを比較し，このグループの環境指標性について明らかにすることは，生物多様性保全に配慮した森林の植生管理の方法を検討するうえで重要と考えられる．

4 里山林の土壌性甲虫類を調べる

　そこで筆者は，卒業研究の一環で，大阪府北部の三草山（標高564 m）をフィールドとして，1992年から1994年にかけて異なる植生における土壌性甲虫類の群集構造の比較について調査をおこなった．以下にその概要を紹介するが，詳細は澤田ら（1999）を参照してほしい．

　三草山には「ゼフィルスの森」として大阪府の緑地環境保全地域に指定されている約15 haのエリアがあり，この林を特徴づけるナラガシワのほか，クヌギやコナラなどのコナラ属の落葉広葉樹林を主体にしたかつての里山的環境が残され，1992年より大阪みどりのトラスト協会により保全管理がなされている（図6）．筆者の土壌性甲虫類の調査では，土壌の採取は月に1回，原則的に晴れた日が3日間続いた後におこない，ヒノキ植林（地点1），クヌギが優占する林（地点2），ナラガシワが優占する林（地点3）の3地点に1 m×1 mのコドラートを設定し，その中の腐植層から下の部分を採取した．採取した土壌は研究室に持ち帰り，ツルグレン装置で抽出したものを土壌性甲虫類として扱った．

図6　三草山のナラガシワ優占林（左）とクヌギ優占林（右）（澤田ら（1999）より．

この調査により三草山の3地点から合計24科104種1,431個体の土壌性甲虫類が得られた．地点別に見ると，土壌性甲

表2　各調査地点での優占5科

順位	ヒノキ植林	クヌギ林	ナラガシワ林
1	ハネカクシ科	ハネカクシ科	ハネカクシ科
2	ゾウムシ科	ゾウムシ科	ムクゲキノコムシ科
3	ムクゲキノコムシ科	タマキノコムシ科	ゾウムシ科
4	コケムシ科	ムクゲキノコムシ科	コケムシ科
5	オサムシ科	ミジンムシダマシ科	タマキノコムシ科

虫の科数・種数・個体数は地点3（以下，ナラガシワ優占林）が20科82種755個体ともっとも多く，次いで地点2（以下，クヌギ林）が17科47種512個体でそれに次ぎ，地点1（以下，ヒノキ植林）が7科34種164個体ともっとも少なかった．科別に見ると，全地点の合計ではハネカクシ科，ムクゲキノコムシ科，ゾウムシ科が優占し，この3科で全種数の60％以上，全個体数の70％以上を占めた．

地点別にみると，全地点でハネカクシ科が最も多く，2位以下は各地点で異なった．ヒノキ植林では他にムクゲキノコムシ科など優占5科だけで全種数の94％，全個体数の99％を占め，貧弱な構造をしていることがわかった．これに対して，クヌギ林とナラガシワ優占林ではハネカクシ科の他にムクゲキノコムシ科，ゾウムシ科などが優占し，これらの優占5科（表2）で全種数の70％，全個体数の約85％を占め，落葉広葉樹の優占する林における土壌性甲虫類群集の豊かさが明らかになった．

種別にみると，全地点の合計ではムクゲキノコムシ科のムナビロムクゲキノコムシ *Acrotrichis lewisii*（194個体，図7A）が最も多く，次いでゾウムシ科のイコマケシツチゾウムシ *Trachyphloeasoma advena*（153個体，図7B），タマキノコムシ科のオチバヒメタマキノコムシ *Dermatohomoeus terrenus*（128個体，図7C），ムクゲキノコムシ科のコゲチャナガムクゲキノコムシ *Dipentium japonicum*（109 個体，図 7D），ハネカクシ科のスジツヤチビハネカクシの一種 *Edaphus* sp.（86 個体，図 7E）の順で，この 5 種の合計個体数は 670 個体で全体の約 48％を占めた．

この 5 種のうち，ムナビロムクゲキノコムシ，コゲチャナガムクゲキノコムシ，オチバヒメタマキノコムシの 3 種は菌食者であるとされている（Newton, 1984）．イコマケシツチゾウムシの生態はあまりわかっていないが，本種が属するツチゾウムシ類は植物の根を食しているとされ（青木，1980），植食者で

図 7　三草山における優占 5 種と季節消長でタイプ分けされた代表種．A：ムナビロムクゲキノコムシ，B：イコマケシツチゾウムシ，C：オチバヒメタマキノコムシ，D：コゲチャナガムクゲキノコムシ，E：スジツヤチビハネカクシの一種，F：シリブトヒメコケムシ，G：ナガオチバアリヅカムシ，H：ノムラヒメキノコハネカクシ，I：マメダルマコガネ，J：クロミジンムシダマシ，K：エラハリムネトゲアリヅカムシ，L：コヤマトヒゲブトアリヅカムシ．スケールは A, B, C, F, G, J, K, L は 1 mm, D, E, H, I は 0.5 mm を表す．

あると思われる．残るスジツヤチビハネカクシの1種は捕食者と考えられているものの（Thayer, 2005），詳細な生態は解明されていない．

5 里山林の土壌性甲虫類の季節消長

季節的にみると三草山の土壌性甲虫類の個体数変化（季節消長）は3つのタイプに分けることができた（図8）．一つ目のタイプはほぼ1年を通じて見られるもので，オチバヒメタマキノコムシ，ササラダニ類を捕食するシリブトヒメコケムシ *Euconnus fustiger*（佐々治，1999；図7F），イコマケシツチゾウムシが含まれる．この3種は落葉落枝層の少ないヒノキ植林ではあまり見られなかった．久松（1984）や森本（1984）などによると，これらの種は落葉広葉樹林をおもな生息場所としており，落葉下から得られるという．このことは，こ

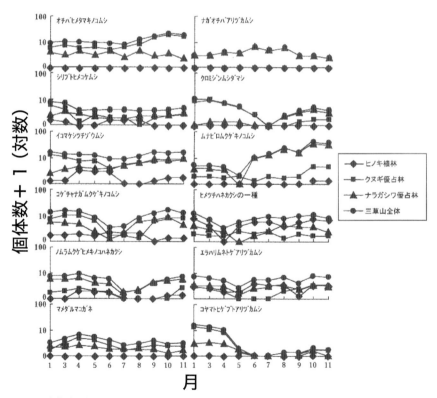

図8 三点移動平均法を用いた優占12種の季節変動のグラフ（澤田ら，1999年を改変）．

の3種の個体数がクヌギ林とナラガシワ優占林においてヒノキ植林よりはるかに多かったというこの調査の結果と矛盾しない.

　二つ目は，1年中見られるものの夏季に個体数が減少するタイプで，コゲチャナガムクゲキノコムシ，トビムシ類を捕食するナガオチバアリヅカムシ *Philoscotus longulus*（野村，1993）（図7G），菌食者と考えられるノムラヒメキノコハネカクシ *Sepedophilus nomurai*（Thayer，2005）（図7H），糞食者であるマメダルマコガネ *Panelus parvulus*（河原，2005）（図7I），菌食者であるクロミジンムシダマシ *Aphanocephalus hemisphericus*（林，1999）（図7J）があげられる．越智（1984）や渡辺（1984），佐々治（1984, 1999），青木（1980），林（1999）などによると，これらの種も落葉下から得られるが，詳細な生態は不明とされている．三草山でもクヌギ林やナラガシワ優占林で多く得られたことから，これらの種は里山林の中でもおもに落葉樹林の環境を好むのではないかと思われる．また，このタイプは夏季に落葉落枝層が減少したときに個体数も減少するため，林床環境の季節変化の影響を受けやすい種であると思われる.

　三つ目のタイプは，ある季節にのみ個体数が増加するもので，ムナビロムクゲキノコムシ，スジツヤチビハネカクシの一種，エラハリヒゲブトムネトゲアリヅカムシ *Petaloscapus temporalis temporalis*（図7K），コヤマトヒゲブトアリヅカムシ *Diartiger fosslatus fosslatus*（図7L）があげられる．このうち，アリヅカムシ類はトビムシ類の捕食者である(野村, 1993)．久松(1984)や渡辺(1984)，青木（1980）などによると，これらの種は落葉下から得られるが，アリの巣やキノコ類に依存するものもいる．いずれにしても，これらの種の生態はいまだ不明の部分も多い．なお，アリの巣に共生する昆虫類の研究は，九州大学総合博物館の丸山宗利博士などによっておこなわれつつある（丸山，2003a, b；Maruyama, 2004, 2006；Maruyama and Hironaga, 2004；Maruyama and Sugaya, 2004；Maruyama *et al.*, 2000；丸山ら，2013）.

　以上のような調査結果から，三草山の里山林における土壌性甲虫の群集構造は，落葉落枝層や腐植層の乏しいヒノキ植林では貧弱で季節変動が大きく，落葉広葉樹林でも下草の密な林分の方が群集構造は豊かで季節的に安定していることが示唆された.

6　里山林の土壌性甲虫類群集の多様性

　昆虫群集の構造の比較をする際には，共通する種の割合を評価する類似度や，それを個体数で重みづけした重複度という指数がよく使われる．ここでは，類

94　第1章　地域の生物群集を調べる

表3　三草山の三地点における類似度指数（QS）と重複度指数（Cπ）

Cπ \ QS	ヒノキ植林	クヌギ林	ナラガシワ優占林
ヒノキ植林	−	0.444	0.397
クヌギ林	0.244	−	0.527
ナラガシワ優占林	0.243	0.493	−

　似度 QS（$0 \leqq QS \leqq 1$）と重複度 $Cπ$（$0 \leqq Cπ \leqq 1$）を用いて3地点の土壌性甲虫群集の比較をおこなった．各地点間の類似度と重複度は 0.2 〜 0.5 と概して低く，各地点の土壌性甲虫群集の構造はかなり異なったものであることがわかった（表3）．しかし，その中ではクヌギ林とナラガシワ優占林との間がやや高い値を示したことから，優占樹種は異なるものの，コナラ属の落葉広葉樹林では土壌性甲虫類の群集構造が比較的似ていることがうかがえる．

　三草山の調査において，いずれか1地点のみでみられたのは61種で，全種数の59％を占めた．地点間の類似度や重複度が比較的低いのは，このことによると思われる．すなわち，土壌性甲虫類は生息環境の選好性が多様で，三草山の里山林の中でも，各種の生息密度が高木層の違いなどにより異なることを示している．

　例えば，ヒノキ植林では優占種はハネカクシ科のスジツヤチビハネカクシ属の1種 *Edaphus* sp. であったが，捕食者と考えられるホソガタナガハネカクシ *Xantholinus tubulus*（Thayer, 2005）など9種（9％）がここだけでみられた．クヌギ林では，この地点のみでみられた種はアナムネカクホソカタムシ *Tyroderus porcatus*，アカホソアリモドキ *Anthicus fugiens* など11種（11％）であり，ともに捕食者とされる（佐々治，1999）．これに対して，ナラガシワ優占林でのみ見られた種は，トビムシ類の捕食者であるナガオチバアリヅカムシや植食者と考えられるゾウムシ科のオチバゾウムシの一種 *Otibazo* sp.（森本，1984）など41種（39％）にのぼり，この地点の群集は3地点中でもっともユニークであった．また，ナラガシワ優占林だけで採集された種の中には，ハネカクシ科やゾウムシ科などの新種が含まれていたことを付け加えておきたい（Naomi and Maruyama, 1998）．

　土壌性甲虫の種の多様性と生息密度も各地点で異なっていた（図9）．ここでは，種の多様性は Simpson の多様度指数（1 − λ）（$0 \leqq 1 − λ \leqq 1$）で，生息密度は単位面積当たり平均個体数で示した．種多様度は，ナラガシワ優占林（0.93）とクヌギ林（0.91）がこの順で高く，ヒノキ植林（0.87）が最も低かった．

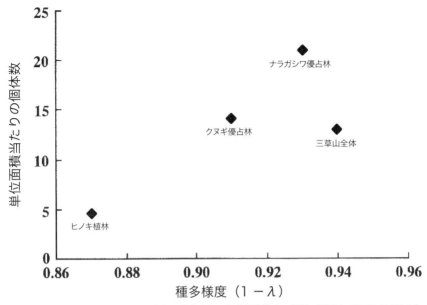

図9 三草山における多様度指数と単位面積当たりの平均個体数との関係（澤田ら，1999年を改変）．

また，全地点の種多様度は 0.94 であった．各地点の土壌性甲虫類の平均密度についても，ナラガシワ優占林（20.9）でもっとも高く，ヒノキ植林で最低（4.6）であった．

以上の結果は，三草山では，ゼフィルスの森を特徴づけるナラガシワ優占林の土壌性甲虫類群集が種数・個体数ともに最も豊富で，特定の種への個体数の偏りがないなど，均衡性が高く，しかもユニークな種構成であることを示している．クヌギ林についても，種数・個体数ともにナラガシワ優占林より少ないながらも均衡性ではナラガシワ優占林にほぼ匹敵する群集が成立しているといえる．一方，ヒノキ植林の土壌甲虫群集は種数・個体数ともに少なく，合計個体数で3割以上を占める最優占種スジツヤチビハネカクシの季節変動により，大きく影響を受ける貧弱なものであると考えられる．

7 おわりに

野村周平博士（野村，1993，1995）の指摘するように，落葉広葉樹林を主体とする里山林の土壌性甲虫類群集は，高木層の優占樹種により種構成や優占種が異なるとともに，新種も含まれるなどユニークで多様性に富んでいた．しか

し，土壌性甲虫類には微小な種が多く，分類学的研究や生態学的研究などが遅れがちである．三草山での調査で明らかになったように，土壌性甲虫類は種数・個体数が四季を通じて比較的安定していることから，1年を通じて調査することができ，定住性が強く（青木，1980），種数も多いことから環境指標として有用な生物群集になり得ると思われる．今後はさまざまな植生の土壌性甲虫類群集を対象として，三草山でおこなったような定量的な調査研究を進め，種構成や優占種，季節消長などの特徴を明らかにすることが期待される．

ここまで読んで土壌動物に興味を持った読者は，少し高価だが，青木編（2015）を参考にされることをお勧めする．最後になるが，澤田ら（1999）の図の転載を許可していただいた日本昆虫学会和文誌編集部に感謝申し上げる．

第2章 生物の生活史戦略を調べる

6 源流部にサンショウウオを求めて
──マホロバサンショウウオの生活史の解明──

秋田耕佑

　日本列島は大陸との接続と分断などさまざまな地史的な経過を反映して，固有種や固有亜種の生物が多いのが特徴のひとつになっている．サンショウウオ類はとくに固有率が高く，しかも多くの種がレッドリスト掲載種である．この仲間は，「山椒魚」という短編小説もあるくらい日本人になじみのある生物だが，実は多くの種についてその生態がよくわかっていない．ここではサンショウウオの一種について，保全方法を検討する基礎的な知見を得るためにおこなった調査について，その困難さもまじえて紹介する．

1 サンショウウオという生きもの

　道ゆく人に「"サンショウウオ（山椒魚）"という生き物を知っているか？」と尋ねると，おそらく9割以上の人がオオサンショウウオ *Andrias japonicus* を頭に思い浮かべるだろう．あるいは，オオサンショウウオという名前はわからずとも，体が大きく，清流の中にひっそりと佇む姿を連想する人が多いのではないだろうか．確かに，オオサンショウウオの独特な風貌は他の生き物と一線を画しており，生き物が好きな人間にとってはもちろん，生き物にあまり関心のない人々にとっても魅力に溢れた存在である．この"大きい"サンショウウオは国の特別天然記念物にも指定されていることから，日本に生息する希少な生き物の一つとして広く印象づけられている．しかし，実は"サンショウウオ"という名を冠する生き物はオオサンショウウオだけではない．むしろ，ここ日本には，20 cmにも満たない大きさのサンショウウオ類が多数生息しており，しかも，そのほとんどが地球上で日本にしか生息しない固有種であることが知られている．日本は，世界でも有数の"大きくないサンショウウオ（以下，小型サンショウウオと表記）"の産地なのである．しかしながら，その希少な小型サンショウウオ類の多くは，生息環境の消失・改変などにより絶滅のおそれが高まっていることもまた知られていない（詳しくは本文の「4．日本における有尾類の現状とその保全」を参照）．

98　第 2 章　生物の生活史戦略を調べる

　小型サンショウウオ類は，産卵場所となる水辺に集まる繁殖期を除いて人目に付きにくく，中には未だに野外で卵嚢や幼生が見つかっていない種もいるほど"謎"の多い生物である．その隠遁性の高さゆえ，生息個体数や繁殖状況といった情報を得るのはサンショウウオに精通した研究者であっても容易ではない．積極的に知ろうとしなければ人知れず数を減らし，気づいた時には姿を消していた，などということも起こり得る，いや，実際に起こりつつある．このような事態を回避するには，時間と労力を惜しまず，その種が必要とする生息環境や餌資源といった基礎的な生態を根気強く調べ，減少要因を取り除くとともに，生息域内における生息状況の回復に努めなければならない．そしてさらに，その効果を検証し，順応的な管理をおこなうためにも，生息状況を継続的にモニタリングする手法を確立するとともに，監視体制を構築することが重要となる．

　このような現状を踏まえ，本稿では，普段目立つことのない小型サンショウウオ類に焦点をあて，これから調査研究に取り組もうとする人の一助となるべく，その基礎的な生物学的特徴とともに，筆者が 2008 年よりはじめたマホロバサンショウウオ *Hynobius guttatus* の研究内容について紹介したい．

2　サンショウウオの分類と生態

1）日本は希少な有尾類の宝庫

　先に述べたように，日本に生息する「サンショウウオ」は，"大きい"ものと"大きくない（小型）"ものの 2 つのグループに大別される．"大きい"ものはオオサンショウウオ科 Cryptobranchidae，小型のものはサンショウウオ科 Hynobiidae という分類群にそれぞれ属しており，どちらも両生綱の有尾目 Caudata に位置づけられるグループである．有尾目に属する種は，長い体と尾をもち，ほとんどの場合，前後がほぼ同じ長さの四肢をもつのが特徴で（松井，1996），現在，世界からは 800 種以上が知られている（Frost, 2024）．このうち，日本からは 3 科 6 属 56 種が記録されており（外来種を除く），キタサンショウウオ *Salamandrella keyserlingii*（サンショウウオ科キタサンショウウオ属）を除く 55 種すべてが日本固有種だと考えられている（表 1）．種数だけをみると，世界の既知種 770 種の約 7% と少ないものの，面積あたりの固有種の割合としては極めて高く，その固有率の高さが日本の有尾類相の特徴といえる．内訳をみると，国内に分布する有尾目 56 種のうち 9 割以上（51 種）がサンショウウオ科に属しており，オオサンショウウオ科（1 種）やイモリ科（4 種）に比べ

表1　日本産有尾目種名リスト

種名[*1]	学名	環境省 RL 2020[*2]
サンショウウオ科		
キタサンショウウオ属		
キタサンショウウオ	*Salamandrella keyserlingii*	EN
サンショウウオ属		
アカイシサンショウウオ	*Hynobius katoi*	EN
アキサンショウウオ	*Hynobius akiensis*	(EN)
アブサンショウウオ	*Hynobius abuensis*	EN
アベサンショウウオ	*Hynobius abei*	CR
アマクササンショウウオ	*Hynobius amakusaensis*	CR
イズモサンショウウオ	*Hynobius kunibiki*	※
イシヅチサンショウウオ	*Hynobius hirosei*	(NT)
イヨシマサンショウウオ	*Hynobius kuishiensis*	VU
イワキサンショウウオ	*Hynobius sengokui*	※
イワミサンショウウオ	*Hynobius iwami*	EN
エゾサンショウウオ	*Hynobius retardatus*	DD
オオイタサンショウウオ	*Hynobius dunni*	VU
オオスミサンショウウオ	*Hynobius osumiensis*	EN
オオダイガハラサンショウウオ	*Hynobius boulengeri*	VU
オキサンショウウオ	*Hynobius okiensis*	VU
カスミサンショウウオ	*Hynobius nebulosus*	(VU)
クロサンショウウオ	*Hynobius nigrescens*	NT
ゲイヨサンショウウオ	*Hynobius geiyoensis*	※
コガタブチサンショウウオ	*Hynobius stejnegeri*	VU
サンインサンショウウオ	*Hynobius setoi*	EN
セトウチサンショウウオ	*Hynobius setouchi*	VU
ソボサンショウウオ	*Hynobius shinichisatoi*	EN
タゴサンショウウオ	*Hynobius tagoi*	※
チクシブチサンショウウオ	*Hynobius oyamai*	VU
チュウゴクブチサンショウウオ	*Hynobius sematonotos*	VU
ツシマサンショウウオ	*Hynobius tsuensis*	NT
ツルギサンショウウオ	*Hynobius tsurugiensis*	EN
トウキョウサンショウウオ	*Hynobius tokyoensis*	(VU)
トウホクサンショウウオ	*Hynobius lichenatus*	NT
トサシミズサンショウウオ	*Hynobius tosashimizuensis*	CR
ナンヨサンショウウオ	*Hynobius oni*	※
ハクバサンショウウオ	*Hynobius hidamontanus*	EN
ヒガシヒダサンショウウオ	*Hynobius fossigenus*	VU
ヒダサンショウウオ	*Hynobius kimurae*	NT
ヒバサンショウウオ	*Hynobius utsunomiyaorum*	(VU)
ヒロシマサンショウウオ	*Hynobius sumidai*	※
ブチサンショウウオ	*Hynobius naevius*	EN
ベッコウサンショウウオ	*Hynobius ikioi*	VU
ホクリクサンショウウオ	*Hynobius takedai*	EN
マホロバサンショウウオ	*Hynobius guttatus*	VU
ミカワサンショウウオ	*Hynobius mikawaensis*	CR
ヤマグチサンショウウオ	*Hynobius bakan*	VU
ヤマトサンショウウオ	*Hynobius vandenburghi*	VU
ハコネサンショウウオ属		
キタオウシュウサンショウウオ	*Onychodactylus nipponoborealis*	－
シコクハコネサンショウウオ	*Onychodactylus kinneburi*	VU
タダミハコネサンショウウオ	*Onychodactylus fuscus*	NT
ツクバハコネサンショウウオ	*Onychodactylus tsukubaensis*	CR
ハコネサンショウウオ	*Onychodactylus japonicus*	(－)
バンダイハコネサンショウウオ	*Onychodactylus intermedius*	NT
ホムラハコネサンショウウオ	*Onychodactylus pyrrhonotus*	※

100 第 2 章　生物の生活史戦略を調べる

表 1（つづき）

種名[*1]	学名	環境省 RL 2020[*2]
オオサンショウウオ科		
オオサンショウウオ属		
オオサンショウウオ	*Andrias japonicus*	VU
イモリ科		
イボイモリ属		
アマミイボイモリ	*Echinotriton raffaellii*	※
オキナワイボイモリ	*Echinotriton andersoni*	(VU)
イモリ属		
アカハライモリ	*Cynops pyrrhogaster*	NT
シリケンイモリ	*Cynops ensicauda*	NT

*1　日本産爬虫両生類標準和名リスト（2024 年 3 月 11 日版）に基づく種名を示す.
*2　環境省レッドリスト 2020 に基づくカテゴリを示す.
　　　CR：絶滅危惧 I A 類
　　　EN：絶滅危惧 I B 類
　　　VU：絶滅危惧 II 類
　　　NT：準絶滅危惧
　　　DD：情報不足
　　　※：リスト公表後に記載されたため未評価
　　　（ ）：リスト公表後に種が分割され，リスト公表時の評価対象集団が現在とは異なるもの

てはるかに種数が多い．これは，日本の急峻かつ複雑な地形がサンショウウオ科の分布を分断し，長い時間をかけて種分化が生じた結果と考えられている（松井，2013）．

　サンショウウオ科にはキタサンショウウオ属 *Salamandrella*，サンショウウオ属 *Hynobius*，ハコネサンショウウオ属 *Onychoductylus* の計 3 属が含まれており，中でもサンショウウオ属は日本国内でもっとも多様な種に分化したグループで，これまでに 43 種が記載されている．とくに 2013 年以降の分類学的研究の進展は目ざましく（吉川・富永，2019），急速にサンショウウオ属の種分類が進んだ結果，筆者が研究に着手した 2008 年時点では 20 種程度しか知られていなかったが，今ではその中に同数以上の隠蔽種が含まれていたことが明らかにされている．詳しくは後述するが，筆者はこのサンショウウオ属の一種であるマホロバサンショウウオを対象に研究を進めてきたのだが，このサンショウウオもかつては広義のブチサンショウウオ *H. naevius*（チュウゴクブチ，チクシブチ，ブチの 3 種を含む）として扱われていた．その後，形態学的，遺伝学的情報に基づく研究により広義のコガタブチサンショウウオ *H. yatsui*（現在は *H. stejnegeri* に学名変更；マホロバ，ツルギ，イヨシマ，コガタブチの 4 種を含む）に分割されたのち（Tominaga *et al.*, 2008），さらなる分類学的検討がおこなわれた結果，研究対象である大阪府南部に生息する集団はマホロバサンショウウオに再編され，現在に至っている（Tominaga *et al.*, 2019）．

このように，今まさに種分類の全貌が明らかになりつつある日本産サンショウウオだが，同じ両生綱であるカエル（無尾目）に比して分類学的研究が遅れていた要因の一つとして，"隠遁性"の高さ，つまりは"生きた個体を見つけることの難しさ"が挙げられる．次項では，なぜ，小型サンショウウオ類が見つかりにくいのかという点も含め，基礎的な繁殖生態や生息場所について紹介したい．

2）サンショウウオの謎めいた生態
（1）繁殖生態
　サンショウウオという名を聞くと，多くの人が水の中にいる姿を想像するかもしれない．しかし，国内に生息する小型サンショウウオ類は一年のほとんどを陸上で過ごし，繁殖期にのみ産卵場所となる水辺周辺に集まるという生態を有している．

　サンショウウオ類はその産卵場所の性質から，止水環境に産卵する種と流水環境に産卵する種の2つのグループに大きく分けられる．一般的に，前者は止水（産卵）性，後者は流水（産卵）性（または渓流性）と呼ばれる．止水性の種は池や沼といった水の流れがない，もしくは緩やかな流れのある環境を繁殖場所として利用する．代表種としてはカスミサンショウウオ *Hynobius nebulosus* やトウキョウサンショウウオ *H. tokyoensis*，クロサンショウウオ *H. nigrescens* などが知られる．一方，流水性種は源流部の河川やその周囲の地表面下を流れる伏流水中に卵嚢を産みつける．代表種として，ブチサンショウウオ *H. naevius* やヒダサンショウウオ *H. kimurae*，オオダイガハラサンショウウオ *H. boulengeri*，ハコネサンショウウオ *Onychodactylus japonicus* などが知られている．このような産卵環境による違いは，卵嚢や幼生の形態にも表れている．例えば，両者の卵嚢を比較すると，止水性の種は小粒で多数の褐色の卵を含み，袋（卵嚢外被）は丈夫でないものが多いのに対し，流水性の種は少数の白色の卵を含み，袋は厚く丈夫であることが多い（図1；松井，2013）．

　一方，幼生の形態形質に着目すると，止水性種の孵化して間もない幼生は，一般的に，四肢とは別に一対の平衡桿（バランサー）とよばれる棒状の器官が外鰓付近に認められる．それに対し，流水性種の幼生は平衡桿をもたない場合がほとんどで，もっていたとしても退化的である（松井，2013）．一方，流水性種の幼生は四肢の指先に爪が発達するものが多く，止水性種にはこの特徴がふつう認められない（図2；松井・関，2008）．サンショウウオ類の中には例

外的にこれらの中間的な形質を有する種もいる。例えば、長崎県対馬のみに生息するツシマサンショウウオ *Hynobius tsuensis* や島根県隠岐諸島の島後のみに生息するオキサンショウウオ *okiensis* は、流れのはやい渓流で繁殖・産卵するものの、両種の幼生は止水性種の特徴であ

図1　小型サンショウウオ類の卵嚢。(左) トウキョウサンショウウオ (止水性種)、(右) ヒダサンショウウオ (流水性種)。

図2　ハコネサンショウウオ幼生の指端に発達した爪 (黒色部)。

る平衡桿をもつことが知られている。これらの2種は、遺伝的にも止水性種である広義のカスミサンショウウオやオオイタサンショウウオ *dunni* に近縁であることが示唆されており (Li et al., 2011)、オキサンショウウオと他のサンショウウオ属との関係性について分子系統学的な調査がなされた結果から、止水性は流水性から派生した系統であり、オキサンショウウオは止水性の系統でありながら隠岐諸島の急峻な山地渓流に適応する過程において、再び流水環境を繁殖場所として利用しているものと考えられている (Matsui et al., 2007)。

　国内に生息する小型サンショウウオ類はすべて体外受精により子孫を残すため (松井, 1996)、繁殖場所となる水辺に雌雄が同じタイミングで集まり、その場で産卵・放精を行う必要がある。このような事情から、産卵環境が異なる種であってもその繁殖生態には共通点が多い。

　一般に、サンショウウオ類では性成熟に達した成体は繁殖期前に産卵場所となる水辺付近に移動し、繁殖活動を終えるまでその周辺に留まると考えられている。サンショウウオ科の場合、オスの方が早く水辺に集まり、産卵に適した場所を選んでメスを待つ (松井, 1996)。国内に生息するサンショウウオ科の多くは初冬 (12月頃) から初夏 (8月頃) にかけて繁殖・産卵し、卵は通常水

中もしくは水に触れるような位置に産み付けられる．孵化するまでに要する期間は種によって異なるものの，サンショウウオ属の多くは 3 ～ 6 週間程度であり，ハコネサンショウウオ属は 5 ヶ月以上とサンショウウオ属よりも顕著に長い（松井・関，2008）．幼生期間は多くの種で一年未満であり，孵化した年の秋までには多くの幼生が変態上陸するが，中には幼生のまま複数年越冬する種も知られており（Nishikawa and Matsui, 2008；吉川，2015），同種であっても生息環境の違いなどによって幼生期間が異なることが報告されている（秋田，2011）．繁殖活動を終えた成体や変態上陸した幼体は周囲の樹林帯や湿原に広く分散して生活するものと考えられているが，繁殖場所から分散した個体を見つけるのは容易ではなく，非繁殖期における生態については未だ不明な点が多く残されている．

（2）非繁殖期の生息場所
　非繁殖期における小型サンショウウオ類の生息場所については，いくつかの種で調査がなされており，断片的ではあるものの貴重な知見が得られている．
　トウキョウサンショウウオの研究例では，スギ・ヒノキ林に囲まれた繁殖池における標識再捕獲調査の結果から，繁殖場所で標識された個体は周囲の林床に広く分散し，池から最大 100 m 移動することが観察されている（Kusano and Miyashita, 1984）．さらに，本種の季節的な活動性について，越冬前の秋には地表活動が活発になり，気温が高まる夏には逆に低下することが明らかにされている．
　樹林帯に生息するエゾサンショウウオ *Hynobius retardatus* の移動を「墜落わな（PFT；Pit Fall Trap）」で追跡した研究例では，繁殖場所で標識された個体がおよそ 6 ヶ月後に 120 m 離れた場所で捕獲され，さらに，その翌年の産卵時期にはそこから 210 m 離れたトラップで再び捕獲されるという結果が得られている（佐藤・堤，2013）．「墜落わな」とは，いわゆる"落とし穴"の原理で捕獲するトラップのことで，地表面に筒状のトラップを埋設し，その上を通過した個体が中に落下することで捕獲されるという仕組みのものである．
　キタサンショウウオの研究例では，低層湿原における行動圏を同じく墜落わなにより調査した結果，短期間の追跡ではあるものの，本種は産卵場所からさまざまな方向に分散し 80 m 以上移動することが確認されている（太田・佐藤，2013）．一方，ラジオテレメトリー法による個体の追跡調査では，12 時間で 10 m 以上移動する能力を有することや，26 日間における総移動距離がわずか

104 第 2 章　生物の生活史戦略を調べる

数 m に留まる事例も観察されている（太田・佐藤，2013）．ここで，ラジオテレメトリー法とは，小型発信器を調査対象に装着し，その電波を受信して発信器の位置を特定することにより，装着個体の移動を追跡する手法である．

　ホクリクサンショウウオ *Hynobius takedai* の事例では，秋に標識した 7 個体のうち 2 個体が翌年の産卵期に再捕獲され，秋季の捕獲地点から再捕獲地点に最も近い既知の産卵場までの距離はそれぞれ約 80 m と 110 m であったという（高橋，2008）．

　これらの結果にもとづくと，繁殖活動を終えた個体は繁殖場所から周囲に広がる植生帯に移動分散し，追跡個体の多くは 100 〜 200 m 程度の範囲に留まることが窺える．しかしながら，いずれの研究例においても繁殖場所からの移動を追跡できた個体数は決して多くはないことから，移動する範囲を過小評価している可能性も考えられる．繁殖場所からより離れた場所に分散した標識個体ほど検出されにくいであろうから，繁殖場所から移動分散する範囲は数百 m 程度の規模と捉えるのが妥当であろう．今回紹介した研究事例は，いずれも止水性種を対象としたものであり，流水性種の非繁殖期における生息場所や行動圏に関する知見はさらに乏しいのが現状である．非繁殖期における生態は，止水性，流水性を問わず未解明な部分がほとんどであることから，今後の知見の集積が待たれる．

3　大阪府内におけるマホロバサンショウウオの分布と遺伝的多様性
１）調査に至るまでの経緯
（１）サンショウウオとの出会い

　筆者がはじめてサンショウウオと出会ったのは，2007 年にカスミサンショウウオ（現在はヤマトサンショウウオ *Hynobius vandenburghi* とされる集団；Matsui *et al.*, 2019）の夜間調査に同行したときのことである．恥ずかしながら，かくいう筆者も，この調査に同行するまでは大阪府内にサンショウウオ類が生息していることはおろか，サンショウウオという生き物について無知も同然であり，それまで実物を見たこともなかった．当時，大阪府立大学で教鞭をとられていた夏原由博助教（2007 年当時）にお誘いいただき，ヤマトサンショウウオの既存産地における生息状況のモニタリングを目的とした標識再捕獲調査に同行する機会を得た．調査地は，大阪府南部にある落葉広葉樹林に囲まれた小規模なため池とそれに繋がる幅 30 〜 50 cm，水深 10 〜 20 cm 程の土水路で，隣接する住宅地からはアスファルトで舗装された幅員 1.5 m 程の道路で繋がっ

ていた．日没を待って調査地を訪れた際にまず目にしたのは，道路上を横断するヤマトサンショウウオの成体であった．人生ではじめて実物のサンショウウオに出会った瞬間である．目的地に近づくにつれて横断中の個体が増えていったことから，これらの個体はおそらくは調査地である水辺に向かって移動していたのだろう．調査地に着くと，ため池や水路の中には繁殖の機会を待つ成体がところ狭しと集まっており，次々に捕獲してもすべての個体を採りきれないほどの密度であったことを覚えている．

　しかし，その光景以上に目に焼きついたのは，調査地に至るまでの道路上に横たわる轢死体の数々と，おそらく管理放棄により陸地化したであろうため池の姿であった．彼らは好き好んで人里近くの水辺に集まり，車両に轢かれるリスクを負いながら子孫を残しているわけではなく，長い間ひっそりと世代交代を繰り返していた環境に我々人間が入り込み，産卵場所となっていた湿地を改変し利用した結果，繁殖場所を失い本来起こり得ない死を遂げているのかと，そのような考えが頭をよぎった．今思えば，この瞬間こそ，筆者のサンショウウオ研究のはじまりであったように思う．

（2）大阪府内におけるサンショウウオの生息状況

　サンショウウオという生き物の生態に興味を抱いてから，まずは大阪府内にどのような種が生息しているのか情報を集めることにした．2008 年当時，大阪府内からは広義のカスミサンショウウオ（現在はヤマト，セトウチの2種に分割），広義のコガタブチサンショウウオ（現在は4種に分割され，大阪府内に分布する集団はマホロバに分類），ヒダサンショウウオ，オオサンショウウオの計4種が記録されていた．その中でもマホロバサンショウウオに関する生息情報は乏しく，文献記録をみるかぎり府内における生息確認地点は5ヶ所のみであり，過去の確認記録も10年以上前のものに限られるなど，近年の生息状況に関する資料が不足していた．とくに近畿地方においては，卵嚢や幼生の確認事例もこれまでになく，繁殖時期などもほとんど知られていなかったことから，筆者は本種の生息状況やその生活史を明らかにしたいと考えるに至った．

（3）過酷な予備調査

　大阪府内におけるマホロバサンショウウオの生息状況を明らかにするには，当然のことだが，野外でサンショウウオを見つけることができることが大前提となる．そこで，まずは過去の確認記録のある場所に赴き，実際にサンショウ

ウオを探して見つけることができるのか予備調査をおこなうことにした．2008年3月7日，研究室のメンバー7名とともに調査地となる大阪府貝塚市内の源流部へと向かった．調査地は標高約500 m に位置する渓流沿いのスギ・ヒノキの人工林で，林床にはまだうっすらと雪が残っていた．林床にある倒木や転石，リターを素手もしくはつるはしを使って起こし，その下にいる個体を探索した．しかし，いくら探しても見つからない．見つかるのはサワガニ *Geothelphusa dehaani* やアマビコヤスデ属の一種 *Riukiaria* sp. ばかりで，サンショウウオの気配もない．それでも諦めずに探し続けると，土の中に光沢のある青紫色の表皮が目に入った．興奮を抑えながらも逃すまいと素早く掘り出すと，それは目的のサンショウウオではなく，シーボルトミミズ *Pheretima sieboldi* であった．この巨大な貧毛綱は，この後，幾度となく無駄な期待を抱かせたことは言うまでもない．

とにかく1個体でも見つけたいという思いで探し続けた結果，ついに目的のサンショウウオが姿を見せた．気付けば，調査をはじめてから5時間あまりが経過していた．調査に同行いただいた同研究室の池内健氏が沢沿いの斜面から掘り出したその1個体は，頭胴長（吻端から総排出口の頭側までの距離）67.0 mm の成体であった（図3）．野外で目的のサンショウウオを発見し，生息を再確認できたこと自体はとても喜ばしいことではあったが，その一方で，この1個体を見つけるのに要した時間と労力を考えると，研究として成り立つのだろうかという不安は拭いきれなかった．そのため，より多くの個体が河川周辺の地表付近に移動してくることを期待し，少し日を置いてから再調査を行うことにした．そして，およそ3週間後の3月30日に同地点で計4時間探索した結果，7個体のマホロバサンショウウオを確認することができた．これでも決して見つけやすい生き物ではないが，3月7日の状況に比べたら悲観的な結果ではない．

こうして，マホロバサンショウウオの研究が幕を開けた．

図3　予備調査で確認されたマホロバサンショウウオ成体（左）とその発見場所（右）．

2) 分布状況の把握

 研究をはじめてまず着手したのが,分布状況の把握を目的とした調査である.ある場所にサンショウウオが生息しているかどうかを調べるには,水辺に多くの個体が集まる繁殖期を狙い,産卵がおこなわれる夜間に水中にいる成体を探す,もしくはすでに産み付けられた卵嚢や孵化後の幼生を探索するのが効率の良い方法だろう.しかし,マホロバサンショウウオの場合,地下の伏流水中に産卵し,そこで孵化した幼生は摂食せずに変態上陸すると考えられているため,これらの手法は通用しない.近年では,環境DNA(水中などの環境中に残存する断片化したDNA)の分析技術が発展・普及し,国内でもサンショウウオを含む両生類の新たな生息地が環境DNAの分析により発見されるようになったが(Sakai *et al*., 2019),筆者が研究をはじめた2008年当時は今ほど汎用な分

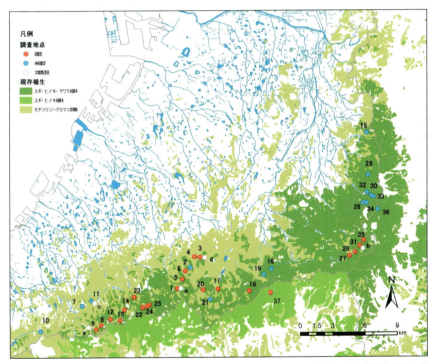

図4 大阪府和泉山脈および金剛・生駒山脈におけるマホロバサンショウウオの生息状況と植生の関係.
●(赤丸):2008年3月〜2010年12月の調査で生息が確認された地点,●(青丸):2008年3月〜2010年12月の調査で生息が確認されなかった地点,○:過去の生息記録がある地点(a〜e).図中の番号は表2中の地点No.を示す.

108 第2章 生物の生活史戦略を調べる

表2 2008年3月〜2010年12月に大阪府和泉山脈および金剛・生駒山脈で行った野外調査における調査地点の標高および植生およびマホロバサンショウウオの確認個体数

地点 No.	調査地点		確認個体数（N）	標高（m）	植生*
1	大阪府	和泉市	7	423	人工林
2			0	322	夏緑樹 – 二次林
3			2	294	人工林
4			1	289	人工林
5			10	399	人工林
6			6	354	人工林
7		泉佐野市	0	166	人工林
8			5	464	混交林
9			5	422	混交林
10			0	255	夏緑樹 – 二次林
11		貝塚市	0	304	夏緑樹 – 二次林
12			3	630	人工林
13			18	527	人工林
14			5	549	人工林
15		河南町	0	415	夏緑樹 – 二次林
16		河内長野市	0	549	人工林
17			4	359	人工林
18			2	582	人工林
19			0	493	人工林
20			2	715	人工林
21			0	408	人工林
22		岸和田市	5	439	人工林
23			1	564	人工林
24			1	613	人工林
25			1	585	人工林
26		千早赤阪村	0	499	人工林
27			1	464	人工林
28			1	465	人工林
29			0	347	人工林
30			0	464	人工林
31			1	467	人工林
32			0	437	人工林
33			0	467	人工林
34			0	557	人工林
35			10	489	人工林
36	奈良県	御所市	0	609	人工林
37	和歌山県	橋本市	7	516	人工林
	計		98		

* ：人工林 – スギ・ヒノキ林
　混交林 – スギ・ヒノキ林に一部，常緑広葉樹が混在

析手法ではなかった．本種のように，生活史全般において直接観察しにくい種や生息個体数の少ない希少種などの生息状況を把握する上で，この分析技術は強力なツールと成り得るだろう．ここで紹介する研究例では，古典的ではあるが，日中に源流部の沢沿いにあるリターや倒木，転石などをめくり，繁殖に訪れた成体を探すことにより生息の有無を調査した．

　調査は過去の生息記録のある谷を中心におこない，生息が確認された場合はその周辺にも足を運んだ．2008 年 3 月〜 2010 年 12 月の期間に計 37 ヶ所で調査を実施した結果，和泉山脈 18 ヶ所，金剛・生駒山脈 4 ヶ所から計 98 個体のマホロバサンショウウオを確認した．過去に生息記録のある 5 ヶ所すべてにおいて本種の生息が再確認され，これらのほかに新たに 17 ヶ所で生息が確認された．生息が確認された場所の植生を見ると，スギ・ヒノキの人工林がもっとも多く 9 割以上（$N = 20 / 22$）を占めており，残りはスギ・ヒノキ林に常緑広葉樹が混じった混交林であった（$N = 2 / 22$）（表 2，図 4）．

　サンショウウオが確認された時期をみると，月によって調査頻度は異なるものの，98 個体中 78 個体が 4 月上旬〜 6 月中旬に確認され，1，2，7 〜 9 月には 1 個体も確認されなかった．大阪府南部では，4 月上旬〜 6 月中旬に河川周辺の林床を探索するのがもっともマホロバサンショウウオを見つけやすいようで，この時期における確認頻度（＝発見個体数 / （調査時間（h）× 調査人数））は 0.16 〜 1.25 の値を示した．つまり，6 人で調査すれば，生息密度の低い場所でもこの時期であれば 1 時間に 1 個体は見つけることが期待できるということだ．

　これらの結果から，マホロバサンショウウオは大阪府内において従来報告されているよりも広い地域に分布しており，現在は代替植生であるスギ・ヒノキ林を生息地として広く利用していることが明らかとなった．なお，2008 年の調査結果については秋田ら（2011）に詳しく報告しているので，そちらを参照していただきたい．

3）季節的な活動性の調査

　分布調査の結果から，大阪府南部のマホロバサンショウウオは，4 月上旬〜 6 月中旬を中心に河川周辺の地表付近を生息場所として利用することが明らかとなった．しかし，その他の時期における観察例は少なく，河川周辺への移動はいつからはじまるのか，6 月中旬以降は河川からどのくらい離れた場所まで分散して生活しているのかなど，不明な点は依然として多く残されている．そ

図5 定点調査地点の景観．河川から尾根に至るまでスギ・ヒノキ林が連続しており，林床には伐採した枝葉や倒木が堆積している．

こで，本種の一年を通した生息場所や季節的な活動性を明らかにするために，分布調査時の確認頻度が高かった大阪府和泉市の生息地において，河川から尾根までの環境を一様に含むようにコドラート（方形区）を設置し，定点調査をおこなった（図5）．

コドラートは幅5 m，長さは河川から尾根までの距離（106.5 m）とし，短辺を河川に沿わせるように設定した．調査は月2回の頻度でおこない，分布調査と同様に林床にある倒木や転石を素手もしくはつるはしで起こし，概ね地表から20 cmの範囲にいる個体を探索した．サンショウウオを見つけた場合は，河川の中央から発見場所までの距離をレーザー距離計（TruPulse 200, Laser Technology 社製）を使用して0.1 mの精度で測定・記録した．

各回の調査は基本的に2人1組でおこない，時間と労力をかけてコドラート内をまんべんなく探索したのだが，2009年8月～2010年12月に実施した34回の調査で確認されたのはわずか14個体であった．各個体の確認時期と河川までの直線距離（D）との関係をみてみると，4～5月は河川周辺（$N=2$, $D=3.5$, 3.9 m）でみつかり，6月には河川から離れ（$N=1$, $D=61.1$ m），7～9月には1個体も確認されず，10月になると再びコドラート内で見つかるようになり（$N=3$, $D=55.2 \pm 1.0$ m, 54.0～55.8 m），11～1月にかけては河川周辺から離れた場所でまばらに見つかるようになった（$N=8$, $D=19.6 \pm 1.1$ m, 12.6～61.1 m）．このうち，2009年10月に確認された3個体は頭胴長20.2～24.3 mmであり，Tominaga *et al.* (2019) が記載している成体の頭胴長（オス：51～67 mm，メス：51～66 mm）の1/2以下であった．本調査で確認された個体の確認時期や頭胴長の傾向は，分布調査の結果とも矛盾していない（図6）．観察例が少ないため推測の域は出ないが，本種の成体は大阪府南部地域におい

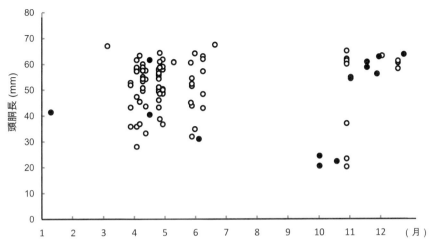

図6 2008年3月～2010年12月に大阪府和泉山脈および金剛・生駒山脈で確認されたマホロバサンショウウオの頭胴長（mm）と確認時期の関係．○：分布調査で確認された個体，●：定点調査で確認された個体．

て，4～6月に河川周辺で繁殖活動をおこない，7～10月は山中に分散して生活し，11月～1月には翌年の繁殖活動のために再び河川周辺に集まる，という生活史を有しているのかもしれない．

4）遺伝的多様性の評価

これまでに述べたように，季節を間違えなければ野外で個体を直接観察することは不可能ではないが，一回の調査で観察される個体数は決して多くはなく，標識再捕獲調査などによりそれぞれの生息地における生息状況を類推することは容易ではない．そこで，分布調査で捕獲された個体からDNAを抽出し，調査地点ごとの遺伝的多様性を調査することで，マホロバサンショウウオの生息状況に関する情報を得られないかと考えた．

地域間の遺伝的多様性を評価する手法の一つに，ミトコンドリアDNAの塩基配列を用いた解析がある．ミトコンドリアDNAは解析が比較的容易で，核DNAよりも進化速度が速いことから（松井・小池，2003），分子系統学や系統地理学の分野でも広く解析がおこなわれている．筆者は現在，このミトコンドリアDNAの塩基配列を用いて，大阪府南部地域おけるマホロバサンショウウオの遺伝的多様性，および遺伝的な集団構造の解明を試みている．

本研究の調査地である和泉山脈及び金剛・生駒山脈は，マホロバサンショウ

112 第 2 章　生物の生活史戦略を調べる

ウオの既知の分布域の外縁に位置しており（Tominaga *et al.*, 2019），他の山地
とは紀の川や奈良盆地により分断された，いわば孤立した生息地である．この
ような場所では，周辺地域からの個体の移入による遺伝的多様性の回復が生じ
にくく，人知れず生息状況が悪化しつつあるかもしれないことから，その実態
を明らかにするべく，現在も調査研究に取り組んでいる．

4　日本における有尾類の現状とその保全

　以上，断片的ではあるが，日本国内に生息する小型サンショウウオ類の分類
と生態，そして筆者が携わってきたマホロバサンショウウオの研究事例につい
て俯瞰してみた．冒頭でも述べたとおり，現在国内からはオオサンショウウオ
科 1 種，サンショウウオ科 51 種，イモリ科 4 種の計 56 種の有尾目が記録され
ているが，実にその 7 割以上が日本の絶滅危惧種に指定されている（環境省，
2020a）．これに準絶滅危惧種を含めるとその割合は 8 割以上にのぼり，国産有
尾類のほとんどがその生息状況において何かしらの問題を抱えているといえ
る．小型サンショウウオ類の絶滅のおそれを高めている主要な要因は，森林伐
採や土地開発，休耕田化などに伴う生息環境の悪化・消失で，その他の要因と
しては，アライグマやアメリカザリガニなどの外来種による直接的な捕食，農
薬散布などが挙げられる（環境省，2014）．さらに近年，とくに重大視されて
いるのが，愛好家やペット業者による採集圧の高まりである．
　環境省は，1993 年に施行された「絶滅のおそれのある野生動植物の種の保
存に関する法律（種の保存法）」に基づき，人為の影響により存続に支障を来
す事情が生じていると判断される種（または亜種・変種）を国内希少野生動植
物種に指定し，捕獲や譲渡等を原則禁止として希少種の保全を図ってきた．し
かしながら，主要な生息地が消滅あるいは生息環境が悪化しつつある種であっ
ても，現存する個体数が著しく少なくないものについては規制対象外であり，
各地方自治体が定める条例などに身を委ねる他なかった．そのような種の中に
はネットオークション等による販売・流通が後を絶たないものも含まれてお
り，販売目的による大量捕獲等がなされた場合には種の存続に支障を来たすこ
とが危惧されていた．このような現状を受け，環境省（2020b）は 2017 年に種
の保存法を改正し（2018 年施行），「特定第二種国内希少野生動植物種」制度
を新たに創設した．この制度は，販売や頒布を目的とした捕獲・譲渡を原則禁
止とするものであり，有尾目に関しては，本制度創設後初となる先行指定にお
いて，2020 年 2 月にトウキョウサンショウウオがこれに指定された．現在，

特定第二種を含め，国内希少野生動植物種として有尾目からは 40 種が指定されており，本稿で取り上げたマホロバサンショウウオも 2022 年 4 月に新たに特定第二種に指定されている．

　このような法整備により，採集圧の高まりに対する対策を進める一方で，小型サンショウウオ類の絶滅のおそれを将来に渡り低減していくためには，各種の生息域内において生息状況の改善を図ることが必要不可欠である．そのためには，未解明な点が多く残されている非繁殖期の生息場所や行動圏，食性なども含め，生活史全般を通じた生態を把握する必要があることは言うまでもない．この書を手にとった読者の中で，少しでもサンショウウオを知りたいという興味が芽生えた人がいるならば，まずは山中に転がる木や石をそっとめくっていただきたい．きっとそこには，今まで見たことのない生き物との感動的な出会いがあるはずである．そして，その想いを原動力に，サンショウウオの調査研究に取り組もうという人がいたら，筆者の喜びはこの上ない．それはサンショウウオの保全実現に向けた小さくも大きな一歩であるに違いないからである．

Photo Collection

ハコネサンショウウオが生息する渓流

2020年6月27日　奈良県川上村　平井規央撮影

ハコネサンショウウオの幼生

2016年8月22日　奈良県川上村　平井規央撮影

第2章　生物の生活史戦略を調べる

7　オオカマキリと
　　チョウセンカマキリのすみわけ

岩崎 拓

　各々の生物は，環境や他の生物との関係（相互作用）の中で生活している．生物間の関係には，捕食・被食，競争，共生などがあるが，近縁の生物が生息場所をすみわけているように見える場合，そこにはどんな要因が関わっているのだろう．ここでは里山の二次的自然環境で同所的に生息する同属の2種，オオカマキリとチョウセンカマキリの「すみわけ」について，さまざまな観点から調査研究した事例を紹介する．

1　はじめに

　オオカマキリ *Tenodera aridifolia* とチョウセンカマキリ *T. angustipennis* は大型のカマキリで，主として草地・草原に生息する．両種とも，春に卵囊から孵化し，ほとんどが6齢か7齢の幼虫期を経て，秋に成虫になり交尾・産卵し，卵越冬するという年1化の生活史を送る（Iwasaki, 1992, 1996 など）．両種の間には体サイズや生活史に大きな違いが見られないにもかかわらず，生息場所には違いがみられる．すなわち，オオカマキリは山際や林縁のクズ，セイタカアワダチソウ，ススキ，ササ類などが混生する草地に多く見られるのに対して，チョウセンカマキリは水田周辺に多い（松良，1984;岩崎，1996 など）．ただし，オオカマキリの優占地にチョウセンカマキリが少数ながら生息することもあり，逆に水田の周縁部や広い休耕地にオオカマキリが生息することもあるので，両種間のすみわけの程度は段階的である（岩崎，2002b；松良，2007 など）．

　本稿では，両種のカマキリの優占地における生活史の調査結果から導かれたすみわけに関する仮説，および両種のすみわけを引き起こす要因を明らかにするためにおこなった導入除去実験の結果を紹介する．また，両種のカマキリの利用者（卵囊寄生者／卵寄生者／捕食寄生者），あるいは種間交尾といった，すみわけに影響を与える可能性がある他の要因についても考察をおこなった．なお，本稿の大筋は，岩崎（1995, 2011）から変わっていないが，導入除去

関する追加実験の結果も含めて報告し，かつ両種のカマキリの利用者がすみわけに与える影響に関して補足と訂正をおこないたい．

2 両種のすみわけに関する仮説

生活史には，孵化，発育，捕食（餌メニュー），被捕食，寄生，待ち伏せ場所（植物），成虫の体サイズや体色，交尾，産卵など，さまざまな側面があり，これらに関して両種のカマキリの間で違いがあれば，それがすみわけを引き起こす要因となる可能性がある．

たとえば，目につく違いの一つとして，卵嚢の形があげられる．オオカマキリの卵嚢は球状で，植物の細い茎や枝を巻き込むように産下されるのに対して，チョウセンカマキリの卵嚢は細長い形で，細い枝や茎のほか，太い茎や幹に貼り付けるように産下される．塀や板などの平らな人工物に対して，オオカマキリは産卵が困難であるが，チョウセンカマキリは可能である．ただし，ふつうの草地では，オオカマキリが産卵場所に困るような事態は想定できない．また，成虫の形態に関しては，後翅の色の違いがあげられるが（図1），それは飛翔や威嚇行動の際に示されるだけで，それらの時間は野外では少なく，すみわけの原因になっているとは考えにくい．

両種の野外での生活史を調べるために，1989年に大阪府堺市と和泉市における両種それぞれの優占地において，天候に関わらず4月上旬から12月上旬まで毎日，左右それぞれ1〜2 mの幅を観察しながら，調査地内に設定した一定コースを約1時間かけて歩き，上記の項目に関する記録をとった（Iwasaki, 1996）．発育に関しては，オオカマキリの孵化日の平均が5月上旬，チョウセンカマキリは6月上旬で，より大型のオオカマキリの方が早く孵化することにより，体サイ

図1 威嚇行動をとるオオカマキリのメス成虫．オオカマキリの後翅は紫褐色であるのに対して，チョウセンカマキリの後翅はほぼ無色で半透明である．オオカマキリの方が威嚇行動をとる頻度が高いが，野外で威嚇行動を観察することはまれである（指でつかんだ場合は別）．

ズの違いが強調され，羽化時期も平均でオオカマキリの方が約半月早かった．

　それぞれの優占地において，両種のカマキリの捕食対象は，幼虫の早い時期にはハエ目が多く，発育とともにバッタ目などが増える傾向が一致していて，餌である昆虫の目ごとの割合にも種間で有意な差はみられなかった（Iwasaki, 1998）．そもそもカマキリは適度な大きさの動く"物体"に反応して捕食行動をとるので（Iwasaki, 1990, 1991a），食い分けによって生息場所を違えている可能性は低いものと考えられた．また，水田周辺における4月と5月の餌量がとくに少ないということはなく（岩崎，1995），孵化時期が早いオオカマキリの1齢幼虫が餌不足になって水田周辺に少ないという可能性は低いと考えられた．

　待ち伏せ場所は重要な要因と考えられ，水田周辺に生息するチョウセンカマキリは，休耕地のセイタカアワダチソウなどに産卵し，春に孵化してからしばらくは休耕地に留まり，イネの葉に重なりができる7月中旬ごろから水田に分散し始め，秋の稲刈り後は休耕地に"集められる"という生活史を送る．それに対して，より大型のオオカマキリは幼虫期も早く発育し，イネが十分に生育する前に成虫になるため，体重とイネの葉の強度との関係でイネの葉上の移動も容易でないため，イネ上を餌場として利用できないと考えられた．

　以上，それぞれの優占地における生活史の比較から，山際や林縁の草地では，大型で発育時期の早いオオカマキリによる直接の捕食か餌をめぐる競争に負けてチョウセンカマキリの密度が低くなるのに対して，水田周辺ではオオカマキリがイネ上を餌場として利用できないことが原因となって密度が低くなるという仮説が導かれた（Iwasaki, 1996）．言い換えると，チョウセンカマキリは元々オオカマキリよりも体サイズが少し小さい上に孵化時期が遅く，捕食者としては不利となる生活史を送る代償として，イネの葉上という待ち伏せ場所を獲得できているのではないかということである．次に，この仮説を証明するためにおこなった野外での導入除去実験について紹介する．

3　両種の導入除去実験
1）導入除去実験の考え方

　生息場所が異なる近縁種が競争関係にあるかどうかに関する導入除去実験の結果は，基本的には簡単に判定できる．例えば，オオカマキリの優占地においてオオカマキリを除去しチョウセンカマキリを導入して，チョウセンカマキリが定着できればオオカマキリとの種間関係が原因で生息できなかったと判断さ

れる．それに対して，導入したチョウセンカマキリが定着できなければ他の環境条件が合わなかったのだと判断される．環境条件には，気温，湿度，日照などの物理的条件や，植生，餌，寄生などの生物的条件が考えられる．ただし導入種が定着できた場合に，種間関係の内容を明らかにするためには，別の実験が必要となることがある．また定着できなかった場合に関しても，いずれの環境条件が重要であるのかを明らかにするためには別の実験が必要になるかもしれない．

　除去後に片方の種だけを導入する単独導入だけでなく，両種を導入する混合導入も併せておこなったのは，捕食や交尾など種間での個体同士の直接的な関係を観察するため，および単独導入の結果を補強あるいは修正する結果が得られる可能性があるからである．補強する場合は容易に想定されるが，修正の場合は説明が必要かもしれない．一つの例として，生息場所間の移動能力に欠ける種を扱った場合があげられる．オオカマキリの優占地において除去後に単独導入したチョウセンカマキリが定着でき，単純に考えるとオオカマキリとの種間関係が原因で生息できなかったと判断されるが，実際には競争関係になくオオカマキリとチョウセンカマキリを混合導入してもチョウセンカマキリが定着するという結果が得られる場合が想定される．オオカマキリとチョウセンカマキリでは，以下に示す実験結果をみるかぎり，調査区外からの侵入が散見され，移動能力の低さは考慮する必要はないものと考えられた（表 1 参照）．

２）実施した導入除去実験のタイプ

　両種のすみわけが種間関係によるのか，あるいはそれ以外の環境条件への選好性の違いによるのかを明らかにするために，1992 年から 1999 年にかけて大阪府堺市と和泉市の休耕地を含む草地に調査区を設定し，導入除去実験をおこなった．オオカマキリとチョウセンカマキリは草地では主に草本の茎に卵嚢を産み付けるので，昆虫の中では導入除去をおこないやすい対象だといえる．

　各調査区では，卵嚢の除去と導入は春の孵化前におこない，導入種の定着（成功）は秋の産下卵嚢数で判断した．実際の手順としては，堺市と和泉市の生息場所で採集した両種の卵嚢のうち極端に小型のもの（オオカマキリの場合は 0.9 g 未満；チョウセンカマキリの場合は 0.6 g 未満）を除いて準自然条件下で保管し，春の孵化前に導入卵嚢として使用した．4 月上旬から 12 月上旬まで週 1 回の割合で，約 1 時間一定コースを歩きながら観察をおこない，先の優占地における調査と同様のデータをとり，秋に産下された卵嚢数をカウントした．

表 1　各調査区におけるオオカマキリとチョウセンカマキリのふ化前の卵嚢数，導入除去した卵嚢数，秋の産下卵嚢数，および成虫ののべ観察個体数

「*」印は，前年にも調査・実験を行った調査地を示す．
　　除去の欄が調査地と調査年の箇所は，前年度にも調査を行ったことを示している．
　　調査地の後のカッコ内の記号は，C が対照実験，数値が導入除去実験のタイプ番号を示している．
1989 年の対照区の調査は毎日，それ以外は週 1 回のペースで観察を行った．
オオカマキリの卵嚢は 0.9 g 以上，チョウセンカマキリの卵嚢は 0.6 g 以上のものを導入した．
成虫の個体数は，各調査日の観察個体数を足した値で，1989 年の値は比較のため 7 で割った値を示した．
備考欄に，調査地の面積を示した（初出時のみ）．その他の調査地の特徴に関しては，岩崎（2002b）を参照．

調査タイプ	調査地	調査年	種名	卵嚢数			成虫個体数	備考
				ふ化前	導入	産下		
【対照区】 オオカマキリ優占地 卵嚢の導入除去なし	光明池	1989 年	オオカマキリ	71	–	73	82	約 1,700 m²
			チョウセンカマキリ	0	–	0	3	
	鉢ヶ峯	1999 年	オオカマキリ	78	–	95	65	約 1,300 m²
			チョウセンカマキリ	5	–	3	0	チョウセンカマキリの幼虫は確認
【対照区】 チョウセンカマキリ優占地 卵嚢の導入除去なし	金岡	1989 年	オオカマキリ	0	–	0	0	約 1,000 m²
			チョウセンカマキリ	54	–	67	48	
	森池	1989 年	オオカマキリ	0	–	0	0	約 600 m²
			チョウセンカマキリ	36	–	25	24	
	森池	1998 年	オオカマキリ	0	–	0	0	
			チョウセンカマキリ	41	–	34	62	
【対照実験】 オオカマキリ優占地 卵嚢の除去後， 優占種の卵嚢を導入	緑ヶ丘*	1994 年	オオカマキリ	緑ヶ丘(2)	80	76	66	約 6,500 m²
			チョウセンカマキリ	1993 年	0	3	5	
	緑ヶ丘*	1995 年	オオカマキリ	緑ヶ丘(C)	80	69	78	
			チョウセンカマキリ	1994 年	0	6	2	
【対照実験】 チョウセンカマキリ優占地 卵嚢の除去後， 優占種の卵嚢を導入	浦田*	1994 年	オオカマキリ	浦田(3)	0	0	0	約 700 m²
			チョウセンカマキリ	1993 年	34	29	43	
	浦田*	1999 年	オオカマキリ	浦田(3)	0	0	0	
			チョウセンカマキリ	1998 年	36	22	53	
【タイプ 1 実験】 オオカマキリ優占地 卵嚢の除去後， 非優占種の卵嚢を導入	女鹿坂	1992 年	オオカマキリ	56	0	7	1	約 2,100 m² 調査区外からの侵入あり
			チョウセンカマキリ	4	60	57	52	
	光明台	1992 年	オオカマキリ	57	0	21	5	約 7,200 m² 調査区外からの侵入あり
			チョウセンカマキリ	5	60	52	43	
	光明台	1995 年	オオカマキリ	54	0	2	4	調査区外からの侵入あり
			チョウセンカマキリ	9	60	55	65	
【タイプ 2 実験】 オオカマキリ優占地 卵嚢の除去後， 両種の卵嚢を導入	緑ヶ丘	1992 年	オオカマキリ	83	40	104	64	
			チョウセンカマキリ	3	40	15	22	
	緑ヶ丘*	1993 年	オオカマキリ	緑ヶ丘(2)	40	82	62	調査区の半分の区画に導入
			チョウセンカマキリ	1992 年	40	9	21	調査区の別の半分の区画に導入
	女鹿坂*	1993 年	オオカマキリ	女鹿坂(1)	30	65	64	
			チョウセンカマキリ	1992 年	30	5	16	
	城前橋	1994 年	オオカマキリ	68	30	55	59	約 2,500 m²
			チョウセンカマキリ	10	40	9	5	
【タイプ 3 実験】 チョウセンカマキリ 優占地 卵嚢の除去後， 非優占種の卵嚢を導入	浦田	1993 年	オオカマキリ	0	30	2	9	調査区外からの侵入あり
			チョウセンカマキリ	34	30	3	5	
	豊田	1993 年	オオカマキリ	9	100	29	29	約 2,000 m² 調査区外からの侵入あり
			チョウセンカマキリ	81	0	15	18	
	浦田	1998 年	オオカマキリ	3	36	4	3	
			チョウセンカマキリ	24	0	0	0	
【タイプ 4 実験】 チョウセンカマキリ 優占地 卵嚢の除去後， 両種の卵嚢を導入	東山	1993 年	オオカマキリ	16	60	8	8	約 500 m²
			チョウセンカマキリ	116	70	94	72	
	豊田	1994 年	オオカマキリ	豊田(3)	40	12	10	
			チョウセンカマキリ	1993 年	50	75	51	
	浦田	1997 年	オオカマキリ	0	19	3	7	
			チョウセンカマキリ	38	19	24	59	

卵数（Y）と卵嚢重（X：単位 g）との関係式は，以下の通りである（岩崎，1995）．
オオカマキリ：Y= 32.1 + 101.8 X （n= 53，R^2=0.676）　　チョウセンカマキリ：Y= 35.5 + 148.9 X （n= 54，R^2=0.773）

120 第 2 章　生物の生活史戦略を調べる

なお，実験をおこなった生息場所は，他から完全に隔離されたものではなく，幼虫期の途中から除去した種の侵入が確認されたことがあったが，それらの個体の除去はおこなわなかった．また，単独導入の場合に限ってではあるが，調査区内のある一部の区画に多数の 1 齢幼虫が確認されて，明らかに卵囊の取り残しがあったと推測された場合には実験を中止した．実施した導入除去実験は以下の 4 タイプである．実際に除去をおこなった卵囊は，優占種だけではなく，非優占種のものも含まれている場合がある（表 1 参照）．

タイプ 1 実験：オオカマキリ優占地，オオカマキリ除去，チョウセンカマキリ単独導入

タイプ 2 実験：オオカマキリ優占地，オオカマキリ除去，両種混合導入

タイプ 3 実験：チョウセンカマキリ優占地，チョウセンカマキリ除去，オオカマキリ単独導入

タイプ 4 実験：チョウセンカマキリ優占地，チョウセンカマキリ除去，両種混合導入

3）導入除去実験の結果

　4 タイプの導入除去実験，導入除去をおこなわなかった対照区，および同種の卵囊を除去して保管した卵囊から導入した対照実験の結果を紹介する．導入種の定着は，主に秋の産下卵囊数で判断した（表 1）．保管した卵囊の一部から推定した卵囊重と卵数の関係から，導入除去をおこなった卵数を推定できるが，表 1 と傾向が変わらないので，本稿では卵数の推定値を示さずに，表 1 の脚注に推定式を記載するに留めた．表 1 には各調査日の成虫の観察個体数を合計したのべ観察数も示したが，週に 1 回の調査なので，導入種の定着に関しては卵囊数の補助的な参考値と考えていただきたい．

　対照実験をおこなったのは，対照区だけでは卵囊数の年次変動のデータが少ない可能性があると考えたからである．導入除去実験に関してこれまでに報告した結果（岩崎，1995；2011）は，実験数を増やしても大きく変わることはなかった．表 1 に示した調査地に関して，光明池，鉢ヶ峯，緑ヶ丘，女鹿坂，光明台，城前橋がオオカマキリの優占地で，金岡，森池，浦田，豊田，東山がチョウセンカマキリの優占地である．各調査地の面積に関しては，表 1 の備考欄を参照のこと．

（1）タイプ1実験

オオカマキリの優占地に導入されたチョウセンカマキリは，成虫の観察数が優占地に比べて低くなく，導入時の卵嚢数とほぼ同数の卵嚢が秋に産下された（表1）．ただし，導入されたチョウセンカマキリの成虫の体長（平均値）は，雌雄とも水田周辺の優占地の成虫と比較して小さくなった（図2）．

（2）タイプ2実験

オオカマキリの優占地に導入されたチョウセンカマキリは，成虫の観察数が少なく，秋の産下卵嚢数が導入時を下回ったのに対して，導入されたオオカマキリの産下卵嚢数は除去時に近い値となった（表1）．オオカマキリの餌メニュー中に占めるチョウセンカマキリの割合は，4回の実験の合計で20％（4／20）となり，捕食されたチョウセンカマキリのステージは2齢，3齢，4齢，5齢幼虫が各1個体であった．また，タイプ1実験と同じく，導入されたチョウセンカマキリの成虫の体長（平均値）は，雌雄とも水田周辺の優占地の成虫と比較して小さくなった（表2）．

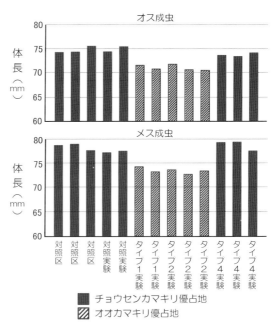

図2　各調査区におけるチョウセンカマキリ成虫の体長．個体数が8未満の調査地の結果は含めていない．

（3）タイプ3実験

チョウセンカマキリの優占地に導入されたオオカマキリは，成虫の観察数が少なく，秋の産下卵嚢数は導入時を下回った（表1）．導入されたオオカマキリに関して，成虫がイネ上で観察されたことはわずかで，幼虫と成虫ともほとんどの個体が休耕地に留まり，イネ上を餌場として利用することはまれであった．浦田調査地よりも豊田調査地の方がオオカマキリの秋の産下卵嚢数が多く，導入卵嚢数に対する割合が高かったのは，豊田調査地の方が休耕地の面積が広く，植生が多様であったことが原因であると考えられた．

122 第2章 生物の生活史戦略を調べる

（4）タイプ4実験

　導入されたオオカマキリは，成虫の観察数が少なく，秋の産下卵囊数は導入時を下回った（表1）．導入されたチョウセンカマキリは，幼虫と成虫が7月から10月まで水田のイネ上を餌場として利用した．それに対して導入されたオオカマキリは，幼虫と成虫ともほとんどの個体が休耕地に留まり，イネ上を餌場として利用することはまれであった．オオカマキリの餌メニュー中に占めるチョウセンカマキリの割合は，3回の実験の合計で50％（1／2）となったが，母数が少ないので評価は難しい．捕食されたチョウセンカマキリはメス成虫であった．タイプ1実験とタイプ2実験と異なり，導入チョウセンカマキリの成虫の体長（平均値）は雌雄とも，水田周辺の優占地の成虫と差がなかった（図2）．

4）対照区と対照実験

　春と秋の卵囊数の違いはそれほど大きくなく，この結果は両種のカマキリが草地の昆虫の食物網の中ではほぼ最上位に位置し，かつ餌の種類ではなく体サイズが捕食行動を起こす重要な要因となる広食性の捕食者であることに起因するのかもしれない．本来であれば，もっと長期間継続して卵囊数の変化が一定であるのか周期性をもって増減するのかを調べるべきであるが，都市郊外の草地では周囲の環境の変化がそれを許さない状況にあった（岩崎，2002b）．

5）導入除去実験に関する考察

　タイプ1実験の結果からは，チョウセンカマキリが山際や林縁の草地に少ない原因はオオカマキリとの種間関係にあると判定され，タイプ2実験の結果はそれを補強するものであった．両種のカマキリの種間関係では，オオカマキリの方が優勢な競争者であるといえる．ただし，導入されたチョウセンカマキリの体長の平均値が優占地のものと比べて有意に低くなったことから，チョウセンカマキリには別の不都合な要因も働いている可能性が示唆された．オオカマキリの優占地に導入されたチョウセンカマキリ成虫の体長が小さくなることの原因は不明である．チョウセンカマキリの密度にではなく体サイズに影響を与えることは，チョウセンカマキリを捕食／寄生するものによるのではなく，別の競争相手が存在するか，あるいは水田周辺よりも環境条件が悪いかのどちらかであると推測された．

　タイプ3実験とタイプ4実験の結果からは，オオカマキリが水田周辺に少ない原因は種間関係以外の環境条件が合わないからであると判定された．先に述

べた，より大型のオオカマキリが早く孵化・発育することによってイネ上を待ち伏せ場所として利用できなくなるという仮説を否定しない結果である．実際にイネ上にチョウセンカマキリが分散している時期に，イネ上に両種のカマキリを置いて観察したところ，チョウセンカマキリは待ち伏せ姿勢をとることができたが，オオカマキリはイネの葉をたわませて待ち伏せ姿勢をとることができなかった（岩崎, 1995）．ただし，松良俊明博士は，成虫期の体重差が小さくなる時期になってもオオカマキリが休耕地に留まることから，照度などの環境要因も作用しているのではないかと考えている．

4 カマキリの利用者の生活史

競争的な関係にある2種を利用する種は，基本的には，利用する対象となる2種の生息密度を下げることによって，その共存を促進する方向に影響を与えるものと考えられる．両種のカマキリを利用する主な種としては，卵嚢寄生者のカマキリタマゴカツオブシムシ *Thaumaglossa rufocapillata*，卵の捕食寄生者であるオナガアシブトコバチ *Podagrion nipponicum*，および幼虫と成虫に捕食寄生するカマキリヤドリバエ *Exorista bisetosa* があげられる．これら3種によるカマキリの利用の仕方には違いがあり，両種のカマキリのすみわけに与える影響も異なるものと考えられる．自分が研究を始める前には，いずれの利用者の生活史も完全には解明されていなかったので，それぞれの利用者の生活史の解明をおこない，両種のカマキリのすみわけに与える影響を考察した．

1) カマキリタマゴカツオブシムシ

カマキリタマゴカツオブシムシはカマキリ類の卵嚢内で幼虫越冬し，春に越冬世代成虫が卵嚢から脱出（図3），秋にも成虫が出現することが知られていたが，夏の生活史は不明であった．越冬世代成虫にハチミツ水溶液を与えて飼育したが，秋のカマキリ類の産卵期まで生存する個体はいなかった（岩崎ら, 1994）．1993年6月にタイプ3実験をおこなっていた豊田調査区において，こ

図3　オオカマキリの越冬卵嚢から脱出したカマキリタマゴカツオブシムシの越冬世代成虫（体長3.5–4 mm）．

のカツオブシムシのメス成虫が孵化後のオオカマキリ卵嚢に産卵していることを確認し，他の生息場所からも両種のカマキリの孵化後卵嚢を採集し，秋に第1世代成虫が脱出することを確認した（Iwasaki *et al.*, 1996）．孵化後卵嚢が利用される割合は50〜70％という値を示し，越冬世代成虫による1割程度の卵嚢寄生率に比べて高いものであった．ただし，1卵嚢当たりの脱出成虫数は越冬卵嚢の場合よりも少なく，それは孵化後の卵嚢が殻だけでカマキリ類の卵という，カツオブシムシの幼虫にとっての栄養源がないことが原因であると考えられた．

このカツオブシムシは，両種のカマキリの優占地に生息し，卵嚢寄生率に大きな差がないことから（岩崎，2000），両種のカマキリのすみわけに与える影響は，両種の密度を下げて非優占種の生存を容易にすることによって共存を促進する方向に作用するものと考えられた．

この一連の孵化後卵嚢の飼育において，カマキリタマゴカツオブシムシと同属のクロヒゲブトカツオブシムシ *T. hilleri* も夏にカマキリ類の孵化後卵嚢を利用すること（岩崎ら，2000），およびカマキリタマゴカツオブシムシにカマキリカツオアリガタバチ *Laelius naniwaensis* が寄生することがわかったが（Iwasaki et al., 1996；岩崎・青柳，2007），いずれも寄生率が極めて低く，両種のカマキリのすみわけに与える影響は少ないと考えられた．なお，カマキリカツオアリガタバチは，導入除去実験をおこなっていた当時は *Laerius* 属の一種として扱い，後に寺山守博士によって新種記載されたものである（Terayama, 2006：タイプ標本は堺市大泉緑地，1988年5月27日，山本将博氏採集）．これらのカツオブシムシの生活史に関する結果は，青柳正人博士，百々康行氏，および大学院において直接ご指導いただいた石井実博士との共同研究によって得られたものである．

2）オナガアシブトコバチ

オナガアシブトコバチも春と秋に成虫が出現することが知られていたが（図4），夏をどう過ごしているのかは不明であった（Habu, 1962など）．オオカマキリの越冬卵嚢から寄主の

図4　オオカマキリの越冬卵嚢から脱出したオナガアシブトコバチの越冬世代メス成虫（体長4 mm）．

孵化前である4月前半を中心に羽化した越冬世代成虫は，準自然条件下でハチミツ水溶液を与えて飼育しても，カマキリ類の卵嚢が産下される秋まで生存することはなかった（Iwasaki, 2000）．今でも不思議に思っていることは，オナガアシブトコバチが3月以前に採集したチョウセンカマキリの越冬卵嚢からは羽化しなかったことである．しかし，チョウセンカマキリの卵嚢からこのコバチの成虫が脱出することは報告されていた（松良, 1979）．

そこで，前年に採集したチョウセンカマキリの終齢幼虫を成虫にして交尾・産卵させた卵嚢を準備し，春にオオカマキリの越冬卵嚢から羽化したオナガアシブトコバチに用意したチョウセンカマキリの越冬卵嚢を与えたところ，産卵管を突き刺す行動がみられた．この実験が可能なのは，チョウセンカマキリの方が平均して約1ヵ月，孵化が遅いからである．そのチョウセンカマキリの越冬卵嚢からは，5月下旬から6月前半にかけて第1世代成虫が羽化した．さらにその第1世代成虫に孵化前のチョウセンカマキリ卵嚢を与えると産卵し，6月下旬から7月上旬にかけて第2世代成虫が羽化した（Iwasaki, 2000）．

得られた第1世代と第2世代の成虫を先ほどと同じ条件で飼育すると，雌雄とも秋まで生存した．その第2世代成虫に，秋に産下された両種のカマキリ卵嚢を与えると，オオカマキリ卵嚢にばかりでなく，頻度は少ないもののチョウセンカマキリ卵嚢にも定位したが，産卵管を刺したのはオオカマキリ卵嚢に対してのみであった（ただし，24時間観察していたわけではない）．そして次の年の春に羽化したのは，産卵管が刺されたことを確認したオオカマキリ卵嚢からだけであった．

以上は，Iwasaki（2000）で報告したことであるが，その論文に関して1点だけ訂正がある．それは「（大阪では）生きた卵の入ったカマキリ卵嚢は夏には存在しない」という記述で，当時はサツマヒメカマキリ Acromantis australis をほとんど見かけることがなかった．現在は，南大阪でもまれではあるが，見かける頻度は当時よりは高くなっている．このカマキリは幼虫で越冬し，春に羽化し，夏を中心に卵期をむかえる．飼育下では5月から10月まで10卵嚢を産下したこともある（岩崎, 2008a）．このカマキリの卵嚢が夏にあれば，オオカマキリ卵嚢から羽化した越冬世代成虫，あるいはチョウセンカマキリ卵嚢から羽化した第1，第2世代成虫がサツマヒメカマキリの卵嚢に産卵し，次の世代が夏に羽化し，他のカマキリ類の卵嚢が産下される秋までの世代の継続がより容易になる可能性がある（岩崎, 2006）．

オナガアシブトコバチが両種のカマキリを違う時期に利用していることは，

すみわけに与える影響を複雑なものにしている．オオカマキリの優占地では，オオカマキリの越冬卵嚢から羽化した越冬世代成虫は，数少ないチョウセンカマキリの越冬卵嚢に集中することになる（あるいは別の生息場所に移動する個体もいるかもしれないが，生息場所間の移動に関しては後述する）．その場合，オナガアシブトコバチは両種のカマキリのすみわけを促進することになる．反対に，チョウセンカマキリの優占地では，秋に産下されたチョウセンカマキリの卵嚢には産卵されないので，数が少ないオオカマキリ卵嚢が集中して寄生を受けることになる．その場合も，両種のカマキリのすみわけを促進することになる．それぞれの優占地において，非優占種の密度を下げるため，すみわけを促進するという点では共通しているが，それは次年においては優占種の密度を下げる要因となるので，影響は複雑である．結局は，オナガアシブトコバチの密度は周期的に上下を繰り返すことが予想されるが，その経過の中で非優占種が受ける負の影響の方が大きいのではないかと考えている．

　両種のカマキリのすみわけの程度は段階的で，一部では共存地と呼べる場所もあり（岩崎，2002b），そのような場所では，オナガアシブトコバチの世代の継続は容易になり，共存地での両種のカマキリの密度を下げることによって，すみわけを促進する要因となるものと考えられる．また，オナガアシブトコバチの生息場所間の移動に関して，その成功率が距離に反比例するという仮定の下では，両種のカマキリのすみわけの程度が高い地域ほど移動の成功率が低くなることによって世代の継続が困難になり，すみわけに影響を与える影響が小さくなることが予想される．

3）カマキリヤドリバエ

　両種のカマキリの生活史を調査し始めた1989年，和泉市のオオカマキリの優占地において，5月14日に1齢幼虫の腹部背板に直径1mm程度のヤドリバエの卵が付いているのを確認した．ヤドリバエの卵を付着させられた個体（図5）の割合は，6月から7月にかけて，および8月から9月にかけての時期にピークをむかえた（岩崎，1993）．カマキリに

図5　カマキリヤドリバエの卵を付着させられたオオカマキリの幼虫．

ヤドリバエが寄生することは知られていたが（嶌, 1989），正体が判明したのは，大阪府立大学の農場（堺市）で採集したチョウセンカマキリの成虫から脱出したヤドリバエの幼虫を蛹化・羽化させた1990年の秋で，ヤドリバエ科の分類が専門の嶌洪博士に *Exorista bisetosa* という，これまで寄主が分かっていなかった種であると同定して頂いた（図6；

図6　カマキリヤドリバエの成虫（体長11 mm）.

Iwasaki, 1991b；Shima, 1999）．その後に見て頂いた個体もすべて同じ種で，カマキリヤドリバエという和名を付けた．生活史が最後まで分からなかったのは越冬ステージで，1996年から2002年にかけての飼育において，秋に脱出したヤドリバエの囲蛹から次の年の春に成虫が羽化して，生活史の解明がほぼ完了した（岩崎, 2004）．また，それ以降の飼育によって，野外での2山のピークから推測される年2化の生活史だけでなく，夏以降に2世代を繰り返して，年3化も可能ではないかと推測された．卵付着率の1山目はカマキリの若齢幼虫期に当たり，産卵するカマキリヤドリバエのメス成虫（体長約1 cm）が捕食されることは両者の体サイズの関係から少ないと考えられる．ただし，2山目はカマキリが終齢幼虫か成虫の時期に当たり，ヤドリバエは産卵のためにかなりの危険を冒す必要がある（岩崎, 1993）．

　飼育下では，このヤドリバエの幼虫が脱出した後も発育を続けるカマキリ個体もいて，実際に野外でもヤドリバエの幼虫が脱出した痕があるカマキリ個体もいるが，すぐには死なないまでも衰弱して死亡に至るカマキリ個体の方が多いものと考えられる．ヤドリバエの幼虫が脱出した後に産卵したチョウセンカマキリの卵嚢が小さく形がいびつであったという飼育例もあった（岩崎, 2004）．完全な捕食寄生者とはいえないことも，このヤドリバエの特徴である（岩崎, 1993）．

　両種のカマキリの共存地と実験的共存区では，両種のカマキリのヤドリバエ卵付着個体の割合に差がみられなかった（岩崎, 2003）．また，オオカマキリの優占地である林縁の草地よりも，チョウセンカマキリの優占地である水田周辺での方が，卵付着個体の割合が低かった．これらの結果から，このヤドリバエが水田周辺という環境を好まないものと考えられた．また，ヤドリバエの卵

付着カマキリ個体からヤドリバエの幼虫が脱出する割合が，秋に寄生を受けた個体に関して，チョウセンカマキリの方が高いことがわかった（岩崎，2008b）．以上の結果をまとめると，オオカマキリの優占地に生息する（侵入した）チョウセンカマキリが不利になることによって，両種のカマキリのすみわけを促進することが推測された．

カマキリタマゴカツオブシムシ，オナガアシブトコバチ，およびカマキリヤドリバエの3種が両種のカマキリのすみわけに与える影響は，文字通り三者三様といえる．次に両種のカマキリのすみわけに与える要因となり得る種間交尾について紹介する．

5 種間交尾

オオカマキリとチョウセンカマキリが種間交尾をすることは以前から知られていて（松良，私信），属を越えたハラビロカマキリ *Hierodula patellifera* との種間交尾を観察したこともあった（岩崎，2002a）．

1990年と1991年におこなった交尾実験では，堺市と和泉市で採集した両種の終齢幼虫を飼育して羽化させ，羽化後3週間以上経った成虫を，15 cm×24 cm×30 cmのナイロン網を張ったケージに，両種の雌雄1個体ずつを，オオカマキリ♀×オオカマキリ♂，チョウセンカマキリ♀×オオカマキリ♂，オオカマキリ♀×チョウセンカマキリ♂，チョウセンカマキリ♀×チョウセンカマキリ♂の4通りの組み合わせで入れて，行動を観察した（岩崎，1995，2021）．ケージに入れた雌雄が相手に興味を示さない場合は，30分で観察を打ち切った．4通りの組み合わせのいずれにおいても，マウント，交尾器の挿入，および精包の受け渡しまで進行した．精包の受け渡しに関しては，オスの交尾器がメスの交尾器から外れた時に，後者の中に白色の精包が残されている場合に，成功と判断した．その中で，チョウセンカマキリ♀×オオカマキリ♂という組み合わせにおいて，交尾器の挿入と精包の受け渡しまで進行する割合が低かった．この実験では，種内と種間を問わず，

図7 交尾前にチョウセンカマキリのメス成虫に摂食されたオオカマキリのオス成虫．頭部を摂食された後にメス成虫の背に乗ることができず，そのまま摂食され尽くされてしまうこともある．

オオカマキリ♀の方がチョウセンカマキリ♀よりも，性的共食いをおこなう割合が高いという結果が得られた．ただし，メス成虫がオス成虫を食いつくして，交尾に至らないケースもあった（図7）．種間交尾後に産下された卵嚢から幼虫が孵化したことはなかった．

種間交尾がおこなわれた場合に幼虫が孵化しない卵嚢を産下することは，共存地における種間交尾が両種のカマキリの密度を下げる方向に作用し，すみわけを促進する要因となる．

6 すみわけに与える要因のまとめ

両種のカマキリの導入除去実験の結果から，オオカマキリの優占地にチョウセンカマキリが少ないのは，オオカマキリとの種間関係によると判断された．ただし，導入されたチョウセンカマキリの体サイズが，オオカマキリとの共存の有無に関係なく，小さくなった原因は不明である．オオカマキリの優占地になるような草地には，チョウセンカマキリにとって不都合な環境条件があるものと推測される．また，オオカマキリとの種間関係に関して，直接の捕食か，あるいは餌をめぐる競争のどちらが重要であるかに関しても，タイプ2とタイプ4の混合導入実験における摂食中のオオカマキリ22個体のうち5個体がチョウセンカマキリを摂食していたことしか判断材料がない．ちなみにチョウセンカマキリの摂食中個体の観察数は20で，オオカマキリを捕食していることはなく，両方のケースで同種間の共食いは見られなかった（性的共食いを除く）．

それに対して，チョウセンカマキリの優占地にオオカマキリが少ないのは，チョウセンカマキリとの種間関係が原因ではないと判断された．オオカマキリがイネ上を餌場として利用しにくいことが第一の要因であると考えられた．ただし，松良俊明博士はイネが十分に生長し切った8月以降もオオカマキリが水田に侵入して来ないことから，開放性という空間的条件に対する選好性が異なるという説を提起している（松良，1984，2007）．

Hurd（1988）およびHurd and Eisenberg（1989）では，室内での孵化の観察とケージ内での両種の飼育結果から，より大きいオオカマキリが早く孵化することにより，チョウセンカマキリとの体サイズの違いが増幅され，餌サイズの選好性の違いを引き起こすことにより，チョウセンカマキリの密度が低いながらも両種が同所的に生息できるのではないかと議論している．これは北米でも日本でも一面では正しいと思うが，水田周辺というチョウセンカマキリにとっての"避難場所"があり，ある程度すみわけている日本においても両種の孵化

130 第2章　生物の生活史戦略を調べる

時期が違うことから，「同所的に生息するために孵化時期をずらしている」という彼らの議論は完全なものではないだろう（岩崎，1995 参照）．

　競争関係にある2種の密度を全体的に下げる要因は，基本的には競争を緩和することによって両種の共存を促進することになる．それに対して，共存地のみにおいて2種の密度を下げる要因はすみわけを促進することになる．オオカマキリとチョウセンカマキリの場合は，前者がカマキリタマゴカツオブシムシ，後者がオナガアシブトコバチと種間交尾に当たる．カマキリヤドリバエの場合は，チョウセンカマキリの優占地である水田周辺の環境を好まないと考えられるので，両種のカマキリに与える影響は非対称的，かつすみわけを促進する要因となる．

　ただし，両種のカマキリの共存かすみわけのどちらを促進するかという方向は推測できても，その影響の大きさを評価することは難しい．カマキリタマゴカツオブシムシの作用は最も単純で，しかも両種のカマキリで約1割程度の卵嚢が利用されるだけであったことから（岩崎，2000），両種のカマキリのすみわけに与える影響は限定的なものであると考えられた．ただし，卵嚢寄生率に関して，これまでの他の研究では，より高い寄生率が報告されている（石井，1937；熊代，1938；桐谷，1957；松良，1979；大山，1987 など）．

　オナガアシブトコバチによる影響は先に述べたように複雑であるが，オオカマキリの越冬卵嚢を利用する割合はカマキリタマゴカツオブシムシよりも低く，さらにカマキリタマゴカツオブシムシと違って卵嚢内の卵すべてを全滅させることはなく，1卵嚢から最高で55個体が脱出したに留まる（岩崎，2000）．これは総卵数の3分の1から4分の1でしかない．これらのことから，共存地における両種のカマキリの密度を下げることによる両種のカマキリのすみわけを促進する効果も限定的なものであると考えられた．

　種間交尾に関しては，それぞれの優占地における混合導入実験では，非優占種が成虫まで生存することが少ないので，孵化しない卵嚢を産下してしまうことの重要さも高くないと判断された．ただし水田内にある十分に広い休耕地といった共存地では，孵化しない卵嚢を産下することによって，両種のカマキリの密度を低下させることは確実である．

　両種のカマキリに非対称な影響を与えるカマキリヤドリバエに関して，一連の導入除去実験および対照区での寄生率は，全期間もピーク時においても，ほとんどの調査地で1割を超えることはなく，両種のカマキリの直接の種間関係および水田との関わりに比べると，カマキリヤドリバエによる寄生も限定的な

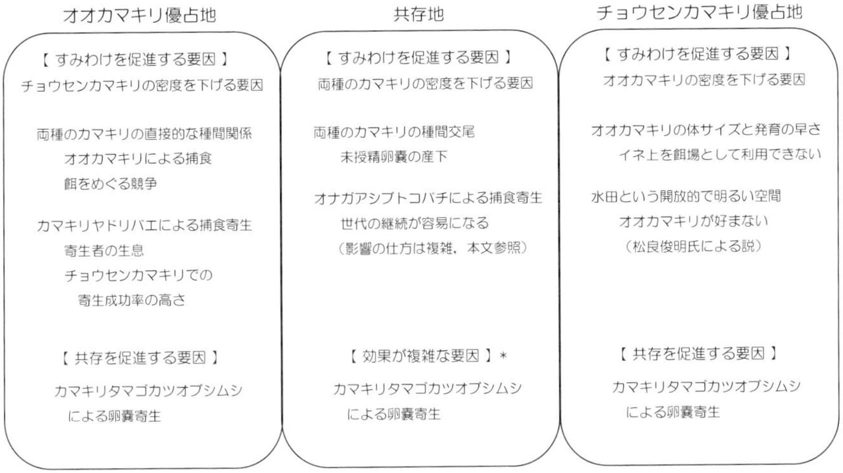

オオカマキリ優占地	共存地	チョウセンカマキリ優占地
【 すみわけを促進する要因 】 チョウセンカマキリの密度を下げる要因 両種のカマキリの直接的な種間関係 オオカマキリによる捕食 餌をめぐる競争 カマキリヤドリバエによる捕食寄生 寄生者の生息 チョウセンカマキリでの 寄生成功率の高さ 【 共存を促進する要因 】 カマキリタマゴカツオブシムシ による卵嚢寄生	【 すみわけを促進する要因 】 両種のカマキリの密度を下げる要因 両種のカマキリの種間交尾 未授精卵嚢の産下 オナガアシブトコバチによる捕食寄生 世代の継続が容易になる （影響の仕方は複雑，本文参照） 【 効果が複雑な要因 】＊ カマキリタマゴカツオブシムシ による卵嚢寄生	【 すみわけを促進する要因 】 オオカマキリの密度を下げる要因 オオカマキリの体サイズと発育の早さ イネ上を餌場として利用できない 水田という開放的で明るい空間 オオカマキリが好まない （松良俊明氏による説） 【 共存を促進する要因 】 カマキリタマゴカツオブシムシ による卵嚢寄生

＊その共存地自体では，両種のカマキリの密度を下げて共存を促進するが，各優占地を含めた群集全体を考えると，両種のカマキリのすみわけを促進することになる．

図8　オオカマキリとチョウセンカマキリのすみわけに影響を与えると考えられる要因

要因であると考えられた．ただし，カマキリヤドリバエの卵付着個体の割合に関して，1993年にタイプ2実験をおこなった女鹿坂の調査地は例外で，両種のカマキリへの卵付着率ともピークの月には2割を超えることがあった（岩崎，2003：この調査地において両種の間での卵付着率に差がないことが統計的に示された）．

　図8に，両種のカマキリのすみわけに与え得る影響をまとめた．オオカマキリ優占地においてチョウセンカマキリの密度を下げる要因，共存地において両種のカマキリの密度を下げる要因，およびチョウセンカマキリ優占地においてオオカマキリの密度を下げる要因が，両種のすみわけを促進することになる．それに対して，それぞれの優占地において両種のカマキリの密度を下げる要因は，共存を促進することになる．長々と考察した割には，効果が限定的であるものがほとんどではないのかといわれそうだが，それぞれの効果が積算された場合に，両種のカマキリの種間関係とイネ上での適不適という要因との比重がどの程度まで上がるのかは予測困難なことで，かつ場所ごとにも異なる可能性がある．結局，両種のカマキリのすみわけの程度が段階的になっているのは，両種のカマキリの競争や種間交尾といった直接的な関係に加えて，水田という人為的な環境で育てられるイネという待ち伏せ場所，および両種の利用者による間接的な要因が絡んだ結果であると推測される．

7 おわりに

　本稿は，1993 年までにおこなった野外実験の結果から書いた自身の博士論文（岩崎，1995），およびそれを元にして書いた報文（岩崎，2011）に，1994 年以降に行った野外実験の結果も加えて，まとめたものである．1994 年以降に，野外実験のサンプルを増やしても，結論が大きく変わることはなかった．

　導入除去実験を実施した時期と両種の利用者 3 種の生活史を明らかにした時期が重なってしまったため，両種のカマキリの分布に影響を与える利用者の条件が異なった場所で導入除去実験をおこなってしまったことになる．厳密にいえば，寄生者による利用を考慮した実験を実施しなければならなかった．あるいは，数理モデルを使って検討すべきであろう．また，前述のクロヒゲブトカツオブシムシに加えて，ヒメオナガアシブトコバチ *Podagurion philippinense cyanonigurum* の生活史も解明されておらず（山崎・岩崎，2002），両種のカマキリのすみわけに関して，修正が促される可能性もゼロではない．

　オオカマキリの優占地においてチョウセンカマキリが少ない原因に関して，オオカマキリによる直接の捕食か餌をめぐる競争に負けるのかのどちらが重要かに関しては，直接の捕食は生存率に，餌をめぐる競争は体サイズに影響を与えると仮定して，1997 年と 1998 年に混合導入の合計卵嚢数を変えて野外実験を実施したが，明瞭な結果が得られなかった．両年の混合導入実験におけるオオカマキリの餌メニューに占めるチョウセンカマキリの割合は 2 箇所の調査区における 2 年間の合計で 25.0 ％（3 ／ 12 個体；摂食を受けたチョウセンカマキリのステージは 1 齢，2 齢，および 5 齢幼虫）であったことしか記すべき結果が得られなかった．本稿を読んでいただければ，長期間研究を続けても，たった 2 種のカマキリの種間関係でさえ完全には明らかにできなかった過程がわかってもらえたと思う．

　両種のカマキリの生息場所に関して，導入除去実験をおこなっていた当時は，都市近郊の宅地開発によって各生息場所が分断されていた時期に当たり，その後，各生息場所がさらなる宅地開発などによって消滅していった（岩崎，2002b）．現在の状況はさらにひどくなり，水田と休耕地のセットが主な優占地であるチョウセンカマキリばかりでなく（松良，2007），オオカマキリの優占地でさえ激減の憂き目に遭っている状況である．

　最後に，自分が大阪府立大学昆虫学研究室に在籍当時にご指導いただいた教員・院生・学生の方々，およびカマキリ研究の大先輩で，投稿論文のチェックのほかにも議論をしていただいた松良俊明博士，カマキリヤドリバエの同定を

していただいた蔦洪博士に謝意を表して，本稿を終えたいと思う．なお，1994年以降の野外実験の一部は，1997年–1999年度科学研究費補助金（特別研究員奨励費，生物，No. 3892）によっておこなわれたものである．

Photo Collection

オオカマキリの孵化

2004 年　大阪府堺市（大阪府立大学中百舌鳥キャンパス）
平井規央撮影

カマキリ類やバッタ類の宝庫、信太山の草原

2013 年 10 月 6 日　大阪府和泉市　平井規央撮影

第2章　生物の生活史戦略を調べる

8 クモに便乗するカマキリモドキの不思議な生活史

平田慎一郎

　異種の生物が生理的あるいは生態的に緊密な関係を保ちながら一緒に生活する共生 symbiosis という現象は，動植物を問わず，自然界に普遍的にみられる．共生には両種が利益を得る双利共生や一方の種のみが有利な片利共生があるが，後者には寄生 parasitism だけでなく，他の生物に付着して移動する便乗 phoresy（運搬共生：ある動物が移動のために他の動物を利用すること）というタイプもある．ここではカマキリモドキ類の幼虫がクモ類に便乗する現象を詳細に調べた興味深い事例を紹介する．

1 はじめに

　カマキリモドキ科 Mantispidae の昆虫はアミメカゲロウ目 Neuroptera に属し，首のように見える細長い前胸や鎌のようになった前脚など，カマキリ目によく似た形態をもつことで知られている．おもに山地では夜間の灯火へ飛来することがあり，昆虫採集者の中には昔から興味を持つ人が少なくないグループである．

　カマキリモドキ類の生態には未解明な部分が多く，図鑑などでは古い時代の断片的な知見にもとづく記述がなされてきた．1980年代以降，北米を中心に比較的まとまった報告がなされるようになり，その詳細な生態が次第に明らかになってきた．また筆者らも，日本産のカマキリモドキ科では比較的ふつうに見られるヒメカマキリモドキ *Mantispilla japonica*（図1）とキカマキリモドキ *Eumantispa harmandi*（図2）についていくつかの知見を得ることができ，おもに幼虫期の生態の一端を明らかにしてき

図1　ヒメカマキリモドキ *Mantispilla japonica* の成虫.

た（Hirata *et al*., 1995；Hirata and Ishii, 2001）．

これまでに得られた知見にもとづき，クモ類との関係が深い幼虫期を中心にカマキリモドキ類の生態を紹介したい．

2 日本産2種もやはりクモを利用していた

図2 キカマキリモドキ *Eumantispa harmandi* の成虫．

筆者がはじめてカマキリモドキ類の成虫を見たのは，研究室の夏の研修で訪れた奈良県南部の和佐又山であった．夜間，灯火採集のスクリーンに大量の蛾類に混じって飛来し，せっせと鎌状の前脚で他の昆虫を捕らえて食べるキカマキリモドキの成虫はなんとも奇妙かつ不思議な存在に感じられたが，カマキリのような捕食性昆虫の研究に取り組みたいと考えていたことから，卒業研究ではこの仲間の生活史の解明に取り組むことになったのである．近畿地方では比較的ふつうに見られるヒメカマキリモドキとキカマキリモドキについては，海外の事例から1齢幼虫はクモ類に便乗すると推測されてきたが，ヒメカマキリモドキの成虫と幼虫がクモの卵囊から見つかったという報告があるのみで（岸田，1929；蓮沼，1980；板倉，1990），実際にクモの体から1齢幼虫が見つかったことはなかった．そこで筆者ら（Hirata *et al*., 1995）はそれを実際に確かめるため，まずは1993年秋から1994年春にかけて，近畿地方の4ヶ所の森林でクモ類を捕まえ，その体に幼虫がついていないかを調べてみた．

その結果，ヒメカマキリモドキの1齢幼虫は4科7種（同定の困難な種群は1種とみなした）9個体のクモ類から，キカマキリモドキの1齢幼虫は3科6種11個体のクモ類から発見された（表1）．1齢幼虫はさまざまな発育段階の雌雄のクモに便乗しており，付着部位は，ヒメカマキリモドキでは腹柄付近に限られていたが，キカマキリモドキではクモの背甲後端や脚の基部，腹部前端に分かれていた（図3）．そしてそれらのクモを室内で飼育したところ，両種の幼虫が便乗していたクモ（寄主クモ）1個体ずつが春に産卵し，幼虫はその卵囊内へ入って発育し成虫になった．

カマキリモドキ類の生活史は，卵から孵化した1齢幼虫が他の昆虫の幼虫やクモの卵などを摂食して発育，2齢，3齢を経て蛹になり，成虫へと羽化する

というのが基本的なパターンである．海外に分布する種では，ハチ目を中心としたさまざまな昆虫の蛹や幼虫を捕食するものも知られているが（Snyman *et al.*, 2020），生態に関する研究がもっとも進み，日本産の全種が含まれるカマキリモドキ亜科 Mantispinae については，生活史が明らかになっている種はすべてクモ類の卵嚢に入り込んで，内部の

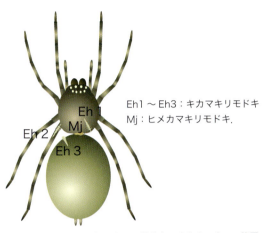

Eh1 ～ Eh3：キカマキリモドキ
Mj：ヒメカマキリモドキ．

図3 カマキリモドキ類2種の1齢幼虫の寄主クモ上での位置．

卵を摂食し発育する（Redborg, 1998；Snyman *et al.*, 2020）．そして一部の種については，筆者らが明らかにしたヒメカマキリモドキとキカマキリモドキのように1齢幼虫がクモの体に便乗し，そのクモが産卵したときに卵嚢へと移動するという戦略をとることが知られている（Redborg, 1998；Snyman *et al.*, 2020）．この行動を寄生ではなく"便乗"と呼ぶのは，その主目的がクモ卵嚢へ到達す

表1 1993年から1994年の間に近畿地方の4ヵ所の森林で記録されたカマキリモドキ類2種の1齢幼虫が便乗していたクモ類の種，個体数，発育段階，性および生息場所．クモの分類群は新海（2017）に従った

クモの科と種	ヒメカマキリモドキ	キカマキリモドキ	生息場所
ナミハグモ科	–		
カチドキナミハグモ	–	3成体♀	石や倒木の下
ヤチグモ科			
クロヤチグモ	–	1成体♀	倒木の下
カミガタヤチグモ	–	1成体♀，2成体♂	倒木の下，落葉中
カメンヤチグモ	–	1成体♀	倒木の下
ホラズミヤチグモ	–	1成体♀	倒木の下
アシダカグモ科			
コアシダカグモ		1幼体♀，1亜成体♂	石や倒木の下
エビグモ科			
キンイロエビグモ	1幼体♀	–	草の上
カニグモ科			
ワカバグモ	1幼体♂	–	低木の上
アマギエビスグモ	1亜成体♂	–	草の上
フクログモ科			
ヤハズフクログモ	1幼体♀	–	低木の上
ムナアカフクログモ	1幼体♀	–	低木の上
フクログモ属の数種	1幼体♂，1亜成体♀，1成体	–	低木や草の上
ハエトリグモ科			
ムツバハエトリ	1成体♀		河岸の石の上

138 第2章　生物の生活史戦略を調べる

ることにあり，しかもクモの上にいる間は発育しないからである.

3　2種のカマキリモドキの寄主クモは異なっていた

　筆者らは，その後も近畿地方の6ヶ所の森林で同様の野外調査を継続し，さらに季節的なクモ利用の実態を知るために，両種が生息する里山林において，1997年春から1999年春にかけての2年間，定期的な調査をおこなった．調査地に車で毎週通い，5時間以上にわたって森林の地表面や低木上にいるクモを探し続ける調査には骨が折れたが，最終的に1997年より前の記録も含めてヒメカマキリモドキは7科15種（同定の困難な種群は1種とみなした），キカマ

表2　1993年から1999年の間に近畿地方各地で記録されたカマキリモドキ類2種の1齢幼虫が便乗していたクモ類の種，発育段階，性および生息場所．クモの分類群は新海（2017）に従った

クモの科と種	ヒメカマキリモドキ	キカマキリモドキ	生息場所
ナミハグモ科			
カチドキナミハグモ	−	成体♀	石や倒木の下
ナミハグモ属の一種	−	成体♂	倒木の下
ヤチグモ科			
クロヤチグモ	−	成体♀♂	石や倒木の下，落葉中
カミガタヤチグモ	−	成体♀♂	倒木の下や落葉中
ヤマヤチグモ	−	成体♂	低木の上
カメンヤチグモ	−	成体♀♂	倒木の下や落葉中
ホラズミヤチグモ	−	成体♂	倒木の下
ヤチグモ属の数種	−	幼体，亜成体♀♂，成体♀♂	石や倒木の下，落葉中
シボグモ科			
シボグモ	−	亜成体♂	落葉中
アシダカグモ科			
コアシダカグモ	−	幼体，亜成体♂	石や倒木の下，落葉中
エビグモ科			
キンイロエビグモ	幼体	−	草の上
カニグモ科			
ワカバグモ	幼体，亜成体♀♂	−	低木や草の上
トラフカニグモ	幼体	−	低木の上
コハナグモ	幼体	−	低木の上
アマギエビスグモ	亜成体♂	−	草の上
カニグモ属の一種	幼体	−	落葉中
イタチグモ科			
イタチグモ	亜成体♂	成体♀	落葉中
ネコグモ科			
ネコグモ	幼体	−	低木の上
イヅツグモ科			
ナガイヅツグモ	幼体，亜成体♀	−	低木の上
フクログモ科			
ヤハズフクログモ	幼体	−	低木の上，地表
ムナアカフクログモ	幼体	−	低木の上
フクログモ属の数種	幼体，亜成体♀♂，成体♀♂	幼体	低木や草の上
ハエトリグモ科			
デーニッツハエトリ	幼体，亜成体♀♂，成体♀♂	−	低木や草の上
ウススジハエトリ	幼体，亜成体♀♂，成体♀♂	−	低木や草の上，地表
ムツバハエトリ	成体♀		河岸の石の上

キリモドキでは6科12種のクモを寄主として利用することが明らかになった（表2）．両種の寄主クモは，すべて徘徊性あるいはそれに近い造網性の種であったが，両種が共通して利用していたのはイタチグモ科のイタチグモとフクログモ科の未同定種群だけであった（表2）．また，ヒメカマキリモドキでは寄主クモ15種のうち12種がフクログモ科やハエトリグモ科など，一部例外はあるものの樹上性であったのに対し，キカマキリモドキの寄主クモ12種のうち11種は，タナグモ科やアシダカグモ科など地表性であった．寄主クモのサイズについても，前者は小型の種，後者は大型の種と異なる傾向が認められた．

　クモ類の生息場所は科ごとにある程度決まっており，樹上と地表のどちらも生息場所とする種は少ないことから（吉倉，1987），カマキリモドキ2種で幼虫が利用するクモの科や種が異なるのは，何らかの幼虫の行動により便乗するクモが樹上のものと地表のものに分かれた結果を反映したものと考えられる．そして，ヒメカマキリモドキとキカマキリモドキは同所的に生息する場合が多いことを考慮すると，便乗するクモの生息場所が両種で異なるのは，クモの卵という限られた餌資源の競合を避けるために適応した結果である可能性が高い．なお，両種の幼虫が便乗したクモは1年中見られたが，とくに春と秋に多くなる傾向があった．また，成虫の季節消長を知るために，近畿地方の4ヶ所の森林で定期的な灯火採集調査をおこなったところ，両種の成虫は夏期のみに確認された．

　以上のような筆者らの野外調査の結果から，ヒメカマキリモドキとキカマキリモドキの幼虫がクモに便乗し，その卵嚢内で発育すること，両種ともに夏期に成虫が現れ，幼虫がクモに便乗して越冬する季節生活環をもつこと，そして両種が餌資源を分割していることが明らかになった．

　カマキリモドキ類2種の間での餌資源分割は，その後，同じく同所的に生息する北米の *Dicromantispa sayi* と *Climaciella brunnea* でも報告されている（Redborg and Redborg, 2000）．前者については，森林内だと一部のクモでは便乗率が26～75％にもおよぶ場合があり，幼虫期の餌資源分割の意義は大きいと推測されている（Redborg and Redborg, 2000）．日本産の2種でも，便乗率はクモの種によっては10～30％ほどになることがあるのを確認しており，カマキリモドキのクモへの影響は，その採集の困難さから想像されていたほど小さくないのかもしれない．

4 クモに便乗した幼虫の付着位置

ヒメカマキリモドキとキカマキリモドキ以外の日本産のカマキリモドキもクモに便乗するのだろうか．日本産の種のうちオオイクビカマキリモドキ *Euclimacia badia* については，沖縄県の石垣島で採集したイシガキアオグロハシリグモ *Dolomedes yawatai* を東京へ持ち帰って室内で飼育し，産んだ卵囊内から本種の死亡した蛹が見つかった事例があることから（田中・平田，2017），やはりクモ類に便乗し，その卵を摂食して発育するという生活史をもつ可能性が高いと思われる．さらに，ツマグロカマキリモドキ *Austroclimaciella quadrituberculata* とミナミヒメカマキリモドキ *Mantispilla transversa* についても，筆者が成虫が産んだ卵から孵化した1齢幼虫を実験的にクモ類と一緒にしたところ，両種ともうまく便乗してほぼ1ヶ月間その状態が続いたことを確認しており，やはり野外でもクモ類に便乗しているものと思われる．

便乗した1齢幼虫のクモ上での位置は，カマキリモドキ類の種ごとにある程度は決まっており，日本の種も含めて背甲後端や腹部の前側など腹柄の周辺が中心である（Redborg, 1998；Snyman *et al.*, 2020）．クモ類では脱皮の際にこの付近から新しい体が抜け出てくるものが多いため（吉倉，1987），1齢幼虫がこの位置にいることには，移動量が少なくてすむなどの利点があるのかもしれない．

腹柄は非常に狭い部位であるため，ここのみにつくヒメカマキリモドキのようなタイプでは，基本的にクモ1個体に幼虫1個体しか便乗できない．それに対し，いろいろな場所につくキカマキリモドキのようなタイプでは同時に複数個体の便乗が可能で（Redborg and MacLeod, 1985；Redborg, 1998；Snyman *et al.*, 2020），筆者は実際にキカマキリモドキで1個体のクモに2～30個体の1齢幼虫が同時に便乗しているのを確認している．便乗種である北米の *D. sayi* では，複数の1齢幼虫が卵囊内に入っても成虫は1個体しか羽化しないとされるが（Redborg, 1998），筆者らは2個体の幼虫がクモに便乗していたキカマキリモドキで，どちらも同じ卵囊に入り成虫にまで羽化した例を確認しており，クモ卵囊のサイズが十分大きく，便乗数があまり多くない場合は，他の便乗種でも幼虫が共存することはあると思われる．

5 カマキリモドキ類の産卵数

謎の多いカマキリモドキ類だが，野外における基本的な生活はどのようなものなのだろうか．筆者ら（Hirata and Ishii, 2001）は，カマキリモドキ類の幼虫

期や成虫期の生態を明らかにするため，おもにキカマキリモドキを対象とした飼育実験をいくつか実施したのでそれを紹介したい．

まず，キカマキリモドキ成虫の活動リズムを室内の人工光周条件下で調べたところ，本種の成虫は，主として暗期に活動するが，産卵は明期にもおこなわれることがわかった．次に，野外で採集したキカマキリモドキの雌成虫を異なる餌条件で飼育し，産卵習性を調べたところ，本種は摂食と産卵を繰り返し，死亡するまでに産んだ 1 〜 6 個の卵塊(総数 40 個)に含まれる卵数は 22 〜 2,027 個，雌 1 個体当たりの総産卵数は 380 〜 6,650 個であった（Hirata and Ishii, 2001）．他の日本産の種では，ヒメカマキリモドキで 1 卵塊の卵数が 63 〜 903 個，個体当たりの総産卵数が 956 〜 2,140 個，オオカマキリモドキ *Tuberonotha strenua* ではそれぞれ 1,350 〜 2,252 個，1,791 〜 8,121 個と報告されている（Kuroko, 1961）．海外の種でも数百〜数千という同様の産卵数であることが知られており（Snyman *et al.*, 2020），カマキリモドキ類は基本的に非常に多く産卵するグループであることがわかる．

ヒメカマキリモドキとキカマキリモドキとの産卵数には差が大きかったが，これは両種のサイズ（体長）の違い（ヒメカマキリモドキ：8 〜 14 mm（日浦，1978）；キカマキリモドキ：14 〜 21 mm）を反映したものと考えられる．しかし，両種ともに成虫サイズの個体変異が大きいので，キカマキリモドキについて詳細に解析したところ，各個体の総産卵数は体長との間には相関は認められず，むしろ総摂食量との間に有意な正の相関がみられた（Hirata and Ishii, 2001；図 4）．この飼育実験により，キカマキリモドキ雌成虫の産卵能力は，幼虫期の摂食量を反映する体サイズではなく，羽化後の摂食量によって決まることが明らかになったのである．

6 カマキリモドキ類の生活史

カマキリモドキ 2 種の生活史を明らかにするため，まず孵化直後の幼虫を異なる温度・日長・給水条件下で，クモに便乗させずに単独で飼育してみた．その結果，両種の幼虫の生存期間は日長とは関係なく，低温（15℃）・給水条件で長くなる傾向があり，ヒメカマキリモドキでは最長約 3 週間，キカマキリモドキでは最長約 1 ヶ月となった．このことから，両種の幼虫は単独で休眠・越冬する能力はなく，寄主クモへの便乗なしには長期間生存できないことが推測された．

次に，キカマキリモドキの幼虫が侵入した卵嚢を 25℃の長日・短日条件下

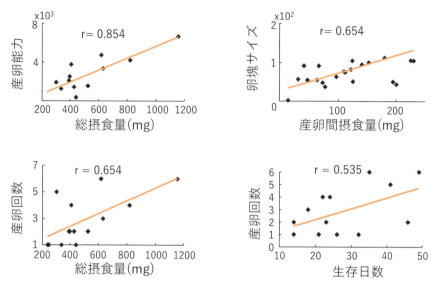

図4 キカマキリモドキメス成虫の産卵能力に影響する要因.

に置いて，経過を観察したところ，幼虫は卵囊内の卵のほぼすべてを食いつくし，卵囊に入ってから約3週間で成虫になった．このとき発育期間に日長による差はなかったことから，本種の幼虫期と蛹期には季節的な発育の遅滞がないと推測された．

図5 ヒメカマキリモドキ（左）とキカマキリモドキ（右）の1齢幼虫．

1齢幼虫は両種とも体長約1mmと非常に小さく，細長い体型で触角，脚，尾角の発達した「ナガコムシ」型をしており（図5），とても活発に動くのが特徴だが，卵囊内で摂食を開始すると急速に形態が変化し，2齢，3齢（終齢）と発育するにつれて脚は相対的に小さく，体は入った卵囊と同程度まで大きくなり，太ったハチの幼虫のような姿になった（図6）．その後，幼虫はクモの卵囊内に繭をつくって蛹になり（図7），羽化が近づくと蛹のまま動き出し，繭と卵囊を破って外へ出てきた．この動く蛹は「ファレート成虫 pharate adult」

と呼ばれるもので，成虫への羽化は卵嚢から離れた場所でおこなわれた（図8）．このような羽化方法は海外のいくつかの種でも知られており（Redborg, 1998；Snyman *et al.*, 2020），カマキリモドキ科では一般的なやり方だと考えられる．他の分類群ではあまり例がなく，クモ類の卵嚢が石の下や巻いた葉の中など，狭くて羽化しにくい場所につくられる場合が多いことと関連していると推測されている（Redborg, 1998）．

カマキリモドキ類の1齢幼虫がクモ卵嚢へ到達する戦略には，便乗せずに1齢幼虫が直接卵嚢を探し出してその中に入り込む「絶対的侵入者 obligate penetrator」，必ずクモに便乗してから卵嚢に入り込む「絶対的便乗者 obligate boarder」，そしてこれら両方のやり方をおこなう「条件的便乗者あるいは侵入者 facultative boarder or penetrator の3つがある（Redborg and MacLeod, 1985）．クモ類の卵期間は10〜15日ほどと短いものが多く（吉倉，1987），また入り込んだ幼虫が十分育つ前に子グモが孵化してしまうと蛹になれない場合もあることから（Redborg, 1998），クモへの便乗はより確実に卵嚢へ到達し，寄主クモの卵期間を十分に利用できるという点で有利な行動なのであろう．

そこで日本産の2種について，幼虫が直接クモ卵嚢へ侵入できるかどうかを調べてみたところ，ヒメカマキリモドキでは実験に用いた個体の6％が卵嚢内

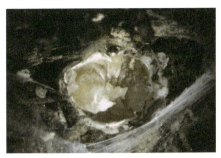

図6　クモ卵嚢内のキカマキリモドキの3齢幼虫．

図7　クモ卵嚢内のキカマキリモドキの蛹．

図8　羽化途中のキカマキリモドキ．

に侵入した一方，キカマキリモド
キでは卵嚢への侵入が認められな
かった．このことから，前者は便
乗と直接侵入の両方を行う条件的
便乗者あるいは条件的侵入者であ
るのに対し，後者は卵嚢に接近す
るためにクモへ便乗するのみの絶
対的便乗者であると推測された．

7　カマキリモドキ類2種が利用するクモ類の生活史

ヒメカマキリモドキとキカマキ
リモドキの生活史戦略を考えるう
えでは，それらが利用するクモ類
の生活史についても理解しておく

表3　1996年から1997年の間に大阪府岸和田市
牛滝の森林の地表面と植物上で採集された18科に属
するクモ類の個体数

クモの科	地表面	植物上	計
ウズグモ	2	16	18
マシラグモ	1	0	1
ヒメグモ	12	166	178
サラグモ	9	71	80
コガネグモ	3	71	74
アシナガグモ	0	57	57
タナグモ	264	16	280
ハタケグモ	0	1	1
キシダグモ	2	4	6
コモリグモ	0	1	1
フクログモ	11	53	64
イヅツグモ	5	49	54
シボグモ	81	1	82
アシダカグモ	105	3	108
ワシグモ	1	0	1
エビグモ	0	16	16
カニグモ	3	28	31
ハエトリグモ	13	47	60
計	512	600	1112

必要がある．そこでカマキリモドキ類2種が利用するクモ類のおもな生息環境
と季節消長を把握するため，両種が生息する近畿地方の里山林において，幼体
を含めたクモ類群集の科レベルの定量調査を1年間おこなった．その結果，こ
の調査では植物上から16科600個体，地表からは14科512個体の成体・幼体
のクモが確認された（表3）．そのうち広義の徘徊性のクモは植物上では11科
219個体（37%），地表では9科485個体（95%）で，それぞれ6科197個体（90%），
4科461個体（95%）がヒメカマキリモドキ，キカマキリモドキの便乗記録があ
る科に属していた．また，植物上では小型の個体が優占していたのに対し，地
表では小型の個体と中・大型の個体がほぼ半数ずつであった（図9）．

クモ類群集全体の季節消長については，春から秋にかけて幼体を含むクモの
個体数が増加し，冬期には減少する一山型の消長が認められた．そうしたクモ
類のうちキカマキリモドキ幼虫の主要な寄主であるクロヤチグモ *Coelotes
exitialis* について詳細に調査をおこなったところ，卵嚢と孵化卵嚢が春から初
夏にみられ，その後亜成体が現れること，雄成体は夏にのみ，雌成体は早春と
夏以降に確認されることから，このクモは，春から初夏に孵化した幼体が夏に
成体になって交接し，雌成体のみが越冬して翌春産卵する年1世代の経過をた
どることが明らかになった（図10）．

これらの結果から，カマキリモドキ2種の寄主クモの違いは，地表と植物上

8 クモに便乗するカマキリモドキの不思議な生活史 145

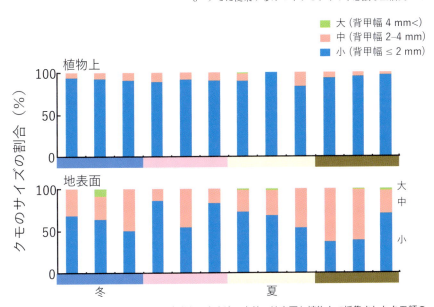

図9 1996年から1997の間に大阪府岸和田市牛滝の森林の地表面と植物上で採集されたクモ類のサイズ割合の季節変化.

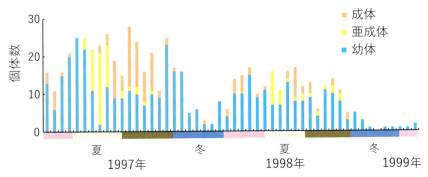

図10 1997年から1999の間に和歌山県橋本市吉原にある森林で採集されたクロヤチグモの個体数の季節変化.

という徘徊性クモの微小分布に対応したものであることが示された．また，夏期にカマキリモドキの成虫が現れ，幼虫がクモ上で越冬するという季節生活環は，クロヤチグモなどのクモ類の生活史と同調したものであることが明らかになった．

8 孵化直後の幼虫の行動

孵化直後の幼虫の行動が寄主クモの決定に果たす役割を検討するため，室内および野外実験をいくつかおこなってみた．まず，キカマキリモドキの幼虫を野外にある造網性クモ類の網に付着させたところ，クモに取り付いた幼虫はなかった．次に，野外で便乗記録のない種を含むクモを1個体ずつ両種の幼虫とともに飼育した．ヒメカマキリモドキでは5種のクモを用いたが，そのうち寄主として未記録の1種に幼虫が取り付き，複数の幼虫の付着も観察された．キカマキリモドキの幼虫は，供試した16種のうち寄主として未記録の8種を含む10種のクモのさまざまな部位に付着し，次第に頭胸部や脚の基部，腹部に移る傾向が認められた．一方で，6種のクモが幼虫を捕食するのが観察された．

次に，野外で便乗記録のない種を含む23種60個体のクモに，両種の幼虫を放した容器内を繰り返し通過させ，歩行中のクモに対する幼虫の反応を調べた．ヒメカマキリモドキの幼虫は1種1個体にしか取り付かなかったのに対して，キカマキリモドキの幼虫は21種44個体に取り付いた．キカマキリモドキでは，寄主として記録のある科のクモには幼虫は少ない通過回数で付着し，1週間以上付着が継続する割合も高かった．また，クモのサイズ別では大型個体に有意に多く付着する傾向が認められた．

カマキリモドキ類の1齢幼虫の中には，腹部の先端を地面につけて立ち上がったような形になり体を揺り動かす「便乗姿勢 phoretic posture」と呼ばれる行動（図11）をとる種があり（Snyman *et al.*, 2020），日本産の種ではキカマキリモドキのほか，ツマグロカマキリモドキでも確認されている．これはクモへの便乗を容易にするために適応した行動だと考えられており（Redborg and MacLeod, 1983），実験によりキカマキリモドキでクモに取り付いた割合が高くなったのは，この行動が影響したものと考えられる．

両種の幼虫の分散行動を調べるため，容器内に両種の幼虫を放し，その動きを観察してみた．すると，両種の幼虫は最終的には多くの個体が容器の下部に移動したが，ヒメカマキリモドキでは狭い場所に潜り込む

図11 便乗姿勢をとるキカマキリモドキの1齢幼虫．

行動が顕著であった．本種の幼虫は，植物上の隙間に入り込むことで，葉や樹皮に造られた巣などに隠れるクモに接近する戦略を採用しているのであろう．一方，キカマキリモドキについては，幼虫を鉢植えの植物上に放したところ，おもに葉の縁で便乗姿勢をとり，風や葉の振動などにより地表に落下する傾向があった．幼虫は落下後もこの姿勢をとっており，本種の幼虫は風などに吹かれて地表に分散し，そこでクモの接近を待つ戦略を採用していると考えられる．

9 カマキリモドキ類の分類学的な見直しが進んでいる

カマキリモドキ科は世界から Symphrasinae, Drepanicinae, Calomantispinae, Mantispinae の4亜科に属する44属約400の種と亜種が知られており，その多くは熱帯から亜熱帯にかけての地域に分布している（Ohl, 2004 ; Engel *et al.*, 2018 ; Snyman *et al.*, 2020）．アミメカゲロウ目の中ではケカゲロウ科 Berothidae が近縁とされてきたが，最近はこの科の亜科とされてきた Rachiberothinae をトガマムシ科 Rachiberothidae として独立させる考え方が有力となっており（Engel *et al.*, 2018），これら3科でカマキリモドキ上科 Mantispoidea を構成している．トガマムシ科は，獲物の捕獲に適した鎌状の前脚というカマキリモドキ科と同じ特徴をもち，日本でも岩手県久慈市にある中生代の地層で得られた琥珀から，化石種が見つかっている（Nakamine and Yamamoto, 2018）．

近年は世界的にカマキリモドキ科の分類学的再検討が進んでおり（例えば Snyman *et al.*, 2012, 2018），日本産でもっとも普通のヒメカマキリモドキは，これまで *Mantispa* とされていた属が *Mantispilla* に変更された．また，クロクビカマキリモドキ *Austroclimaciella habutsuella*，ツマグロカマキリモドキ，ウスグロカマキリモドキ *A. subfusca* という同属3種およびヒメカマキリモドキとその亜種チビカマキリモドキ *M. japonica diminuta* について，シノニムとしてそれぞれツマグロカマキリモドキ，ヒメカマキリモドキにまとめられた（Nakamine and Yamamoto, 2024）．

さらに2014年以降，本州の東海・近畿地方で外来種と考えられるタテスジカマキリモドキ *Necyla* sp. が確認されるようになっており（越澤・中峰, 2024），日本産のカマキリモドキ科としては，2024年時点でカマキリモドキ亜科 Mantispinae に属する6属8種が記録されていることになる（表4）．

10 おわりに

本稿では，おもに日本産カマキリモドキ亜科の2種，ヒメカマキリモドキと

148 第2章 生物の生活史戦略を調べる

表4 日本のカマキリモドキ科とその分布域

和　名	種　名	分布域
ツマグロカマキリモドキ	*Austroclimaciella quadrituberculata* (Westwood, 1852)	本州, 四国, 九州, 屋久島, 種子島；中国, 台湾, インドネシア, インド
オオイクビカマキリモドキ	*Euclimacia badia* Okamoto, 1910	石垣島, 西表島；台湾
キカマキリモドキ	*Eumantispa harmandi* (Navás, [1909])	本州, 四国, 九州, 隠岐諸島, 対馬；韓国, 中国, ロシア極東地域
オオカマキリモドキ	*Tuberonotha strenua* (Gerstaecker, [1894])	本州, 四国, 九州；フィリピン, インドネシア, ニューギニア, オーストラリア
ツシマカマキリモドキ	*Necyla shirozui* (Nakahara, 1961)	対馬
タテスジカマキリモドキ (外来種)	*Necyla* sp.	本州 (岐阜県, 静岡県, 愛知県, 大阪府, 和歌山県)
ヒメカマキリモドキ	*Mantispilla japonica* (M'Lachlan, 1875)	北海道, 本州, 四国, 九州, 隠岐諸島, 対馬, 中之島, 奄美大島, 沖縄島；韓国, 中国, ロシア極東地域
ミナミヒメカマキリモドキ	*Mantispilla transversa* Stitz, 1913	沖縄島, 石垣島, 西表島；台湾

Ohl (2004), Snyman *et al.* (2018), Nakamine and Yamamoto (2024) など複数の文献をもとに作成

キカマキリモドキについて, 筆者らの研究成果から幼虫が卵囊に接近するために クモに取り付く便乗者であること, 両種が餌資源として利用するクモの種類が異なっていること, 成虫が夏期に出現し幼虫がクモに便乗して越冬する季節生活環がクモの生活史と同調したものであることを紹介した. その中で両種の餌資源分割の至近要因として幼虫の行動の違いを指摘したが, 究極要因としては, 季節生活環が類似した両種が徘徊性のクモの卵という限られた食物資源をめぐる競争を避けるという生態的意義が考えられる.

　カマキリモドキ科の研究は近年かなり進展してきたものの, まだまだ取り組むべき課題は多く残されている. 筆者もこのグループの研究は続けるつもりだが, 小規模な博物館に勤めていると, 雑事に追われ, 基礎的な研究に割く時間はなかなかとれないのが正直なところ. 若手研究者には, ぜひこの魅力ある昆虫の生態解明にチャレンジしていただきたい.

　本稿執筆にあたって, 箕面公園昆虫館の中峰空博士には, カマキリモドキ科の分類に関するさまざまな助言をいただいた. 深く感謝申し上げる.

第2章　生物の生活史戦略を調べる

9　ウラナミジャノメの
　　不規則な世代数の変異を追って

竹内　剛，長谷川湧人

　年間世代数や成虫の出現期，越冬・越夏ステージなどは，昆虫類が生息地の気候や食物の季節分布などに適応する重要な形質である．昆虫類の季節生活環の解明は，活動ステージにおける温度と発育の関係，休眠を制御する温度・日長反応などの調査によりおこなうが，希少種の保全，害虫の発生予察や分布拡大の予測などに欠かせない．ここでは絶滅危惧種の年間世代数が生息地により異なる要因を飼育実験により究明した事例を紹介する．

1　昆虫の季節適応

　四季の巡りのある土地に生息する昆虫にとって，活動するのに不適な季節，とくに冬をいかにやり過ごすかは重要である．冬でも活動できる体をもたない限り，卵，幼虫，蛹，成虫のいずれかのステージで代謝を落とした休眠状態で翌春まで生き延びなければならない．温帯に生息する多くの昆虫では，種によってどのステージで越冬するかが決まっている．アゲハチョウ *Papilio xuthus* は蛹で，カブトムシ *Trypoxylus dichotomus* は幼虫で越冬する．

　カレンダーをもたない昆虫にとって，季節の変化を知る重要な手掛かりは，一日の間の昼の長さ（逆にいえば夜の長さ）である（田中ら，2004）．日本列島が位置する北半球は，6月の夏至が最も日長が長く，12月の冬至が最も日長が短い．大まかに言えば，夏に向かう頃は日長が長いので（長日という），長日条件で育てば越冬休眠せずに，秋から冬に向かう頃は日長が短くなってくるので（短日），短日条件で育てば越冬休眠する，というやり方を多くの多化性の昆虫（1年間に複数の世代を経過する昆虫）はとっている．ただし，細かな日長条件（日の長さが何時間だったら越冬休眠するのか，何齢幼虫のときの日長が重要なのか）は，種ごとどころか，種内でも生息地ごとに変異がある．このように，休眠性は昆虫の季節適応の多様性を知る上でとても興味深いテーマなのだ．ある集団の日長反応を表現するのに，臨界日長という指標がある．

50％の個体が休眠に入る日長のことだ．

　一般に，昆虫の成長速度は気温が高くなるほど早くなる．つまり，卵から成虫になるまでの期間が短くなるので，一年間に繰り返す世代数が多くなる．したがって緯度や標高の高い（気温の低い）地域に生息する個体群ほど年間世代数が少なくなる傾向がある．また，緯度の高い地域に生息する個体群ほど，早い時期（まだ日長が長い時期）に休眠に入る傾向がある．緯度の高い地域ほど，早く冬が訪れる上に夏の日長が長いので，早目に休眠に入るには，日長の長いうちに休眠に入らなければ冬に備えられないのだ．つまり，北半球では北方に生息する個体群ほど臨界日長が長くなるのが一般的だ（Masaki, 1999）．

2　世代数の地理的変異が不規則なウラナミジャノメ

　ウラナミジャノメ *Ypthima multistriata*（図 1）は，日本では本州南西部，四国，九州の低標高地に分布するチョウである（図 2）．しかし，この分布域の中で確認される生息地は非常に局地的で，各地の個体群が衰退傾向にあるため，環境省のレッドリストでは絶滅危惧 II 類にリストされている（環境省，2020）．

　昆虫の季節適応を知るうえで，ウラナミジャノメ（以下，本種）は興味深い．なぜなら，本種は特徴的な化性（1 年に経過する世代数）を示すからだ．ほとんどの昆虫では，近隣に生息する個体群は同じ化性を示す．近隣の個体群の生息地は，同じような気候条件にあるわけだから，これは当然のことかもしれない．ところが，本種の場合は，ほとんど同緯度同標高の隣接した地域に，年 1 化の個体群と年 2 化の個体群が混在している場合がある（竹井，2004；Noriyuki *et al*., 2011）．たとえば，瀬戸内海の家島には年 2 化の個体群が，わずか 2 km 東に位置する男鹿島と 1 km 南西に位置する坊勢島には年 1 化の個体群が生息している（図 2）．年 1 化の個体群は 6 月頃に成虫が出現する．一方，年 2 化の個体群は 6 月頃に第一化の成虫が出現し，9 月頃に第二化の成虫が出現する．

　私たちは年 1 化の個体群の生息地も年 2 化の個体群の生息地も，何カ所か訪れたことがある．そうすると，何となく生息環境に違いがあるよう

図 1　ウラナミジャノメ．2015 年 6 月 20 日，奈良県橿原市．

に見えた．年1化の個体群は，湿地や海岸付近の崖の近くなど，あまり人手の入っていないところが主な生息地である．一方，年2化の個体群は人里近くの民家の裏のような，何でもない里山の一角に生息している．しかし，このような生息環境の違いと本種の化性の違いがどのように関係するかは，今のところよくわからない．

図2　日本におけるウラナミジャノメの分布．

　一方，年1化と年2化の個体群で，日長に対する反応（光周反応という）がどのように違うかは，既に調べられていた（Noriyuki et al., 2011）．このような実験では，対象となる昆虫の幼虫を人工気象器で制御したさまざまな日長条件で飼育して，臨界日長を求める手法がよく使われる．例えば，14時間は光を当てて，10時間は暗黒下で飼育する．こういう処理をこれ以降は14L10Dのように表現する．Noriyuki et al. (2011) によると，本種の幼虫をさまざまな日長条件で飼育すると，年1化個体群の男鹿島産と坊勢島産は16L8D（16時間明期：8時間暗期）だとすべて休眠せず，14.5 L9.5 Dではすべて休眠した．つまり，14.5時間から16時間の間に臨界日長があることになる．年2化個体群の家島産は16L8Dだとすべて休眠せず，14.5L9.5Dで75％が休眠した．臨界日長は15L9Dくらいだろう．別の年2化個体群である京都府山城町産は14.5L9.5Dではすべて休眠せず，13L11Dではすべて休眠したという．したがって，臨界日長は13時間から14.5時間の間にあることになる．臨界日長が長い

152 第 2 章　生物の生活史戦略を調べる

方が休眠しやすい（年間世代数が少ない）のだから，年 1 化個体群の方が臨界日長が長かったのは予想通りである．また，年 2 化個体群の中にも臨界日長に違いがあることがわかる．

　さて，臨界日長の違いだけを見ると，Noriyuki *et al.*（2011）の結果は妥当なように見える．しかし，自然界の本種の生活史と比べると，実験結果との間に明らかな不一致がある．年 1 化個体群も年 2 化個体群と同様に，野外では 6 月上旬には成虫が羽化して，そこから交尾産卵をおこなう．ということは，孵化した幼虫は夏至の頃の最も日長の長い（16L8D に近い）条件を経験するはずだが，自然界では休眠している（だからこそ年 1 化なのである）．しかし，年 1 化個体群を 16L8D の条件で飼育すると，休眠しなかった．この違いはどこから来るのか？

　よく考えてみると，全幼虫期間を一定の日長条件にさらす実験は，自然環境下とは大きくかけ離れている．なぜなら，自然条件下では日長は夏至を境に日々短くなっていくからだ．自然条件下では，いつまで（何齢幼虫のときまで）どんな日長を経験したかで休眠か非休眠かが決まることがあって，これを日長感受期とよぶ．しかし，全幼虫期間を一定の日長条件にさらす実験では，幼虫期ごとに経験する日長の違いが反映されないのである．

　私たちは，実験結果と自然界での化性との不一致は，日長感受期の問題ではないかと考えていた．つまり，年 1 化個体群の方が年 2 化個体群よりも日長感受期が遅いので（日が短くなった時期に日長に反応するので），自然界では休眠しているのではないかと予想したのである．そこで，本種の各地域個体群の日長感受期を明らかにする研究を行うことにした．

3　研究にも練習が必要だ

　この研究の手順では，まず，1）年 1 化個体群の生息地と年 2 化の個体群の生息地から本種のメスを採集し，2）卵を産ませた．次に，3）卵から孵化した幼虫を齢期ごとに異なる日長条件で飼育し，4）それぞれの条件における幼虫の休眠率や成長速度を調べた．

　本研究のポイントは 3）だ．全幼虫期間で短日を経験する実験区（SSSS），初齢幼虫だけ長日（16L8D）を経験して，あとは短日（13L11D）を経験する実験区（LSSS），初齢から 2 齢幼虫まで長日を経験して，あとは短日を経験する実験区（LLSS），…全幼虫期間で長日を経験する実験区（LLLL）を設けて，幼虫の休眠率を比較したのである（図 3）．もちろんこれは，夏至の頃の長日

条件から，だんだん日が短くなっていくという日長の季節変化を反映させた実験である．

さて，何ごとについても言えることだが，いきなり今日から研究をやりはじめても，上手くいくことは滅多にない．上に書いた簡単に見えるような作業でさえ，実際におこなう上ではさまざまなトラブルが発生する．このような研究では飼育する幼虫の数が100を越える．当然，それだけの幼虫に与える食草と幼虫を飼育する場所，そして飼育する労力を確保しなければならない．

図3 各実験区の日長条件．
SSSS：全幼虫期間で短日（13L11D）を経験する実験区
LSSS：初齢幼虫だけ長日（16L8D）を経験して，その後は短日を経験する実験区
LLSS：初齢から2齢幼虫まで長日を経験して，その後は短日を経験する実験区
LLLS：初齢から3齢幼虫まで長日を経験して，その後は短日を経験する実験区
LLLL：全幼虫期間で長日を経験する実験区

私たちは2015年からこの研究を始めたが，その時に食草不足になって飼育に失敗したりした．しかし，その経験があったおかげで，大学構内に生えているネザサを食草に使うと初夏から秋まで飼育が可能なことを学習していた．また，6月は年2化個体群には手を出さずに，年1化個体群のみ飼育して，年1化個体群の飼育が終わった9月に現れる年2化個体群の第二世代を使って，年2化個体群の飼育をおこなうと，飼育する場所も，飼育にかかる労力的な負担も軽減されることを学習していた．そのような準備が整っていたので，翌年から研究をスムーズに進めることができた．

4 年1化個体群を用いた実験

研究をおこなうにあたって，年1化個体群と年2化個体群で，それぞれ2産地ずつ飼育する計画を立てた．前述のように，先行研究では，年2化個体群の中にも臨界日長に変異があることが報告されていたので，同じ化性の個体群でも光周反応に違いがあることが予想されたからである．

本種の成虫が現れるのは6月である．この時期は年1化個体群も年2化個体群も現れる．両方を一度に飼育するのは労力面からも飼育スペースの面からも

負担が大きいので，前述のように，この時期にしか現れない年 1 化個体群にターゲットを絞った．2016 年の 6 月に入って早々に，年 1 化個体群が生息する瀬戸内海の男鹿島に採集に行った．後述する加古川市を含め，年 1 化個体群の生息地周辺には流紋岩が露出し，コモウセンゴケやイシモチソウなどの食虫植物がみられる場所がある．男鹿島でもそのような場所を 1 ヶ所だけ見つけた（図 4）．その周囲の茂みには，割合多くの本種の成虫がいたので，数頭のメスを採集した．

図 4　男鹿島のウラナミジャノメの生息地．

　2016 年の 6 月 13 日に，年 1 化個体群が生息する兵庫県加古川市にメス成虫の採集に出かけた．兵庫県のチョウに詳しい立岩幸雄氏に本種が生息する場所を教えてもらっていたので，まずはそこに出かけた．里山の雑木林に囲まれた池があって，池のほとりが湿地のような草地になっていた．本種の成虫は，雑木林の縁や草地で見られた．この日はまだ成虫の発生初期なのかオスが多かったが，メスが 1 個体採集できた．さすがに 1 個体だけだと産卵しないかもしれないので，もう 1 個体くらいは採集しておきたいところである．近くで同じような環境の場所を探し回っていると，別の池のほとりの湿地で比較的本種の成虫が多い場所を見つけた．ここでもオスが多かったが，メスが 1 個体採集できたので，材料は確保できたと判断した．

　研究室に持ち帰ったメス成虫を，食草であるイネ科植物（エノコログサなど）を差したビンを立てた容器の中に入れて光の当たるところに置いておくと，適当に産卵した．それを図 3 のような試験区に割り振って飼育した．実際にどうするかというと，幼虫を 1 個体ずつプラスチックシャーレに入れて，そのシャーレを明暗周期を調整できる恒温器（25℃に設定）の中に入れた．そして，適宜エサの交換と，容器内の糞の掃除をおこなった．

　ここで，思わぬ失敗が発生してしまった．25℃の一定条件で飼育していたつもりが，飼育を始めてしばらくして，恒温器の温度設定を間違っていたことに気付いた．25℃の一定ではなく，明期は 25℃で暗期は 22.5℃に変化するように設定されていたのだ．前年に飼育していた恒温器とは違う恒温器を使っていたので，気づかなかったのだ．これは痛い失敗である．本種の幼虫が明暗周期

を感知して休眠するかどうかを決めていることを調べたいので，この実験をしているのに，その明暗周期に合わせて温度までが変化してしまうと，本種の幼虫が温度に反応して休眠するかどうかを決めている可能性が紛れ込んでしまうからだ．

　しかし，人間のすることに失敗はつきものなので，過ぎたことは仕方ないとあきらめて，リカバーする方法を考えるのが建設的である．この研究で最大の問題になっているのは，自然条件下で 16L8D の長日条件を経験した幼虫が休眠するのはなぜか，ということだった．もし 22.5℃を経験することが幼虫休眠を誘起する（私たちが意図しなかったミスに起因して休眠する）のなら，16L8D で 22.5℃の恒温条件にさらされた個体は休眠するだろう．だから，16L8D，22.5℃の実験区を新たに設定して，それでも休眠が誘起されなかったら，暗期の温度を 22.5℃に設定したことは実験結果に影響しなかったと判断してもよいだろう．ただし，年 1 化個体群の幼虫はすべて実験に使ってしまったので，今は新たな実験区を作ることはできない．そこで，今飼育中の幼虫が成虫になったら，人工交配をおこなった上でメスに産卵させて，その卵から孵った幼虫を用いて新たな実験区を設けることにした．少々面倒な作業が増えたが，失敗をリカバーするためには仕方がない．なお，複数のオスとメスの成虫を大きめのネットに入れて木陰においておくだけで，簡単に交尾した．

　実験結果の話をする前に，本種の幼虫休眠とはどんなものかを説明しておきたい．一般に休眠というと，じっとして動かなくなる状態を想像するかもしれないが，本種の幼虫休眠の場合は少し事情が異なる．彼らは動かなくなるわけではない．このチョウの休眠幼虫は摂食もするし，脱皮もする．しかし，大きくならないのである．典型的な非休眠の幼虫だと，4 齢でエサを食べてどんどん大きくなり，やがて脱皮すると蛹になる．一方，休眠状態の幼虫は，4 齢幼虫になっても大きくならず，そのまま脱皮だけ繰り返すのである．しかし，中間的な幼虫もいて，4 齢幼虫が脱皮しても蛹にならないが，5 齢や 6 齢で蛹になるものもいた．こういう中間的な幼虫と休眠した幼虫を明確に区別することはできないので，幼虫期間が 110 日を超えたものは，休眠状態にあると判断した．野外の年 2 化個体群だと，6 月に第 1 化の成虫が羽化して，9 月に第 2 化が現れるので，その間が約 3 ヶ月である．110 日（4 ヶ月近く）も幼虫だった個体は第 2 化にはなっていないと判断したわけである．

　ちなみに，先行研究（Noriyuki *et al.*, 2011）では，本種の幼虫は休眠状態になると何も食べなくなると書かれていた．しかし，私たちの実験では，すべて

の個体群の幼虫はエサを食べながらほとんど成長しない状態を維持していた．先行研究のこの部分は間違いではないかと思う．

さて，年1化の個体群を飼育してみると，その経過は予想通りだった部分もあれば，予想外だった部分もあった（図5）．男鹿島の個体群を全幼虫期間を通じて長日条件で飼育すると，先行研究の示す通り，休眠せずに8月に成虫になった．そして当初の予想通り，初齢の頃に長日を経験しても，その後に短日を経験すると休眠した．臨界日長にならって，50%の幼虫が休眠するステージを臨界日長感受期と定義すると，男鹿島産の本種の臨界日長感受期は3齢幼虫期にあることがわかった（図5）．しかし，加古川市の個体群は，全幼虫期間を長日で飼育しても，ほぼすべての幼虫が休眠した．つまり，同じ年1化個体群でも，瀬戸内海に浮かぶ男鹿島と対岸の加古川市の本種では，休眠性が異な

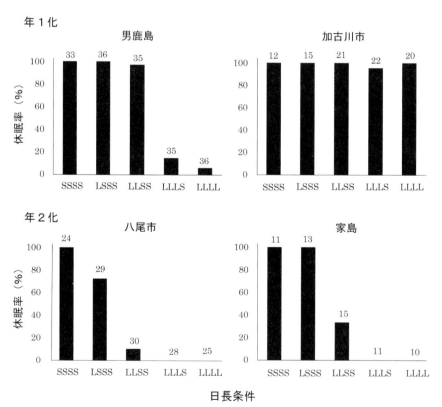

図5 各個体群の休眠率（Hasegawa et al., 2019より一部改変）．棒グラフの上の数字はサンプル数を示す．

表1　各個体群の幼虫期間．日長条件の呼称は図3参照（Hasegawa *et al.*, 2019 より一部改変）

化性	産地	日長条件	性	全幼虫期間	サンプル数
年1化	男鹿島	LLLL	♂	82.0 ± 9.6	22
		LLLL	♀	90.6 ± 7.7	12
		LLLS	♂	59.0 ± 5.6	14
		LLLS	♀	61.7 ± 7.0	16
年2化	八尾市	LLLL	♂	39.1 ± 6.0	12
		LLLL	♀	44.2 ± 7.4	12
		LLLS	♂	35.5 ± 2.2	13
		LLLS	♀	39.1 ± 3.9	15
		LLSS	♂	35.1 ± 5.4	14
		LLSS	♀	37.1 ± 1.5	13
	家島	LLLL	♂	54.5 ± 14.0	4
		LLLL	♀	56.0 ± 10.0	6
		LLLS	♂	45.6 ± 2.5	5
		LLLS	♀	46.5 ± 2.1	6

ることになる．

　また，休眠しなかった男鹿島の個体群の幼虫期間を見ると，全幼虫期間を長日にしたものに比べて，4齢以降を短日にしたものの方が，幼虫期間が短かった（表1）．しかもかなり大きな差で，前者は後者の1.5倍近くある．つまり，臨界日長感受期以降は，短日を経験させた方が成長が早まることになる．これは意外な発見だったが，そのことの考察は，年2化個体群の飼育の話が終わってからにしよう．

　なお，休眠しなかった男鹿島個体群の成虫を交配して産卵させて得た幼虫を，16L8D：22.5℃の条件で飼育すると，すべての個体が休眠しなかった．したがって，22.5℃を経験したことが休眠を促したわけではないので，暗期の温度を間違って22.5℃に設定したことが，休眠誘導に影響したことはなさそうである．

5　年2化個体群を用いた実験

　2016年9月上旬に，年2化個体群のメスを採集しに行った．場所は大阪府八尾市と，瀬戸内海に浮かぶ家島だ．八尾市の生息地は畑地と雑木林とため池がモザイク状に分布し，周囲の草むらで本種の成虫が多く見られた．家島でも，民家の裏の藪の周りに本種の成虫がいた（図6）．しかし個体数は少なく，島

のほぼ全域を歩き回って，オス成虫を数個体確認したのと，メス成虫はなんとか1個体だけ採れた．年2化個体群は，本当にありふれた里山に生息している．しかし，分布域は限られている．大阪府で今でも本種が生息しているのは，八尾市や東大阪市などの生駒山地の麓だけである．なぜ他の場所にはいないのかはわからない．

図6　家島のウラナミジャノメの生息地．

　年1化個体群の時と同じようにメスから採卵して，図3の条件で飼育した．年1化個体群と条件を揃えないといけないので，今回も明期は25℃，暗期は22.5℃で飼育した．また，個体数に余裕のあった八尾市の個体群を用いて，16L8D：22.5℃の恒温条件でも飼育した．

　さて，得られた結果は概ね予想通りだった．八尾市の個体群を，全幼虫期間を長日条件で飼育すると，休眠せずに成虫になった．そして，初齢の頃に長日を経験しても，その後に短日を経験すると休眠する個体が70%を超えるが，2齢まで長日を経験すると，その後は短日でも80%以上の個体が休眠しなかった．したがって，臨界日長感受期は，2齢幼虫期にあることがわかる．家島の個体群も似たような反応だが，図5の結果を見る限り，臨界日長感受期は八尾市の個体群よりも少し遅いようである．

　なお，八尾市産の幼虫を，16L8D：22.5℃の恒温条件で飼育すると，男鹿島産と同じように，すべて休眠しなかった．やはり，22.5℃を経験したことが休眠を促したわけではないので，暗期の温度を22.5℃に設定したことは，休眠誘導に影響はないと見てよいだろう．

　また，非休眠個体の幼虫期間を見ると，全幼虫期間を長日にしたものに比べて，臨界日長感受期以降を短日にしたものの方が，幼虫期間が短かったのも，年1化個体群と同じだった（表1）．ただし男鹿島産ほどの極端な違いではなかった．

6　化性の変異をもたらす仕組み

　年1化個体群と年2化個体群のデータがそろったところで，結果を詳しく見てみよう．年1化個体群は，男鹿島産だと臨界日長感受期は3齢幼虫期にある

が，加古川市産には日長感受期はなく，どんな日長条件でも休眠するようである．年2化個体群は，八尾市産も家島産も臨界日長感受期は2齢幼虫期にあるが，家島産の方がやや遅いようである．研究前の予測は，年1化個体群の臨界日長感受期は年2化個体群のそれよりも遅いということだったから，この予測は概ね実験結果に合う．ただし，年1化個体群の中に，日長に関係なく休眠する加古川市産のような個体群があるとは思っていなかった．

次に，表1に示した幼虫期間を見てみよう．当たり前だが，幼虫期間とは，孵化してから蛹になるまでの日数である．したがって，休眠した幼虫は実験終了時に幼虫のままだから，幼虫期間のデータはない．だから，表1のデータは非休眠幼虫のデータである．幼虫期間は，八尾市産（年2化）＜家島産（年2化）＜男鹿島産（年1化）となっている．つまり，年1化個体群は，年2化個体群に比べて成長速度も遅いことになる．

結局，年1化個体群の幼虫は，臨界日長感受期も遅い上に，その齢に達する速度も遅い．だから，野外で幼虫が臨界日長感受期に達する頃には，夏至からだいぶ日数が経過してもう日は短くなってきているので，それに反応した幼虫はそのまま休眠して越冬しやすい（第2化になりにくい）ことは，この結果からも明らかである．もちろん，先行研究（Noriyuki *et al.*, 2011）から，年1化個体群は臨界日長そのものも長いことがわかっている．

また，臨界日長感受期以降に短日を経験した幼虫は，成長が早くなる．このことは何を意味するのか？臨界日長感受期を過ぎると，幼虫はもう休眠しない．すると，その状態で短日を経験するということは，秋が近づいていることを意味する．休眠できない幼虫にとって，ゆっくり成長して秋遅くに成虫になっても，繁殖が間に合わない．だから，成長速度を上げることで適応度が上がる仕組みになっているのではないかと考えられる．

年1化個体群については，どうせ野外では休眠するのだからこんな性質は無用の長物なのではないかと思うかもしれないが，年1化というのは今の生息環境で発現している性質に過ぎない．潜在的には2化できる性質をもっていた方が，環境変化に適応できるのかもしれない．じつは，本種の化性は固定したものではないのである．

7 個体群の化性は不変ではない

2016年9月15日に男鹿島を訪れた．男鹿島の本種は，年1化とされていたが，一部の個体は休眠しないで第二世代になっていないかと考えたからである．私

たちの実験結果からも，この個体群は孵化してから3週間ほどに相当する3齢幼虫期の途中まで長日を経験すると非休眠になることがわかっていたので，6月に羽化した成虫の子孫のうち，最も早く産まれた卵から孵った幼虫は，ギリギリで休眠せずに第二世代になるかもしれないことが予想された．

図7 ウラナミジャノメ．2016年9月15日，兵庫県姫路市男鹿島．

6月に訪れたときに本種の成虫がたくさんいた場所をよく探したところ，メス1個体だけだったが本種の成虫を発見した（図7）．やはり，一部の個体は第二世代になっていたのである．ただ，そのような個体が非常に少なかったので，今までは年1化だと考えられていたのだろう．

地球温暖化が進んで平均気温が上がると，多くのチョウの出現期は早くなると考えられる（Stefanescu *et al.*, 2003）．今の男鹿島では，最も早く産まれた卵から孵ったごく一部の幼虫だけが9月に成虫になっているようだが，本種の成虫の出現期が早まると，9月に羽化する個体が増えて，男鹿島も年2化の個体群になるかもしれない．

また，男鹿島は島全体が花崗岩でできており，島の各所が採石場となっている．今残っている本種の生息地も，安泰ではない．

このように，人間の活動の影響を大きく受ける本種だが，化性を柔軟に変化させながら今日まで生き残ってきた存在として，末永く日本に息づいていてほしいものである．

第2章　生物の生活史戦略を調べる

10　ブチヒゲヤナギドクガ成虫の行動と生態を追って

上田恵介

　害虫や侵略的な外来種の防除，絶滅危惧種の保全などを検討するうえで，対象種の生活史や行動，天敵などの情報は欠かせない．ブチヒゲヤナギドクガは，現在は大阪府や堺市の絶滅危惧種にリストアップされているが，半世紀ほど前は近畿地方でヤナギ類の害虫として知られていた．外来種の可能性も指摘されていたこの昆虫について，当時，精力的に個体群生態学的な調査がおこなわれたが，その成果は今度は絶滅危惧種となった本種の保全に役立つかもしれない．

1　はじめに

　ブチヒゲヤナギドクガ *Leucoma candida* はドクガ科に属するわりと大型のまっ白な蛾で，毒針毛はなく，メスの触角が白黒のブチになっていることから"ブチヒゲ"と名付けられている．ユーラシア大陸の東北部，シベリアから中国北部，朝鮮半島，北海道，本州北部の冷温帯に広く生息しており，幼虫はポプラやドロノキ，ミネヤナギなどのヤナギ科の樹木を食草としている．

　本種の研究を始めた 1970 年代には，この種は近畿地方では街路樹として植えられたポプラの害虫として知られていた（Sirota *et al.*, 1976a）が，光周反応の地域個体群ごとの違いから，近畿地方の個体群は，北海道や東北に分布する在来個体群ではなく，戦後になって朝鮮半島を経由して導入された外来個体群ではないかとの指摘もされていた（図1，桑名，1986）．

　なぜ私がこの虫の生態研究に取り組むことになったかをお話ししよう．私が4 年生で，卒業研究のために昆虫学研究室に所属したとき（1972 年），大阪府立大学農業昆虫学教室は，当時の農学部の多くの昆虫学系研究室がそうであったように，昆虫分類学の研究室であった．教授はミバエ研究者の伊藤修四郎，助教授黒子浩，講師保田淑郎，助手森内茂の 3 名は小蛾類の分類で全国に名を知られた研究者であった．この分類学の研究室で，私が生態学をやることになったのには，その当時，昆虫学研究室の博士課程の院生として在籍していた城田

図 1 ブチヒゲヤナギドクガの記録地点（桑名, 1986）.

安幸（のちの弘前大学助教授）に出会ったのが始まりである．

　城田はこの頃，伊藤嘉昭や日高敏隆ら，日本応用動物昆虫学会を舞台に活発に研究活動を展開していた「アメリカシロヒトリ研究会」（伊藤, 1972）に大きな影響を受けていた．アメリカシロヒトリ研究会には桐谷圭治，正木進三，宮下和喜，梅谷献二など，日本の応用昆虫学，昆虫生態学を牽引していた，当時40歳前後の中堅の研究者が参加し，成果を次々と発表していた．城田はそれに触発されて，当時の昆虫学研究室に所属していた院生・学生を誘ってブチヒゲヤナギドクガ研究会を発足させたのだった．ブチヒゲヤナギドクガ研究会は城田と当時院生だった田中穂積，桑名幸雄，駒井古実らに，私たち4年生が参加して，ブチヒゲヤナギドクガについての"総合的な生物学"を目指して，各自それぞれに，さまざまなテーマを立てて研究を開始した．

2 ブチヒゲヤナギドクガの生活史

　ブチヒゲヤナギドクガは，近畿地方では年2化性で，秋，葉や枝，樹幹に生みつけられた卵塊から孵化した幼虫は，寒くなるとポプラの樹皮の隙間に移動

し，3齢幼虫で越冬する．5月になって越冬から目覚めた幼虫は，ポプラの新葉を食べて，脱皮を繰り返しながら発育する（図2A, B）．

幼虫は1化目も2化目も，3齢幼虫くらいまでは樹皮の溝や隙間に隠れているが，4齢を過ぎる頃から，木の根元へ移動していく．彼らは，昼間は木の根元などの枯れ葉の下に隠れてじっとしている．これはおそらく幼虫の最大の天敵で，幼虫の体表に産卵する捕食寄生

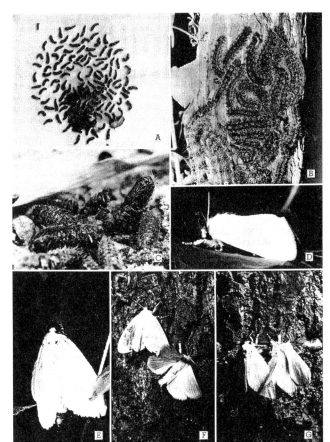

図2　ブチヒゲヤナギドクガの生活史．A）孵化直後の幼虫，B）老齢幼虫，C）蛹，D）羽化直後のオス，E）羽化直後のメス，F）メスに求愛するオス，G）交尾（著者撮影）．

者であるブランコヤドリバエ *Exorista japonica* の寄生を逃れるためである．夕方，幼虫は木の幹を登り始める．途中の枝で道を外れたりせずに，一気にてっぺんまで登りつめ，上の方の柔らかい葉からどんどん食い尽くしていく．若いポプラの木が，ときには丸坊主に近い状態になっているのに，食害している犯人の姿が見えないのはこういうわけである．幼虫は脱皮しながら7齢（または8齢）まで発育し，ポプラの幹の裂け目，根元の枯葉や石の隙間で蛹化する（図2C）．越冬世代（1化目）の幼虫は5月下旬から6月はじめにかけて，夏世代（2化目）の幼虫は7月中旬に出現し，8月下旬に蛹化する（図3）．

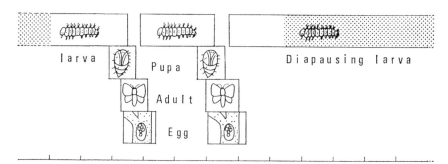

図3 ブチヒゲヤナギドクガの発生サイクル (Sirota et al., 1976a).

3 配偶行動とスズメによる捕食

　越冬世代の1化目の成虫は6月下旬から7月はじめにかけて，夏世代の成虫は9月に羽化してくる（図2D）．羽化した成虫は何をしているのだろう．フユシャク類やミノガ類などを除き，多くの蛾の成虫はしっかりした翅をもって，羽化後すぐに遠くに飛び去ってしまうことが多いために，成虫の行動をきちんと記録した研究は少ないが，成虫の配偶行動については，古くはファーブルのヤママユガ（オオクジャクヤママユ *Saturnia pyri*）についてのドラマチックな記載があったり，日高敏隆によるアメリカシロヒトリのフェロモンを介した行動記載（Hidaka, 1972）があったりする．しかし，個体群生態学的な観点から，主要な死亡要因は何で，もし捕食者がいるならそれは何かというような研究は，飛翔力のある成虫の定量的な追跡記録をとることが難しいこともあり，これまではほとんどなされてこなかった．そこで私たちはブチヒゲヤナギドクガの成虫の羽化から産卵までの実態を調べようと思い立った．

　この研究は，大阪府堺市にある大阪府立大学（現大阪公立大学）の中百舌鳥キャンパスでおこなった．大学のキャンパスには5〜10m前後の若いポプラがキャンパス内の道路に沿って植栽されており，毎年，ブチヒゲヤナギドクガが大量に発生していた．ここで1976年と1977年に，当時4年生だった那須義次と3年生の須田幸子とともにブチヒゲヤナギドクガの観察をおこなった．

　近畿地方ではブチヒゲヤナギドクガの越冬世代からの成虫の羽化は6月中旬，夏世代の羽化は9月下旬である（Sirota et al., 1976a）．そこで1976年は1化目の成虫が出現する6月18日から7月3日，2化目の成虫が出る9月13日から27日までの計31日，1977年は1化目だけの観察を6月14日から7月6

日までの計23日をかけておこなった．

　私たちは夕方18〜21時にかけてポプラ並木を巡回し，羽化してきた成虫を見つけると，性別と羽化日が分かるように油性マーカーで前翅に個体識別マークを施した．その結果，発見できた成虫（830個体）のうち，樹上の高いところにいて捕獲できなかった個体をのぞく718個体（86%）に個体識別マークをつけることができた．同時にこの時期，5月15日から7月19日までの間に10日間の観察日を設定し，捕食者であるスズメの観察をおこなった．

　直接観察と捕食後の死体回収で，成虫に対する最大の捕食者はスズメであることがわかった．羽化したオスの15%，メスの14%はその日の夕方の羽化直後，羽の伸びきらないうちに捕食されたが，捕食の大部分は羽化の翌朝に起こった．スズメは早朝から活動し，前夜に羽化し，夜明け前に配偶活動を終えて樹幹や葉裏に静止している成虫を捕食した．回収結果をまとめると，とくに梅雨期の6〜7月に出てくる越冬世代成虫は，2年分のデータを平均するとその約88%がスズメによって捕食されているという結果になった（表1）．

　スズメは蛾を捕らえると，くわえて別の場所へ運び去ることが多かった．この時期はスズメの繁殖期でもあるので，巣にいるヒナへの給餌のために持ち帰ったものも多かったと思われる．スズメがとらえた蛾をその場所で処理しているところを観察した結果では，スズメは蛾の翅をくわえて振り回し，前翅，後翅ともにバラバラにして，主に胸部と腹部を摂食することが多かった．その結果，スズメが飛び去った後の地面には，4枚

図4　スズメによるブチヒゲヤナギドクガの捕食痕（著者撮影）．

表1　成虫の死亡要因

観察期間	死亡個体数	スズメ	オオハサミムシ	ゲジ	不明捕食者	自然死	%（スズメによる捕食）
1976 6〜7月	222	170	0	0	5	47	76.6
1976 9月	45	25	7	0	4	9	55.6
1977 6〜7月	653	639	0	1	3	10	97.9

＊不明は死体が損壊されているもの．自然死は傷のない死体．

166 第 2 章　生物の生活史戦略を調べる

表 2　現場で解体後に残された身体の部位（N= 24）

| | 頭部 | 胸部 | 腹部 | 前翅 | | 後翅 | |
				左	右	左	右
発見数	14	6	5	22	23	22	22
%	58.3	25	20.8	91.7	95.8	91.7	91.7

の翅とともに，頭部が残されることが多かった（図4）．現場に解体の痕が残された24例を調べると，頭部は58％が残されたのに対し，胸部は25％，腹部は21％しか残されていなかった（表2）．

捕食されたブチヒゲヤナギドクガには，前夜に配偶に成功したものも，配偶できなかったものも含まれているが，配偶に成功した雌雄は尾端をくっつけた交尾姿勢を夜の間中続け，交尾器が実際に結合しているかまでは観察できなかったが，朝になってもそのままの姿勢でいることが多かった．この姿勢は昼間にも継続し，夕方になって一方が離れて飛び去るまで，つながったままの姿勢でいる雌雄も多かった．この棒状につながった2匹の雌雄は，一見したところなかなか蛾には見えない．この姿勢がスズメの捕食を逃れるために有効に働いているのではないかと私は考えている．

運良く捕食を逃れた未交尾の雌雄の成虫（と，おそらく既交尾のオス成虫）は，その日の夕方にまた飛び立って配偶活動に参加する．一方，前夜に交尾を済ませたメス成虫は，夕方，ポプラの樹幹に産卵をはじめる．夜間の成虫の捕食者は非常に少ないと考えられる．私たちが夜間の見廻りで捕食者として記録できたものは，1976年の秋にオオハサミムシ *Labidura riparia japonica* に捕らえられている成虫を7回，1977年にゲジ *Thereuonema hilgendorfi* に捕らえられている成虫を1回，記録することができたが，やはり都市部におけるブチヒゲヤナギドクガ成虫の最大の捕食者はスズメであった．

そこで毎日の新しい成虫の発生数と，まだ生き残っている成虫数を合計したものを翌朝の成虫の現存数と仮定して，翌日のスズメによる捕食数との関係を見たのが図5である．実数目盛りであるにもかかわらず，わりときれいなS字状カーブが見てとれる．この曲線の形状はSolomon（1949）が「機能の反応」（functional response）と呼んだ，捕食率は，はじめは低く，その後一時的に急激に増えるが，その後徐々に低下し，S字形の関係を描くという，密度に関わるモデルに当てはまる．これは複数種の餌を食べる捕食者の場合，相対的に多い餌を集中的に捕食する，ということから来ている．スズメはブチヒゲヤナ

ギドクガの成虫の発生数が少ない時点では，探索に時間とエネルギーを使ってまでは捕食をしないが，蛾の密度が増加してくると楽に捕食できるため，集中的に捕食が始まる．しかしブチヒゲヤナギドクガの成虫のみがスズメの食性メニューではなく，スズメは他に複数種の餌も食べるためにこの反応が起こってくるのだと思われる．

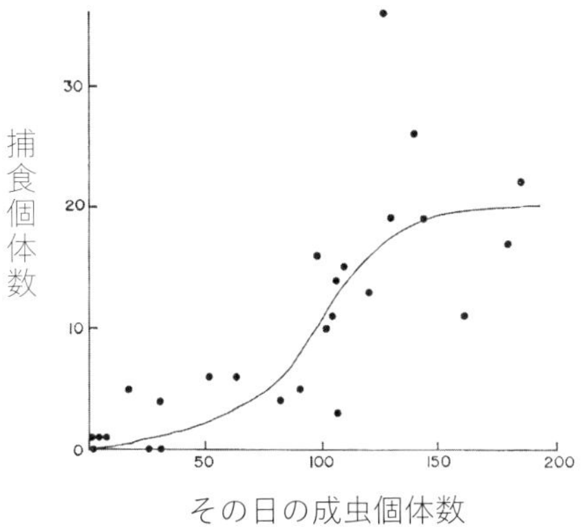

捕食個体数

その日の成虫個体数

図 5　蛾の密度に対するスズメの反応（Ueda *et al.*, 1981）．

4　成虫の配偶行動と光周性

　ブチヒゲヤナギドクガの配偶行動において，メスの求愛姿勢は，腹部末端部をいっぱいに伸ばして，その後端をヒクヒクさせる行動である（図2E）．これは，オスを呼ぶための性フェロモン（未同定）を空中に発散させる姿勢であると思われる．メスがこの求愛姿勢を取るのには，はっきりした時間スケジュールがあることがわかった．夜間の連続観察をおこなったところ，野外で，夕方から深夜にかけて次々と羽化してきたメスは，翅が乾くとテント型に翅をたたんで，ポプラの樹幹や葉の裏で明け方まで，ずっとその姿勢のままじっとしているが，夜明けのほぼ1時間前になるとこの求愛姿勢を取りはじめる．するとオスの蛾も次々に飛び立って，かなりのスピードでポプラの木の周りをビュンビュン飛びまわりはじめる．これはHidaka（1972）が記載しているアメリカシロヒトリとよく似たメスを探索する配偶飛翔である．オスはランダムにポプラの木の周りを飛びまわり，（おそらく）メスのフェロモンを感知すると，飛翔スピードを緩めて，ジグザグの探索飛翔に移る．そして徐々にメスのいるところに近づき，メスを見つけるとすぐに交尾を試みる（図2F，G）．

　ところで，メスは求愛姿勢をとるタイミング，つまり配偶の時間帯をどのようにして知っているのだろう．私たちは，そこに行動をつかさどる何か内的な生物リズムがあるのではないかと考えた．そこで実験環境下で，メス成虫の配偶リズムを調べてみた．野外から採集してきた老齢幼虫を，食草のポプラをあたえたシャーレで，温度・湿度を一定にして飼育し，まず野外とよく似た16 L：8 D（明16時間，暗8時間）の条件で，暗から明へ切り替わる1時間前

に，薄明状態を設定して反応を見てみた．この実験環境で羽化した成虫は，ほぼ正確に野外と同じ時間帯，すなわち薄明状態が始まる時間帯に，求愛姿勢をとった（図6）．

夜明けの薄明環境を手掛かりにして，求愛行動を始めるのなら，内的な生物リズムは仮定しなくても良い．そこで薄明がない明暗だけの条件下で，メスの求愛行動がどのように発現するかを調べてみた．飼育の条件は，(1) 完全な暗黒条件（24 D），(2) 12 L：12 D，(3) 16 L：8 D，(4) 20 L：4 D，そして (5) 完全な明条件（24 L）の 5 つである．

越冬世代の成虫が羽化する自然条件（6〜7月）に近い 16 L：8 D の条件では，求愛行動のピークは消灯7時間後，明へのスイッチオンの1時間前に現れた（図7）．

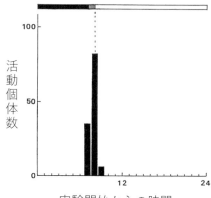

図6　16L8D．薄明条件を導入したときの成虫の求愛姿勢の発現の日周性（Sirota *et al*., 1976b）．

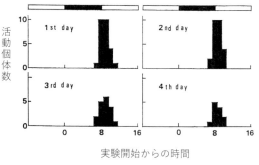

図7　16L8D条件（薄明なし）下での成虫の求愛姿勢の発現の日周性（Sirota *et al*., 1976b）．

夏世代が羽化する季節（秋）の日周に近い 12 L：12 D の条件では，1日目にはメスの蛾の求愛行動は照明を消してちょうど8時間後に始まった．24時間に合わせた同様の周期は，2日目，3日目，4日目と少しばらつきはあるが継続し，求愛行動のピークはほぼ明へのスイッチオンの1〜2時間前（消灯9時間後）に発現した（図8）．

連続暗黒条件下では，1日目の蛾の求愛行動は消灯7時間後に始まり，消灯10時間後にピークを迎えた（図9）．それ以後，求愛行動の日周性の発現はばらつきはじめ，4日目になるとほぼ1日中，どの時間帯にも，求愛姿勢が記録された．

20 L：4 D，そして完全な明条件（24 L）では，求愛姿勢をとる成虫は見ら

れなかった．これらのことから，メスの成虫の求愛行動は，暗くなるという刺激が与えられたときにスイッチが入り，ほぼ8時間後に求愛姿勢を取ること，そして光のある条件下では抑制されることがわかった．自然界では薄明薄暮の時間帯があるので，基本的な行動のスイッチオン・オフは，そこでより正確なタイミングで発現するように微調整を受けているのだと考えられる．

この研究を通じて，野外で羽化した蛾の成虫は，どのように生き，どのように死んでいくのかという生活史をそれなりにつかめたと

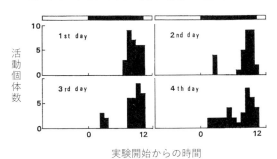

図8　12L12D条件（薄明なし）下での成虫の求愛姿勢の発現の日周性（Sirota *et al.*, 1976b）．

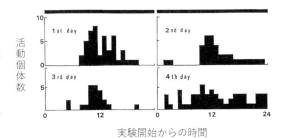

図9　暗黒条件下下での成虫の求愛姿勢の発現の日周性（Sirota *et al.*, 1976b）．

思っている．おそらく都市部の街路樹という条件は，本種の本来の生息地（冷温帯の河畔林）とはかなり異なり，天敵や死亡要因も異なっているであろうが（河畔林にはスズメはいない），この昆虫を取り巻く生態条件の一端を解明できたと思っている．

5　謝辞

昆虫学を学んできて，途中で鳥類学の道に入ってしまった私であるが，生物学の研究者としては，そんなに迷いもせずに，一筋に歩いてきた気がする．自分の研究に自信がなく，コンプレックスに悩んでいた私が，研究者として歩もうと思ったときに，生き方や考え方の示唆を受けた，恩人とも言える方々に感謝したい．

学部生から修士にかけて常に一緒にいて議論してきた城田安幸をはじめとする大阪府立大学のブチヒゲヤナギドクガ研究グループの面々．学会で私のよう

170 第2章　生物の生活史戦略を調べる

な生意気な学生に目をかけていただいた伊藤嘉昭や日高敏隆．同じく学会で議論を交わした同世代のライバル渡部守，巣瀬司，鈴木信彦，高木正見．京都大学昆虫学教室の巖俊一教授以下，久野英二，高藤晃雄，井上民二ら尊敬できるスタッフと，中村浩二，藤崎憲治，松良俊明ら，ハンパではない存在感の院生たち．大阪市立大学に進んで，研究室でほぼ毎日のように夜遅くまでゼミで議論を交わした藤岡正博や浦野栄一郎ら元気な後輩院生たち．そして「40歳になるまでに本を書かなあかんで」と言ってくれた大阪自然史博物館の日浦勇と，はじめて書いた本『一夫一妻の神話』を出版してくれた蒼樹書房の仙波喜三．もう彼岸に旅立った人も多いが，私が研究者として独り立ちしていく過程で出会った多くの素晴らしい指導者と仲間たちは，私の一生の宝物である．(敬称略)

第3章　昆虫類の多様性を調べる

11　森に棲む赤い妖精ベニボタル

松田　潔

　森は昆虫類の宝庫である．カブトムシやクワガタムシ，カミキリムシなどの甲虫類，チョウ類やガ類，セミ類など枚挙にいとまがなく，多種多様な昆虫が他の生物と相互作用のネットワークを構成して森の生態系の動態に関わっている．しかし，森の昆虫類の多様性は膨大で，よく見かける昆虫ですら，どんな生活をしているのかわからないものもいる．多くの種が赤色の鮮やかな上翅をもつベニボタルもそのような昆虫である．世界から約5,000種，日本からも100種以上が知られるこの仲間の昆虫は，どのような生物学的特徴を備え，森の中でどのような生活をしているのだろうか．

1　森の昆虫，ベニボタル

　ベニボタルは平地から高山帯までの森林に生息し，早春から晩秋かけて成虫が見られる．上翅の赤い種が多いことからベニボタルという和名がつけられた．ベニコメツキやアカハネムシも同様に上翅が赤いので，これらの甲虫と間違われることがある．分類学的には，ベニボタル科の甲虫は，コウチュウ目，コメツキムシ上科に所属する．

　初夏に森の中や林縁部で成虫の行動を観察していると，レース状の上翅を広げ，長い触角を前に伸ばして被子植物やシダ植物の葉上に静止している個体をよく目にすることができる．森に棲む赤い妖精ベニボタルは，決して珍しい甲虫ではない．むしろ私達の身近に生息するごくふつうな昆虫である．とは言え，近年，都市近郊の雑木林が宅地に変わり，また，野生のニホンジカによる林床の植物への食害が深刻になり，葉上で活動するベニボタルの生息範囲も次第に狭められてきたのが現状である．加えて，地球温暖化による異常気象が影響して地表の乾燥化が進み，ベニボタルの生息に適した環境が奪われつつある．これらが原因となって，種によっては個体数が減少し，分布が狭い地域に限られる種では絶滅の危険に瀕している．なかには新種として記載される前に絶滅した種も確認されている．

172 第3章 昆虫類の多様性を調べる

ベニボタルとはどのような甲虫であるのか，どのような生活をして森の中で
種を維持しているのか，この機会にあらためて見つめ直してみたい．

2 世界のベニボタルの多様性と分類

1）18世紀に始まったベニボタルの分類学的研究

ベニボタル科の甲虫は，これまで世界中から約200属5,000種，日本から27
属124種が知られてきた．ホタル科の甲虫に似るが，発光器官を欠く．成虫は，
体が柔らかい外皮で被われ，行動も緩慢であるが，体内に有毒な物質をもち，
前胸背板と上翅が赤，黒，黄色などの警告色で彩られるため，捕食者である野
鳥やトカゲ，クモなどの攻撃を回避することができる．このような生存戦略を
とっているので，ベニボタルを擬態のモデルとし，天敵からの捕食を回避する
昆虫類もいる．

成虫の形態的特徴としては，糸状から櫛歯状までの長い触角をもつ；頭部の
触角基節挿入窩は互いに接近する；大あごは太く，円筒状で，強く弧状に曲が
り，先端に向かって細くなる；前胸背板は隆条によって1室から7室までの小
室に分かれる；上翅はふつう4本の縦隆線を備え，その隆線間は2点刻列にな
る；中胸腹板にある中脚基節窩は互いに離れるなどが挙げられる．また，幼虫
の特徴としては，触角は太短く，2節からなり，先端節はドーム状を呈す；大
あごは見かけ上，2対あるように見える；胸部と腹部背板の分割の様式は，属
によって異なるなどが挙げられる．

このような特徴をもつベニボタルの種を二名法で初めて記載したのは，ス
ウェーデンの生物学者 Linnaeus である．彼は1758年に出版された「自然の体系，
第10版」の中で，旧北区に広く分布するツヤバネベニボタル亜科
Calochrominae の1種 *Lygistopterus sanguineus* をジョウカイボンの仲間 *Cantharis
sanguinea* として記載した．デンマークの Fabricius（1787）は，最も古いベニ
ボタルの属としてウチワベニボタル属 *Lycus* を記載した．Fabricius の時代は，
ベニボタルが一つの分類群（高次分類群の科 family）として認識されていなかっ
たので，アカハネムシ科 Pyrochroidae やジョウカイボン科 Cantharidae，ホタル
科 Lampyridae と明確に区別されることはなかった．19世紀前半までに記載さ
れたベニボタルの属を一つにまとめてベニボタル科 Lycidae を創設したのは，
フランスの昆虫学者 Laporte（1838）である．この科のタイプ属に指定された
ウチワベニボタル属は，熱帯アフリカと南北アメリカに広く分布している（図1）．

ベニボタル科の近代的な分類体系は，ドイツの Kleine（1933）によって構築

された．その後，チェコの Bocak and Bocakova（1990）が，成虫の外部形態と雌雄交尾器の形態に基づくベニボタル科の新しい分類体系を提唱し，さらに，彼ら（2008）は，分子系統解析の結果を取り入れてこれまでの分類体系に大幅な修正を加えた．近年，Kusy et al.（2019）は，ゲノム分析を用いてベニボタルの系統解析を行い，最新の分類体系を提唱している．彼らの研究によると，ベニボタル科は Dexorinae（熱帯アフリカに固有の亜科），ツヤバネベニボタル亜科 Calochrominae，カタアカハナボタル亜科 Erotinae，クシヒゲベニボタル亜科（名称変更）Ateliinae，ベニボタル亜科 Lycinae，

図1　*Lycus lattissimus* カメルーン産．

Lyropaeinae（東洋区に固有の亜科），アミメボタル亜科 Metriorrhynchinae の 7 つの亜科から構成される（表1）．

　日本産ベニボタルの分類にも関係する新たな高次分類群の変更点としては，これまでのツヤバネベニボタル族，カタアカハナボタル族，Lyropaeini，アミメボタル族の亜科への昇格；ヒシベニボタル亜科 Dictyopterinae のカタアカハナボタル亜科の一族への降格；ホソベニボタル族 Dilophotini と亜科から族に降格されたコクロハナボタル族 Libnetini のアミメボタル亜科への移動；カクムネベニボタル族 Lyponini とクシヒゲベニボタル族 Macrolycini のクシヒゲベニボタル亜科への移動である．

　現時点では，分子系統解析の結果と幼虫の食性，成虫と幼虫の形態的な特徴などから，ベニボタル科が単系統であることは多くの研究者に認められているが，分子系統解析に基づく分類と伝統的形態学に基づく分類とでは，亜科の分割と，それぞれの亜科に属する族の構成について結論が分かれ，まだ，最終的な一致が得られていない．しかし，Kusy et al.（2019）の提唱する新しい分類体系は，彼らが述べているように，メスが幼形成熟（後述ネオテニー）をするベニボタルの起源，系統地理学，警告色の進化，ベニボタルの系列などの研究に基礎となる枠組を提供し，今後も，ベニボタルの分子系統解析に基づく多面的な研究が進展していくものと思われる．

174 第 3 章　昆虫類の多様性を調べる

表 1　ベニボタル科の分類体系の変遷

Kleine (1933) の体系

亜科	族
*Homalisinae	
Lycinae	Macrolycini
	Lycini
	Leptolycini
	Thonalmini
	Calopterini
	Dictyopterini
	Cladophorini
	Ateliini
	Trichalini
	Metriorrhynchini
	Dilolycini
	Platerodini
	Lygistopterini
	Dilophotini
	Dexorini

（Kleine, 1933 を改変）
*現在 Homalisinae は Omalisidae 科として独立し，ベニボタル科に所属していない.

Bocak and Bocakova (2008) の体系

亜科	族
Libnetinae	
Dictyopterinae	Dictyopterini
	Lycoprogenthini
	Taphini
Lyropaeinae	Lyropaeini
	Alyculini
	Antennolycini
	Platerodrilini
	Metriorrhynchini
Dexorinae	
Ateliinae	Ateliini
	Dilophotini
Lycinae	Lycini
	Calopterini
	Leptolycini
	Eurrhacini
	Platerodini
	Calochromini
	Erotini
	Slipinskiini
	Metriorrhynchini
	Dihammatini
	Thonalmini
	Conderini
	Lyponiini
	Macrolycini

（Bocak and Bocakova, 2008 を改変）

Kusy et al. (2019) の体系

亜科	族
Dexorinae	Dexorini
Calochrominae	Calochromini
	Erotini
Erotinae	Dictyopterini
	Taphini
	Ateliini
Ateliinae	Lyponiini
	Macrolycini
	Conderini
	Leptolycini
Lycinae	Platerodini
	Calopterini
	Lycini
	Antennolycini
Lyropaeinae	Lyropaeini
	Platerodrilini
	Libnetini
	Dilophotini
Metriorrhynchinae	Metriorrhynchini
	Dihammatini
	Lycoprogenthini

（Kusy et al., 2019 を改変）

２）熱帯地方に生息する三葉虫型のベニボタル

　日本産のベニボタルは，成虫がオス・メスともに有翅の昆虫であるが，外国産のベニボタルのなかには，メスが幼虫の特徴を維持したまま成虫になるものが知られている．このような現象を幼形成熟（ネオテニー）というが，この最も代表的なものは，東南アジアの熱帯雨林に生息するサンヨウベニボタルである（図2）．一見昆虫とは思えない，古生代の地層から発見された三葉虫を連想させる異様な姿からこのような名前がつけられた．このベニボタルの生態をボルネオで観察した Shelford も "Trilobite-Larva" と呼んでいる．サンヨウベニボタルのオス成虫は，小さな有翅の昆虫で，外観も日本に分布するハナボタルの仲間に似ている（図3）．海水魚のチョウチンアンコウほどではないが，雌雄の大きさが極端に異なるのが面白い．

　現在，サンヨウベニボタルは，分類学上，その多くが Lyropaeinae 亜科 *Platerodrilus* 属に所属する種であることが分かっている．この属はニューギニアから香料諸島を経て，スンダ列島，フィリピン諸島，マレー半島を北上し，インドシナ半島から中国南部，海南島に至る広い地域に分布する．近年，分子

図2 サンヨウベニボタルの一種 *Platerodrilus paradoxus* 幼虫メス．体長：45.4 mm（マレーシア，ボルネオ島産）．

図3 サンヨウベニボタルの一種 *Platerodrilus curtus*．成虫オス．体長：7.8 mm（フィリピン，ミンダナオ島産）．

系統解析を用いた研究により，有翅のオスと三葉虫型のメスとの対応関係が明らかになり，多くのサンヨウベニボタルの種が確認できるようになった．

この他，ベニボタルでは東南アジアに分布する *Macrolibnetis* 属，*Lyropaeus* 属とこれらの近縁属や *Scarelus* 属のメスが幼形成熟をすることが知られている．また，西インド諸島の *Leptolycus* 属もメスが幼形成熟であり，アフリカに分布する *Dexoris* 属もメスが幼形成熟のベニボタルであると考えられている．Bocak *et al.*（2008）によると，メスが幼形成熟のベニボタルは，既知種のベニボタルの2%ほどに過ぎず，いずれも湿潤熱帯の長期間気候的に安定した環境条件のもとに絶滅の危機に瀕しながらも生存を維持しているとのことである．

3 ベニボタルの成虫の生活
1）成虫の生息環境と発生期

ベニボタルは世界中の極域と砂漠を除く平地から高山帯までの湿潤な森林に生息する．後述する幼虫の食性と関係するのか，成虫は立ち枯れや倒木の多い，林床に下草が生える半日陰の場所を好む（図4）．一部のベニボタルでは成虫が夜間活動性であるとの報告もあるが，多くの種の成虫は昼間，被子植物の葉上を活動の場とし，葉の表面や裏側に長い触角を前に伸ばして静止するか，触角を間断なく動かしながら葉上を動き回る．ベニボタル属 *Lycostomus* やホソ

ベニボタル属 *Dilophotes* の成虫は，花上で活動し，同時に花上で配偶行動も行う（図5）．

成虫の発生期は属や種によって異なる．国内の暖・温帯林では，ムネアカテングベニボタル *Konoplatycis otome* は春先の3月下旬頃に発生し，その後，テングベニボタル属 *Erotides*，メダカヒシベニボタル属 *Punicealis*，カクムネベニボタル属 *Ponyalis* が発生する．5月から6月にかけてクシヒゲベニボタル属 *Macrolycus* が発生し，盛夏の7月と8月，クロベニボタル属 *Cautires* とハナボタル属 *Plateros* の種数が最大になる．秋に入るとベニボタルの種数と個体数は共に減少するが，10月下旬頃までムネクロテングベニボタル *Platycis consobrinus* とクロハナボタル *Plateros coracinus* が見られる．亜熱帯地域の沖縄県先島諸島では，一年中，小型の黄色いベニボタル，チョウセンハナボタル *Plateros koreanus* が見られる．

2）成虫の行動と食性

夏季，北海道から九州までの地域では，訪花性が顕著であるナミベニボタル *Lycostomus modestus* とホソベニボタル *Dilophotes atrorufus* は，クリ，ノリウツギ，リョウブなどの落葉広葉樹の花やトリアシショウマなどの草本の花に多く集まり，伸長した前頭を花の内部に挿入し，花蜜を吸う．台湾や東南アジアでも，昼間，高木の花にツヤバネベニボタル属 *Calochromus* と近縁の *Micronychus* 属，ベニボタル属，ホソベニボタル属などの種が飛来し，これら以外にもハナボタル属やアミメボタル亜科の種も花に集まる．オーストラリアでは，Forsterが訪花性のミナミアミメボタル属の二種 *Porrostoma rufipenne*（= *Metriorrhynchus*

図4　ベニボタルの生息環境．岐阜県白川村の温帯林内．2014年7年24日．

図5　クリの花上のナミベニボタル．兵庫県宝塚市北雲雀きずきの森．2020年6月6日．

rufipennis) と *P. laterale* (= *M. lateralis*) が, 固有種のラン *Peristeranthus hillii* やつる性植物 *Marsdenia fraseri* の花に集まり, 花蜜を吸い, 触角や口器, 前脚などに花粉をつけて授粉交配を行っていると報告している. また, 同じオーストラリア・ニューサウスウエールズ州では, 同属のベニボタルの一種 (おそらくは *P. rhipidium*) が, 日本から移入されたトウカエデ *Acer buergerianum* の花蜜と花粉を摂食したとの報告もある (Howkeswood, 2011).

　被子植物の授粉にはチョウやハナバチ, 甲虫類など多くの昆虫が重要な役割をもつが, 訪花性のベニボタルも花粉送搬昆虫としての役割をもつものと考えられる.

　ベニボタルの成虫が熱帯林の樹冠でどのような活動を行っているかを観察するのは困難であるが, Stebbing はインド中部のチーク林で, 8月中旬に出現するハナボタルの一種 *Plateros dispallens* が, チークの生葉表面の柔組織を加害し, 葉を枯死させたと記録している. 筆者は台湾中部の高地帯でクシヒゲベニボタルの一種 *Macrolycus crassicornis* のメスが, イタドリの茎に大あごで穴を穿ち, 吸汁するのを観察したことがある. また, 2020年, 兵庫県宝塚市北雲雀きずきの森でカクムネベニボタル *Ponyalis quadricollis* のメスが, ヤハズエンドウ *Vicia angustifolia* の茎に留まり, 新葉の基部を大あごで噛むのを観察できた (図6). これらの観察からも明らかなように, 成虫の発達した大あごは, 植物体から水分を吸収するのに一定の機能をもつと考えられる.

　雌雄の配偶行動は, 葉上や花上で行なわれることが多いが, 腐朽木の表面で行なわれることもある. ベニボタルでは, 異種間の交雑はこれまで確認されていないが, これにはフェロモンや雌雄交尾器の形状, 配偶行動の違いなどが隔離要因として働いているようである (松田, 1997a). 交尾後, メスは林内を飛翔したのち, 倒木の樹皮の隙間や木の洞, 立ち枯れの表面, キクイムシなどの穿孔性昆虫が空けた穴に産卵する. 野外における成虫の生存期間は短く, 2〜3週間と推定される. オスは交尾後, 1〜2日で死亡し, メスも産卵後, 3〜8日で死亡する. マレー半島に生息するサンヨウベニボタル *Platerodrilus bicolor* (=*Duliticola hoiseni*) のオスは, 交尾後, 5時間後

図6　カクムネベニボタルの雌. 北雲雀きずきの森. 2020年5月19日.

178 第3章 昆虫類の多様性を調べる

に死亡したという記録がある.

　成虫は捕食者から攻撃されたときは，飛んで逃げるか，頭部を前胸背板の下に引っ込め，触角を合わせて擬死した姿勢で地上に落ちる．また，環節間膜から反射出血を起こし，ピラジンなど複数の防御物質を含む体液を分泌することもよく知られている（兼久，1991；Eisner *et al*., 2008）.

4　少しずつわかってきたベニボタルの幼虫の生活
1）幼虫の生息環境と生態

　ベニボタルの成虫は，警告色としての鮮やかな体色をもつので野外で容易に見つけることができる．それとは対照的に，幼虫は注意深く調査を行ってもなかなか発見できない．ベニボタル科の幼虫の解明度が低いのは，幼虫の生態がこれまで十分に確認できなかったのが原因であると考えられる（松田，2017b）．齢数や発育期間の長さについてもわかっていない.

　日本では，ベニボタルの幼虫は，梅雨の時期や秋口にごくまれに腐朽木表面で活動している個体が発見される．Reitter は，ヒシベニボタル族 Dictyopterini の幼虫が腐った切り株の樹皮下に生息すると報告している．また，倒木や腐朽木の表面をゆっくり移動する幼虫が，多くの研究者によって観察されている（Withycombe, 1926；Wong, 1995, 1996；Bocak and Matsuda, 2003）．ベニボタルの幼虫が,腐朽木のゆるい樹皮下から発見された記録もある（Gardner, 1946；林，1954；林・竹中，1960；福田，1956；Peterson, 1960；Burakowski, 1981；松田，2017b）.

　これまで日本からは，クシヒゲベニボタル亜科3種，カクムネベニボタル，クシヒゲベニボタル *Macrolycus flabellatus*，ヒメクシヒゲベニボタル *M. similaris*；ベニボタル亜科1種，クロハナボタル；アミメボタル亜科4種，ユアサクロベニボタル *Matsudanoeus yuasai*，ヤマトアミメボタル *Xylometanoeus japonicus*，クロベニボタルの一種 *Cautires* sp.，オキナワアカハネクロベニボタル *C. okinawensis* の合計8種の終齢幼虫が記録されてきた（林，1954, 1959, 1981, 1986a, 1986b；林・竹中，1960；福田，1956, 1959；竹中，1962；松田，1997a, b, c, 2005, 2017a, 2017b；Bocak and Matsuda, 2003；公文，2020）．また，近年，南西諸島では，オオシマカクムネベニボタル *Ponyalis oshimana*，イシガキカクムネベニボタル *P. ishigakiana*，マキハラアカハナボタル *Plateros makiharai* の幼虫が発見され，北海道では，フトベニボタル *Lycostomus semiellipticus* の幼虫が得られている（松田未発表）.

幼虫の生息場所としては，林内の立ち枯れ，腐朽木，生木や朽木の洞，林床のリター（litter 落葉落枝（層））が確認されている（表2）．これらの生息場所以外にも，林・竹中は，4月，スギ朽木根の樹皮下に造巣したヤマトシロアリ *Reticulifermes speratus* の巣から5頭，トビイロケアリ *Lasius niger* の巣から1頭，クロハナボタルの幼虫を発見している．福田はクロベニボタル属の一種の幼虫（付図からは，幼虫が腹部の先端に長い尾突起をもつのでクロベニボタル属ではなく，アミメボタル亜族 Metanoeina の一属と考えられる）をマツの切り株樹皮下に巣を造っていたトビイロケアリに混じって発見したと報告している．筆者も2012年4月，沖縄県国頭村安波ダム付近の林内で，シロアリが造巣する湿った倒木（樹種不明）の内部にマキハラアカハナボタルの幼虫2頭を発見したことがある．ベニボタルの幼虫は，血液中に化学的防御物質（ピラジンやベニボタル酸 lycidic acid など）をもち，アリやシロアリの攻撃を免れることができる．これらの観察例から，ベニボタルの幼虫が，好蟻性 myrmecophilous

表2　日本産ベニボタル科幼虫の生息場所の記録

種名	生息場所	調査場所	報告者
1　カクムネベニボタル	アカマツ腐朽材表面	兵庫県宝塚市武田尾温泉	松田，1997
			Bocak and Matsuda, 2003
	イロハカエデ倒木表面	大阪府池田市東山	松田，未発表
	樹種不明の広葉樹腐朽木内部	大阪府箕面市止々呂美	松田，未発表
	サルノコシカケ内部	奈良県野迫川村立里荒神谷	松田，1997
	サルノコシカケ内部	大阪府箕面市止々呂美	松田，未発表
2　オオシマカクムネベニボタル名義亜種	リュウキュウマツ樹皮下	鹿児島県奄美大島名瀬市	松田，未発表
オオシマカクムネベニボタル沖縄島亜種	タイワンハンノキ樹皮下	沖縄県国頭村大国林道	松田，未発表
	ホソバムクイヌビワ倒木表面	沖縄県東村慶佐次	松田，未発表
3　イシガキカクムネベニボタル	樹種不明の広葉樹腐朽木内部	沖縄県西表島祖納岳	松田，未発表
4　クシヒゲベニボタル	アカマツ腐朽材表面	兵庫県宝塚市武田尾温泉	松田，1997
			Bocak and Matsuda, 2003
5　ヒメクシヒゲベニボタル	アカマツ腐朽材表面	兵庫県宝塚市武田尾温泉	松田，1997
			Bocak and Matsuda, 2003
6　クロハナボタル	マツ，スギ樹皮下と切株上	神奈川県相模原市	林・竹中，1960
	スギ朽木根樹皮下	神奈川県相模原市	林・竹中，1960
7　マキハラアカハナボタル	樹種不明の広葉樹腐朽木内部	沖縄県国頭村安波	松田，未発表
	樹種不明の広葉樹腐朽木内部	沖縄県東村慶佐次	松田，未発表
8　フトベニボタル	樹種不明の伐採木表面	北海道足寄町オンネトー湖畔	松田，未発表
9　ヤマトアミメボタル	針葉樹（モミ？）の切株内部	山梨県塩山市大菩薩峠	竹中，1962
10　クロベニボタル属の一種	マツの切株樹皮下	青森県八戸市近傍	福田，1956
11　オキナワアカハネクロベニボタル	スダジイ樹皮下	沖縄県国頭村安波	松田，2017
	リュウキュウマツ伐採木表面	沖縄県国頭村安波	松田，未発表
	リュウキュウマツ立ち枯れ樹皮下	沖縄県国頭村比地	松田，未発表
	樹種不明の腐朽木内部	沖縄県国頭村西銘岳	松田，未発表
	ホソバムクイヌビワ倒木表面	沖縄県東村慶佐次	松田，未発表
12　ユアサクロベニボタル	モミの朽木内部	神奈川県相模大山	林，1954
	アカマツ樹皮下	兵庫県川西市笹部	Bocak and Matsuda, 2003
	サワグルミの枯枝内部	京都府舞鶴市養老山	Bocak and Matsuda, 2003
	ブナの立ち枯れ内部	茨城県常陸太田市男体山	公文，2020

や好白蟻性 termitophilous である可能性も考えられるが，これらの社会性昆虫との共生関係については不明である．

これまでの野外調査から，幼虫は材の腐朽度に関係なく，よく湿り，微生物が繁殖し，菌類や変形菌が付着している針葉樹と広葉樹の腐朽材に集まることがわかってきた．木の洞や林床のリターも

図7　カクムネベニボタルの幼虫．大阪府箕面市止々呂美，2020年6月20日．

同様の条件を満たしているようである．木の洞のフレークから越冬中の複数種のベニボタルの幼虫が発見されたことがある（松田，未発表）．また，木の洞とサルノコシカケ（タマチョレイタケ科）の内部からカクムネベニボタルの幼虫が多数得られている（Bocak and Matsuda, 2003；松田，2017b）（図7）．村山（2004）は，腐朽木が変形菌の主要な生息場所であり，キノコが一部の真性粘菌の主要な食物になっていると指摘している．アフリカのサバンナでは，ベニボタル属に近縁のウチワベニボタル属の幼虫が，生木の洞に生息していることが知られている（Bocak，私信）．

林床の土壌やリターにもベニボタルの幼虫が生息するが，リターの中から幼虫を見つけるのは難しく，7 mm 四方のやや粗めの篩を用いて落ち葉や腐植土を篩い，落下物をツルグレン装置にかけて幼虫を調べる方法が用いられる．この方法でセンチュウやミミズ，ハネカクシ科などの地表性甲虫類，ヒメボタルやマドボタルなどのホタル科の幼虫と比較して，数は少ないがベニボタルの幼虫を採集することができる．これまで著者はハネカクシ科の研究者の協力を得て，カタアカハナボタル亜科とベニボタル亜科，アミメボタル亜科の8属，ヒシベニボタル属 Dictyoptera，ジュウジベニボタル属 Lopheros，ベニボタル属，カクムネベニボタル属，ヒメカクムネベニボタル属 Lyponia，ハナボタル属，クロベニボタル属（図8），ユアサクロベニボタル属の幼虫が，リター内に生息することを確認できた（松田，2017b）．ベニボタルの幼虫は，発達した脚をもち，リターの表面からその下のかなり深い層まで比較的短時間で移動できることが分かっている．林床のリター内部は，気温や湿度などの環境条件が安定しているので，腐朽木の表面や内部，木の洞と共に幼虫の重要な生息場所になっ

図8 クロベニボタル属の一種の幼虫.体長 7.6 mm.箕面市止々呂美産.2020 年 6 月 20 日.

図9 クシヒゲベニボタルの一種の 1 齢幼虫.体長 3.7 mm.宝塚市北雲雀きずきの森産.2020 年 7 月 13 日.

ているものと推測される.ツルグレン装置で得られるベニボタルの幼虫は,比較的小型で,若齢のものが多く,一方,腐朽木表面で見つかる幼虫は,齢数の進んだものや終齢幼虫が多い.若齢幼虫の生態はまだよくわかっていないが,腐朽木で孵化した 1 齢幼虫(図9)は,卵殻を破って外部に出た後,分散して樹皮下,腐朽木内部,リター内へ移動するものと推測される.筆者は,齢数の高い幼虫と終齢幼虫は,変形菌の摂食や滲出液の吸汁のためと,属(ベニボタル属など;Bocak and Matsuda, 2003)によっては蛹化,羽化のために腐朽木表面に集合するのではないかと考えている.

2) 幼虫の行動と食性

前述したように,ベニボタルの幼虫は,林内の倒木や立ち枯れの表面で,ごくまれに発見できる.調査を行う時期としては,6 月から 7 月の梅雨の季節がよい.

2012 年 7 月,著者は沖縄県東村安波の観察林内で,リュウキュウマツ *Pinus luchuensis* 伐採木に齢数の異なるオキナワクロベニボタルの幼虫を発見した(松田,2017b).雨後で材表面が濡れ,10 頭ほどの幼虫が,材の切断面に口器をつけて滲出液を吸汁していた.刺激を与えると頭部を伸縮させながらゆっくりとその表面を移動した.その後,晴天が 2 日続き,伐採木の表面が乾燥し始めると,幼虫は材の切断面から姿を消し,地面と接する材の裏側へ移動した.さらにその 2 日後,伐採木が完全に乾燥すると材の裏側にも見られなくなった.

野外で観察できるベニボタルの幼虫は，材表面に静止している状態のものが多いが，一度動き始めると発達した3対の脚を使って速やかに移動する．上記の観察例でも，幼虫はリュウキュウマツの伐採木表面から，他の腐朽木の樹皮下やリター内の湿潤な場所に移動したものと推測された．

図10　変形菌を摂食するカクムネベニボタルの幼虫とイボトビムシ．兵庫県宝塚市武田尾温泉．1995年5月7日．

また，1995年と1996年，筆者は兵庫県宝塚市武田尾温泉で，アカマツ Pinus densiflora 腐朽材に発生したベニボタルの幼虫を観察した．この腐朽材は比較的新しく，湿った切断面に変形菌が繁殖し，幼虫はこの切断面に集まっていた．1995年5月から11月までの半年間，同じ場所で毎週調査を行い，3種の幼虫の行動を観察した．5月，イボトビムシと共に赤い変形菌（ウツボホコリの一種 Arcyria sp.）の変形体と未熟な子実体を摂食している2頭のベニボタルの幼虫（後にこれらはカクムネベニボタルの幼虫であることが判明した）を確認できた（図10）．1996年も4月と6月に同じ場所で調査を行い，幼虫の行動を観察した．1995年，採集した3種の幼虫を自宅に持ち帰り，小型タッパーに入れて飼育したところ，1種は同年10月下旬に蛹化し，11月中旬に羽化した．羽化直後の新成虫は，頭部，触角，前胸，腹部下面の先端部が黒色，腹部の残りの部分が黄白色，上翅が薄い赤色であった．翌日，体色が変化し，腹部が黒色，上翅が鮮やかな赤色に変わり，この幼虫がカクムネベニボタルであることがわかった．本種の成虫は4月中旬から野外に発生する．残りの2種はヒメクシヒゲベニボタルとクシヒゲベニボタルであった．前者は1996年3月初旬から4月初旬に蛹化し，約25日後に羽化した．後者は同年3月下旬から5月下旬に蛹化し，約20日後に羽化した．成虫はいずれも5月から6月にかけて発生する（松田，1997a；Bocak and Matsuda, 2003）．

ベニボタル科の幼虫の食性については，Bocak and Bocakova（2010）は，コウチュウ目の幼虫，軟体動物，多足類，ハエ目の幼虫の摂食を示唆する記録（Perris, 1877；Schelford, 1916）を紹介した．また，幼虫の主な食物が腐朽木の発酵した液と考えられると述べている．しかし，近年，幼虫の食性に関して，

ベニボタル科は近縁とされるホタル科やジョウカイボン科，コメツキムシ科と異なり，前述の筆者の観察も示すように，変形菌の変形体と未熟な子実体が主な食物になると考えられるようになってきた（Lawrence, 1982, 1991；Lawrence and Britton, 1994；松田, 1997a；Miller, 2002；村山, 2004）．

村山（2004）は実験室内で行った摂食実験で，ベニボタル科の幼虫が変形菌のモジホコリを摂食することを初めて確認した．これまでベニボタルの摂食対象として報告されている変形菌は，コモチクダホコリ，ドロホコリ，モジホコリの3種である（村山，2004）．これ以外にも，ススホコリの一種，ムラサキホコリの一種の変形体と未熟な子実体を摂食するベニボタルの幼虫が，インターネット上に画像と動画で公開されている．少し古い記録になるが，Lawrenceは，未同定のメキシコ産ベニボタルの幼虫が，夜間に変形菌の子実体を摂食するのを発見し，アリゾナでは鮮やかな黄色い変形体（ススホコリ？）の広がる古い針葉樹の材上に複数の幼虫を発見したと報告している．同時に，彼は変形菌の多くは，変形体が無色なので，他の多くのベニボタルにとっても，無色の変形体が主な食糧源であるかもしれないと述べている．

2012年5月，沖縄県在住の甲虫研究者は，本島北部東村慶佐次でホソバムクイヌビワの湿った倒木表面にオキナワアカハネクロベニボタルとオオシマカクムネベニボタル沖縄島亜種（筆者同定）の幼虫12頭を確認した．この倒木には白いキクラゲとゲル状の無色の塊，淡い赤褐色の変形菌（ウツボホコリの一種）の子実体（単子嚢体）とが付着していた（図11）．また，2011年12月，マキハラアカハナボタルの終齢幼虫（筆者同定）が得られた大宜味村塩屋富士の朽木片から，ウツボホコリの一種の赤い子実体が発生した（図12）．これらの腐朽木内部にも変形菌が広がっていたと推定される．

図11　オキナワアカハネクロベニボタルの幼虫とウツボホコリの一種の子実体．沖縄県東村慶佐次．杉野廣一撮影　2012年5月1日．

このようにベニボタルの幼虫と変形菌との密接な関係を示唆する観察例が，少しずつではあるが増加してきた．しかし，リター内での幼虫の行動についてはまだ推測の域を出ない．変形菌の研究者は，落葉に生息する変形菌と倒木に生息する変形菌とではかなりはっきりと種類が分かれているようであると述べている（萩原・山本，1995）．リターに生息するベニボタルの幼虫と変形菌との間に

図 12　ウツボホコリの一種の子実体．沖縄県大宜味村塩屋富士．杉野廣一撮影　2011 年 12 月 25 日．

どのような関係があるのかわかっていないが，興味のもたれるところである．このように，ベニボタルの幼虫と変形菌（真性粘菌）との関係についてはまだ不明な点も多く，今後，生息環境でのより詳しい調査が必要とされる．

　日本産のベニボタル科の幼虫で種名が確認されているものは，全体の 10% に満たない．幼虫の摂食対象として確認されている変形菌も 6 種ほどである．これまでの記録はあまり多くない．このように森に棲む赤い妖精ベニボタルは，まだまだ謎多き甲虫である．今後，フィールドでの調査，研究室内での飼育と実験を通して，新たな発見が生まれることを期待したい．

第 3 章　昆虫類の多様性を調べる

12　世界最小の甲虫・ムクゲキノコムシ

澤田義弘

　地球上で最も既知種数が多い生物群は昆虫であるが，その中でも最大のグループは甲虫である．実際，コガネムシやカミキリムシ，ホタル，テントウムシなど，昆虫に詳しい人なら多くの甲虫を列挙することができるだろう．甲虫は形態や色彩，食性などが多様で，さまざまな環境に進出しその生態系を支えている．しかし，忘れてはならないのは，微小で土壌など目につきにくい場所に棲む仲間は分類学的研究が遅れがちで，その生態もよくわかっていないということである．ムクゲキノコムシ類もそのような甲虫のグループのひとつである．

1　はじめに

　コウチュウ目は，前翅が鞘翅となり，体を硬い皮膚で覆うことなどにより，極地方を除くさまざまな環境に適応したグループである．世界に約 40 万種が記録されており，現在のところ，昆虫類の中でもっとも種数が多く，形態や生態などが多様なグループである（Bouchard *et al.*, 2011）．体の大きさも，大きい種類ではタイタンオオウスバカミキリ *Titanus giganteus* は約 130 〜 165 mm，アクテオンゾウカブト *Megasoma actaeon* などは約 50 g（幼虫は約 200 g）に達し，図鑑にも掲載される有名な甲虫類である．それに対して，一番小さい甲虫類はムクゲキノコムシ科に含まれており（Crowson, 1981；Dybas, 1990；Lawrence and Britten, 1994；澤田, 1999；Hall, 1999, 2001a, 2001b, 2016；Grevennikov, 2008；Polilov, 2016；Polilov *et al.*, 2019），それは *Scydosella musawasensis* という種類で，走査型電子顕微鏡で計測した結果，最小個体で 0.325 mm であったという．ムクゲキノコムシ科の甲虫は，ほとんどの種類が 2 mm 未満である（例外的に *Cephaloplectus godmanni* は 4.0 mm ある）．図鑑などでは実物ではなく，精密画で表されていることが多いが，ここでは成虫の写真をあえて載せた．「ムクゲキノコムシ」という名前は，体表面に細い毛が多数生えていて，キノコを食べる虫という意味で名づけられたようだ．生態などは一般的な昆虫の教科書などに解説されていたものの，分類の研究はあまり進んでいなかった．しかし，

186 第3章 昆虫類の多様性を調べる

最近になって精力的に種の記載が進められている．ここでは，ムクゲキノコムシ科について，簡単であるが紹介したい．

2 ムクゲキノコムシ科について
1）ムクゲキノコムシの特徴

　ムクゲキノコムシ科は，コウチュウ目という昆虫の中で今のところ最大のグループに属し，ハネカクシ科に近縁なグループである．大きさは最初でも紹介したように非常に小さく，ほとんどの種類が2 mm未満である．後翅が図1，2に示すように，鳥の羽を連想させる形であり，英語でfeather-wing beetleと呼ばれる．ムクゲキノコムシは現在の標準和名で，ある時には「ハバネムシ（羽翅虫）」とも呼ばれていた．おそらく英名を直訳したものであるが，現在この「ハバネムシ」は使われていない．その形から後翅を動かして飛翔するというものではなく，風を受けて空中に浮遊するようで，この翅の形状は多くの微小昆虫，アザミウマ類やコバチ類などに見られる．

　また食性としては菌食者と考えられている（Crowson, 1981；Dybas, 1990；Lawrence and Britten, 1994；澤田, 1999；Hall, 2001a, 2001b, 2016）ものの，サルノコシカケ類のキノコで見かけられるものはホソムクゲキノコムシ族だけで，実際に摂食しているところを観察されてはいない．Matthews（1872, 1900）はその当時の種を観察してモノグラフを作成し，日本から*Mikado*属を記載した際に，ハエ類の幼虫を食している可能性もあると示唆している（Matthews, 1889）．さらにその他の族は土壌や樹皮下，牛糞などに発生する菌類を摂食しているとも考えられているが，こちらも実際には観察されていない．シロアリ類やアリ類の巣内に生息し，共生関係や蟻客として考えられる種などもいるが，生活史はよくわかっていない．

　現在，世界の研究者が筆者を含めて10名未満と少ないため，世界の国々のムクゲキノコムシ相は解明されていないところが多く，現在，世界から101属600種以上が記載されているが，まだ学名のついていない種も多くいると考えられている．

2）日本での研究史

　日本ではG. Lewis氏（イギリスのお茶の行商人で，お茶を売りに行った国で甲虫を採集していた）が採集した標本をもとに，イギリスのA. Matthews氏（牧師，Lewis氏のコレクションを使用してムクゲキノコムシ科のモノグラフを著

12 世界最小の甲虫・ムクゲキノコムシ 187

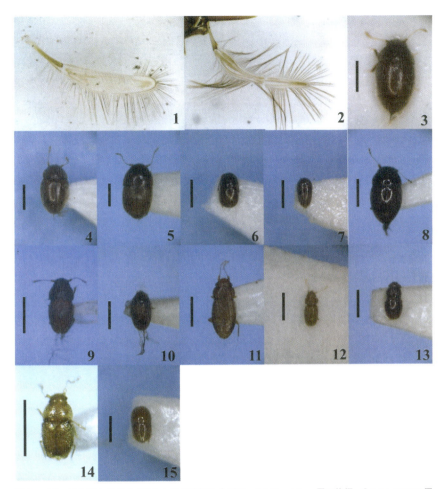

図1〜15 日本産ムクゲキノコムシ科の後翅と全形図．1：*Nossidium* 属の後翅，2：*Acrotrichis* 属の後翅，3：*Nossidium* 属の一種，4：*Sindosium* 属の一種，5：ムツゲゴマムクゲキノコムシ，6：ニホンムクゲキノコムシ，7：ヤマトヒジリムクゲキノコムシ，8：オオツヤムクゲキノコムシ，9：コゲチャナガムクゲキノコムシ，10：ヤンバルムクゲキノコムシ，11：ルイスウスイロムクゲキノコムシ，12：*Actidium* 属の一種，13：ヨツセミゾムクゲキノコムシ，14：イケウチヒサゴムクゲキノコムシ，15：*Rodwayia* 属の一種．

した）が1884年に新種としてルイスウスイロムクゲキノコムシ *Ptinella lewisiana* など3種を記載した（Matthews, 1884）のが研究の始まりである．その後，安立綱光博士（東京大学教授，日本昆虫図鑑を出版）や中根猛彦博士（国立博物館学芸員，日本の甲虫学の基礎を作った）などが図鑑に示し，岡島銀次

氏（鹿児島高等農林学校教授，養蚕学および昆虫学を研究），矢崎正保（鹿児島大学教授，昆虫全般の研究をしていた），故久保田政雄氏（東京農業大学卒業，アリヅカムシの研究をしていたが，晩年はアリの研究も行っていた）や澤田高平博士（夙川学院短期大学名誉教授，ヒメハネカクシ類を研究している）が新種を記載した．久松定成博士（愛媛大学教授，甲虫全般の研究をしていた）が日本産昆虫総目録の中でムクゲキノコムシ科を担当しリストアップしてまとめられた（久松，1989）が，再検討などはされていなかった．筆者は修士論文では一番種数の多かったムナビロムクゲキノコムシ属 Acrotrichis，博士論文では日本産ムクゲキノコムシ科を材料として分類学的研究を行った．これらの研究には，大阪府立大学の標本をはじめ，国立科学博物館，北海道大学，東京農業大学，愛媛大学などの公的機関の保管標本，多くの日本甲虫学会会員のアマチュアの方々の個人標本などを使用して行われた．

　ムナビロムクゲキノコムシ属の再検討では，前胸背板後角の形状，前脚内側にある棘毛列や尾節板（腹部末端節の背板），雌雄交尾器を用いて，Sawada and Hirowatari（2002）として発表し，検視できなかった種を含めて，5 種群 16 種を認めた．また博士論文では触角，頭部，鞘翅などの形質状態も含めて，外群比較法による系統解析を用いて再検討を行った結果，新記録属，新種を含め 15 属 54 種が確認された．久松（1989）が部分担当で示した日本産昆虫総目録では 8 属 19 種がリストアップされたが，4 種の記録漏れもあり本来は 23 種であった．このことから，筆者の研究で約 2 倍になっている．しかしこれ以降，新記録属や種が認められているため，さらなる研究が必要で，筆者が行った研究では DNA による系統解析などを行っていないことから，これらの研究が進むことが望まれる．

3 ムクゲキノコムシ科甲虫の採集方法と標本作製

　ムクゲキノコムシ科甲虫は，おもに腐植した落葉落枝層，倒木の樹皮下，たい肥や牛糞など植物由来の腐植物などに多く見られる（Dybas, 1990；Skidmore, 1991）．ただ冒頭にも書いたように非常に小さな甲虫であるため，ルッキング（見つけ採り）などの一般的な採集も行われるが，年齢を重ねると視力が衰えて難しくなってしまうため，見過ごしやすい昆虫である．

　筆者が最近使用する方法としては，長期間での採集の場合，土の中に生息するものは土ごと採集し，自作のウィンクラー装置で抽出する．倒木など，抽出装置を使用できないものについては，吸虫管というものを用いるのが良い．毒

ビンはコルクがフタになっているため，フタと瓶のその隙間に潜り込んでしまい，開閉時につぶれてしまう．東京国立博物館の名誉館長で，チビゴミムシ類の分類の世界的権威である故上野俊一博士の話によると，フタでつぶされるだけでなく，隙間から逃げたため採ったはずのムクゲキノコムシ類が半分以下に減っていることもあったそうだ．実際自分でも体験したことがある．

　1日だけなど短期間であれば，土を通気性の良い袋に入れて持ち帰る．このとき，通気性の悪いナイロン袋だと，袋内に水滴がついてしまい，せっかく採集したムクゲキノコムシがその水滴に取り込まれ，確実な抽出ができないことが多い．採取した腐葉土や砕かれて細かくなった朽木，落葉落枝などをツルグレン装置にかけてムクゲキノコムシ類を抽出する．ここで紹介した，ウィンクラー装置，吸虫管とツルグレン装置については，第4章の「土の中の多様な動物の世界」で詳しく紹介してあるので参考にして欲しい．

　標本にする際は，脚を整える「展足」という作業があるが，ムクゲキノコムシなどは微小なため実体顕微鏡の下で行う必要がある．しかし，ピンセットで脚を伸ばそうとすると，細いために破損してしまうことが多いため，お勧めできない．研究用にするには，そのままで小さな三角台紙に張り付けるか，75％のエチルアルコールなどの保存液の中に入れて液浸標本とする．ただし，エチルアルコールに長期間保存しておくと，体色が失われる．長期間保存していたために，ほぼ透明になってしまい，使用できなくなってしまった標本もある．

4　ムクゲキノコムシ科の分類

　これまでは Reitter（1909）や Portevin（1929），Lawrence and Newton（1995）などで4亜科が提唱されていたが，ここでは最近になって幼虫の形態を含めた外部形態を検証した Sörensson and Delgado（2019）で提唱されたムクゲキノコムシ科の分類体系に基づいて紹介していきたい．

1）フチドリムクゲキノコムシ亜科 Nossidiinae

　2019年に Sörensson and Delgado によって設立された亜科であり，幼虫の刺毛配列によって特徴づけられている．日本産のものでしか見ていないが，他のムクゲキノコムシの亜科よりも後翅の膜質部が広くなっている．日本からは *Nossidium* 属1種（図3）と *Sindodium* 属2種（図4）が確認されているものの，まだ報告がされていない．

　Nossidium 属8種，*Sindosium* 属4種，*Motschulskium* 属1種，*Bicavella* 属2

種の4属15種が含まれる.

２）ムクゲキノコムシ亜科 Ptiliinae

非常に多くの種を含み，7族に分けられる．Sörensson and Delgado（2019）によって，Acrotirchinae 亜科は本亜科の族に降格し，Portevin（1929）が示した Actidiini が含まれている.

（１）ムナビロムクゲキノコムシ族 Acrotrichini

旧北区，エチオピア区，新北区，新熱帯区，東洋区，オーストラリア区に分布する．鞘翅が裁断状となり，前尾節板と尾節板が露出する．日本からは *Acrotrichis* 属16種（図5），*Baeocrara* 属2種（図6）の2属18種が分布する．落葉層で採集されることも多いが，海岸線に打ち上げられた海藻の下や，牛糞や動物の死骸の下などからも採集された報告があり，さまざまな環境にも生息するので，菌食者と考えられているムクゲキノコムシ類の生息場所に生息する菌類との関係，あるいは菌だけでなく違うものも食べているのかどうか，といった本族の食性などを解明していきたいグループでもある.

Acrotrichis 属242種，*Actinopteryx* 属8種，*Nephanes* 属16種，*Baeocrara* 属7種，*Smicrus* 属17種，*Ptiliopycna* 属1種，*Chirostirca* 属1種，*Storicricha* 属10種，*Petrotrichis* 属1種，*Microtrichis* 属1種，*Phytotelmatrichis* 属4種，*Chaska* 属1種，*Seminis* 属1種の13属310種が含まれる.

（２）ホソムクゲキノコムシ族 Nanosellini

旧北区，エチオピア区，東洋区，新北区，新熱帯区，オーストラリア区に分布する．非常に微小で，体形は細長く，淡黄色のものが多い．触角の節数が少なくなり（通常11節），前尾節板と尾節板に環状の刺毛列を有する特徴がある（Barber, 1924；Hall, 1999）．日本からはヤマトヒジリムクゲキノコムシ *Mikado japonicus* 1種（図7）だけが確認されているが，ほかに2〜3種の未記載種が確認されている．サルノコシカケ科のキノコの裏面や管孔内に生息することが報告されている.

Garicaphila 属1種，*Tasmangarica* 属1種，*Mikado* 属5種，*Isolumpia* 属2種，*Porophila* 属4種，*Phililumpia* 属1種，*Nepalumpia* 属1種，*Throscidium* 属5種，*Nellosana* 属4種，*Nellosanoides* 属1種，*Throscosana* 属1種，*Limulosella* 属1種，*Throscoptilium* 属1種，*Throscoptiloides* 属1種，*Suterina* 属1種，*Nanosella* 属5

種，*Cylindrosella* 属 1 種，*Cylindroselloides* 属 2 種，*Baranowskiella* 属 1 種，*Paratuposa* 属 1 種，*Hydnosella* 属 1 種，*Scydosella* 属 1 種，*Scydoselloides* 属 1 種，*Fijisella* 属 1 種，*Vitusella* 属 1 種，*Fijiselloides* 属 1 種，*Primorskiella* 属 1 種，*Sikhotelumpia* 属 1 種，*Ussurilumpia* 属 1 種の 29 属 49 種が含まれる．

（3）ツヤムクゲキノコムシ族 Ptenidiini

体表面は光沢があり，覆毛も少ない．森林土壌に多いが，河口部でも見かけられる．旧北区，エチオピア区，東洋区，新北区，新熱帯区，オーストラリア区に分布する．日本からはオオツヤムクゲキノコムシ *Ptenidium magnum* 1 種（図8）だけがリストに掲載されていたが，この他に 2 種確認されている．落葉層から得られているが，河口付近でも採集されていることから，水分の多い土壌に生息しているのではないかと考えられる．

Cochliarion 属 1 種，*Kimoda* 属 1 種，*Notoptenidium* 属 10 種，*Ptenidium* 属約 80 種の 4 属約 92 種が含まれる．

（4）ムクゲキノコムシ族 Ptiliini

分類学で俗にいわれる「ゴミ箱的」なグループであり，外部形態による特徴が乏しく，交尾器によるところが多く，詳細な属間の類縁関係などの研究が待たれるグループである．落葉層・腐植層などの環境で見られ，日本からはコゲチャナガムクゲキノコムシ *Dipentium japonicum*（図9），ヤンバルムクゲキノコムシ *Kuschelidium okinawense*（図10），クンツヒメムクゲキノコムシ *Ptiliola kuntzei*，ヒラノアラメムクゲキノコムシ *Ptiliolum hiranoi* の 4 種が記録されているが，*Bambara* 属 1 種，*Micridium* 属 1 種，*Ptilium* 属 3 種が筆者によって確認されている．

Babrama 属 1 種，*Bambara* 属 19 種，*Dipentium* 属 14 種，*Euryptilium* 属 3 種，*Gomyella* 属 12 種，*Greensladella* 属 1 種，*Kuschelidium* 属 2 種，*Malkinella* 属 1 種，*Micridina* 属 1 種，*Micridium* 属 17 種，*Oligella* 属 1 種，*Ptenidotonium* 属 1 種，*Ptiliola* 属 4 種，*Ptiliolum* 属 13 種，*Ptilium* 属 40 種の 15 属 130 種が含まれる．

（5）ウスイロムクゲキノコムシ族 Ptinellini

旧北区，エチオピア区，東洋区，新北区，新熱帯区に分布する．落葉層や樹皮下，アリの巣などで見られる．日本からは *Ptinella* 属（図11）4 種と 2 新種が確認されている．また未報告ではあるが，*Pteryx* 属 2 種が北日本および四国

192 第 3 章　昆虫類の多様性を調べる

・九州の標高の高い箇所で採集されているが，筆者の博士論文では *Ptinella* 属
に含めている．

　Astatopteryx 属 1 種，*Championella* 属 1 種，*Dybasina* 属 1 種，*Leaduadicus* 属
2 種，*Leptinla* 属 1 種，*Limulopteryx* 属 1 種，*Myrmicotrichis* 属 2 種，*Pterycodes*
属 1 種，*Pteryx* 属 8 種，*Ptinella* 属 60 種，*Microptilium* 属 2 種，*Ptinellodes* 属 7 種，
Pycnopteryx 属 1 種，*Urotriainus* 属 3 種，*Xenopteryx* 属 1 種の 15 属 91 種が記録
されている．

（6）ヌレチムクゲキノコムシ族（仮称）Actidiini

　日本からは八重山諸島から 1 種（図 12）が確認されているが，報告はない．
ここに含まれる *Actidium* 属は Koch（1989）によると好塩性で湿地に多いこと
を述べている．汽水域周辺の調査が進めば，増加するかもしれない．

　現在のところ *Actidium* 属 32 種だけが含まれている．

（7）ミジンムクゲキノコムシ族 Discheramocephalini

　落葉層などから得られているものが多い．日本からは *Skidmorella* 属 3 種（図
13；Sawada and Hirowatari, 2003）と *Cissidium* 属 10 種（図 14，Sawada, 2008）
が記録されている．ほかに未記録ではあるが，*Discheramoephalus* 属 1 種と
Fenestellidium 属 1 種を筆者は確認している．温帯にも生息しているが，もと
もと熱帯・亜熱帯に多いグループである．*Cissidium* 属は Darby（2020）によっ
て世界中の種をもとに再検討され，107 種に増加した．

　Africoptilium 属 3 種，*Dacrysoma* 属 16 種，*Cissidium* 属 107 種，
Discheramocephalus 属 15 種，*Fenestellidium* 属 3 種，*Skidmorella* 属 4 種の 6 属
148 種が記載されている．

4）アリノスムクゲキノコムシ亜科 Cephaloplectinae

　Sharp（1883）によって設立された亜科であるが，もともとはハネカクシ科
の 1 亜科であったが，研究によりムクゲキノコムシ科に含められた．シロアリ
類やクロアリ類の巣内に生息し，共生関係や蟻客として考えられる種などが多
い．触角が短いこと，前脚基節間突起が特異的な形状をしていることで特徴づ
けられる．新北区，新熱帯区，オーストラリア区に分布する．日本からは南硫
黄島など南の島から確認されているが，*Rodwayia* 属と推察されるが，特定は
できていない．

Limulodes 属 14 種, *Cephaloplectus* 属 9 種, *Rodwayia* 属（図 15）6 種, *Paralimulodes* 属 1 種, *Eulimulodes* 属 1 種の 5 属 31 種が含まれる．

5 おわりに

今まで概観してきたように，ムクゲキノコムシ科の分類が進んでいないところや生活史などまだまだ多くの未解明な部分が多いグループである．生息地が自然保護地域や採集禁止の地域などに指定されるなど，採集が困難なことも多いが，研究者が少なく，研究しがいがあるグループであると思う．この項を読んでムクゲキノコムシ科について興味をもたれた人の中からこの仲間の昆虫の研究者があらわれるのを期待したい．

Photo Collection

コウチュウ類の宝庫ブナ林

2023年5月18日　滋賀県長浜市　平井規央撮影

アカマツの幹に生えたヒトクチタケ

2024年6月22日　大阪府能勢町　平井規央撮影

第3章　昆虫類の多様性を調べる

13　ハナカメムシの生物学

山田量崇

　昆虫類は種数や形態ばかりでなく，生息場所や食性，行動などの生態について
も多様性に富む生物群である．この昆虫類の多様性は個体数の多さとあいまって，
各種の生態系の食物連鎖を支えるとともに，人間社会との直接・間接の関わりを
生み出している．ハナカメムシ類は，一部の種が微小な害虫を捕食する生物農薬
として利用されていることで知られるが，この仲間は世界から多くの種が知られ，
その生態も多様で興味深い．ここでは広義のハナカメムシ類を対象に，この体長
数ミリメートルほどの昆虫の種と生態の多様性について，分類学の現状などを含
めて紹介する．

1　カメムシ研究との出会い

　幼い頃から虫好きではあったが，よもやカメムシを研究することになるとは
思ってもみなかった．カミキリムシやハムシなどの甲虫類が好きだったので，
大学院ではそれらを研究することができればうれしかった．指導教員であった
広渡俊哉助教授（当時）からの返事は「甲虫には今は面白そうなものがあまり
ないみたいだよ．カメムシの方がいいテーマがあるよ」だった．当時の研究室
（大阪府立大学応用昆虫学研究室）で分類学を専攻した場合，鱗翅目以外の昆
虫を扱うことにまったく問題はなかったものの，そのような理由で甲虫を研究
対象とすることを勧められなかった．カメムシのイメージは皆同じだと思う．
くさい．地味．どんな虫でも研究できればいいと思っていたはずなのに，カメ
ムシを勧められると躊躇した．しかし，広渡先生の話を詳しく聞くと，どう
やらそんなにかっこわるい虫ではなさそうだ．研究を勧められたのは「ハナカメ
ムシ」であった．このときは生涯を捧げる研究対象として，人生を共に歩もう
とは想像すらできなかった．

2　ハナカメムシとは

　ハナカメムシを説明する前に，まずカメムシについての一般的な知識を理解

していただきたい．カメムシとは，分類学的にはカメムシ目 Hemiptera に含まれる昆虫のことをいう．ただし，一口にカメムシ目といってもその構成メンバーは多岐にわたっていて，セミ，アブラムシ，カイガラムシ，ヨコバイ，ツノゼミ，タガメ，アメンボ，マツモムシなどなど，およそ見た目では同じグループに属すとは思えない姿かたちをした昆虫ばかり

図1　アザミウマを捕食するヒメハナカメムシ属の一種（写真：安永智秀氏撮影）．

が集まっている．みなさんがイメージするカメムシは，緑色や茶色の五角形をしたものと思われるため，先に挙げた昆虫たちがすべてカメムシの仲間であることなど，ほとんど認識されていないだろう．繰り返すが，カメムシとはカメムシ目に含まれる昆虫のことだが，正確には，カメムシ目カメムシ（異翅）亜目 Heteroptera の，とりわけ陸生のカメムシ亜目に対して与えられた総称といえよう．

　ハナカメムシはカメムシ亜目に含まれる昆虫である．カメムシ亜目の中でも，トコジラミ下目 Cimicomorpha トコジラミ上科 Cimicoidea に含まれる．英名では Flower bug と呼ばれ，その名のとおり，花とつながりのあるカメムシだが，花そのものを食べるわけではない．花にやってくるアブラムシやアザミウマ，ハダニなどを食べる捕食性のカメムシであり，花からよく見つかるため，その名が付いたらしい．また，Minute pirate bug との名もあり，小さな海賊カメムシという意味なのだが，おそらく微小な昆虫を捕食する姿からイメージした名前なのだろう．餌を求めて忙しく歩き回り，まわりの小さな節足動物を手当たり次第に襲う姿が，まるで海の上で豪快に略奪行為をおこなう無法者"海賊"を想起させたのではと推測できる．体長が 1.5 ～ 5.0 mm のとても小さな体をしており，カメムシ類の中でも極小の部類に入る．ごま粒ほどの小ささだが，人間にとって有益な昆虫であることが知られている．具体的には，植物を加害する昆虫や他の節足動物を食べるため，害虫の天敵として注目されているのだ．広渡先生からハナカメムシの分類をせよと言われ，さっそく購入した「日本原色カメムシ図鑑」（全国農村教育協会）をパラパラめくってみると，害虫に口吻を突き立て，いかにも天敵として役に立っていそうな雰囲気の写真がいくつか目に飛び込んできた（図1）．小さいくせに実はたのもしい虫だと知って，

表1 ハナカメムシ類の新旧分類体系

旧	現在
Carayon (1972)・Péricart (1996)	Schuh and Slater (1995)・Schuh and Weirauch (2020)
ハナカメムシ科　**Family Anthocoridae Fieber**	ケブカハナカメムシ科　**Family Lasiochilidae Carayon**
ケブカハナカメムシ亜科　**Subfamily Lasiochilinae Carayon**	ケブカハナカメムシ族　Lasiochilini Carayon
	Plochiocorini Carpintero（日本未記録族）
ズイムシハナカメムシ亜科　**Subfamily Lyctocorinae Reuter**	ズイムシハナカメムシ科 Family Lyctocoridae Reuter
ズイムシハナカメムシ族　Tribe Lyctocorini Reuter	ズイムシハナカメムシ族　Tribe Lyctocorini Reuter
アシブトハナカメムシ族　Tribe Xylocorini Carayon	
ツヤハナカメムシ族　Tribe Almeidini Carayon	ハナカメムシ科　**Family Anthocoridae Fieber**
セスジハナカメムシ族　Tribe Dufouriellini Van Duzee	アシブトハナカメムシ族　Tribe Xylocorini Carayon
ホソナガハナカメムシ族　Tribe Scolopini Carayon	ツヤハナカメムシ族　Tribe Almeidini Carayon
	セスジハナカメムシ族　Tribe Dufouriellini Van Duzee
ハナカメムシ亜科　**Subfamily Anthocorinae Fieber**	ホソナガハナカメムシ族　Tribe Scolopini Carayon
トゲアシハナカメムシ族　Tribe Blaptostethini Carayon	トゲアシハナカメムシ族　Tribe Blaptostethini Carayon
ハナカメムシ族　Tribe Anthocorini Fieber	ハナカメムシ族　Tribe Anthocorini Fieber
ヒメハナカメムシ族　Tribe Oriini Carayon	ヒメハナカメムシ族　Tribe Oriini Carayon

私はすっかりハナカメムシを気に入ってしまった.

　当時，日本のハナカメムシの分類については，日浦　勇さん（大阪市立自然史博物館）や安永智秀博士（当時，北海道教育大学助教授）によってある程度研究がなされており，分類研究の素地はできていたのだが，なかにはまだ手付かずのグループが残されていたり，南西諸島のような生息種相の解明度が低い地域もあったりした．そこで，私の当面の課題としては，日本における分類研究を進めつつ，近隣の東アジアや調査の行き届いていない東南アジアにも手を広げ，天敵として有益な種を見つけることであった．

3　分類と系統

　ハナカメムシは，かつてはハナカメムシ科 Anthocoridae に属する昆虫の総称であった．かつては，とあるが，実は現在，ハナカメムシ科は3つの科に細分化されている（Schuh and Weirauch, 2020）．すなわち，従来のハナカメムシ科は，ケブカハナカメムシ亜科 Lasiochilinae，ズイムシハナカメムシ亜科 Lyctocorinae（5族），ハナカメムシ亜科 Anthocorinae（3族）（カッコ内は構成される族の数）とされていたが，今では，ケブカハナカメムシ亜科がケブカハナカメムシ科に，ズイムシハナカメムシ亜科内のズイムシハナカメムシ族 Lyctocorini が独立の科にそれぞれ昇格し，同亜科内の残りの4族とハナカメムシ亜科の3族でハナカメムシ科を構成するといった分類体系に変更されている（表1）．分岐分類学では単系統群のみをひとつのまとまりとして扱うのが慣例であり，それにもとづくと，ハナカメムシ科は単系統ではなく側系統であることが以前よりわ

かっていた（Schuh and Štys, 1991；Schuh and Slater, 1995）．最近の DNA 情報に
もとづいた系統推定においても，従来のハナカメムシ科は単系統群ではないこ
とが明らかにされている（Schuh et al., 2009；Jung et al., 2010；Weirauch et al.,
2019）．最近出版されたカメムシ学の世界的なバイブル True bugs of the world
2 nd edition でも，先に述べたように，ハナカメムシ科を 3 つの科に分割する体
系を踏襲しており（Schuh and Weirauch, 2020），今やカメムシ研究者の共通認
識として世界的に浸透している．

　しかしながら，現在ハナカメムシ科とされている一群も，実は単系統ではな
く，一部の属が近縁のトコジラミ科 Cimicidae のものと単一のクレードを形成
するなど，まとまりのない状態を示している（Jung et al., 2010）．こうした系
統的な問題を抱えているグループであるため，近縁群を含んだ系統関係の早急
な解明が待たれるところである．

4 分布

　広義のハナカメムシ科は，少なく見積もって世界から約 100 属 600 種が知ら
れている（現在の（狭義の）ハナカメムシ科であれば，およそ 80 属 450 種）．
極地をのぞき，世界中に分布している．動物地理区別でいえば，古くからよく
研究されている旧北区や新北区，オーストラリア区の解明度が高く，それぞれ
180 種，89 種，39 種が知られている（Cassis and Gross, 1995；Henry, 2009 など）．
近年研究が進んでいる新熱帯区は 100 種程度が確認されており，その数は旧北
区に次いで多い（Caripintero, 2002, 2014；Carpintero and Dellapé, 2012）．調査が
不十分なのは主に旧世界の熱帯域で，未記載種が数多く残されている．欧米の
博物館で標本調査をした際，東南アジアやアフリカ熱帯域，太平洋島嶼域で調
査，採集されたハナカメムシの標本が山ほど保管されており，すべてが未同定
のままであった．ざっと見ただけで，その大多数が名もなき種（未記載種）だっ
たのである．東南アジアでは，1900 年代以降 100 年余り調査研究がほとんど
なされておらず，私が研究を開始した 2000 年の時点ではたったの 17 種が知ら
れるにすぎなかったが，この 20 年の間に少しずつ分類研究が進み，現在では
50 種以上が記録されるまでになった（例えば，Yamada, 2008；Yamada et al.,
2006, 2010, 2013, 2016）．ハナカメムシに限らず，熱帯の未調査地域ではあらゆ
る昆虫の種の多様性が底知れないのだ．

5 多様なくらし

1）本当に花に集まる？

　ハナカメムシという名のとおり，花に集まることが知られているが，実際には一部のグループのみが花に集まり，アザミウマやアブラムシ，ハダニなどそこにやってくる小さな節足動物を捕食する．他の大部分の種は花には訪れず，別の場所で暮らしている．花にやってくるハナカメムシの代表格はヒメハナカメムシ属 *Orius* の種で，日本では，各種広葉草本類の花にナミヒメハナカメムシ *O. sauteri* やコヒメハナカメムシ *O. minutus*，タイリクヒメハナカメムシ *O. strigicollis*（図 2A）がよく見られ，イネ科草本にはツヤヒメハナカメムシ *O. nagaii* が集まる．南西諸島ではアカメガシワなどの花序にクロヒメハナカメムシ *O. atratus* が発生し，別属のヒメダルマハナカメムシ *Bilia japonica*（図 2B）やキモンクロハナカメムシ *Anthocoris miyamotoi*（図 2C）もやってくる．野外では植物の花を目印にして採集をおこなうことがあり，とくにタイのような熱帯地域では日本よりも多くの種が花に訪れるため，効率的に採集することができる．草本類や広葉樹など植物の種類によってそこに訪れるヒメハナカメムシの種類も異なるが，おそらく好みの餌の違いによるのだろう．

　ハナカメムシのほぼすべての種が捕食性であるにもかかわらず，ヨーロッパ産の *Orius pallidicornis* やアメリカ大陸産の *O. tristicolor* はしばしば花粉を吸汁する（Carayon and Steffan, 1959；Salas-Aguilar and Ehler, 1977）．植物を好んで摂取するハナカメムシもいて，アメリカ大陸から知られる *Paratriphleps laeviusculus* は動物性の餌よりも積極的に植物を吸汁し，飼育下では花弁や花粉だけで生活環を完了するようである（Bacheler and Baranowski, 1975）．ハナカメムシは捕食性であっても水分補給のために植物に口針を突き刺して摂取することはあるが，なかには動物性の餌と同等程度かそれ以上に植物を餌資源として利用する種もいるようだ．

2）樹木でくらす

　花にはほとんど集まらないが，樹上にはさまざまなハナカメムシが生息している．一般にハナカメムシは捕食性のジェネラリストだが，選好する餌がある程度決まっていることから，例えば，針葉樹と広葉樹では生息する種構成が異なるなど，寄主植物ともいえる樹木が種あるいは属ごとに決まっている．日本本土のアカマツやクロマツにはチビクロハナカメムシ *Anthocoris chibi* が見られ，アブラムシ類を捕食する．同じくマツ類からはヒラタハナカメムシ

図2 さまざまなハナカメムシ．A，タイリクヒメハナカメムシ；B，ヒメダルマハナカメムシ；C，キモンクロハナカメムシ；D，クロハナカメムシ；E，チシマシロモンハナカメムシ；F，モンシロハナカメムシ；G，ユミアシハナカメムシ；H，ケシハナカメムシ；I，ケナガツヤハナカメムシ；J，クロアシブトハナカメムシ；K，タスキホソナガハナカメムシ；L，クヌギズイムシハナカメムシ．

Elatophilus nipponensis が確認される．本種の生態は詳しく知られていなかったが，少なくともアカマツの若い枝に見られる剥離した樹皮の下から見つかることがわかった（前原，2015）．捕食対象種は今のところ知られていないが，ヨーロッパや北米産のヒラタハナカメムシ類が *Matsucoccus* 属のカイガラムシや各種アブラムシを捕食することから，本種もこのあたりの仲間を餌とするのかもしれない．高山帯のハイマツや北海道のモミ類やトウヒ類には，北方系の種であるハイマツハナカメムシ *Acompocoris brevirostris* やコガシラハナカメムシ

Tetraphleps aterrima が見られ，枝や葉の上を歩き回って各種アブラムシ類を捕食する．

　針葉樹に依存するハナカメムシの種はある程度決まっているが，落葉広葉樹においては樹種に対する特異性はあまり見られない．クロハナカメムシ属 *Anthocoris* の種には，好みの餌や特定の寄主植物が決まっておらず，餌資源の豊富な好適な環境（樹木）を求めて彷徨うものが多い．ただし，そのような頻繁に移動分散する種は，たとえ餌が豊富に存在する樹木であっても，やがてどこかへ消えてしまう．ケヤキ上でよく見られるクロハナカメムシ *Anthocoris japonicus*（図 2D）も，越冬明けの個体が初夏までケヤキフシアブラムシ *Paracolopha morrisoni* を餌としながら滞在するが，夏には分散し他の樹種でも見られるようになる．

　樹幹部に発生する地衣類に依存する少し変わった生態をもつグループが知られる．旧北区の温帯から冷温帯に分布するシロモンハナカメムシ属 *Temnostethus* の種（図 2E）は，地衣類の表面を歩き回り，おそらくそれらから栄養分を摂取しているようだが，この仲間の食性については未知な部分が多く，地衣類で発生する微小な節足動物を餌とする説もあれば（Péricart, 1972），地衣類に口吻を突き立てている姿が観察されていることから，捕食性ではなく地衣類食ではないかとも考えられる．ヨーロッパ産の種も似たような環境から見出されるものの，食性について明らかにされていない．

３）枯れ葉にすむ

　生きた植物だけでなく，枯死した植物に依存するグループも多い．ヤサハナカメムシ属 *Amphiareus* やユミアシハナカメムシ属 *Physopleurella*（図 2G），ケシハナカメムシ属 *Cardiastethus*（図 2H）などは，主に枯れ葉など植物の遺体を生活場所とする．森の中には，何らかの理由によって枝が折れたり倒れたりする木があり，時間の経過とともに，葉は萎れ，やがて枯れる．乾燥した葉はしだいに内側に巻き込むように丸まっていく．湿潤な状態であれば，枯れ葉にはやがて菌類が発生し，それを食べにクダアザミウマ類やチャタテムシ類などが現れ，さらに，それらを目当てにハナカメムシやその他の捕食性昆虫がやってくる．葉が枯れてすぐに，あるいは完全に枯れる前にハナカメムシが集まることもあるため，おそらく枯れた植物から発せられる何らかの揮発性物質が捕食性昆虫類を誘引すると考えられている（Henry *et al*., 2008）．餌を求めてやってくるだけでなく，枯れ葉自体が昆虫にとっての好適な環境となっている．す

202 第3章 昆虫類の多様性を調べる

なわち，枯れて縮んだ枯れ葉には多数の間隙ができるため，昆虫たちにとって身を隠すことのできる避難場所（シェルター）となっているのだ．枯れ葉のすき間に隠れつつ，そこで発生する餌を食べる．このような生態をもつハナカメムシはとくに熱帯域に多い．

４）落ち葉や積み藁の下にもいる

森の地表面には，枯れ木や枯れ葉，枯れ草といった植物の遺体が堆積しており，そのような環境にはケナガツヤハナカメムシ *Almeida pilosa*（図 2I）やクチナガハナカメムシ *Lippomanus longiceps* が生息している．両種が含まれるツヤハナカメムシ族は熱帯起源のグループで，熱帯や亜熱帯の林床の落葉層のほか，山間の道沿いの側溝にたまった落ち葉などにも生息しており，こうした環境にきわめて多いトビムシ類を捕食している．

積み藁など刈草が積まれた植物遺体の堆積物という環境もハナカメムシにとって好適な住み処となる．ズイムシハナカメムシ *Lyctocoris beneficus* は積み藁で発生するトビムシ類，鱗翅類や甲虫類などの幼虫，ダニ類などを食べて暮らしているが，現在，環境省のレッドリストで準絶滅危惧に指定されている．かつては里山環境の農地周辺にある積み藁中に多数生息していたが，稲作農法の変化や農薬散布などによってその姿を見ることができなくなった．同じような環境に依存するクロアシブトハナカメムシ *Xylocoris hiurai*（図 2J）も準絶滅危惧となっているが，最近は人為的な環境からも見つかっている（中山，2014）．両種は積み藁というけっして永続的ではない環境を利用するため，農地環境が改変されれば大きな影響を受けるのだろう．

落ち葉も積み藁も植物組織の遺体で，地面に堆積したものであり，枯れ葉雑塊（葉の付いた枯れ枝）よりもやや腐敗が進んだ状態であると言える．落ち葉と積み藁，互いによく似た環境であるが，落ち葉にはツヤハナカメムシ族が，積み藁にはアシブトハナカメムシ属やズイムシハナカメムシ属が，それぞれ優占している．タイの耕作地では刈草の堆積物からツヤハナカメムシ族とアシブトハナカメムシ属が同所的に得られたことがあった．時として同じ環境に生息しながらも，好みの環境をゆるやかに分けているようである．

５）倒木の樹皮下に集まる

森の中には雨風や生物被害などさまざまな要因で倒壊した木が存在する．樹皮の下には間隙ができ，そこには甲虫類やハエ類，鱗翅類など各種の幼虫のほ

か，チャタテムシ，トビムシといったさまざまな生物が発生し，それらを餌にするホソナガハナカメムシ属 *Scoloposcelis*（図 2K）やアシブトハナカメムシ属，ズイムシハナカメムシ属，ケブカハナカメムシ科の種もやってくる．なかでもホソナガハナカメムシ属やズイムシハナカメムシ属の種は，マツ類の樹皮下でキクイムシ類を専門に食べることが報告されている（Péricart, 1972；Schmitt and Goyer, 1983）．また，越冬のため樹皮下を利用する種もいて，クロハナカメムシやナミヒメハナカメムシなどは剥離しやすいケヤキの樹皮の隙間に集まって冬を越す．

６）他の昆虫や動物の住み処に居候する

モンシロハナカメムシ属 *Montandoniola* の種はアザミウマ類を専門的に捕食する．とくにイチジク属の植物に寄生するクダアザミウマ類に対して強い選好性をもっている．南西諸島に分布するガジュマルクダアザミウマ *Gynaikothrips ficorum* はガジュマルの葉を加害するが，その刺激によって葉が筒状に巻かれたり，折りたたまれたりして，ゴール（虫こぶ）が形成される．ゴール内にはアザミウマの幼虫と成虫が集団で生活しているわけだが，モンシロハナカメムシ *M. thripodes*（図 2F）もその住居にこっそり忍び込み，あたかも家族の一員のように居候しながら，とくに体の軟らかい幼虫を中心に 1 匹ずつ捕食していく．モンシロハナカメムシの幼虫は全身深紅の細長い体つきをしており，腹部末端を上方に持ち上げた格好をしているが，これは同居する（捕食対象である）アザミウマに擬態した姿である．成虫もその姿や色彩は同居するアザミウマの成虫によく似ており，同じく腹部末端を背面側に持ち上げた姿をしているが，幼虫ほど似せていない．

他の動物の住み処から見つかるハナカメムシもいて，例えば，カササギの巣からはケシハナカメムシ *Cardiastethus exiguus*（図 2H）とヤサハナカメムシ *Amphiareus obscuriceps* が確認されている．本来の生息場所ではないものの，巣内にはトビムシ類が発生していたため，餌を求めて飛来してきたことが考えられる（山田・広渡，2016）．あるいは，枯れ枝を寄せ集めて作られるカササギの巣作りの過程で，偶然枯れ枝とともに巣へ運ばれてきた可能性もあるだろう．このように，植物遺体を巣材として利用する鳥類の巣からは，たびたびハナカメムシが発見されており，アフリカの熱帯域ではハタオリドリの巣からトガリハナカメムシ属 *Buchananiella* やユミアシハナカメムシ属の種が採集されている（Carayon, 1958）．また，ほ乳類の巣から見つかることもあり，アメリ

204 第3章 昆虫類の多様性を調べる

カ大陸のモリネズミ類の巣から *Nidicola* 属の種が確認されている．巣で発生する鱗翅類幼虫を摂食しているとのことである（Peet, 1973）．

7）世界初！？クヌギの樹液だけで生きる

クヌギズイムシハナカメムシ *Lyctocoris ichikawai* という種がいる（図2L）．2012年に香川県と熊本県から新種として記載された種である（Yamada *et al.*, 2012）．香川大学の市川俊英教授（当時）がクヌギの樹液周辺部から発見した．クヌギの樹液といえば，カブトムシやクワガタムシなど多くの昆虫が集まる誰もがよく知る場所で，これまでにたくさんの人が観察したり，調べたりしているはずなのに，そのような場所から未知のカメムシが見つかるなんて思ってもいなかった．しかも，この種はハナカメムシ類にしてはかなり大型であるため（約5.0 mm），今まで発見されていなかったことに大変驚いた．世界各地の博物館の標本や海外の古い文献を調べると，どうやら未記載種であることがわかり，さらに，香川県の発見現場に何度か通って市川教授とともに調査を重ね，クヌギの樹液を専門に餌とする世界でも珍しい種であることを突き止めることができた．

捕食性の一群として知られるハナカメムシ類にあって，おそらく樹液に集まる他の節足動物を食べているのだろうという当初の予想が覆された．ボクトウガ *Cossus jezoensis* の幼虫の穿孔によって滲出し続けるクヌギの樹液は，早くて4月ごろから始め，場所によっては12月ごろまで継続して滲み出ている．本種の出現は樹液の滲出のタイミングとほぼ同調しており，4月中旬から現れ，滲出が少なくなる12月上旬には姿を消す．最長で8か月間も姿を見せるが，樹液の滲出の程度によってその期間が変動する．その間，成虫，幼虫ともに樹液に口吻をのばし，摂取している様子が何度も観察されているが，他の生物を襲う姿はまったく確認されなかった．飼育実験をおこなったわけではないが，少なくとも樹液が本種にとって重要な餌資源となっていることは確かである．本種が生息するのはきまってクヌギの老樹である．すなわち，ボクトウガの幼虫が穿孔し，多くの樹液が滲出しているのがクヌギの老樹であり，そのような条件のクヌギはかなり限られている（市川・上田，2010）．今のところ四国と九州の限られたクヌギでしか見つかっていないが，本種の生息に必要な条件を満たしたクヌギはおそらく全国的にも少ないかもしれない．

6 害虫の天敵としてのハナカメムシ

　さまざまな環境に適応し，多種多様な生物を餌とするハナカメムシは，生物的防除資材として注目され，とくに欧米では半世紀以上前から応用的な研究が始められていた．なかでも古くからさかんに研究されているのはヒメハナカメムシ属の種で，既知種およそ80種のうち，実に20種以上が詳細に研究され（Lattin, 2000），さらに数種が生物農薬として各地へ導入されたり，商品化されたりしている．1951年には北米産の *Orius insidiosus* がハワイにおけるアメリカタバコガ *Helicoverpa zea* の卵の捕食を見込まれ，当地へ導入された（Weber, 1953）．また，日本でもタイリクヒメハナカメムシ（図2A）が生物農薬として市場に出回っている．

　欧米では果樹害虫の天敵としてクロハナカメムシ属の種が著名で，キマダラクロハナカメムシ *Anthocoris nemoralis* や *A. nemorum* は西洋ナシを加害するヨーロッパナシキジラミ *Psylla pyri* の捕食者としてよく研究されている．とくに前者は天敵資材として北米へ何度か導入された経緯があるが，実は，意図的に導入される前にすでに侵入していたようである（Horton *et al.*, 2004）．キマダラクロハナカメムシが生息する樹種は非常に多岐にわたるが，キジラミの加害を受けた西洋ナシから発せられる情報化学物質の一種，シノモンに反応して誘引され，キジラミを捕食することがわかっている（Scutareanu *et al.*, 1994）．シノモンとは，異種の個体に対して特定の行動変化を引き起こす物質のうち，物質を発するものと受けるもの両者にとって利益をもたらす物質のことであるため（八杉ら，1996），キジラミの加害を受けた西洋ナシは，助けを求めて天敵であるキマダラクロハナカメムシを誘引する物質を発すると考えることができる．

　近年は，農業が経済の基盤となっている東南アジア諸国やインドなどで活発に応用研究が進められている．九州大学のグループは，タイの耕作地において天敵相調査をおこない，在来の天敵候補種ヒメジンガサハナカメムシ *Wollastoniella rotunda* を見つけ，露地栽培ナス上でのアザミウマ防除に向けた研究を精力的におこなっている（Shima and Hirose, 2002；Nakashima *et al.*, 2004）．私も15年ほど前に科研費の調査でタイを訪れ，在来天敵の探索を行った．その際には天敵資材として注目できそうな種をいくつか見つけることができた．

　貯蔵穀物所や精米所に侵入し，害虫を捕食するハナカメムシが知られている．有名なのはアシブトハナカメムシ属の種で，ミナミアシブトハナカメムシ *Xylocoris flavipes* やアシブトハナカメムシ *X. galactinus*，アメリカアシブトハナカメムシ *X. sordidus* が代表的である（Lattin, 2000）．大学院時代にタイの貯蔵

206 第3章 昆虫類の多様性を調べる

穀物環境におけるハナカメムシ相を調べる機会があり，新たに天敵として有用なアシブトハナカメムシ類を確認し，新種として記載した（Yamada *et al.*, 2006）．これらアシブトハナカメムシ属の中では，ミナミアシブトハナカメムシが貯蔵穀物環境で発生する甲虫類や鱗翅類の卵や幼虫，チャタテムシ，ダニ類などきわめて多くの動物種を捕食することから，とくに有用性の高い天敵として世界各地で研究が進められている（Jay *et al.*, 1968；Arbogast *et al.*, 1971 など）．本種は貯蔵穀物環境といった人工的な場所でしか確認されておらず，穀類の流通とともに世界の熱帯域を中心に各地へ伝播している．原産地が特定できないだけなく，今では自然下からも見つかっていないため，貯穀環境への適応を遂げたハナカメムシといえるだろう．貯穀環境へ侵入するハナカメムシ類は，野外では樹皮下や地面に堆積した植物遺体に生息することから，そのような環境から人工的な貯蔵穀物環境への侵入が起こりやすいのかもしれないし，貯穀害虫の起源や伝播とも関係するのかもしれない．なお，日本ではクロアシブトハナカメムシやクロセスジハナカメムシ *Dufouriellus ater* が食品工場などの屋内で頻繁に見つかっている．原材料や梱包材とともに屋内へ侵入し，そこで発生する害虫を捕食しているようだが，害虫の天敵となる反面，それら自体が混入異物になることも懸念されている（山田・中山，2013；中山，2014）．

7 ふしぎな交尾戦略

　大学院時代はハナカメムシの分類研究を軸に，応用研究への枝葉を延ばすことに注力し，学位を取ることができた．就職してからもしばらくは天敵としてのハナカメムシの探索や有効性を研究することに重点を置いていたが，就職先の地方博物館という施設や業務の制約上，この方面において発展的な研究をおこなうことに限界を感じていた．そこで注目したのが，このグループに特有な交尾習性に関する研究であった．

　ハナカメムシを含むトコジラミ上科の種はふしぎな交尾をおこなう．オスの交尾器でメスの体壁を傷つけ，傷穴を通して精子を受け渡すことから，外傷性授精（英語で Traumatic insemination や Extragenitalic insemination，Traumatic mating など）と呼ばれている．動物界でもめずらしい現象であるため，興味深い研究材料になると思った．

1）外傷性授精とは

　外傷性授精は無脊椎動物のさまざまな分類群で独立に何度も進化した現象だ

が，カメムシ目トコジラミ上科ではほぼ全種がこの交尾をおこなう．ハナカメムシ科のほか，温血動物の外部寄生者であるトコジラミ科 Cimicidae，コウモリに外部寄生するコウモリヤドリカメムシ科 Polyctenidae，クモやシロアリモドキの巣を専門的に利用するクモノスカメムシ科 Plokiophilidae など6つの科で構成されるトコジラミ上科 Cimicoidea 全体に浸透している．

　昆虫類の一般的な交尾は，オスの陰茎をメスの膣に挿入しておこなわれるが，外傷性授精はメスの膣ではなく体のある特定の部分から精子が送り込まれる．トコジラミ上科のオスの交尾器は，生殖節に先の尖った1本の把握器（paramere）が付いているだけの単純な作りをしており，この把握器でメスの腹部の環節間膜を傷つけ，把握器の溝に沿って陰茎をメスの体内まで伸ばし，精子を注入する．すなわち，トコジラミ上科の陰茎は，通常，精子をメスの体内に直接送り込むという基本的な機能をもつだけで，陰茎そのものがメスを傷つけるわけではない．注入された精子は血リンパが流れている組織や細胞のすき間（血体腔）を泳いで卵巣までたどり着き，そこで受精する．他の昆虫では産卵する直前に受精嚢（spermatheca）に貯えられている精子と受精するため，受精する場所も異なるのだ．

　メスは鋭い把握器で突き刺されるため大きなダメージを受ける．時に死に至ることもあるらしい（Stutt and Siva-Jothy, 2001）．そのため，積極的に交尾しようとするオスに対し，腹部を地面に押し付けるなどして抵抗する．さらに，メスはダメージを回避するための形態を体の内部に発達させた．交尾によって生じる外傷や感染などに対応するため，腹部の外皮や内部の構造を副生殖器（paragenitalia）と呼ばれる特殊な形態に進化させたと考えられている（Carayon, 1966；Morrow and Arnqvist, 2003；Reinhardt *et al.*, 2003）．オスの鋭い把握器と，それに対応するメスの副生殖器といった形態の変化は，交尾をめぐるオスとメスの利害の不一致による性的対立を背景とした雌雄交尾器の拮抗的な共進化によって生じたと理解されている（Eberhard, 2006）．

2）ハナカメムシ類の外傷性授精

　ハナカメムシ類では，外傷性授精に使われる雌雄交尾器の構造や機能がおおむね科や族ごとに異なるとされている（Carayon, 1972）．グループごとに独特な外傷性授精のスタイルを進化させているのだ．

　トコジラミ上科で最も原始的とされるケブカハナカメムシ科では，他のハナカメムシ類のような外傷性授精をおこなわない．具体的には，陰茎をメスの膣

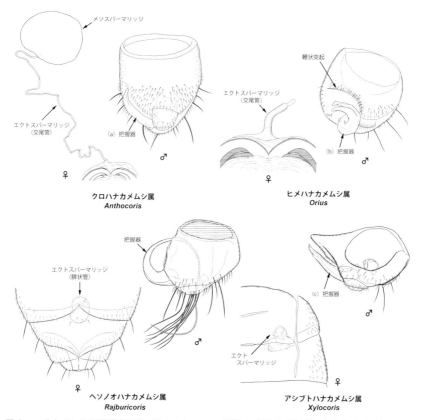

図3 ハナカメムシの雌雄交尾器．Yamada et al.（2006, 2010, 2016）から作成．図中のa，b，cは本文中で対応．

に挿入し，陰茎に付いている突起でメスの交尾嚢（bursa copulatrix）を傷つけて精子を注入する．通常の昆虫に近い交尾スタイルとされるが（Carayon, 1972），実は構造的にまだよくわかっていないことが多い．

ズイムシハナカメムシ科では，先端に針状突起をそなえた発達した陰茎をもち，これをメスの腹部の体節間から挿入する．ハナカメムシ科では，オスの把握器がメスの腹部の環節間膜を傷つけて穴を開けたり，腹部の体節間を押し広げたりする機能があり，陰茎がメスの体内へ伸びて精子を送り込む役割を果たす．ハナカメムシ族では，単純な鎌のような把握器（図3a）がメスの腹部の体節間を押し広げ，把握器の溝に沿って陰茎をメスの体内まで伸ばして精子を注入する（Horton and Lewis, 2011）．ヒメハナカメムシ族の把握器はらせん状

や円盤状の形をなし，その一部に鞭のように長い突起（鞭状突起）が付いている（図3b）．この鞭状突起が直接メスの体内の特殊な器官（交尾管）へ挿入され，それに沿って陰茎が伸びる（Taniai et al., 2018）．アシブトハナカメムシ族では，鋭く尖った把握器（図3c）でメスの腹部壁を突き刺すことから，交尾後にはメスの腹部に傷跡が残ることもある（Carayon, 1972）．オスの創傷によってメスの体に傷跡が付くのは，別族のヤサハナカメムシ属やケシハナカメムシ属の一部でも見られる．これまで族ごとに特徴づけられていた把握器の構造や機能が，観察を進めていくと同じ族内でもさまざまに異なっていることがわかってきた．

3）メスの副生殖器の多様性

ハナカメムシ類をはじめとするトコジラミ上科のメスは，副生殖器（図4）という独特の器官を腹部にそなえる．副生殖器の役割は，オス交尾器（把握器および陰茎）の受け入れ，精子の授受，精子の一時的な貯蔵であり，それぞれの機能を果たすいくつかの器官によって構成されている．オス交尾器を受け入れる器官，

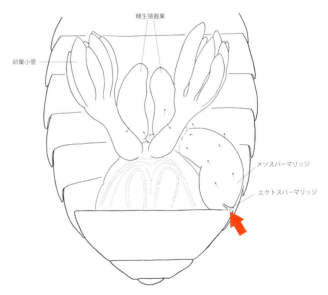

図4　アシブトハナカメムシ類のメスの副生殖器の概念図．太い矢印はオス交尾器の挿入部位．細い矢印は精子の経路を示す．Carayon（1977）をもとに作成．

すなわち，オス交尾器が挿入される場所には，外皮が変形したエクトスパーマリッジ（ectospermalege）と，それに続くメソスパーマリッジ（mesospermalege）がある．前者はオス交尾器を誘導して交尾によるダメージを減らす機能をもち，後者は交尾によって生じる病原体への感染を防ぐ機能をもつ．メソスパーマ

リッジの壁をすり抜けた精子は，血体腔を泳いで側輪卵管の基部に付随する1対の精生殖器巣（seminal conceptacle）へ移動し，そこで一時的に精子が貯蔵されるが，その後，側輪卵管に沿って卵巣小管内にたどり着き受精する．

　オス交尾器が挿入される場所は分類群によって決まっていて，多くの種ではメスの腹部腹面の右側もしくは中央付近だが，アシブトハナカメムシ属では背面側（前方右側あるいは後方右側）に挿入される（図4）．大抵はメスの腹節がスリット状に変形していたり，腹節の後縁が湾入していたりするが，おそらくオス交尾器を誘導する役割があるのだろう．

　副生殖器を構成する器官には，分類群間で著しい多様性が見られる．たとえば，ハナカメムシ族やヒメハナカメムシ族では，エクトスパーマリッジが糸のように細くて長く（交尾管 copulatory tube との名称が与えられている）（図4），その末端には風船のような袋状のメソスパーマリッジがある．また，ケシハナカメムシ属では腹板が内部に陥入したエクトスパーマリッジをもち（臍状管 omphalus という）（図4），袋状のメソスパーマリッジにつながっている．このように，エクトスパーマリッジは管状に変形したり，袋状に陥入したり，種や属ごとに独特の特徴が現れる一方，エクトスパーマリッジをもたないグループも知られており，交尾によってオス把握器が差し込まれたところには，たいていメラニン化した傷跡ができる．

　メスの副生殖器は主に脆弱な膜質構造でできており，従来の研究手法では観察が困難であった．そのため，オス交尾器と比べてあまりにも情報が少なかったが，実は，オス以上にメス交尾器は複雑で多様化しており，分類群による形態的な差異が系統を反映することがわかってきた．現在支持されているハナカメムシ類の分類体系は，主にオスの交尾機構の違いに基づいて提唱されたものである（Schuh and Slater, 1995；Schuh and Weirauch, 2020）が，ハナカメムシ科の単系統性と分類体系には大きな問題が残されており，異論を唱える研究者もいる．オスの交尾器やメスの副生殖器の形態情報が蓄積しつつある今，分子だけなく形態ベースの系統推定の必要性を強く感じている．

8　まだまだ尽きない研究テーマ

　大学院生から現在まで，ハナカメムシを研究して25年近くたった．広渡先生のひと言で，その後の人生が決まった．と言っても言い過ぎではないだろう．今も変わらず基礎的な分類研究を粛々とおこなっているが，世界を見渡せば，熱帯域を中心に分類がほとんど進んでおらず，種多様性の全貌は明らかになっ

ていない．調査の行き届いていない地域，まとめなければいけない分類群，問題を抱えている系統関係，一生かけても明らかにできないことばかりだが，少しずつでも進めていこうと思っている．

　博士論文のテーマでもあった天敵としてのハナカメムシの研究についても，今では海外のさまざまな研究者とコンタクトを取りながら共同でおこなっている．最近は，インドやタイなど南・東南アジア諸国の研究者とつながっている．現地では，このグループの天敵としての利用価値が注目されているものの，分類学者がいないため，私のもとへ同定依頼が来るのだ．私の役割は標本を調べて種を確定させるともに，同定ラベルを付けて標本を返却することなのだが，それら同定依頼の標本には，しばしば見たこともない種が混ざっており，新しい研究につながることもある．海外から標本が届くたびに，わくわくした気持ちで顕微鏡をのぞいている．なお，こうした海外産の標本については，言うまでもなく，海外の関係諸機関との然るべき手続きを行った上で研究を進めている．

　ハナカメムシといえば，天敵としての有用性ばかり注目されているが，先に述べたように，面白い交尾習性をもつことから進化生物学における格好の研究対象にもなる．この習性が普遍的に見られるトコジラミ上科においては，種数の上で規模が大きいだけでなく，形態や行動なども極めて多様である．それだけに今まで分かっていない情報がたくさんあるに違いない．

　ハナカメムシに出会って約 25 年．ごま粒ほどのとても小さな昆虫だがこのようにたくさんの魅力が詰まっていて，四半世紀経った今でも熱は冷めず，そのおもしろさに病みつきになっている．

Photo Collection

ヒメハナカメムシ属の一種

2018 年 8 月 20 日　大阪府堺市
（大阪府立大学中百舌鳥キャンパス）　平井規央撮影

アザミウマ類を捕食するヒメハナカメムシ属の一種の幼虫

2018 年 8 月 20 日　大阪府堺市
（大阪府立大学中百舌鳥キャンパス）　平井規央撮影

第3章　昆虫類の多様性を調べる

14 幼虫がケースを作る小蛾類

広渡俊哉

　地域の生物相を明らかにするインベントリーの際にネックとなるのは，個体数は多いものの，分類学的研究が遅れ，調査で得られた標本の同定もままならない小動物の存在である．昆虫類第2の既知種数を擁する鱗翅類もそのようなグループである．なかでも微小な種を多く含む「小蛾類」は，里山や都市緑地などの身近な自然でも新種や日本新記録種が見つかったり，幼虫の食物を含む生活史などの生態情報の新発見があったりするほど未解明の蛾類の一群である．ここでは，幼虫がケースに隠れて生活する性質を糸口に進められた小蛾類の分類学的研究の一端を紹介する．

1　ケースを作るグループ

　蛾類の幼虫には，多くのグループで多様な形をしたケースを作るものが知られている．ミノムシ（ミノガ類の幼虫）がケース（みの）を作ることは一般的にもよく知られているが，ヒロズコガ類やマガリガ類，キバガ類など，その他にも多くのグループにケースを作るものがいる．ピストルミノガの仲間 *Coleophora* 属の幼虫は奇妙な形をしたケースを作るが，このグループはミノガ科ではなく，ツツミノガ科というキバガ上科に含まれる．ここでは，私が研究対象とした，あるいは何らかの形で関わりがあったグループに焦点を絞って，幼虫がケースを作る小蛾類の分類や生態について紹介したい．

　なお，小蛾類というのは，単に小さな蛾というのではなく，鱗翅類の原始的なコバネガ科やヒゲナガガ科などのグループからメイガ上科あたりまでの系統を含む昆虫のことで，マダラガ科やイラガ科などの比較的大きな蛾類も含んでいる．詳しくは「小蛾類の生物学」（文教出版, 保田ら, 1998）を参照されたい．

2　マガリガ類

　ヒゲナガガ上科（以前はマガリガ上科）には，ヒゲナガガ科の他に，マガリガ科やツヤコガ科などが含まれ，その多くで幼虫が植物体を切り取ってケース

を作ることが知られている．ヒゲナガガ科では，幼虫は生きた植物に卵を産み込むが，2齢以降の幼虫は地表に降りて一般的に枯葉を切り取ってケースを作り，枯葉を食べる．マガリガ科では，初期の幼虫は潜葉性で，中齢以降は生きた葉を切り取ってケースを作り葉の上に留まり，葉脈を残して葉を削り取るように食べる（Okamoto and Hirowatari, 2004 など）．また，ツヤコガ科は，幼虫は一貫して潜葉性で，葉身や中肋などに潜った後に，成熟すると自分の潜った部分の葉を楕円形に切り取る．切り取られた跡は，パンチ穴を開けたようになるので見つけやすい（広渡，2011）．ヒゲナガガ科は，ウスベニヒゲナガ *Nemophora staudingerella* のように，枯葉を三日月形〜U字形に切り抜いてつづり合わせたものが一般的だが，ホソフタオビヒゲナガ *N. trimetrella* のように木くずや土などをつづり合わせたものもいる．また，マガリガ科では，ある程度グループによって特徴があるが，ハンノキマガリガ *Incurvaria alniella* のように，幼虫のケースは，楕円形や円形あるいは四角形に近い不定形のものが多い（広渡，2016）．

　マガリガ科のホソバネマガリガ *Vespina nielseni*（図1(1)）は，楕円形の特徴的なケースを作る．まずは，この種とこの種が含まれる *Vespina* 属の分類の経緯について紹介したい．*Vespina* 属は，世界で，東アジア，東欧，アメリカ西部にそれぞれ局地的に分布する3種が知られていた．私が本種に初めて出会ったのは，大阪府と兵庫県の府県境にある三草山だった．この場所の一部は「三草山ゼフィルスの森トラスト」として大阪みどりのトラスト協会が保全をおこなっており，石井実先生を中心として，日本鱗翅学会の会員などの協力を得てこの活動を支援していた．三

図1　ホソバネマガリガの成虫と幼虫のケース（Okamoto and Hirowatari, 2000）．
(1) 成虫, (2) 幼虫のケースと食痕（ナラガシワ）, (3) 幼虫のケース（表）, (4) 幼虫のケース（裏）．

草山はヒロオビミドリシジミ *Favonius cognatus* の分布の東限として知られているが，私たちはその幼虫の寄主植物であるナラガシワの葉の上に特徴的なケースを作るマガリガ科の幼虫のケースを見つけた（図1(2)-(4)）．当初は図鑑にも載っておらず属すらわからなかったが，アメリカの小蛾類研究で著名なDonald Davis 博士が1972年にアメリカ西部から1種に基づいて創設したVespina 属に含まれることがわかった．そこでこの属の新種ではないかと期待して調べたところ，フィンランドのMichael Kozlov 博士が1987年にロシア南東部の標本に基づいて *V. nielseni* という学名をすでに与えていたことがわかった．ということで，少なくとも日本では知られていない種だったので，当時大阪府立大学の学生だった岡本央さんと日本新記録種として報告するとともに，幼虫の形態や未知だった寄主植物について報告した（Okamoto and Hirowatari, 2000）．

そして，20年が経過し，最近，このグループの分類に関する進展があった．私たちは，沖縄島からヤマモモを寄主とする1種（図2(1)-(3)）と中国四川省からシイ属の1種を寄主とする1種（図2(4)-(6)）を発見し，それぞれ新種として発表した（Hirowatari *et al.*, 2021）．いずれも幼虫はホソバネマガリガとよく似た楕円形のケースを作るので，幼虫を見つけるのは比較的簡単だった

図2 *Vespina* 属の成虫と幼虫のケース（Hirowatari *et al.* 2021）．
(1), (4) 成虫, (2), (5) 幼虫のケース（裏）, (3) 幼虫のケースと食痕（ヤマモモ），沖縄島, (6) 幼虫のケースと食痕（シイ属の一種），中国四川省．
(1)-(3) *Vespina meridiana*, (4)-(6) *Vespina sichuana*.

（ただし，成虫を見つけるのは難しい）．中国の種は，大阪府立大学で学位を取得した黄国華（Huang Guo-Hua）さん（現在湖南農業大学教授）らとの共同研究で見つかり，飼育によって多くの成虫を得ることができた．一方，沖縄のヤマモモにつく種は，実は20年以上前に幼虫のケースに気付いていたのだが，研究室に持ち帰って飼育しても蛹にならず，成虫を得ることができなかった．2004年に上田達也さん（当時，大阪府立大学）が採集したケースから羽化した1匹のメスが，唯一の成虫の標本だった．その後，何度も日長や温度の条件を変えるなどして飼育を試みたが，春から夏まで長い間幼虫の状態で発育が止まったまま蛹にすらなることはなかった．私は，その1匹のメスが，ヤマモモについている幼虫と同じ種かどうかも不確かで，オスの標本もない状態で新種として発表するのを躊躇していた．しかし，屋宜禎央さん（九州大学）と大島一正さん（京都府立大学）の協力でDNA解析をおこなった結果，幼虫とメス成虫のバーコード領域の塩基配列がほぼ一致したことから命名に踏み切った．ということで，依然としてヤマモモにつく種のオス成虫は未知のままである．

3 ヒロズコガ類

　近年，那須義次さん（大阪府立大学）らによって鳥の巣から発生する蛾類の研究がさかんにおこなわれ，衣類の害虫であるイガやコイガに近いグループで，幼虫が羽毛などのケラチンを食べるヒロズコガ類が発生することが報告されている（Nasu *et al.*, 2008；那須ら, 2012など）．この仲間の幼虫は，楕円形の扁平なケースを作るものが多い．また，私が大阪府立大学に在籍中に中塚久美子さんの卒業研究でおこなった調査で，ヒロズコガ科の不明種が大阪市内の長居公園で見つかった（中塚ら，2013）．この種の幼虫は地表で砂粒を固めたようなポータブルケースを作り，枯葉を食べていたが依然として正体は不明のままである．一方，マダラマルハヒロズコガ *Ippa conspersa* の幼虫は8字形の扁平で強固なケースを作り，アリの巣に侵入してアリの幼虫などを捕食することが知られている（Narukawa *et al.*, 2002）．ただし，積極的に生きた昆虫等を襲っているのではなく，昆虫等の小動物の死骸などを食べているようだ．

　ここで，少し変わった生態をもつヒロズコガの1種を紹介したい．クロスジキヒロズコガ *Tineovertex melanochrysa* は小型の種で，国内では西日本，海外では台湾とインドに分布する．成虫は昼間に活動し，発生時期には比較的多くの個体が見られる（図3(1)）．幼虫の生態は不明だったが，一端が細くなった楕円形のケース（図3(4)）を作り枯葉を食べることがわかった．ここまでは一

般的なヒロズコガと変わりはないが，本種が変わっているのはその産卵習性である．本種のメス産卵器の先端は鋸歯状となる「突き刺すタイプ」であることは，大阪府立大学の森内 茂先生によって日本産蛾類大図鑑（講談社）に示されていた（森内，1982）．この特異な形態から，本種

図3 クロスジキヒロズコガの成虫・幼虫と幼虫のケース（Huang et al., 2008）.
(1) 成虫，(2) 産卵中のメス成虫，(3) 初齢幼虫，(4) 中齢幼虫のケース．

が生きた植物の組織内に卵を産み込むのではないかと推定されていたが，ヒロズコガの仲間が生きた植物に卵を産むことは例外的であり，実際に何に産卵するのかは不明であった．私は，2007年7月に黄 国華さん，小林茂樹さん（大阪府立大学）と一緒に本種が比較的多くみられる前述の三草山で観察をおこなっていたところ，幸運なことに本種のメスがシダ植物のシシガシラの葉の裏面に産卵するのを観察することができた（図3(2)）．また，室内での観察により，卵は成葉の複葉裏面の組織内に1個ずつ複数個が産み込まれることや，孵化後に組織から脱出した幼虫（図3(3)）は植物を食べずに地面に落下し，ポータブルケース（図3(4)）を作って枯れ葉などを食べることがわかった（Huang et al., 2008）．今後，本種がヒロズコガ科のどのような系統位置でこのような習性を獲得したのか，解明されるのが楽しみである．

4 キバガ類

キバガの仲間にも，幼虫がポータブルケースを作るものが知られている．クロバイキバガ *Thiotricha prunifolivora* は，上田達也さんらによって命名された種で，大変面白い習性をもつ．越冬世代の幼虫はクロバイの花芽や腋芽に潜り，内部を食べ尽くした後，それらをケースとして背負う．年3回発生し，第1化

の幼虫は実生に潜りこれをケースとして利用し，第2化の幼虫は実生に潜ってケースを作った後，葉の裏に移って丸い穴を開けるように食べる（Ueda and Fujiwara, 2005）．また，この他にも，これに近縁な種，ヒルギモドキキバガ *T. lumnitzeriella* の幼虫は，西表島などのマングローブ林に自生するヒルギモドキの実の内部を食べ尽くしポータブルケースとして利用する．幼虫はケースを葉に固定し，葉肉間に潜入して食べる（上田，2011；Kyaw *et al.*, 2021）．

図4 ギンチビキバガ類の成虫と幼虫のケース（Kyaw *et al.*, 2019）．(1) *T. elaeocarpinella* の成虫，(2) *T. elaeocarpinella* の幼虫のケース（ホルトノキ），(3) *T. chujaensis* の成虫，(4) *T. chujaensis* の幼虫のケース（アカメガシワ）．

最近，キバガの仲間で，ホルトノキとシャリンバイの花芽を使ってケースを作る種（図4(1)，(2)）や，アカメガシワの花芽を使ってケースを作る種（図4(3)，(4)）が見つかった（Kyaw *et al.*, 2019）．さらに，沖縄で見つかったカンコノキの仲間を利用する種は，複数の花芽を積み上げてケースを作るというユニークな習性をもっている（Kyaw *et al.*, 2021）．アカメガシワの花芽を利用する種（*Thiotricha chujaensis*，和名未定）は，韓国の研究者によって韓国チェジュ島（済州島）に近い「チュジャ島」で見つかったものをもとに記載された．本種の生態はわかっていなかったが，日本に広く分布していることや，アカメガシワを寄主とすることがわかった．多くの研究材料は大阪府立大学に蓄積された標本にもとづいており，その中には斉藤寿久さんや上田達也さんが寄主や幼虫のケースの情報を記録したものもあった．最近，私たちは，福岡県でネズミモチの花芽についたキバガの1種（おそらく *Thiotricha* 属）のケースも見つけているが，成虫が得られておらず正体が不明のままである．

図 5　ハワイカザリバ幼虫の多様なケース（©Daniel Rubinoff）．

5　カザリバガ類

　カザリバガ科はキバガ上科に属し，サッポロカザリバ *Cosmopterix sapporensis* のように幼虫がササやタケ類の葉に潜る潜葉性のものが多いが，マダラトガリホソガ *Anatrachyntis japonica* のように腐植食性のものも多く含まれる．この小文の最後に，幼虫が様々な形のケースを作るハワイカザリバについて紹介したい．ハワイカザリバ属 *Hyposmocoma* は，ハワイに固有で約 350 種が知られているが，約 1,000 種が実存すると推定されている（Rubinoff, 2008, 2012）．ハワイカザリバは，火山島が順次形成された地史的要因とそれぞれの島の中の特殊ニッチを占めることで，適応放散を遂げたグループの 1 つである．ハワイカザリバの幼虫は，一般的には腐植物や地衣類などを食べているが，中には陸生の巻貝を捕食するものや水生のものが含まれており，さまざまな形のケースを作る（図 5）．

　2014 年 3 月，私は九州大学に異動して 1 年後に，教員の英語研修でハワイに行く機会があった．ハワイに行く決心をしたのは，ハワイカザリバに興味があったことと，その研究をおこなっているハワイ大学の Daniel Rubinoff 博士に会いたかったからである．研修の合間に同博士の研究室を訪問することができた．Rubinoff 博士の共同研究者である Will Haines 博士に，ハワイの固有種であるカメハメハアカタテハ *Vanessa tameamea* やハワイカザリバの幼虫の飼育

の様子を見せてもらった．ハワイカザリバの幼虫を，熱帯魚のエサなどで飼育していたのが興味深かった．

　以上のように，小蛾類の多くの種の幼虫がケースを作るが，その第一の理由は天敵から身を守るためと考えられている（Sugiura, 2016 など）．しかし，ケースの形は多様で，その素材もさまざまである．興味深いことに，系統的に蛾類に近縁なトビケラ類では，幼虫は水中で生活をしているが，蛾類と似たようなさまざまな形のケースを作るものが知られている．水域に侵出したハワイカザリバのケースの形や動き，幼虫の形態との関係について考察された論文もあるが（Dupont and Rubinoff, 2015），なぜ多様な形のケースが進化したのかは依然として謎である．そして，この小文で紹介したように，まだまだ多くの未知種が存在している．植物体や地表の枯葉の上などに不自然な形をした構造物があれば，それは未知の蛾類の幼虫が作ったケースかもしれない．

第3章 昆虫類の多様性を調べる

15 分類研究のおもしろさと難しさ ―キバガ科の研究をとおして

上田達也

　地域の生物多様性保全のためにはインベントリーを明らかにすることが重要である．そのためには生物種を正確に同定する必要があり，その基礎となる分類研究はかかせない．ここでは，形態を主とした分類研究について，鱗翅類キバガ科の研究を例にそのおもしろさと難しさを紹介したい．

1 日本産 *Brachmia* 属の分類―複数の科が混じるカオス

　大阪府立大学の学部の卒業論文（1991 ～ 1992 年）のテーマは日本産のキバガ科 *Brachmia* 属の再検討であった．キバガという蛾は漢字で書くと牙蛾になる．牙が生えた蛾とはなんともたいそうな名前だが，頭部の下唇鬚（ラビアル・パルプス）が鎌状で上方に曲がり，第 3 節は長く尖るという特徴から名付けられた．このような特徴をもつキバガ類（キバガ上科）の蛾は多くの種を含み，非常に多様な形態や生態を有するグループである．キバガ科はその中の一群である．

　その当時日本からはキバガ科 *Brachmia* 属の種として，タイプ種のヘリグロウスキキバガ *Brachmia dimidiella*，サツマイモの害虫として知られるイモキバガ *B. triannurella macroscopa*，タテジマキバガ *B. arotraea*，ウスヅマスジキバガ *B. japonicella*，ミツボシキバガ *B. modicella*，ヒマラヤスギキバガ *B. kyotensis*（学名はいずれも当時の学名である）の 6 種が知られているだけであった．さらに 1 種，エンジュのさび病患部から飼育羽化したヒマラヤスギキバガの近縁種がいるとされていた．

　とにかくテーマが決まった後は，研究材料の収集のために採集に行き，標本室にある標本を調べたり，研究者から標本を借りたりし，集めた標本を並べて整理して解剖してという日々が続いた．標本を並べる中でタテジマキバガによく似た別種や日本新記録種の *B. tetragonopa* の存在に気づいた．こうして卒論では北海道から記録があるものの標本を入手できなかったヘリグロウスキキバ

図1 *Brachmia* 属とされていた種の成虫.
A：イモキバガ，B：ウスヅマスジキバガ，C：ミツボシキバガ

ガを除く上記の8種を取り扱うことになった（図1）．

　標本を並べてまず気づいたのは，イモキバガやタテジマキバガとその近縁種は翅形がやや細長く角ばった感じがするのに対し，ウスヅマスジキバガ，ミツボシキバガ，ヒマラヤスギキバガとその近縁種は翅形がやや幅広く円い感じがするということで，2つのグループに分かれるような印象をもった．さらに斑紋からミツボシキバガ，ヒマラヤスギキバガとその近縁種は前翅に明瞭な3つの点状斑紋があることでまとまったグループではないかと思った．これは寄主植物からも明らかでイモキバガやタテジマキバガ，ウスヅマスジキバガは生きた植物の葉を食べるのに対し，ミツボシキバガ，ヒマラヤスギキバガとその近縁種は，枯れ葉や菌食であるというように食性も大きく異なっていた．

2　交尾器の観察を始める

　蛾類の分類では斑紋などの外部形態だけでなく，翅脈相や雌雄の交尾器の形態も重要である．とくに，交尾器形態は種間の相違や属や科をまとめる特徴もあらわれやすいことから分類をおこなう上で重要な器官といえる．

　分類学では標本の作製から形態を観察するまで様々なテクニックがある．キバガ科のようないわゆる小蛾類と呼ばれるグループで交尾器を観察する場合，腹部全体をピンセットで標本から外し，これを10％の水酸化カリウム溶液で数分間湯煎し，脂肪や筋肉を溶かして交尾器を取り出す．この際，水の中や50％の酢酸溶液の中で腹部を昆虫針などで押さえたり叩いたり，こすったりしながら鱗粉を取り除いたり，溶けた脂肪を腹部や交尾器内から押し出しりして掃除を行うとともに，しっかり水酸化カリウムを洗い流してあげる．水酸化カリウムが残っていると，長期間保管した際，徐々に水酸化カリウムで交尾器が溶かされて行ってしまうので，ここでの洗浄に相当注意が必要となる．慣れてくれば交尾器の解剖は大変ではなく，顕微鏡下で観察しながら洗浄している時

15 分類研究のおもしろさと難しさ―キバガ科の研究をとおして 223

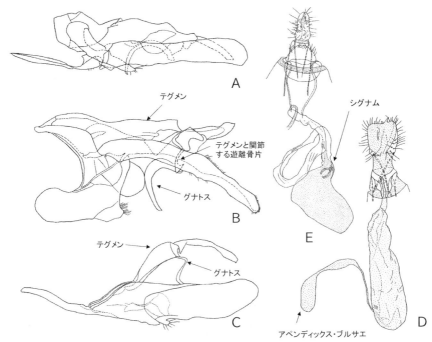

図2 *Brachimia* 属とされていた種の交尾器（A–C：オス交尾器，D–E：メス交尾器）．A：イモキバガグループ：ヘリグロタテジマキバガ，B：ウスヅマスジキバガグループ：ウスヅマスジキバガ，C：ミツボシキバガグループ：エンジュミツボシキバガ，D：イモキバガグループ：タテジマキバガ，E：ミツボシキバガグループ：エンジュミツボシキバガ．

間はどんな形態が現れてくるのかというワクワクで楽しい時間になってくるのだが，慣れないうちはピンセットで腹部を標本から取り外すときに飛ばしてしまい，机や床の上で大捜索をしたり，水酸化カリウム溶液で煮る時間が短かったり，長すぎたりといった失敗を繰り返すことになる．標本作成や解剖に伴うテクニックは失敗を繰り返しながら体に覚えこませていくという，ある意味職人技のような側面がある．

交尾器を解剖するとあまりのまとまりのなさに愕然とした．図2に卒業論文で描いた雌雄の交尾器を示したが，CのエンジュミツボシキバガのオスはAのヘリグロタテジマキバガやBのウスヅマスジキバガに比べ交尾器の構造が単純であることがわかる．とくにグナトスと呼ばれるフック状の器官とテグメンと呼ばれる器官の関節の仕方がエンジュミツボシキバガとヘリグロタテジマキバガ，ウスヅマスジキバガで異なっていることがわかった．

224 第3章 昆虫類の多様性を調べる

　研究を進めると，最終的に日本産 *Brachmia* 属を3つのグループに分けることができた．1つ目は，イモキバガ，タテジマキバガ，タテジマキバガの近縁種の3種はオス交尾器の形態が類似しており，エデアグスの基部が膨らむという特徴をもっているので，これらをイモキバガグループとした．2つ目は，ウスヅマスジキバガで，イモキバガグループとオス交尾器はかなり異なるもののメス交尾器のコルプス・ブルサエにアペンディックス・ブルサエという付属の袋がある点でイモキバガグループに近縁なグループと考えた．

　3つ目は，ミツボシキバガ，ヒマラヤスギキバガとその近縁種日本未記録種 *B. tetragonopa* の4種は交尾器の形態からかなり異質なグループ（ミツボシキバガグループ）ということがわかった．このグループはオス交尾器のグナトスはキバガ科の派生形質である中央のフック状の骨片とそれに関節する1対の骨片からなるという特徴がなく，メス交尾器にもアペンディックス・ブルサエがなく，コルプス・ブルサエには二叉状の明瞭なシグナムが存在するという特徴があった．派生形質とは，ある分類群が祖先的な分類群がもっていない新たに獲得した形質のことで，その分類群を特徴付ける形質のことである．この場合，ミツボシキバガグループはキバガ科を特徴付ける"グナトスは中央のフック状の骨片とそれに関節する1対の骨片からなる"という形質状態をもたないため，キバガ科でない可能性があることになる．

　卒業論文では，日本産 *Brachmia* 属を上記3つのグループに分け，種の記載および属と各グループの定義をおこなった．

　その後，研究を進めるとイモキバガグループは *Brachmia* 属ではなく *Helcystogramma* 属であることがわかり，タテジマキバガの近縁種を新種として日本産 *Helcystogramma* 属の再検討論文を発表した（Ueda, 1995）．また，ミツボシキバガグループは上述のようにキバガ科ではなくマルハキバガ科に属することがわかったため，同科のミツボシキバガ亜科の *Autosticha* 属として日本新記録1種と2新種を追加した論文を発表した（Ueda, 1997）．ウスヅマスジキバガはその後 Park and Hodges（1995）により *Dichomeris* 属として扱われたことから，結局，私が卒論で扱った種はすべて *Brachmia* 属ではなかった上に，異なる科の種が混じった，"ごみ箱"のようなグループだったということになった．

　分類をしていると，どこに入れたらいいかよくわからないものをとりあえず入れておくような，整理のできていない雑然としたグループがある．こういう雑然としたグループを"ごみ箱"のようなグループと呼んでいるのだが，むし

ろ分類学的研究に手が付けられていないグループにはこういう仲間が多いといえる．分類学者はこういった仲間を整理していくのが仕事だと思っている．

私が学部の卒業論文をきっかけにキバガの分類研究を始めたころは，研究者も少なく，種の解明率が低く，キバガ上科全体で高次分類に関する知見も乏しいという状況であった．このような状況の中，大学院の修士・博士課程でのキバガ研究生活が始まった．

3 キバが生えた蛾 − キバガについて

ここで，私が研究対象であるキバガ科が含まれるキバガ上科について簡単に紹介しておこう．

キバガ上科は鱗翅類の中で小蛾類と呼ばれる小型の蛾類の仲間である．キバガ上科はキバガ科を中心に，鎌状に伸びる下唇鬚や口吻の基部に鱗粉があるなどの特徴でまとめられるグループで，20前後の科から構成される鱗翅類の中でも非常に大きなグループである．世界中から 18,000 種以上がこれまでに記載されているが，未だ多くの未記載種を含んでいる（Heikkilä et al., 2014）．日本では 820 種ほどが記録されているが，これでも名前がわかっているものは一部にしかすぎない．日本産のキバガ上科ではグミハモグリキバガ *Apatetris elaeagnella* やスゲノクサモグリガ *Elachista fulgens* のように開張 5 mm 程度のものからヤシャブシキホリマルハキバガ *Casmara agronoma* のように 40 mm 程度のものまでと大きさにもかなりのばらつきがあり，形態的にも変化にとんだグループである（図 3）．

キバガという名前の由来は前述のとおりで（図 4A），鎌状に伸びる下唇鬚がグミハモグリキバガのように二次的に退化する種もいるものの，慣れてくればキバガ上科の種かどうかを野外で識別するのはそれほど難しくはない．

この仲間が形態的に多様

図 3 キバガ上科の成虫．
左上：カザリバ（カザリガガ科），右上：カキノヘタムシガ（ニセマイコガ科），左下：オキナワセンダンキバガ（キバガ科），右下：ヤシャブシキホリマルハキバガ（マルハキバガ科）．

であるとともに生態的な多様性にも富んでいることもすでに述べたとおりである．たとえば成虫の静止姿勢は図4Aのカバイロキバガのような前方部をもち上げた姿勢が通常であるが，チャノキホリマルハキバガ Casmara patrona（マルハキバガ科）のように前脚と中脚で植物にぶら下がるように静止するものや（図4B），カキノヘタムシガ Stathmopoda masinissa（ニ

図4 キバガの静止姿勢．
A：カバイロキバガ，B：チャノキホリマルハキバガ，C：カキノヘタムシガ，D：カタキオビマルハキバガ（B，C，Dは斉藤寿久博士撮影）．

セマイコガ科）（図4C）のように，刺のある後脚をもち上げて静止するもの，カタキオビマルハキバガ Deuterogonia chionoxantha（オビマルハキバガ科）（図4D）の成虫のように，前脚と中脚で踏ん張るようにして体の後半部をもち上げて静止するものなど様々な静止姿勢を取り，静止姿勢が科の特徴となるようなものもいる．また，カザリバガ科のカラムシカザリバ Cosmopterix zieglerella は，寄主植物の葉の上で頭を中心に円を描きながら葉上を動き回る配偶行動と関連すると考えられるダンスをすることが知られている（斉藤・上田，2011）．

幼虫の生態や食性も多様性に富んでいる．キバガ上科の幼虫のほとんどが生きた植物の葉を巻いたり，綴り合せたシェルターの中にひそんだり，葉や茎の中に潜ったりして，その中で植物体を摂食する（図5A，B）．しかし，ミツボシキバガ（ミツボシキバガ科）やホソオビコマルハキバガ Meleonoma malacobyrsa（マルハキバガ科），カタキオビマルハキバガ，カクバネヒゲナガキバガ Lecitholaxa thiodora（ヒゲナガキバガ科）のように枯葉や菌類を食べるものが知られている．枯葉食は鱗翅類の中で様々なグループで見られる（例えばヒゲナガガ科やヤガ科）が，キバガ上科内でもいくつかのグループで生じたと推定されている（Kaila, 2004）．また，キバガ上科の特異な食性としてネズミの糞を食べるミツモンホソキバガ Oecia oecophila（モンホソキバガ科）やセグロベニトゲアシガ Atkinsonia ignipicta（ニセマイコガ科）のようにアブラムシを食べたり，カザリバガ科ではクモの卵を食べるものやカイガラムシに内部

寄生するもの，ハワイからはなんと生きたカタツムリを捕食するものも知られている(Nasu et al., 2016；斉藤・上田，2011).

また，ホソオビコマルハキバガのように枯葉を切り抜いて 2 つ折りにしたポータブルケースを作るものや(図 5C)，ツツミノガ科やキバガ科の Thiotrichiinae 亜科のように植物の新芽や花芽，植物遺体を綴り合せたポータブルケースを作り，移動しながら葉などを食べる仲間もいる（図 5D）.

図 5　キバガの生態.
A：ヘリグロタテジマキバガ幼虫の加害部位，B：寄主植物の葉に潜るヒヨドリジョウゴキバガ幼虫，C：ホソオビコマルハキバガのポータブルケース，D：ムラセモンギンホソキバガのポータブルケース（C は斉藤寿久博士撮影).

このようにキバガ上科は形態的にも生態的にも多様なグループなのである．そのため，クロマイコモドキ Lamprystica igneola のように，いまだにキバガ上科内のどこに所属させるべきか明らかでないものがいたり（斉藤・上田，2011），キバガ科の Thiotrichiinae 亜科のように近年，独立の亜科として設立されたりする（Karsholt et al., 2013）など，系統分類や多様な食性の進化といった研究の余地がまだまだある一群といえる．

4　キバガ科の分類は混沌状態

キバガ科には多くの有名な農業害虫が含まれている．例えば棉花の害虫として世界的に有名なワタアカミムシガ Pectinophora gossypiella やジャガイモの害虫として知られるジャガイモキバガ Phthorimaea operculella，麦類の穀粒内に潜り内部を食害することで知られる貯穀害虫のバクガ Sitotroga cerealella などが含まれている．

著名な農業害虫を含んでいるにも関わらず，私がキバガの分類に着手した 1991 年時点では日本ではキバガの分類がほとんど進んでいなかった．研究を開始した当時，日本から記録されていたキバガ科は 74 種しかなかった（森内，1982）．この 30 年後に私もかかわった図鑑に掲載されたキバガ科は 241 種（坂巻・上田，2013）と約 3 倍の種数に増加した．

キバガ上科内の科の分類体系は研究者によりさまざまであるが、キバガ科が独立した科であることはいずれの研究者でも一致している。しかし、キバガ科内の亜科の分類は研究者によってずいぶん異なっていて、Hodges（1986）の3亜科を認める体系から Heikkilä et al.（2014）の7亜科とする体系までさまざまな体系が示されている。最近は分子系統学の進歩により高次分類体系をめぐる混乱は終息しつつあるが、私の学生時代はキバガ科の亜科の体系に関しては流動的な状態が続いていた。

5 キバガ科のノコメキバガ亜科 Chelariinae に近縁なグループは何か

大学院の修士・博士課程では、亜科の体系に疑問があるキバガ科のノコメキバガ亜科の系統分類をおこなうことにし、研究を進めていった（図6）。ノコメキバガ亜科は下唇鬚（ラビアル・パルプス）の第2節に毛束があることが特徴で、比較的簡単に識別できる（図6、図7）。ライトトラップ等で採集していくと、日本にはかなりの種数がいそうなことがわかり、その大半が新種でないかと考えるようになった。とくに *Anarsia* 属と *Hypatima* 属として記載された種は交尾器形態から複数のグループが混在しており、系統解析を基に分類的な混乱を整理することが研究の大きなテーマとなった。

前述のとおり、私が博士論文に取り組んでいたころは、キバガ科内の亜科の体系についてさまざまな系統仮説が提出されていた。その中で、Hodges（1986）が腹部第2節腹板にあるアポディームとベニューラと呼ばれる竿状の骨片の有無によりキバガ亜科 Gelechiinae、フサキバガ亜科 Dichomeridinae、バクガ亜科 Pexicopiinae の3亜科を認めるということが広く受け入れられており、ノコ

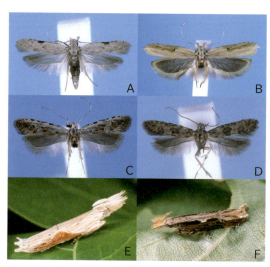

図6　日本産ノコメキバガ亜科の成虫.
A：ヒメマエモンシロキバガ，B：センダンキバガ，C：ホシウスジロキバガ，D：ヤナギワモンキバガ，E：オキナワセンダンキバガの静止姿勢，F：ウスアトベリキバガの静止姿勢.

メキバガ亜科は独立した亜科ではなくキバガ亜科の下位に位置するノコメキバガ族とする体系がヨーロッパでは一般的であった (Karsholt and Riedl, 1996). 一方, 極東ロシアの研究者 Ponomarenko (1992, 1997) はオス交尾器の筋肉系を調

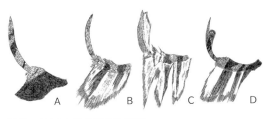

図7　ノコメキバガ亜科の下唇鬚.
A：ゴマダラノコメキバガ, B：ニセクロクモシロキバガ, C：センダンキバガ, D：ウスアトベリキバガ.

べ, ノコメキバガ亜科をフサキバガ亜科と同一とし, 後者の異名とする体系を発表した.

　日本産の種を解剖しながら腹部の形態を観察すると, 大部分が Hodges のキバガ亜科タイプの腹部構造であったが, 唯一ハイジロオオキバガ *Tornodoxa tholochorda* がバクガ亜科タイプの形状をしていた. つまり, Hodges の系統仮説に従えば, 交尾器などの形態で非常によくまとまっているノコメキバガ亜科が2つの亜科に分割されることになってしまう. また, Ponomarenko の系統仮説も形質の解釈に疑問があり, ノコメキバガ亜科は従来通り独立の亜科とするのが妥当だろうという感触を得ていた. そこで, ノコメキバガ亜科の独立性について検討することも主要なテーマとして, Ponomarenko が検討していない日本産ノコメキバガ亜科の属を中心にできるだけ多くの種のオス交尾器の筋肉系を観察し, Ponomarenko の仮説を検討することとした. また, キバガ科の胸部形態についてはほとんど研究されていなかったが, 高次分類の系統関係を推定するのに有益な情報があるのではないかと考え, 胸部形態にも着目して研究を進めることとした.

１）オス交尾器筋肉系からわかったこと

　オス交尾器の筋肉系は De Benedictis and Powell (1989) が筋肉を赤く染め, 硬化部を透明にして観察する手法を発表していたことから, この手法にもとづいて観察をおこなった (この手法は那須ら (2016) でも紹介されている). 筋肉の観察は乾燥標本からでも可能だが, 採集後ただちにカールス氏液で12〜24時間固定し, 70％アルコールで液浸標本にしたものが長期間いい状態で保存でき, 筋肉の観察が容易である. 乾燥標本から観察したい場合は10分程度お湯で煮ふやかせれば観察可能だが, 観察のしにくさは否めない.

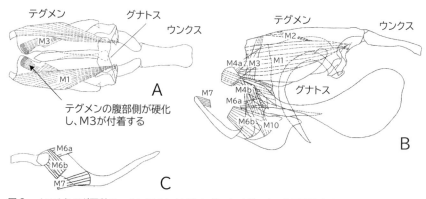

図8 ノコメキバガ亜科 *Paralida* 属オキナワセンダンキバガのオス交尾器筋肉系．
A：テグメンとウンクス，グナトスの腹面図，B：交尾器側面図，C：エディアグス側面図

　私が博士論文で検討した *Paralida* 属オス交尾器の筋肉系を図8に示す．ノコメキバガ亜科のオス交尾器のテグメンは腹側も硬化した袋状の構造となっておりM3筋肉の付着点が腹側の硬化部に移動するという形質が Ponomarenko（1992）により指摘されていた．私が観察した日本産ノコメキバガ亜科17種すべてにこの形質状態が認められた（図8A：矢印）．Ponomarenko（1997）はこの形質状態がフサキバガ亜科の *Helcystogramma* 属にも認められることから，M3付着点の移動がノコメキバガ亜科はフサキバガ亜科の異名であるという根拠の1つとした．しかし，私が *Helcystogramma* 属であるイモキバガ *H. triannulella* で検討した結果，イモキバガでは M3 付着点は Ponomarenko がいうようにテグメンの腹側の硬化部に付着するのではなく，全く別の位置であるバルバ基部のトランスティラに付着していることがわかった．このため，M3のテグメン腹側の硬化部への付着点の移動はフサキバガ亜科とノコメキバガ亜科を結びつける特徴ではなく，後者だけを特徴づける形質であることがわかった．Ponomarenko はオス交尾器の筋肉 M4 の付着部の状態と筋肉 M6 が2本に分かれる（図6C：M6a と M6b）こともフサキバガ亜科とノコメキバガ亜科を結びつける特徴としたが，フサキバガ亜科の *Helcystogramma* 属と *Dichomeris* 属では筋肉 M4 の付着部は Ponomarenko が指摘したような状態ではないこと，筋肉 M6 が2本に分かれることはキバガ科全体に見られる状態であることから，Ponomarenko の系統仮説を支える形質はいずれも間違いであるというのが私の結論であった．

2）胸部形態の重要性

分類学では交尾器の形態が重要視され，胸部形態についてはあまり検討されることがない．交尾器は種の違いや属の違いが明瞭に表れ分類をおこなう上で必ず検討しなければいけない器官といえる．一方，胸部は飛翔や歩行といった重要な機能をもった器官が存在することから，基本的な機能を損なうような変異は淘汰されるため，種や属レベルでの形態的な変化は起こりにくいと考えられる．逆に言えば胸部形態で見られる違いは科や亜科レベルでの

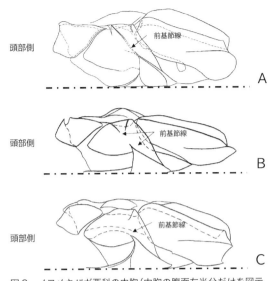

図9　ノコメキバガ亜科の中胸（中胸の腹面左半分だけを図示．図中の矢印は前基節線を示す）．
A：ハイジロオオキバガ，B：ホソバワモンキバガ，C：オキナワセンダンキバガ．

識別点になる可能性が高いということになる．そこで，これまでほとんど検討されなかった胸部形態について日本産ノコメキバガ亜科を中心にキバガ科に含まれる種について検討をおこなった．

胸部形態の観察は交尾器の観察と同様に乾燥標本を10％の水酸化カリウム水溶液で10分程度煮ておこなった．

日本産ノコメキバガ亜科20種について胸部形態を検討した結果，図9の矢印で示す中胸の前基節線が*Tornodoxa*属ではほぼ完全に発達するものの中央部分の硬化が弱くなり，*Empalactis*属と*Bagdadia*属では中央部が消失し，その他の属は基部だけが残るということがわかった．他の属では前基節線が完全であることから，この前基節線の部分的消失がノコメキバガ亜科の特徴であると推定された．

3）蛹の形態も重要だった

ノコメキバガ亜科に近縁な群は本当にフサキバガ亜科なのか．Ponomarenko（1992, 1997）のノコメキバガ亜科はフサキバガ亜科の異名であるという仮説は

図10 ノコメキバガ亜科の蛹（全身に密に二次刺毛が生えているため，蛹の境界付近が白く縁どられたように見える）．
A：マエモンハイキバガ，B：ウスアトベリキバガ．

研究を進めていく中で，間違いであると考えるようになった．その一方，幼虫の飼育を通じてノコメキバガ亜科の蛹は全身が密に二次刺毛でおおわれることに気づいた（図10）．この特徴はキバガ科内でAnacampsis属の蛹にも見られることから，ノコメキバガ亜科に近縁な亜科はフサキバガ亜科ではなく，サクラキバガ亜科Anacampsiinaeではないかと考え，系統解析をおこなった．最終的には日本産ノコメキバガ亜科を2新属11新種を含む11属46種に整理して学位論文をまとめた．その後，2013年にDNA解析によるキバガ科内の高次分類の系統について発表された（Karsholt et al., 2013）が，ノコメキバガ亜科はサクラキバガ亜科と近縁であるという結論で，私が蛹の形態から考えた仮説を支持するものであった．

　従来は成虫の形質に基づいて主に分類研究がなされてきたが，上記のように蛹の形態が分類上，有用な情報をもたらすことがわかった．分類研究は，成虫だけでなく幼虫や蛹の形態も含めた総合的な研究が必要だと痛感した．

6 おわりに

　博士の学位取得後，私は環境系コンサルに就職し，現在に至っている．就職する際，分類学は標本があれば細々とでも続けられると考え，論文を何本か発表するとともに，「日本の鱗翅類」（東海大学出版会）や「日本産蛾類標準図鑑3」（学研教育出版）の執筆にもかかわらせてもらった．

　就職後に発表した論文の中にクロバイキバガ Thiotricha prunifolivora の新種記載論文がある（Ueda and Fujiwara, 2005）．小蛾類の研究者がおこなっているレピゼミと呼ばれる研究発表会に参加した際，斉藤寿久博士からクロバイの花

芽に潜り，内部を食い尽くした後，それをポータブルケースとして背負い，他の花芽に移動するという生態をもつキバガを調べてみますか，といわれたのがきっかけで新種記載論文につながった．成虫の外部形態や交尾器を見て Thiotricha 属の新種であることはすぐにわかった．ポータブルケースを幼虫が背負うという特

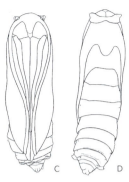

図11　クロバイキバガの成虫と蛹．
A：成虫（ホロタイプ標本），B：蛹羽化殻，C：蛹（腹面），D：蛹（背面）．

徴や，蛹がポータブルケースからせり出して成虫が羽化するという特徴はキバガ科内ではほとんど見られないことから蛹や幼虫についてもしっかり記載することとし，新種記載論文として発表した（図11）．図11C，D に示したクロバイキバガの蛹の形態はキバガ科の中でも特異で，頭部にポータブルケースを突き破るための 1 対の突起があり，ポータブルケースから体をせり出す際，体を固定するための刺の列が腹部背面と腹面にあるというものであった．クロバイキバガを調べていく中で沖縄のヒルギモドキにも同様にポータブルケースを作るヒルギモドキキバガ Thiotricha lumnitzeriella がいることや，Thiotricha 属に近縁な Palumbina 属でイスノキの葉を切り取ってポータブルケースを作るものがいることもわかった(図5D)．これら種はいずれも羽化の際蛹がポータブルケースからせり出し成虫が羽化することがわかり，蛹には体を固定するための刺があることもわかった．ポータブルケースを作るというキバガ科内での特異な生態的特徴やポータブルケースから蛹がせり出して成虫が羽化し，そのために蛹の腹部に刺の列ができるといった形態的な特異性から Thiotricha 属とその近縁属のためにキバガ科内で独立の亜科か族を作る必要があるのではないかと考えていた．2013 年に DNA 解析によるキバガ科内の高次分類の系統について発表された論文で，Thiotricha 属を含む新たに Thiotrichiinae 亜科が設立され(Karsholt et al., 2013)，私の考えが裏付けされた．

　キバガ上科は紹介したように非常に大きなグループだが，日本でキバガ上科の研究をしている人はそれほど多くない．私が研究対象としていたキバガ科にもまだまだ多くの未記載種が存在していて，系統的な位置が不明な種も多く存

在する．私がかかわった「日本の鱗翅類」や「日本産蛾類標準図鑑 3」でも属止めで記録したままの種がいくつかある．前述のヒルギモドキキバガは九州大学の Kyaw さんによって最近ようやく新種記載された（Kyaw *et al.*, 2021）．このように種の記載すら進まない中，寄主植物などの生態情報が不明な種が圧倒的に多い状況である．キバガ科の中にはハマニンニクキバガ *Apatetris elymicola* のように海浜植物のハマニンニクを寄主植物とするものや，タテジマキバガのように湿地に依存していると考えられる種もいる．おそらくこのような海浜や湿地と言った開発の脅威にさらされやすい環境に依存した種はまだまだいると考えられ，人知れず，地域から消えて行ってしまっている種も多くいるのだと考えている．

　種を記載し，地域のインベントリーを明らかにすることは生物多様性保全の基礎となる重要な事項だと考えている．分類学に携わるものとして，まとまった大きな研究はできないかもしれないが，在野の研究者としてインベントリーの解明に貢献することはできると考え，少しでもその役に立てるよう，細々とでも研究に携わっていければと考えている．

第3章　昆虫類の多様性を調べる

16 河川のベントス調査の難関，
ユスリカ類の同定作業を克服する

山本 直

　河川の底生生物（ベントス）は多様な分類群から成り，生物相調査や群集生物学的調査，環境影響評価などのほか，河川水辺の国勢調査の対象にもなっている．河川のベントス調査では，昆虫類は種数・個体数ともに多く，同定作業には多大な労力を要する．とりわけ，ユスリカ類は形態的に酷似した微小種が多く，分類学的な研究も遅れていることから，同定は困難を極める．ここでは，ユスリカ類の特徴を概説するとともに，河川のベントス調査における幼虫・成虫の同定プロセスを解説する．

1 はじめに

　ユスリカという昆虫をご存じだろうか．以前，一般の方に理科の生物実験で唾液腺染色体の観察実験，渓流釣りや熱帯魚の餌のアカムシが有名であると言ってもピンとこず，一方で，夕暮れ時に突然集団で現れ

図1　ユスリカ幼虫（左）と頭上に舞うユスリカ成虫．
（右：近藤繁男博士提供）

て，時に頭上に集まり追跡してくる不快な小さな虫と説明すれば，それなら知っているという声をよく聞いた（図1）．しかし最近は，インターネットやSNS上で「ユスリカって何？」という言葉が散見されるようになってきている．
　マイナー昆虫であるユスリカについて，名前自体が先行しているが，その実態はよく分からないという少し不可思議な現象が起きている．認知の底上げに爆発的な貢献をしたのは，おそらく2007年以降に大手製薬メーカー各社が発売した吊り下げプレートタイプの空間用虫よけ製品であるようだ．多くの方々が吸血する蚊の忌避効果を期待し購入したようである．しかし，製品の適用害虫の項目には蚊という文字はなく，代わりに，そこには"ユスリカ"と明記さ

236 第 3 章　昆虫類の多様性を調べる

れており，インターネットを利用してその名称を発信し，また，検索している
ようだった．検索結果でユスリカが蚊に似た血を吸わない昆虫であることを学
び，その消費者たちが，残念な気持ちを込めて SNS 上で発信していた．中には，
明らかに昆虫にうといと思われる方が，ユスリカについて以前，自ら調べて得
た知識をもとに説明している様子も伺えた．このように，ユスリカが広く認知
されることに関して非常に喜ばしく感じる一方で，残念に思うこともいくつか
あった．そのひとつは，ユスリカの和名の由来についてである．

　インターネット等で見る限り，ユスリカの和名について間違った認識が拡散
されて根付いている．自治体，害虫駆除を専門とする民間会社，および個人の
HP 等でのユスリカの説明に「和名は幼虫が体を揺するように動かすことに由
来」と，おそらくウィキペディア（2020）を引用したであろう内容が当たり前
のように記載されている．ユスリカ科の学名は Chironomidae であり，その語
源は平嶋ら（1989）によると，「cheironomos 曲芸教師，cheironomeō 身振りで
あらわす」と説明されている．この他にも，和名について成虫の前脚を揺り動
かす様子を表現したという文献は多くあるため，和名は「体を揺するように」
ではなく，「成虫が前脚を揺り動かすことに由来」が最初であり，ほぼ間違い
ないだろう．詳しくは，木村ら（2017）に解説されているのでぜひ参考にして
ほしい．

　また，X（旧 Twitter）などの SNS 上で“ユスリカ”を検索すると，非常に
多数の投稿が見られるのだが，そのほぼすべてに「気持ち悪い」，「鬱陶しい」
などのマイナスな言葉が添えられ，「根絶やしにしてやる」など過激な表現が
追加されることも少なくない．非常に残念ではあるが，ユスリカはとにかく嫌
われているようだ．

　このように嫌われ者であるユスリカについて，これから調査・研究を始める，
または，始めたいと思う人が現れるのかは疑問であるが，それでもユスリカに
関する既知の情報だけでなく，標本作製および同定を行う上での注意点やアド
バイス等を説明しつつ，研究対象としてのユスリカの魅力を伝えたいと思う．

2　ユスリカはどんな昆虫か

　ユスリカ科（以下，ユスリカ類）はハエ目（双翅目）に属する昆虫である．
ハエ目は元々 4 枚あった翅のうち後翅が退化して平均棍となり，前翅 2 枚だけ
を残したグループであり，触角の形態によって大きく短角亜目と長角亜目に分
類されている．前者はいわゆる触角が短いハエおよびアブの仲間であり，後者

は触角が大きい（長い）カ（蚊）の仲間である．ユスリカ類はこの長角亜目に属しており，見た目は蚊に似ているが，口器は雌雄ともに退化し，吸血はおこなわない．成虫の寿命は短く，交配のためにわずかな期間陸上で生活するが，卵から蛹までの生活史のほとんどを水中で過ごす（図2）．このため，ユスリカ類は一般にトビケラ類，カワゲラ類，カゲロウ類と同様，水生昆虫とされる．

ユスリカ類の分布は非常に広範で，両極域を含むすべての動物地理区で確認されている．また，幼虫の生息環境は極めて多様で，山地の渓流から海域，貧栄養の河川から富栄養化の進んだ湖沼，さらには強酸性の水域にまで見られる（Yamamoto, 2004）．水があるところならどこにでもユスリカ類の幼虫がいると言っても過言ではない．

ところが，こんなこともあった．筆者が学生の頃，沖縄県八重山諸島の黒島を訪れ，ユスリカ類の分布調査をしようとしたのだが，河川および湖沼どころか水路さえ見当たらず途方に暮れていた．半ばやけくそになって，適当に捕虫網で近くの茂みでスウィーピングをしてみると，ビロウドエリユスリカ属 *Smittia* の仲間の成虫が多数採集されたことがあった．つまり，ユスリカ類は水がなくてもいることがある．このビロウドエリユスリカ属の仲間は，幼虫期を土壌で生活する種が少なくない．また，ムナツゲユスリカ属 *Limnophyes* の仲間は前者ほど完全な陸生ではないが水際などの湿潤な土壌を好む種が多い．このようにユスリカ類の幼虫はすべてが完全な水中生活ではなく，陸生および半陸生の種も多数存在する．

ユスリカ類はこれまでに世界から15,000種，日本では1,170種が記録されているが（Cranston, 1995；Yamamoto *et al.*, 2019），筆者自身まだまだ多くの未記載種を所持しており，日本には少なくとも2,000種は分布すると推定している．1つの科でこれほど適応放散を遂げた動物群は他にあまり例を見ないだろう．ユスリカ科は現在10亜科に分類されており，日本ではイソユスリカ亜科 Telmatogetoninae，ケブカユスリカ亜科 Podonominae，モンユスリカ亜科 Tanypodinae，ヤマユスリカ亜科 Diamesinae，オオヤマユスリカ亜科

図2　ユスリカ写真（左から雄成虫，蛹，幼虫）．

238 第 3 章 昆虫類の多様性を調べる

Prodiamesinae，エリユスリカ亜科 Orthocladiinae，ユスリカ亜科 Chironominae の 7 亜科が確認されている．

　ユスリカ類の幼虫は金魚の餌になる赤虫として知られるように，幼虫の体色が赤いイメージがある．しかし，10 亜科あるユスリカの中で赤色の体色をもつのは基本的にユスリカ亜科だけであり，その他の亜科は白色，青白色，褐色，黄褐色である．この赤色は呼吸色素であるヘモグロビン様色素（エリスロクルオリン）に由来しており，おそらくこの色素を獲得したことによってユスリカが溶存酸素量の少ない水域に生息することを可能にしている．厳密に言うとエリユスリカ亜科内にも赤色の幼虫のものが 1 種知られている．これが日本で最も有名な種の 1 つであるアカムシユスリカ *Propsilocerus akamusi* であるが，エリユスリカ亜科の中でも例外的な種である．また，モンユスリカ亜科の幼虫もこの呼吸色素をもつが，含有量が少なく，赤色でなく黄褐色となる．

　日本国内において，ユスリカ亜科は，この 1 亜科だけで科全体の約 5 割の種数を占めるほどの大きなグループで，ユスリカ科全体の属数の約 1/3 に当たる 57 属が本亜科に属している．つまり，この呼吸色素の獲得がユスリカ亜科の高い多様性の主要因の 1 つであると推定される．中でもユスリカ亜科ハモンユスリカ属は，とくに種数が多く，世界から 500 種以上，日本からは約 130 種が記録されている．生態的にも非常に多様な一群で，幼虫はデトリタス食を基本とするが，植食性の種から寄生性の種まで広範に見られ，さらにこの 1 属は海域を除くほとんどすべての水域に分布している．乾季・雨季が明瞭なアフリカの気候に適応し，乾季には完全に乾燥した状態で次の降雨まで生存し続けるというクリプトビオシス（cryptobiosis）と呼ばれる性質を昆虫類で唯一獲得している（Hinton, 1960）と言われるネムリユスリカ *Polypedilum vanderplanki* もこの属に含まれる．このようにユスリカ類はその 1 属だけとっても非常に魅力あふれる研究対象である．

3 河川のベントス調査では必須のユスリカ類幼虫の同定作業

　適応放散の顕著なユスリカ類だけに，調査や研究の過程で登場する場面は少なくない．そのひとつが河川を主な対象とする群集生態学的な研究における底生生物（ベントス）調査である．研究目的は，単に対象河川にどんな生物が生息しているのか知りたいというものから，環境指標，ダムや人工構造物の生物に与える影響，魚類の餌選好性の有無の確認などさまざまであっても，このベントス調査はほぼ必ず実施され，そして，まず間違いなくユスリカ類の幼虫が

図3　底生生物調査（コドラート法）の作業手順．

採集されるのである．

　ここで簡単に河川のベントス調査について紹介したい．たとえば「コドラート法」であるが，この方法は多くの研究者によって採用されている．しかし，その詳細な内容は研究者間で微妙に異なっており，ここでは平成28年度版河川水辺の国勢調査基本マニュアル［河川版］（底生生物調査編）pp.III-19-20 の「定量採集」（国土交通省水管理・国土保全管理課，2016）に準じた筆者の方法で簡単に説明する．①コドラート付きサーバーネットで底質ごと生物を採集し，②水を入れたバケツやタライなどに移して，石の表面に付着している生物はたわしやピンセットで引き離す．その後，底質ごとかき混ぜ，③その上澄み液をふるいに流し，④底質に残っている比重の重い生物やバケツ内面に張り付いている生物はピンセットで直接ふるいに移す．最後に，⑤ふるい上に残ったすべてのものをサンプル瓶に入れ，⑥5〜10％ホルマリンや70〜100％エタノールなどで固定して持ち帰る（図3）．このサーバーネットを用いる方法は河川内の河床を対象としており，調べたい生物によってふるいの目合いサイズを変える．水生昆虫が対象で，かつ，ある程度網羅的に採集したいのであれば目合いが 0.3〜0.5 mm のふるいを用いるのが一般的である．

　調査精度を高めたいと考えれば，1つの調査地で複数個所のサンプリングを実行したり，調査地自体を増やしたり，また，調査回数を多くしたりとさまざまな努力が必要になる．精度を高めつつ，後々の同定や個体数計測などの作業コストをしっかり考えて調査計画を立てるのが賢明である．持ち帰ったサンプルは①白バットに移し，②ソーティング，③個体数計測および同定の流れで作業するのだが，この時に水生昆虫，とくにユスリカ類の幼虫の同定の難しさに直面することになる（図4）．

　一般的な河川であれば，採集された水生昆虫は「日本産水生昆虫第2版」（東海大学出版部）（川合・谷田編，2018）で検索すれば，ほぼ属まで同定することが可能である．しかし，これから水生昆虫の同定を始める入門者にとっては，

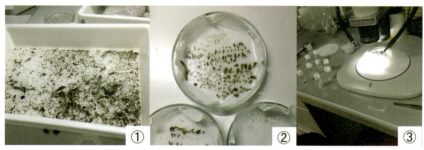

図4 持ち帰ったサンプルを同定・計測するまでの流れ．

　いきなりこの本から検索をはじめると非常に難易度が高いため，まずは環境省が平成29年にホームページ上で公表した「河川生物の絵解き検索」を参考にして，目レベルの同定を確かなものにした方がよい．これによって水生昆虫のそれぞれの目レベルの特徴が理解できるようになったら，たとえば「原色川虫図鑑幼虫編」（丸山ら，2000）と併用し，数をこなせば，ある程度の分類群において科または属レベルの同定は比較的スムーズにおこなえるようになる．ほとんどの分類群は双眼実体顕微鏡レベルでの同定が可能であり，グループによっては色彩や特徴がはっきりと見えるため，裸眼で属あるいは種同定もおこなえる．

　構成する分類群は上流から下流で変わるが，たいていトビケラ目，カゲロウ目，ハエ目の種が目立ち，そこにカワゲラ目やコウチュウ目などがちらほらとみられる感じである．表1は，筆者が実際に2019年7月に新潟県佐渡島の30河川を対象に水生昆虫の目ごとの個体数を調査した結果の一部だが，トビケラ目（16科563個体），カゲロウ目（6科518個体），ハエ目（9科1,752個体）が突出している．このハエ目の中でもユスリカ科は約93%（1,637個体）を占め，優占群であることが理解できると思う．

　実は，このユスリカ類の幼虫を種まで同定する作業は容易ではない．ユスリカ類は特徴的な一部の種を除き，幼虫の種同定はほぼ不可能なのである．上述した「日本産水生昆虫」，「ユスリカの世界」（培風館）（近藤ら，2001），および「絵解きで調べる昆虫2」（文教出版）（山本，2017）を使用すれば，日本産ユスリカ科幼虫の属までの同定に関しては問題ない．個人的には，モンユスリカ亜科であれば「日本産水生昆虫」を，エリユスリカ亜科およびユスリカ亜科であれば，「絵解きで調べる昆虫2」を参考にするのが楽だと考えている．同定後に，「図説日本のユスリカ」（文一総合出版）（日本ユスリカ研究会，2010）

表1 2019年7月に佐渡島内の30河川を対象とした調査で記録された水生昆虫の目ごとの個体数

	トビケラ目	カワゲラ目	カゲロウ目	ハエ目	コウチュウ目	ヘビトンボ目	トンボ目
梅津	16		8	62	19		
椿	12		10	35			
小河	7	8		182			
玉川	51		46	17			
坊ケ崎	10	2	13	102	36		
和木	10	1	125	110	10		
浦川	147	6	42	177	1		
釜川	20	2	87	34	1	1	
北小浦	13		15	18			
海士町			1	3			
小川	2		24	40			
戸地	19		4	9	1		
桜			1	71			
北立島	3	4	14	103	1		
石名	5			28			
大倉	65	1	11	41			
五十浦	67	1	35	148	7	2	
大川	5		5	38	2		
西三川	8		5	41	3		
素浜	2		4	53			
杉野浦	2			12	1		
ソリチ				6	1		
高川	1			14	1		
腰細	7		8	24			
河内	16		15	39	1		
岩首	47		37	14			
立間	22	1		227	1		
天王川	5		3	66			
貝喰			3	38	6		
長江	1		2	4			1
	563	26	518	1752	96	3	1

の冒頭にある幼虫の下唇板の図を参照し，確認をおこなうのがよいだろう．

　こんな書き方をするとユスリカ科幼虫の属同定は思いのほか楽なのでは？と思うかもしれないが，それは間違いである．まず，双眼実体顕微鏡レベルでは特徴的な形態形質が確認できないため，永久プレパラート標本を作製し，より倍率が高い生物顕微鏡での検鏡が必要になる．また，個体数自体が膨大で，かつ，同所的に複数属が出現するため，安易にグルーピングして代表的な個体だけを同定することが非常に難しく，相当な時間的コストがかかってしまう．

　だからといって無視もできないのがユスリカ類である．なぜならば，ユスリカ類ばかりが目立つ河川も普通に見られ，ユスリカ類を無視すれば，データが得られない場合も出てくるからだ．さらに，ユスリカ類は属レベルで環境を指標するものも多く，その他の生物の重要な餌資源等にもなっている．このようにユスリカ類は非常に重要な分類群であるため，幼虫は少なくとも属レベルまでの同定が推奨されている．

　しかし，筆者は同じ属内でも種レベルで生態が異なるが，幼虫が酷似してい

るハモンユスリカ属 *Polypedilum* やヒゲユスリカ属 *Tanytarsus* などを目の当たりにしてきている．そして，これらが河川調査で実際に頻出するため，相当な労力を使ってまで幼虫の属同定をおこなうことには疑問を感じる．かと言って，その他の水生昆虫は属および種まで同定をしているため，ユスリカ類だけ科で止めるのもバランスが悪い．あまつさえ，ユスリカ類の同定だけ生物顕微鏡を使用する必要があるなど，とにかく，この昆虫はその取扱いが悩ましいのである．

　幼虫では種を特定するのが困難なため，成虫を採集するべく，羽化トラップや河川脇でのパントラップを併用する研究もあるが，テネラル（羽化したての状態）も多く混じるため，ユスリカ類を専門に扱う研究者以外ではなかなか難しい．ちなみに，灯火採集やスウィーピング採集等で得られた成虫個体は，上述したテネラルとは異なり，色彩的特徴もはっきりし，翅に歪みがないので，同定自体には問題ない．筆者は種に関する遺伝子情報の蓄積や成虫と幼虫の対応付けなど，これからのユスリカ研究の発展のためには，多くの研究者に加わってほしいと願っている．

4　成虫の同定作業のストレスを軽減する

　ユスリカ類の成虫についても，同定作業に非常に高いハードルを感じるという声をよく聞く．このハードルを少しでも下げたいと思い，以下に既存の文献とはやや異なる，筆者自身の経験に基づく成虫の同定プロセスを紹介する．

　近年，ユスリカ類の成虫の同定に関する検索表などの資料・文献は比較的充実してきている．それらは生物顕微鏡下でおこなうことを前提としているのだが，筆者は実体顕微鏡を使って検索を頑張る人たちを少なからず目の当たりにしてきた．「生物顕微鏡を使用しないと厳しいですよ」とアドバイスをすると，それを聞いた多くの人がそこで断念した．生物顕微鏡を使用するということはプレパラートを作製しなければならず，それが大きなストレスになるのだろう．ユスリカ類のプレパラート作製に関しても書籍・文献はある．しかし，どれもタイプ標本（新種記載で学名の基準として指定された標本）の作製を念頭に置いた厳格な内容であり，また，専門的な薬品や封入樹脂まで指定されている．そのため，単に種同定をしたい人たちにとっては相当な難題と感じるだろう．

　一般的に「ユスリカの成虫同定＝永久プレパラート標本作製」が固定観念化されている．しかし，筆者はユスリカの成虫同定作業をかなりこなしてきたが，タイプ標本以外はほぼ永久プレパラートは作製していない．それどころか最初

にそれを作製すると，むしろうまく同定ができないため，筆者自身は種同定を主な目的とした場合，とくに専門的な薬品を使わない簡易的なプレパラートを作製している．この方法に慣れればある程度の個体数を同時に処理することができるので便利である．また，筆者はこの簡易プレパラートを作製してから同定を始めるのでなく，最低でも作製前に亜科レベルの同定は行っている．以下にその手順を示す．

1）実体顕微鏡または裸眼での亜科同定

海や標高・緯度が非常に高い場所などを除き，モンユスリカ亜科，エリユスリカ亜科，ユスリカ亜科以外が採集されることはほとんどない．つまり，生物顕微鏡下で見る前にこの3亜科のどれかに当たりを付けるだけでも時間的コストは大幅に削減できる．

ところで，ユスリカ類の成虫サンプルは幼虫のものとは異なり，虫体の各パーツが脱落しやすい．エタノール液浸で複数個体をスクリュー管などで保存する場合，個体同士がぶつかり合い，とくに触角，脚のふ節，腹部末端の一部などが脱落し，どの個体のものか分からなくなることがしばしばある．しかし，基本的に各脚の頸節や翅が脱落することはなく，亜科同定ならば可能である．

成虫の亜科同定で重要なのは翅脈である．図5はユスリカ亜科の前翅脈だが，エリユスリカ亜科も同様の形質状態である．注目すべきは，M脈とCu脈をつなぐMCu脈の有無であり，モンユスリカ亜科のみこの脈が存在し，かつ，翅面が大毛で覆われるため容易に判別できる．これに対して，MCu脈が認められなければ，イソユスリカ亜科，エリユスリカ亜科，ユスリカ亜科のいずれかである．このうち，R_{2+3}脈を欠くのはイソユスリカ亜科だが，この亜科は海岸近辺で採集しない限りはまず得られない．

エリユスリカ亜科とユスリカ亜科の違いであるが，オスの腹部末端の生殖器部分を見れば容易に区別できる．把握器が折れ曲がっていればエリユスリカ亜科，まっすぐ伸びていればユスリカ亜科であり，これは裸眼レベルで判別可能である（図6）．また，前脚のふ節第一節が頸節より長いというのもユスリカ亜科の特徴である．しかし，生殖器部分とふ節が脱落していた場合，中・後脚の頸節末端の頸

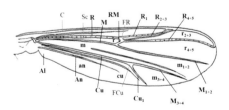

図5　ユスリカ亜科の前翅．

櫛の有無が判別材料になり，雌雄関係なく頸節櫛があればユスリカ亜科となる（図7）．通常は実体顕微鏡下で確認するが，頸節櫛は黒く見えるため，肉眼レベルでも判別は可能である．

2）プレパラートの作製

ユスリカ類の成虫の種同定はオスの標本で行う．オスの大きな特徴は羽毛状の触角であるが，それが脱落していたとしても，メスと比較して

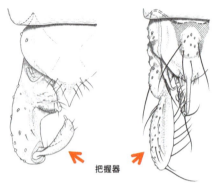

図6　エリユスリカ亜科（左）とユスリカ亜科（右）の生殖器．

腹部が非常に細身であるため容易に識別できる（図8）．なぜオスでしか種同定ができないのか？それは種の特徴がオスの外部生殖器に集中しているからである．また，属の特徴も同様である．色彩に関して酷似しているからという理由で安易に同種であろうと判断するのは危険である．たとえば，筆者は，ハモンユスリカ属の一種であり，3個体とも全体的に黄褐色で体サイズ（2.3〜2.5 mm）も同様であったものを，産地が同じであったことから同種としてグルーピングしていた．しかし後から生物顕微鏡下で詳細に確認するとすべて別

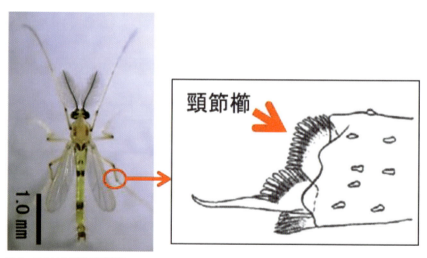

図7　ユスリカ亜科の頸節櫛．

種であり,しかも未記載種であった.

このように,裸眼や実体顕微鏡下での観察で色彩や外観から同種だと思っていた複数の個体が,生物顕微鏡下で確認すると生殖器の形態が異なり,すべて別種であったということは珍しくない.ユスリカ類はある程度経験を積まなければ,個々の形態的な違いが個体変異なのか,あるいは別種なのかの判断すらできない

図8 ユスリカ成虫オス(左)とメス(右).

のではないかと思う.そこで,労力をなるべく排して,数をこなすために役に立つのが簡易プレパラートづくりなのである.表2と3に簡易プレパラートおよび永久プレパラートの作製手順を示すので参考にしてほしい.

3)初心者へのアドバイス

最後に,ユスリカ類の成虫の同定に関するアドバイスを記しておきたい.まず,初心者は属の同定に徹底した方がよい.はじめは2つ以上の検索表を用意し,それぞれで検索するのがよいかもしれない.属まで同定できたら,その属

表2 簡易プレパラートの作製手順

手順	内容
①	2つ穴ホールスライドガラス(1つ穴でもいいが4枚必要)2枚の両穴にそれぞれ計4か所にグリセリンを適量入れる.スライドの1枚は翅用,もう1枚は虫体用とする.
②	70〜80%エタノールの入った直径3cm程度の小さなガラスシャーレ内で2本の先鋭ピンセットを使い,翅の付け根から翅を外し,ホールスライドに1穴1枚で移し,丸形直径10〜15 mmのカバーガラスを被せる(翅用簡易プレパラート完成).
③	直径5 cm程度のガラスシャーレに10%水酸化カリウム(KOH)水溶液*を7分目程度注ぎ,翅を取り除いた虫体をいれる.この時,小さな沸騰石を入れておく.しかし,入れなくても問題ない.仮に突沸してもすぐに金網を引き上げれば経験上大丈夫である.(触角・脚の脱落さえ気をつければ複数個体を同時に投入し進行できる)
④	セラミック付きの金網の上に虫体の入ったシャーレを置き,アルコールランプで金網をゆっくり回すように加熱する.軽くグラグラとしたら,加熱部分から金網を離して放置する.3 mm程度の体サイズならば,1回の加熱と1回の自然冷却を合わせた3分間程度で十分に内部が透ける状態になる.体サイズが5〜7 mmではそれを2回,10 mm以上であれば3回が目安となる.仮にホットプレートがあれば,75〜85℃に設定し,体サイズに合わせて5〜15分の加熱時間を考える.
⑤	KOH処理後の虫体を10%に薄めた氷酢酸に入れて中和*する.時間は1〜3分程度でよい.中和後の虫体を70〜80%エタノールの入ったシャーレに移し,軽く洗う.
⑥	翅用とは別の2つ穴ホールスライドの片側に虫体を入れ,グリセリン内で柄付き針を用いて,頭部,脚を含む胸部,生殖器を含む腹部に分離する.
⑦	分離した頭部をもう片側の穴に移し,生殖器の背面が真上になるように配置してカバーガラスを被せる.胸部は側面が上を向くように配置し,無理に脚は外さない.頭部も無理に触角は外さず,なるべく頭頂が真上になるように配置する.その後,カバーガラスを被せ,ラベルの記入と貼付し,マッペ上に並列する(簡易プレパラート完成:図9).DNA解析用やすでによく透けているサンプルは②〜⑤の行程を省略.

(脚注) *中和反応で有毒ガス等が発生しなければとくに,アルカリと酸の組み合わせは指定しない

246 第3章 昆虫類の多様性を調べる

表3 簡易プレパラートから永久プレパラート作製への手順

手順	内容
①	スライドガラスに両端2mmの間隔（収納するため）をあけた上で，ラベルを貼る場所，5か所の体の各パーツを置く場所をざっくり決める．
②	100％エタノールを2分目程度注いだ直径3cm程度のガラスシャーレを2つ用意する．片方に翅を入れてグリセリンをエタノールで溶解除去し，この翅をもう片方のシャーレに移す．次にスライドガラスにスポイトで100％エタノールを点滴し，その上に翅を並べて乗せる．すぐにその上にユーパラルを点滴し，直径10mm以下のカバーガラスを被せる．
③	頭部を，グリセリンごと直径3cm程度のガラスシャーレに入れ，触角を外し，頭頂部分が浸る程度に100％エタノールを注ぐ，その後は100％エタノールを3分間ごとに1分目程度ずつ追加し，これを3回以上繰り返す．スライドガラス上に，先に封入剤のユーパラルを2か所点滴し，その上に触角と頭部をそれぞれ乗せて封入する．触角と頭部を柄付き針で適切に配置し，そのままカバーガラスを被せず置いておく．
④	胸部，腹部は翅と同様に直径3cm程度のガラスシャーレに70％エタノールを2分目程度注ぎ，10分間ごとに2分目程度ずつ3回追加する．その後，100％エタノールを入れた別のシャーレの中に投入する．これらの一連の処置は，虫体を徐々に脱水するためである．
⑤	スライドガラス上に，翅に使った量よりも心持ち多めにユーパラルを点滴し，横向きに胸部を配置する．既知の文献で書かれているような解剖は必要ない．そして，脚は外さなくてよいがなるべく伸ばす．また，別箇所に適量のユーパラルを点滴し，そこに生殖器の背面が真上になるように腹部を配置する．
⑥	その後，スライドガラス上にユーパラルの表面が軽く乾いたら，先鋭ピンセットでカバーガラスを持ち，100％エタノールで片面だけ軽く濡らし，胸部から被せていく．その後，頭部，腹部の順番に同様の手順でカバーガラスを被せる．
⑦	気泡や体の向きのずれが生じてもすぐには触らない方が良い．気になるようであれば，2時間程度経ってから，ピンセットを閉じた状態で先に100％エタノールを含ませ，カバーガラスを軽く動かすことで配置を正す（永久プレパラート完成：図10）．
⑧	永久プレパラートが面倒かつとくに必要なければ，簡易プレパラートから直接ダーラム管に入れてエタノールまたはグリセリンで保存する方法もある．

(脚注) ＊中和反応で有毒ガス等が発生しなければとくに，アルカリと酸の組み合わせは指定しない

に関する特徴を抽出し，メモするなどして数をこなせば，簡易プレパラートを作製する前から，属の見当が付くものも出てくるようになる．

　種の同定に関しては，Sasa and Kikuchi（1995）などの検索書籍があり，山本・山本（2014）と併用すれば，原記載論文，関連文献，分布などの情報や，シノニム（異名）リストなどの確認ができる．実は，ユスリカ類に関しては，研究を行える文献等の基盤自体は充実しているのである．

6 ユスリカ研究の現状と将来性

　日本におけるユスリカ類の研究は1930年代初頭に始まるが，未記載種を含め約2,000種はいるとされる膨大な種数に対して分類学者が極めて少なく，整理が追いついていないのが現状である．さらに，ユスリカ類は生息環境が多様で広範囲に分布する分類群ほど，環境指標として扱いやすい反面，分類学的に未整理な状態に置かれている．これは国内に限らず，そのまま世界の現状でもある．実際に，フランス人の研究者からイタリア北部のアルプスで見つかったユスリカについて日本在住の筆者に同定依頼がきたこともある．

　淡水域の水界生態学，環境アセスメント学，および害虫管理の研究において，

16　河川のベントス調査の難関，ユスリカ類の同定作業を克服する　247

図9　簡易プレパラートとその保管の様子．

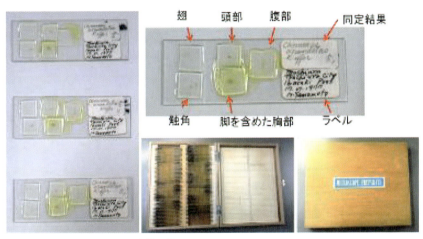

図10　永久プレパラートとその保管の様子．

　ユスリカ類の重要性を指摘する文献は少なくない．しかし，実際に種レベルまで同定して研究を深化させた報告はほとんど見られない．上述のようにユスリカ類に関しての研究ニーズが高いことは確かである．また，近年の環境DNA研究の躍進を見るに，これからも決してユスリカ類を無視することはできず将来性のある対象でもある．なぜなら公的研究機関の河川生態学者のみならず環境アセスメントおよび環境コンサルタント系の民間企業も，現地調査が約1リットル程度の採水で済むというこの画期的な環境DNAを用いた技術に対して，大きな期待と投資をおこなっているからである．とくにユスリカ類のように，種類が多く，個々の同定に時間がかかる分類群については，大幅に肉体的・時間的コストを削減できる可能性があるため，より大きな関心が寄せられてい

る．ユスリカ類については国立環境研究所を中心にさまざまな研究機関および研究者らが遺伝子情報の蓄積をおこなってきている．しかしながら，同定にかかわる専門的な研究者がほとんどいないため，得られた遺伝子情報と種を紐づけさせる作業がほとんど進んでいない．現在，この環境 DNA 技術に関して，手法の標準化，より簡易的で迅速な分析，そして統一的な測定およびデータ解釈に研究が集中・発展しているように個人的には思える．しかし，上述した「紐づけさせる作業」を実践できる専門性をもった人材も同時に育たなければ，真の意味で期待と投資に見合う技術とはなり得ないであろうし，最終的に必要な人材として求められると考えている．

　ユスリカ類の研究に関して，多くの方が同定前のプロセスで挫折してしまうという話を聞き，本稿では同定のためには必ずしも面倒な永久プレパラートを作製しなくてもよいということを示した．本稿は，研究の入り口での躓きを多少軽減させるのではないかと思っている．ユスリカ類の同定が正確にできれば，すぐにこの世界の第一人者になれるかもしれない．本稿が，これからユスリカを研究対象にしたいと考える人たちの助けになることを願っている．

第4章　分子情報を利用した解析

17　ペット魚，"メダカ"の 他地域個体群の侵入による遺伝子攪乱

鳥居美宏・平井規央

　外来種は，本来の自然分布域の外側の地域へ人為により持ち込まれた生物種を指し，人間の活動が活発になるにつれ，増加の一途をたどってきた．外来種の一部は，捕食や競合により導入された地域の在来種の衰退を引き起こすほか，同種あるいは近縁種と交雑することによりそれらの在来種や在来個体群の純系を失わせることがある．ここでは，ホームセンターなどでも売られ，多くの市民が飼育を楽しんでいるメダカ類を対象として，分子情報にもとづき野外個体群の遺伝的攪乱の状況を調査した事例を紹介する．

1　はじめに

　"メダカ"は誰もが名前を知っている身近な生き物でありながら，最近は野外でその姿を見ることが難しくなっている．ここで扱う"メダカ"（あるいは本種）は，日本に生息するミナミメダカとキタノメダカを合わせた呼称として用いることにする．池や川で小魚を見るとなんでも"メダカ"だと思っている人が結構いるが，実際はモツゴや外来種のカダヤシ，その他魚類の稚魚などであることも多い．"メダカ"の属名である *Oryzias* はイネの属名である *Oryza* に由来する．水田や小規模な水路に生息し，また，河川やため池などにも幅広く分布している．"メダカ"は，属名の通り日本の水田稲作との結びつきが強かったが，農業形態の変化，農薬の使用，農業自体の衰退，外来種の影響などによって，個体数が減少し，1999年に環境庁の絶滅危惧種に選定され，それ以降環境省，都道府県などのレッドリストで高いランクに位置づけられる状態が続いている．

2　減りゆく"メダカ"とその地域変異

　"メダカ"は小型の淡水魚であり，国外では，中国，朝鮮半島に生息し，日本では北海道を除く全国のため池・水田・水路・河川などに広く分布している（例えば，岩松，2006など）．生息環境の悪化や外来種の影響によって各地で

個体数は減少傾向にあり，環境省（2013）や大阪府を含む 38 都府県のレッドリストで絶滅危惧種として掲載されている．野外での個体数が減少している一方で，本種の飼育および人工繁殖は容易で，ペットショップ等で広く流通しているほか，イベントなどで他地域の個体が放流されることにより，国内で遺伝的攪乱が生じていると考えられている（例えば，竹花・北川，2010，Nakao *et al.*, 2017ab など）．

"メダカ"の分布は淡水域に限られ，小川，水路，池沼，水田などの規模の小さい水域に多く見られる．移動能力が比較的低いことや，世代時間が短いこと（Egami *et al.*, 1988）などから，遺伝子や形態にさまざまなレベルで地域的な差異が生じやすいと考えられている（例えば，江上，1954 など）．Sakaizumi *et al.*（1983）は，日本産の本種についてアロザイム分析を行い，大きく北日本集団と南日本集団に分けられることを明らかにした．Takehana *et al.*（2003）は，ミトコンドリア DNA シトクロム *b* 領域の塩基配列を用いて本種の遺伝子型を全国的に調査し，北日本型と南日本型，さらには南日本型に含まれる瀬戸内型や東日本型などの遺伝型に分類した．さらに，2011 年には日本海側の集団が形態的特徴から，*O. sakaizumii* として新種記載された（Asai *et al.*, 2011）．2013 年の環境省のレッドリストでは，北日本集団（*O. sakaizumii*）と南日本集団（*O. latipes*）ともに絶滅危惧 II 類に選定されている．岩手県（2001）や埼玉県（2008）のレッドデータブックでは南日本集団が，鹿児島県（2003）では薩摩型が絶滅危惧種にランクされている．

瀬戸内海沿岸にある大阪府内では昔から降水量が少ないのでため池が多く作られ，本種の生息に適した水域が現在でも残っている．本種の大阪府内の分布については，有本ら（2003，2005）によって全域で調査が行われている．しかし，遺伝学的な調査は行われていないため，これらの生息地において在来の遺伝型が維持されているのかは不明である．Takehana *et al.*（2003）は，大阪府の 3 個体を解析し，南日本型の瀬戸内型に含まれることを明らかにしている．

本稿では大阪府における本種の分布状況の変化と遺伝的多様性を明らかにし，メダカの保全，再生を考える基礎資料を得ることを目的として，ミトコンドリア DNA のシトクロム *b* 遺伝子の解析を行い，遺伝的多様性を明らかにするとともに，外来個体群の導入の有無など遺伝的攪乱の現状を調査した結果（Hirai *et al.*, 2017）について紹介する．

3 大阪府内における"メダカ"の遺伝的多様性

 前述のように，"メダカ"は生息地や個体数が減少したことにより，絶滅危惧種として扱われるようになった．本種は淡水魚であるため地理的に隔離されやすく，遺伝子にさまざまなレベルで差異が生じている．遺伝子解析に用いられるマーカーのなかで，ミトコンドリアDNAは核DNAと比較すると塩基置換の速度が速いため，近縁種間または種内における系統関係を調べることに適しているといわれている（Brown *et al.*, 1979）．Takehana *et al.*（2003）は，ミトコンドリアDNAの塩基配列を用いて本種の遺伝子型を全国的に調査し，北日本型と南日本型，さらに南日本型に含まれる瀬戸内型や東日本型などの遺伝型に分かれていることを明らかにした．しかし，本種の飼育は容易であるため，ペットショップや量販店などで広く市販されており，他地域の個体が放流されると遺伝的攪乱につながると考えられている．そこで我々は，大阪府の野生のメダカと市販されているメダカの遺伝子の解析を行い，外来ハプロタイプを持つ個体の混入状況の調査を行った．

 2008～2012年に野外の55地点（図1）で採集した242個体と，大阪府堺市内のペットショップで「クロメダカ」として販売されていた6個体の計248個体を用いて解析を行った．野外で採集された個体のほとんどは「NPO法人シニア自然大学校メダカをシンボルとする

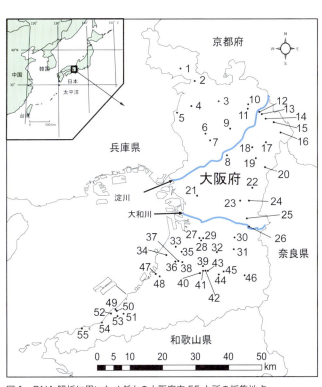

図1 DNA解析に用いたメダカの大阪府内55カ所の採集地点．

水辺環境調査会」から提供を受けたものである．プライマーの塩基配列は Takehana et al. (2003) と同じものを用い，DNA シーケンサーを用いて塩基配列を決定した．解析を行った 248 個体にデータベース（Genbank）に登録されている 79 個体を加えた 321 個体の塩基配列を用いて系統樹を作成した．得られた系統樹にもとづき，Takehana et al. (2003) に従って各個体を北日本型と南日本型，さらには南日本型に含まれる瀬戸内型や東日本型などの遺伝型に分類した．

　解析の結果，1,003 塩基対に計 198 塩基対の違いが見られ，90 のハプロタイプが確認された（Hirai et al., 2017）．ハプロタイプ間の個体の塩基置換数は最大で 112 であった．最も個体数の多いハプロタイプは M-7 が 43 個体，次いで M-2 が 27 個体，M-40 が 20 個体であった．M-7 は大阪府の 23 地点からみつかり，M-2 は 12 地点から，M-40 は 10 地点から確認された．また，1 カ所でしか確認されなかったハプロタイプは 58 個あった．流域別にみると M-7 が淀川・大和川・石津川・男里川の 4 つの流域で確認され，M-2 は淀川・大和川・石津川の 3 流域から，M-40 は淀川と大和川の流

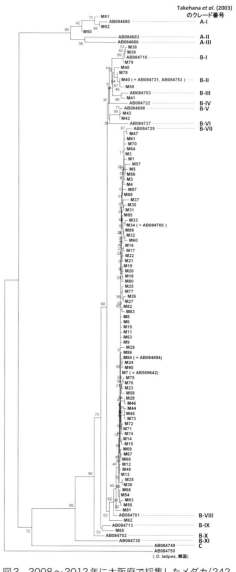

図2　2008〜2012年に大阪府で採集したメダカ（242個体）と大阪府内のペットショップで購入した6個体のシトクロム b 領域の一部をもとに作成した近隣接合法による分岐図．主要な分岐には樹上にブートストラップ値（1000回の反復）を示した．Takehana (2003) のクレードとサブクレードとの対応を右側に示した．

域から確認された．他に 8 ハプロタイプが複数の流域で確認された．

Takehana *et al.*（2003）の個体を含めて系統樹を作成するとクレード A, B, C, D は南日本型と同一のクレードを，E は北日本型と同一のクレードを形成した（図 2）．南日本型の中でも A は瀬戸内型のハプロタイプと，B は北九州型，C は東日本型，D は四国型と同じサブクレードを形成した．本研究では瀬戸内型を在来遺伝型とした．野外で採集した 242 個体のうち 209 個体（86%）は南日本型の瀬戸内型であったが，東日本型の個体は大阪の北部から 13 個体と堺市から 4 個体，河内長野から 1 個体がみつかった．四国型は箕面市の 3 個体と河内長野から 1 個体，山陰型は交野市の 1 個体から確認された．

ペットショップで購入した個体からみつかった 6 ハプロタイプのうち 3 ハプロタイプは瀬戸内型の個体であったが，残りの 3 個体は北日本型であった．北日本型の個体は野外で採集した個体からは発見されておらず，また瀬戸内型の 3 ハプロタイプも野外で採集した個体からは発見されなかった．

クレード A のハプロタイプをもとにハプロタイプネットワークを作成したところ（図 3），個体数の多い M-7 と M-2 を中心とするグループが確認された．また淀川流域（M-2, 4, 5, 56, 57, 61, 64, 70）や石津川流域（M-1〜3），男里川流域（M-25〜27, 77），和泉市（M-33, 34）など流域や市町村ごとに特色のある地点もあり，地域による偏りも一部に見られた．

解析を行ったハプロタイプを環境別に分けると，ハプロタイプ多様度は公園池（0.90）で低く，農業池（0.94）や水路（0.94）で高い値を示した．また地点ごとに分けて解析を行うと，ハプロタイプ多様度は

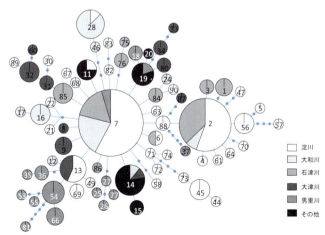

図 3 2008〜2012 年に大阪府で採集したメダカ（242 個体）と大阪府内のペットショップで購入した 6 個体のうちクレード A（瀬戸内型）に含まれる個体のシトクロム *b* 領域の一部をもとに作成したハプロタイプネットワーク．円内の数字がハプロタイプ番号．円の大きさが個体数の大きさを示す．円の色は右図の大阪府の各流域を示す．

河川と水路で高く，農業池や公園池で低い値を示した（表10）．農業池は地点間では異なるが，各池内での変異は小さく，河川や水路では地点間および地点内でも変異が大きく，遺伝的な交流の場になっていると考えられた．

4 "メダカ"の国内外来種としての問題点

野外で採集し，解析を行った242個体のうち209個体が在来ハプロタイプであり，これらは流域や市町村内で似た構成を示した．一方で，東日本型など他地域の遺伝型を持つ個体も計39個体，15ハプロタイプが確認された．

流域別では大阪府北部の淀川流域や大和川流域で外来ハプロタイプを持つ個体の割合が高かった．これは淀川流域や大和川流域における流域面積が大きいことや，周辺の人口が多いため，放流の影響を受けやすいと考えられる．環境別にみると公園池が28％と最も高く，農業池で2％と最小の値であった（図4）．農業池では外来ハプロタイプの割合が低かったため在来ハプロタイプが保存されやすく，公園池は外来ハプロタイプの割合が高かったことから他地域個体の放流の影響があると考えられた．河川は外来ハプロタイプが含まれるものの，在来のみのハプロタイプ多様度も高かったため，遺伝的な交流の場となっていると考えられた．本研究では，河川以外からも外来個体が発見されており，公園池などでも多くの他地域の個体が放流されている可能性がある．また，ペッ

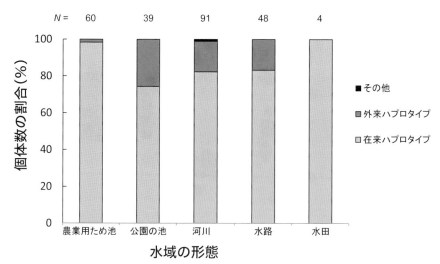

図4 大阪府において2008～2012年に採集されたメダカの各環境における外来ハプロタイプと在来ハプロタイプの割合．

トショップで購入した個体から北日本型を含む多くの遺伝型が見つかったことも，本種の遺伝的攪乱の原因となっていることが確認された．Takehana *et al.* (2003)によると，北日本型と南日本型の個体間で 112 塩基対の差があり 400 〜 500 万年前に分岐したといわれている．また，Setiamarga *et al.*（2012）によると 1800 万年前と考えられている．

　著者らの研究では，ペットショップの個体からのみ北日本型の個体が確認されたが，野外の個体からは確認されなかった．Sakaizumi *et al.*（1992）によると北日本集団と南日本集団は交配可能で生殖的隔離は認められていないという．本研究の調査で北日本型が発見されなかったのは，大阪府では定着できない要因がある可能性が考えられる．また，「ヒメダカ」は，本種の突然変異体であるが，安価で市販されており（竹花・北川，2010），野外での目撃例も多い（瀬能，2000）．本研究の調査においても野外でヒメダカが確認されたほか，ペットショップで購入したヒメダカについて遺伝子解析を行ったところ，東日本型のハプロタイプであることが確認された．

　このような著者らの研究の結果から，農業池では在来の遺伝型が保存されている可能性もあるため，生息環境を保全する必要があり，遺伝的な交流の場と考えられる河川や，繁殖に適していると考えられる公園池では，他地域の個体の導入による遺伝的攪乱を防ぐ対策を講じる必要があると考えられた．

5　謝　辞

　有本文彦氏，香月利明氏，河田航路氏，北坂正晃氏，田丸八郎氏，林美正氏をはじめとする NPO 法人シニア自然大学校メダカをシンボルとする水辺環境調査会の多くの方に，本研究の遂行にあたって多大な御協力．御助言を頂いた．深く感謝申し上げる．

Photo Collection

中百舌鳥キャンパス産のミナミメダカ

2010 年 1 月 26 日　大阪府堺市（大阪府立大学中百舌鳥キャンパス）
平井規央撮影

浅瀬を泳ぐキタノメダカの群れ

2012 年 10 月 15 日　福井県敦賀市　平井規央撮影

第4章　分子情報を利用した解析

18　絶滅危惧種アサマシジミの
　　遺伝的多様性と保全単位

上田昇平

　　近年，ミトコンドリアや核などの遺伝子の塩基配列情報から種内や種間の遺伝
的分化の程度を解析する研究手法の進展が著しい．このような手法を用いた研究
により，混乱していた種分類の見直しや種内の遺伝的多様性の解明などが行われ
るようになった．ここでは，古くから地理的分布や翅の色彩・斑紋の変異から分
類学的な議論が続いてきたアサマシジミを対象として，ミトコンドリア DNA の
分子情報の解析により亜種分類の妥当性を検証するとともに，地理的な遺伝的多
様性を明らかにした事例を紹介する．

1　中部山岳は「遺伝子進化の実験場」

　　日本の本州の中央に位置する中部山岳は3つの地殻プレート（ユーラシア，
北アメリカ，フィリピン海プレート）の交差点であり，そこには標高 2,000 m
を超える山塊が乱立している．更新世の氷期が終わった後，日本の山岳生物は
山域ごとに隔離され，それぞれ独自の進化を歩み，固有の遺伝的分化を引き起
こしたと考えられる．氷期の気温は現在より 10℃以上低かったと推定されて
おり，山岳生物の分布は，より低標高に拡大していたとされる（国立科学博物
館，2006）．しかし，氷期が終わり，気温が上昇すると，山岳生物の分布は高
標高に追いやられ，山地集団ごとに地理的な隔離が生じたのである．また，垂
直方向 3 km の気温差は，水平方向 2,400 km の緯度の差に匹敵するとされてお
り（Suzuki and Sasaki, 2019），山岳域における標高間の劇的な環境変動は山岳
生物の適応進化や移動分散に影響を与え，標高上下間での生態的・遺伝的分化
を引き起こす可能性が指摘されている（Jump *et al.*, 2009）．このような山域間・
標高間の遺伝的分化が中部山岳地域に生じたとすると，そこは地域固有な遺伝
子型の宝庫となることが予想される．すなわち，中部山岳は「遺伝子進化の実
験場」であり，他には得がたい好適な研究フィールドとなる．しかし，この貴
重な山岳生態系は，人間活動にともなう開発や地球規模の温暖化の影響を受け，
消失の危機にさらされており，山域間・標高間の遺伝的多様性がどのように分

258 第 4 章 分子情報を利用した解析

布し，産み出されるかを解明することは急務である．

2 アサマシジミの分布と現在の分類

アサマシジミ *Plebejus subsolanus*（以下，本種）は，アルタイ山脈，中国北部，朝鮮半島と日本列島に分布する．日本では北海道の低地から本州の亜高山帯まで幅広い標高範囲に分布し，半自然草原を主な生息地とする（白水，2006）．幼虫はマメ科のナンテンハギ，イワオウギ，エビラフジなどを食草とする（白水，2006）．本種は，地理的に 3 亜種：北海道亜種 ssp. *iburiensis*，本州中部高山帯亜種 ssp. *yarigadakeanus*（以下，高山帯亜種），本州中部低山帯亜種 ssp. *yaginus*（以下，低山帯亜種）に分けられている．近年の開発や土地利用の変化から，本種の生息域は著しく減少しており，直近の環境省レッドリストにおいてそれぞれ絶滅危惧 IA 類，絶滅危惧 II 類，絶滅危惧 IB 類に選定されている（環境省，2018）．さらに，2016 年 4 月，長野県は高山帯亜種と低山帯亜種を指定希少野生動植物に指定し，野生個体の採集や標本の移譲などを禁止した．

3 アサマシジミの分類史

国内で本種の分類学的な議論は絶えない．日本産本種が最初に取り上げられたのは，北海道から記載されたイシダシジミ（イブリシジミ）*Lycaena iburiensis* である．本州産の本種に関しては，佐武（1904）や千野（1915）がヒメシジミ *Plebejus argus* とは異なる種として注目し，Yagi（1915）によってヒメシジミの亜種 *P. a. montanus* として記載された．しかし，Strand（1922）は，これを独立した種 *P. subsolanus yaginus* として記載した．その後，本種の種小名は *cleobis* を経て，現在は *subsolanus* があてられている．

いまから百年ほど前，北海道大学の松村松年博士は，北海道，本州の各地から *L. ishidae*（北海道札幌付近八寒，石山），*L. yarigadakeanus*（長野県上高地），*L. shiroumana*（白馬岳），*L. asamensis*（長野県信濃追分）をそれぞれ新種として記載した（Matsumura，1929）．白水・柴谷（1943）は，日本産ヒメシジミ類の再検討を行い，材料不足としながらも *L. ishidae* は *L. iburiensis* の，また *L. asamana* を *L. subsorana* のシノニムとしたものの，松村博士の独立種説を支持した．しかし，1960 年代までは本州高地帯における本種の分布調査が十分ではなく，高山帯亜種は独立種とされることが多かった（林，1951；白水，1965）．

その後，中部山岳の高標高域での分布調査が進展し，雄翅表が明るいブルーの個体群が（図 1），北アルプスの各地の他，妙高山系の笹ヶ峰や，雨飾山，

戸隠山などから相次いで発見され，さらに高地型から低地型まで中間型を含む連続的な個体変異を示す地域（長野県小谷村真木）が発見されるにおよび，本種個体群の地理的変異への関心が高まった．そして分布境界域周辺での地理的変異の詳細な比較が進められた（清沢ら，1971；藤岡，1971a, b；西山，1971a, b；藤岡，2005）．とくに松本むしの会のグループは，斑紋変異の統計的な比較だけでなく，発香鱗（降旗・浜，1972），交配実験（原・降旗，1973）など詳細な検討を行った．このような形態，生態両面からの詳細な調査

図1　中部山岳に分布するアサマシジミの翅の色彩多型．高山帯亜種：(a) 上高地（北アルプス）(b) 雨飾（妙高山系）雄翅表の青色鱗が発達しており，明るいブルーとなる．低山帯亜種：(c) 霧ヶ峰（八ヶ岳）雄翅表の青色鱗は発達せず，地色の濃く褐色が目立つ．

を踏まえ，両者は亜種レベルで捉える見解が受入れられて現在に至っている．本州高地帯の個体群を独立の亜種と認めない見解もあったが（川副・若林，1976），現在では独立亜種とする見解が定着している（藤岡，1975；白水，2006；矢後，2007；日本昆虫目録編集委員会，2013）．近年では，分子系統解析に基づき，本種の属名は *Lycaeides* を経て *Plebejus* に統合された（Tuzov *et al.*, 2000；Talavera *et al.*, 2013）．

4　アサマシジミの遺伝的分化を紐解く

著者と共同研究者らは，本種保全の基礎資料を得るために，中部山岳に側所分布する2亜種を材料として，2つのミトコンドリアDNA（mt DNA）遺伝子の塩基配列を用いた分子地理系統解析をおこない，1) 本州中部に分布する2亜種分類の妥当性，および，2) 山域間・標高間の遺伝的分化の実態を探った．

2001年6月から2002年7月にかけて，中部山岳の4山域（妙高山系，北ア

ルプス，八ヶ岳，奥秩父山塊）標高約 800 m から 1,900 m の範囲の 12 地点から（図 2），成虫計 57 個体を採集し，99.5％エタノールに保存した．成虫の外部形態にもとづき，妙高山系および北アルプスから採集された個体を高山帯亜種，八ヶ岳および奥秩父山塊から採集された個体を低山帯亜種と同定した（図 1）．例外的に北アルプスの深空（標高 800 m）には低山帯亜種が分布していた．

チョウの胸部筋肉から抽出した DNA を鋳型とし，mt DNA のチトクロームオキシダーゼ I 遺伝子（COI）および NADH デヒドロゲナーゼ 5 遺伝子（ND5）の

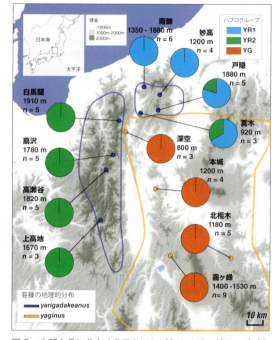

図 2 中部山岳に分布するアサマシジミのハプログループ（水色：YR 1，緑：YR 1，赤：YG）と亜種（青：高山帯亜種，オレンジ：低山帯亜種）の地理的分布．円グラフはハプログループの頻度を示す．

一部を PCR 法により増幅した．PCR 反応物を精製した後，サイクルシークエンス反応をおこなった．サンガーシークエンサーを用いてシークエンス反応物の電気泳動をおこない，それぞれの遺伝子の塩基配列を決定した．結合した COI と ND5 の塩基配列にもとづきハプロタイプネットワークを作成し，ハプロタイプの地理的分布および地点ごとのハプロタイプ数を検証し，遺伝的多様性指数としてハプロタイプ多様度 h と塩基多様度 π を算出した．また，2 種類の昆虫の進化速度：1.5％／100 万年（Quek *et al.*, 2004）と 1.77％／100 万年（Papadopoulow *et al.*, 2010）にもとづき，中部山岳個体群の拡大の時期を推定した．山域の違いおよびハプログループ間の違いが遺伝的分化を引き起こしているか否かを，分子分散分析によって検定した．また，それぞれのハプログループが異なる標高に分布するか否かを，分散分析を用いて検証した．

5 山域・標高間の遺伝的分化

中部山岳の4山域（妙高山系，北アルプス，八ヶ岳，奥秩父山塊）から採集した57サンプルの標本を用いて，COIおよびND5の部分配列470bpおよび437bpを決定した．COI 470bpのうち7bpが塩基置換のあるサイトであり，ND5 473bpのうち2bpが塩基置換のあるサイトであった（表1）．これらの塩基配列アライメントにもとづき，ハプロタイプネットワークを推定した（図3）．その結果，本州に分布する本種は塩基配列が異なる12個のハプロタイプに分かれた（表1，図3）．ハプロタイプのLs 01〜06には高山帯亜種が，Ls 07〜12には低山帯亜種が対応した（表2）．ハプロタイプの地理的分布パターンは多様であり，特定の山域のみに広く分布するもの，複数の山域にまたがって分布するもの，固有の地点のみに分布するものがあった（表2）．分布するハプロタイプ数は地点ごとに異なり，最も多くのハ

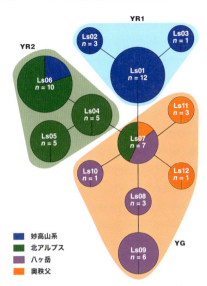

図3 ミトコンドリアのCOIとND5遺伝子925bpに基づく中部山岳に分布するアサマシジミのハプロタイプネットワーク．それぞれの円がハプロタイプ，円の間の線が塩基置換を表す．円の大きさはサンプル数を示す．円グラフはハプロタイプが採集された地域の頻度を示す（青：妙高山系，緑：北アルプス，紫：八ヶ岳，オレンジ：奥秩父）．ハプログループも色で表した（水色：YR1，緑：YR1，赤：YG）．

表1 中部山岳から採集されたアサマシジに関するミトコンドリアのCOIとND5遺伝子の塩基配列アライメント．ハプロタイプ間で塩基置換があった箇所のみを示した

ハプログループ	ハプロタイプ	n	COI							ND5	
			49	64	277	311	340	397	424	159*	177
YR1	Ls01	12	C	A	A	C	T	A	C	A	C
	Ls02	3	・	・	・	・	・	・	・	・	T
	Ls03	1	・	・	・	・	・	・	T	・	・
YR2	Ls04	5	・	G	・	・	C	・	・	・	・
	Ls05	5	・	G	・	・	C	・	・	・	T
	Ls06	10	・	G	・	・	C	・	T	・	・
YG	Ls07	7	・	・	・	・	C	・	・	・	・
	Ls08	3	・	・	・	T	C	・	・	・	・
	Ls09	6	・	・	・	T	C	・	・	T	・
	Ls10	1	・	・	T	・	C	・	・	・	・
	Ls11	3	・	・	・	・	C	G	・	・	・
	Ls12	1	T	・	・	・	C	・	・	・	・

中点は最上列のLs01と同様な塩基配列であったことを示す．アステリスクは非同義置換が起こったことを示す．

プロタイプが分布した地点は霧ヶ峰，次いで戸隠であった（表2）．また，妙高，扇沢，白馬鑓，高瀬，上高地および深空の5地点にはそれぞれ固有ハプロタイプのみが分布した（表2）．分子分散分析の結果，山域の違いによって本種は有意に遺伝的に分化していることが明らかになった．

ハプロタイプネットワークの樹形，亜種分類の情報に基づき，著者らはこれら12個のハプロタイプを3つのハプログループに分け

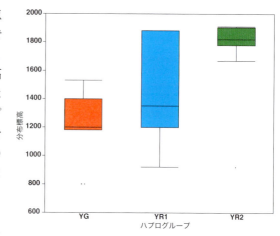

図4　中部山岳に分布するアサマシジミのハプログループ（水色：YR1，緑：YR1，赤：YG）の標高分布．ボックスプロットの中線は中央値，一番下と上のプロットは四分位点を，ヒゲは5％および95％の信頼限界を示す．

た．ハプログループ YG は低山帯亜種で構成され，YR1 と YR2 は，それとは遺伝的に離れたハプログループであり，高山帯亜種で構成された（表2，図3）．ハプログループの地理的分布は異なり，YR1 は上信越のみに分布するのに対して，YR2 と YG は，それぞれ上信越と北アルプス，北アルプス，八ヶ岳と奥秩父にまたがって分布した（表2，図2）．それぞれの地点には，基本的に単一のハプログループのみが分布したが，例外的に戸隠と小谷にはふたつのハプログループ（YR1 と YR2）が分布した（図2）．また，それぞれのハプログループは有意に異なる標高に分布することが明らかになった（図4）．

ハプログループごとの遺伝的多様性指数（ハプロタイプ多様度と塩基多様度）を算出した結果，遺伝的多様性は YG で最も高く，YR1 で最も低かった（表3）．本種の中部山岳個体群の平均遺伝距離から個体群拡大の時期を推定した結果，233万年前から198万年前（更新世）であった．

6　遺伝子の分化と亜種分類の関係

このように中部山岳の4山域から得られた本種のサンプルは，mt DNA の情報から12個のハプロタイプを含む3つのハプログループに分けることができた（表1，2，図3）．本州に分布する本種は，低地産の雄翅表の青色鱗が暗い

表2 中部山岳におけるアサマシジミのハプロタイプの地理的分布．丸はその地点に分布したことを示す．ハプログループ及び亜種分類を示した

山域	地点	標高	n	ハプロタイプ数	Ls01	Ls02	Ls03	Ls04	Ls05	Ls06	Ls07	Ls08	Ls09	Ls10	Ls11	Ls12
妙高山系	妙高	1200	4	1	○											
	雨飾	1350–1880	6	2	○		○									
	戸隠	1880	5	3	○	○				○						
	真木	920	3	2	○					○						
北アルプス	扇沢	1780	5	1				○								
	白馬鑓	1910	5	1					○							
	高瀬谷	1820	5	1						○						
	上高地	1670	3	1						○						
	深空	800	5	1							○					
八ヶ岳	本城	1200	4	2							○	○				
	霧ヶ峰	1400–1530	7	4							○	○	○	○		
奥秩父	北相木	1180	5	2							○				○	

	YR1		YR2		YG	
	ssp.yarigadakeanus				*ssp.yaginus*	

　紫色で発達の悪い低山帯亜種と，高地産の雄翅表の青色鱗が発達し明るいブルーの高山帯亜種に分けられており（図1；白水，2006），高山亜帯種はLs 01～06に，低山帯亜種はLs 07～12に対応した（表2，図3）．低山帯亜種については，単一のハプロタイプLs 07から分岐したひとつのハプログループ（YG）を形成し，mt DNAの遺伝的分化と形態に基づく亜種分類が一致した（図3）．

　一方，高山帯亜種は，Ls 07からそれぞれ独立に分岐した2つのハプログループ（YR1とYR2）によって構成されており，mt DNAの遺伝的分化と形態に基づく亜種分類が一致するとはいえない（図3）．高山帯亜種は，雄翅表の青色鱗が発達し明るいブルーを呈することで亜種に分類されたが(図1)，mt DNAネットワーク樹に基づくと，この亜種は単一起源ではなく，本種の「雄翅表の明るいブルー」という形質は，北アルプス山系と妙高山系山系という2つの山域で独立に進化したと推定される（Ueda *et al.*, 2020）．

　このように，YR1とYR2は独立と考えられたが，YR1とYR2の形態的な差異はないと考えられる．妙高山系の本種は，雄翅表の青色鱗の発達がよい，後翅表第1–3室に橙色紋を表わす個体がある，などの特徴があるとされるが，このような特徴は変異が多く，他の北アルプスの個体群（YR2）とは区別できないことがわかった．

7 山域間の遺伝的分化には例外がある

　分子分散分析の結果，日本産の本種は山域の違いによって有意に遺伝的分化を引き起こしていることが明らかになった．この結果は，中部山岳の本種個体

群が山域ごとに遺伝的に分化していることを示す．本種と同族で，絶滅が危惧されるクロツバメシジミとミヤマシジミ（ヒメシジミ族）においても地域間の遺伝的分化がみられており（Jeratthitikul *et al.*, 2013；田下ら，2013），日本の草原性ヒメシジミ族の地域集団の孤立・断片化が懸念される．

　それぞれのハプロタイプおよびハプログループは特徴的な分布を持っていた．YG は，基本的に八ヶ岳と奥秩父山塊に分布したが，例外的に Ls 07 は北アルプスの低山の深空に分布した（表 2，図 2）．YG は，かつて中部山岳の低地に連続分布していたが，深空から八ヶ岳の地域集団が絶滅した結果，深空の個体群は分断され，取り残されたのであろう（Ueda *et al.*, 2020）．YR1 は妙高山系に，YR2 は北アルプスに分布するというパターンが得られたが，例外的に YR2 の Ls 06 は妙高山系の戸隠と真木という地域に分布している（表 2，図 2）．真木は，北アルプスと妙高山系が接する峡谷であり，ふたつの山域間の距離が 5 km 以内となる場所もある．Ls 06 は北アルプスから小谷を介して妙高山系に移入し，戸隠まで分布域を広げた可能性がある．一方，真木と戸隠でみられた Ls 06 は「妙高型」と「北アルプス型」の交雑由来の可能性がある（Ueda *et al.*, 2020）．

　しかし，本研究のハプロタイプ解析は mt DNA の遺伝子のみを用いたものであり，YR1 と YR2 の形態的な差異は無いため，本研究では交雑由来か否かの判断は出来ない．mt DNA は母系遺伝するため，「妙高型」の雄と「北アルプス型」の雌が交雑した場合，妙高型の mt DNA は北アルプス型のものに置換してしまう．この問題を解決するためには，mt DNA だけでなく，浸透交雑の影響が起きにくい核 DNA を含めた複数の遺伝子を用いて DNA 解析をおこなう必要がある．著者らは，予備的に核 DNA の 28S rDNA 遺伝子の部分配列を決定し，塩基配列を集団間で比較したが，残念ながら遺伝的分化はみられなかった．よって，今後は，より鋭敏な遺伝子マーカであるマイクロサテライトや SNPs を用いて遺伝的分化の検証を行うことが望ましい．

8　標高間の遺伝分化にも例外がある

　それぞれのハプログループは有意に異なる標高に分布し，YG を低地型，YR1 を中標高型，YR2 を高地型と見なすことができた（図 4）．この標高分布様式は，従来の形態にもとづく亜種分類からみた標高分布様式と矛盾はない．中部山岳における生物の標高ごとの遺伝的分化は，山岳棲のシワクシケアリとサラシナショウマにおいても報告されている（Ueda *et al.*, 2012；Kuzume and

Itino, 2013).これらの結果は,標高頃度に沿って起こる劇的な環境変動が,山岳棲の生物を「高地型」と「低地型」に分断し,遺伝的分化を促進することを示している(Jump *et al.*, 2007).

　中標高型の YR1 が,例外的に低標高に分布する場合があった(妙高の4サンプル,小谷の2サンプル,雨飾の3サンプル,図4).これらの産地は本来の発生地ではなく,上流から流されて来た寄主植物のオウギ類についてきた卵,あるいは幼虫に由来する一時的な発生地の可能性がある(Ueda *et al.*, 2020).この仮説は,1)雨飾の標高1880 m の産地と1350 m の産地には同一ハプロタイプが分布していること,2)高山帯亜種が,本来の産地である沢の突き上げ,尾根筋のガレのはるか下流で発生することが知られていること(丸山,1974),によって裏付けられる.高地型の YR2 が,例外的に低標高に分布する場合があった(小谷の1サンプル,図4).この例外は上記の仮説でも説明できるが,北アルプスから移入した個体が偶然採集された可能性や交雑個体である可能性もがある(前段落参照).

9 山域間・標高間の遺伝的分化が生み出された歴史

　高山帯亜種と低山帯亜種の間にみられた塩基置換は最大で4塩基(0.44%)の違いであった.この遺伝距離に,昆虫における mt DNA の平均進化速度である 1.5% / 100 万年と 1.77% / 100 万年を当てはめると,これらの分化が起きたのは更新世中期の 233 ～ 198 万年前と推定された.更新世中期の氷期には極地の氷河が発達,海水準が下降し,日本列島北部は大陸と陸続きであったと考えられている(大嶋,1990).中部山岳の本種の祖先は,更新世中期以前の氷河期に大陸から北海道もしくは朝鮮半島を介して移入し,その後,更新世に起きた氷期と間氷期の繰り返しによって,それぞれの山域に孤立分布し,「低地型」から2つの「高地型」系統がそれぞれ独立に分化したのであろう(Ueda *et al.*, 2020).

　中部山岳の本種は火山性の草原に分布する場合が多く,更新世中期に起きた火山活動は本種の遺伝的分化に影響を与えた可能性もある.著者らの研究では,本種の大陸産のサンプルと北海道亜種が含まれていない.今後,本種の歴史生物地理を結論づけるためには,これらのサンプルを追加して再解析することが望ましいと考えている.

266 第 4 章 分子情報を利用した解析

表 3 中部山岳に分布するアサマシジミのハプログループごとの遺伝的多様性

ハプログループ	n	No.	S	k	h（±SD）	π（±SD）
YR1	16	3	2	0.450	0.425（0.133）	0.00050（0.00017）
YR2	20	3	2	0.921	0.658（0.065）	0.00102（0.00012）
YG	21	6	5	1.390	0.800（0.051）	0.00153（0.00017）

サンプル数（n），ハプロタイプ数（No.），塩基置換数（s），平均遺伝距離（k），ハプロタイプ多様度（h），塩基多様度（π）を示した

10 保全への提言

日本において半自然草原に分布するチョウ類は，里山の減少にともない，絶滅に瀕している（江田，2011；湯本・須賀 2011）．直近の環境省レッドリストにおいて，本種は亜種ごとに絶滅危惧 II 類から絶滅危惧 IA 類に選定されており，早急の保全対策が求められる．本研究では，mt DNA のハプロタイプ解析に基づき，中部山岳の本種が，地理的・標高的に明確な遺伝的分化を起こしており，それぞれの地域集団が独自の遺伝的固有性を持つ「保全すべき単位」である可能性を示した（Ueda *et al.*, 2020）．さらに，ハプログループ間の遺伝的多様性を比較したところ，YR1 の遺伝的多様性が他のハプログループよりも低いことが明らかになった（表 3）．すなわち，妙高山系に分布する YR1 には遺伝的多様性の衰退が起こっており，この集団は早急に保全する対象とすべきであろう（Ueda *et al.*, 2020）．

Nakahama and Isagi（2018）と Nakahama *et al.*（2018）は，草原性の絶滅危惧チョウ類 2 種ウスイロヒョウモンモドキ *Melitaea protomedia* とコヒョウモンモドキ *M. ambigua* の遺伝的多様性がここ数十年で起きた半自然草原の分断化によって衰退したことを明らかにした．今後，人間活動にともなう地球規模の温暖化の影響下では，保全対象となる種の個体群動態や遺伝的多様性を評価することが重要となるだろう．

11 謝辞

本研究は中谷貴壽氏，福本 匡氏，丸山 潔氏，伊藤建夫氏，宇佐美真一氏らとの共同研究で実施された．心より御礼申し上げる．環境省中部地方環境事務所，林野庁中信森林管理署，長野県松本地方事務所，長野県教育委員会にはアサマシジミの採集許可をいただいた．本研究は，文部科学省特別教育研究費「中部山岳地域の環境変動の解明から環境資源再生をめざす大学間連携事業」の一部を使用して実施した．

第4章　分子情報を利用した解析

19　ミカドアゲハ日本本土亜種の分類学的特徴と分布拡大

長田庸平

　チョウ類やトンボ類など愛好者や市民科学者の多い昆虫では，分布や生活史，地理的変異などの情報が集積し，分布変化などの研究が進展しやすい．西南日本に分布し，近年，分布拡大の傾向が認められるミカドアゲハもその例のひとつである．過去からの多数の記録により解明した分布の変遷と，種内の形態や遺伝的変異に関する基礎研究から本種の分布拡大の要因を推定する．

1　ミカドアゲハとその近縁種

　アゲハチョウ科のミカドアゲハ *Graphium doson* は，前翅長が 4.0-5.0 mm のやや大型種で，黒地に三条の帯を有する．本種は日本西南部，台湾，中国南部，ミャンマー，ネパール，パキスタン，タイ，ベトナム，ブルネイ，インドネシア，マレーシア，フィリピン，インド，スリランカに分布し，地域ごとに 15 亜種ほどが知られていたが（塚田・西山，1980），その後さらに再分類され現在21亜種に整理された (Page and Treadaway, 2014)．基産地はスリランカである．寄主植物は，モクレン科のオガタマノキ，ギンコウボク，タイサンボクである（三枝ら，1977）．

　本種はアオスジアゲハ属 *Graphium* に属し，本属うち，本種を含めて東洋区を中心に分布するニセコモンタイマイ *G. arycles*，セレベスミカドアゲハ *G. meyeri*，バチクレスタイマイ *G. bathycles*，キロンタイマイ *G. chironides*，リーチタイマイ *G. leechi*，ミナミミカドアゲハ *G. eurypylus*，エベモンタイマイ *G. evemon*，キナバルミカドアゲハ *G. procles* の9種が斑紋や交尾器に基づいて，ミナミミカドアゲハ種群（*eurypylus* 種群）としてグルーピングされた（三枝ら，1977；Saigusa *et al.*, 1982）．

　これらは熱帯の常緑広葉樹林に生息し，モクレン科やバンレイシ科の常緑樹を寄主植物としている（三枝ら，1977）．そして，スラウェシ島固有のセレベスミカドアゲハ，ボルネオ島固有のキナバルミカドアゲハ，中国四川省固有の

268 第4章 分子情報を利用した解析

リーチタイマイなどの存在から異所的な種分化が進んでいることが推測されている（三枝, 2003）．種内でも地理的変異が多様で，多くの亜種が知られている（塚田・西山, 1980）．

　Makita *et al.*（2003）および牧田ら（2003）は，アオスジアゲハ属のミトコンドリア DNA の ND5 遺伝子や核 DNA の 28S rDNA 遺伝子に基づく分子系統解析を行い，本種群の単系統性を支持した．

　最近になって，本種群の分類学的再検討が行われ，さらに多数の亜種が記載されるだけでなく，ミナミミカドアゲハとエベモンタイマイの1亜種がそれぞれサラスティウスタイマイ *G. sallastius*，アルボキリアッスタイマイ *G. albociliatus* という種に昇格され，2014 年の時点で本種群は 11 種に整理された（Page and Treadaway, 2014）．さらに，*G. eurypylus* は斑紋や交尾器の形態により3つの亜種群に分類されており（Page and Treadaway, 2014），斑紋だけでなく雌雄交尾器や動物類の DNA バーコードに使用されているミトコンドリア DNA の COI 遺伝子の部分配列も明瞭に異なる（長田, 2019c；長田, 2020）．そして，ミカドアゲハの中でも複数の地理的変異があり，とくにフィリピン亜種 *nauta* の翅形や交尾器は他の亜種と大きく異なる（塚田・西山, 1980；長田, 2019c）．

　上記のように，本種群は分類学的な問題を数多く抱えている．しかし，広域分布で地理的変異が多様であるため，これらの標本をすべて調べるのは非常に困難である．とくに，分類学的再検討のためには，各亜種のタイプ標本の調査や記載時の原著論文をあたる必要がある．

2 ミカドアゲハ日本本土亜種について

1）日本産ミカドアゲハの2亜種について

　日本国内には日本本土亜種 *albidum* と八重山亜種 *perillus* の2亜種が分布している．日本本土亜種は本州西南部，四国南部，対馬，九州，屋久島，種子島，奄美大島，徳之島，沖縄島に，八重山亜種は石垣島，西表島に分布する（猪又ら, 2013）．斑紋の帯は，本州から九州では青緑がかった白であるが，南西諸島の個体は青みが強くなるなど，地理的クラインが認められる．

　日本本土亜種は，この他に鹿児島県口永良部島（藤田, 2003）や黒島（金井, 2015）でも記録がある．分布南限の沖縄島では恩納村以北の山原（野林, 2018）や本部半島（東, 1987）など森林の発達している北部に生息しているが，沖縄市のような島中部（比嘉, 2008, 2009）や西原町のような島南部（小濱, 2019）でも記録がある．沖縄島では県レッドリストではかつて「絶滅のおそれ

のある地域個体群」とされていたが（東，2005），近年はこのカテゴリーから外され（沖縄県環境部自然保護課，2017），現在はレッドリストに入っていない．

八重山亜種は，日本昆虫目録第 7 巻鱗翅目第 1 号（猪又ら，2013）では小浜島，波照間島，与那国島も分布域に含まれているが，土着ではないと考えられる．波照間島では偶産の記録がある（蔵田，1992）．与那国島でも偶産の記録があるが（小路，1986；菅原ら，2011），この記事の画像を見ると台湾亜種 *postianus* の可能性もあり，その場合は台湾からの迷蝶になるが，翅の表面だけでは特定できず裏面を見ればどちらの亜種か判明すると考えられる．

沖縄島産の亜種分類の扱いは文献によって異なり，本土亜種としている文献も複数あるが（塚田・西山，1980；東ら，2002；東，2005；青木ら，2009），八重山亜種としている図鑑も少なくなく（藤岡，1975，1981，1997；白水，2006），どちらの帰属か明確ではなかった（猪又，1986；福田，2012；里中，2014）．対馬産は変異があるため亜種 *tsushimanum* として扱われることもあった（藤岡，1981，1997）．斑紋の特徴が示されたこともあったが（野林，1998），亜種の帰属について言及されなかった．

長田ら（2015）および長田（2015）によって，交尾器形態や DNA バーコーディングに基づく日本産個体群の亜種の再検討が行われ，沖縄島産は日本本土亜種に帰属し，対馬産は日本本土亜種の地理的変異であることが示された．寄主植物や休眠性など生態的な面でも，亜種間で相違が認められた．翅の斑紋の比較は図 1 に，交尾器形態の比較は図 2 に示した．雌雄交尾器の部位の名称については，三枝ら（1977）および Smith and Vane-

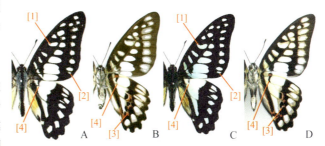

図 1　ミカドアゲハ 2 亜種の斑紋の比較．A：日本本土亜種の表面．B：日本本土亜種の裏面．C：八重山亜種の表面．D：八重山亜種の裏面．
[1] 前翅表面中室の 4 個の斑紋は，日本本土亜種では一番上の斑紋がその他の斑紋の間隔よりもやや広く開いているが，八重山亜種では間隔がほぼ均しい．
[2] 前翅表面の 1 b 室にある翅外縁列最後方の斑紋は，日本本土亜種に比べて八重山亜種ではより大きく発達する．
[3] 後翅裏面の赤色斑（黄色斑）は，八重山亜種に比べて日本本土亜種では大きく発達する．ただし，例外的に対馬産は狭い．
[4] 後翅の基部の黒帯は，日本本土亜種では表面では内側に折れるが裏面では途切れ，八重山亜種では表裏ともに途切れる．

wright（2001）に従った．

DNAバーコード領域にもとづく分岐図（長田，2015）（図3）において，亜種ごとにクラスターが形成され，2亜種間の塩基置換率は0.46〜0.76 %（3〜5/658 bp）であった．本土〜沖縄島および対馬産では0〜0.15 %（0〜1/655 bp），八重山産では0〜0.15 %（0〜1/655 bp）の塩基置換率が確認された．

本土亜種の寄主植物はモクレン科のオガタマノキ（自生・栽培），タイワンオガタマノキ（栽培）およびタイサンボク（栽培）である．鹿児島県ではモクレン科のミヤマガンショウで羽化した例がある（林，2016）．沖縄島ではモクレン科のトウオガタマ，ギョクランで発生した例もある（比嘉・長嶺，2013）．他にも，国内ではモクレン科のヒメタイサンボク，コブシ，バンレイシ科のポーポーでも記録がある（福田ら，1982）．三重県や福岡県では植栽されたタイワンオガタマノキで発生している場所がある（長谷川，2012b；小松，2016；長田，2019b）．八重山亜種の寄主植物はタイワンオガタマノキ（自生）である．

化性については，本土亜種の多くは年1化の春型のみの発生で第2化以降の夏型は部分的に発生するのに対し，八重山亜種は冬期を除いてほぼ連続的に世代を繰り返す．

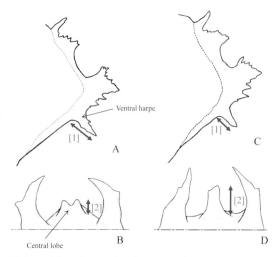

図2　ミカドアゲハ2亜種の交尾器の比較．A：日本本土亜種の雄のventral harpe．B：日本本土亜種の雌のcentral lobe．C：八重山亜種の雄のventral harpe．D：八重山亜種の雌のcentral lobe．
[1] 雄交尾器のVentral harpeは，八重山亜種より日本本土亜種が長い．
[2] 雌交尾器のCentral lobeは，日本本土亜種より八重山亜種が長い．

2）ミカドアゲハ日本本土亜種の生態特性

ミカドアゲハ日本本土亜種は照葉樹林のチョウである．照葉樹林とは，緯度が高く冬の寒さが厳しい温帯に成立する常緑広葉樹林の一つの型で，葉が小さ

く厚くなる傾向があり，世界的に見ても東アジアの西南日本，台湾，中国大陸南部など限られた場所に発達している（福田ら，1972）．照葉樹林の構成樹木を主要な寄主植物としているチョウには，アオスジアゲハ *Graphium sarpedon*，ミカドアゲハ，ムラサキシジミ *Arhopala japonica*，ムラサキツバメ *A. bazalus*，ルーミスシジミ *A. ganesa*，キリシマミドリシジミ *Thermozephyrus kirishimaensis*，ヒサマツミドリシジミ *Chrysozephyrus hisamatsusanus*，サツマシジミ *Udara albocaerulea*，ヤクシマルリシジミ *Acytolepis puspa* などがある．

　世界的に見るとアオスジアゲハ属ミナミミカドアゲハ種群は東洋区を中心とした熱帯域に多くの種や亜種が繁栄している中，ミカドアゲハ本土亜種は日本列島の温帯域に限って生息している．ゆえに，ミカドアゲハ日本本土亜種は温帯の気候に適応して異所的に分化し，日本の照葉樹林に生息の場を確保した特殊な個体群であると推測される．斑紋や交尾器など形態的特徴や遺伝子解析の結果からも，本亜種は独自性のある個体群であることが示されている（長田ら，2015；長田，2015）．寄主植物のオガタマノキは照葉樹林を構成している樹木の一種で，自生数は多くない．オガタマノキは神社や公園に神木などとして残されたり，植栽されたりすることが多く，本種はそのような場所でも発生する．また，公園や住宅で植栽されるタイサンボクも寄主植物となる．

　COIハプロタイプについて（図3），紀伊半島・四国産と対馬・九州・屋久島・奄美・沖縄島産では0.15％（1/658 bp），石垣島産と西表島産では0.15％（1/658 bp）の塩基置換率であった．わずか1塩基の置換であるが，地理的に固有なハプロタイプを有していることを示す結果となった．

　本亜種の翅の斑紋は地理的な変異に富み（白水，2006），表面の帯の色彩や後翅裏面の斑紋に以下のような変異がある．同じ亜種内で多様な地理的変異が見られる(図4)．これらの地理的変異も異所的な分化の一例であると思われる．

3　ミカドアゲハ日本本土亜種の分布とその拡大
1）ミカドアゲハ日本本土亜種の分布の現状（図5）
　ミカドアゲハ日本本土亜種は1980年代以降に分布が変化してきた．以下では地方ごとに分布状況をまとめた．
・中国地方における分布（図6）
　山口県では阿武町から下関市の日本海側に分布している（福田ら，1982；後藤，2011，2012，2015，2017）．1980年代前半に山口県の山陽側（山口市，防府市，周南市，下松市，光市，岩国市，周防大島町）（光昆虫グループ，

272 第4章 分子情報を利用した解析

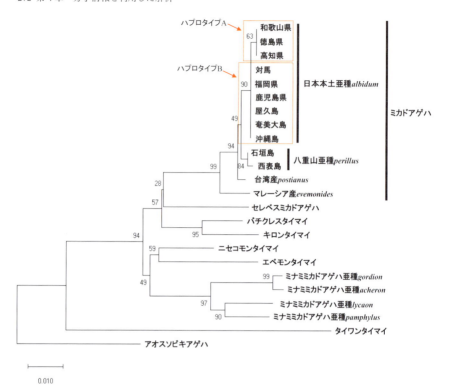

図3 ミカドアゲハとその近縁種のミトコンドリアDNAのCOI領域を用いた分子系統樹(近隣結合法). 枝上の数字は1,000回反復のブートストラップ確率を示す.

図4 ミカドアゲハ日本本土亜種の地理的変異. A:福岡県産裏面. B:対馬産裏面. C:屋久島産裏面. D:沖縄島産裏面. E. 沖縄島産夏型表面.
・紀伊半島南部産は赤斑型
・四国南部産は赤斑型と黄斑型の混合
・対馬産は赤斑型でその紋が狭い
・山口県西部・九州本土産は黄斑型
・屋久島産は黄斑型で白い縁取りを有す
・奄美大島・沖縄島産は赤斑型であり,表面の帯の青みが強い

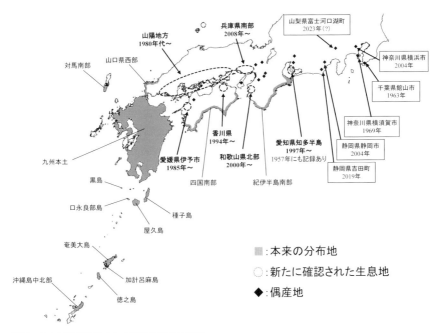

図5　ミカドアゲハ日本本土亜種の国内の分布.

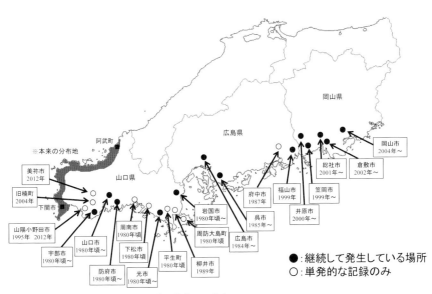

図6　ミカドアゲハ日本本土亜種の中国地方での分布.

1987；河原,1998；佐々木,2000）で記録された．1989 年に柳井市（福田,1989），1995 年に山陽小野田市（後藤,1995）で記録された．その後広島県において，1984 年に広島市（青木,1984），1985 年に呉市（岸本,1985），1987 年に府中市（金沢,1987），1999 年に福山市（田川,2008）で記録された．2000 年代より岡山県笠岡市・井原市・倉敷市・総社市・岡山市（難波,2009）でも次々と記録された．山口県では 2004 年に楠町（現・宇部市）（後藤,2005），2012 年に美祢市（後藤,2013b）など内陸部で追加記録がある．2012 年には再び山陽小野田市で記録された（管,2020）．以後,山口県山口市（後藤,2013b），宇部市（岡村,2007；後藤,2013a），岩国市（稲田,2013,2016），光市（福田・五味,2015），広島県広島市（広島市,2000），呉市（中村,2014），岡山県笠岡市・井原市・倉敷市・総社市・岡山市（難波,2009；淀江ら,2016）で継続的に発生を繰り返している．

・東海および近畿地方における分布（図 7）

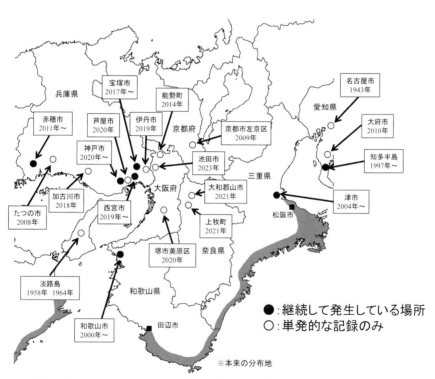

図 7　ミカドアゲハ日本本土亜種の東海および近畿地方での分布．

紀伊半島では三重県松阪市から和歌山県田辺市までの沿岸に分布している（湯川，1957；福田ら，1984；中西，1995；的場，1997；河本，2017；長田，2018；長田・松野，2019）．1997 年より紀伊半島からやや離れた愛知県知多半島で記録されるようになり（中西，1998），以後発生を繰り返している（菊地，2001）．2011 年には近くの大府市で記録がある（高橋，2011）．三重県では北限の松阪市の近くにある津市で 2010 年に記録され（河野，2010），以降は津市内で発生を繰り返している（長谷川，2012a；中西，2017）．和歌山県では 2000 年頃より県北部の和歌山市で記録され（和歌山県環境生活部環境生活総務課，2001；吉尾，2002），それ以降発生を繰り返している（長谷川，2008；高橋，2014）．兵庫県では 2008 年にたつの市，2011 年に赤穂市で確認され，赤穂市では発生を繰り返している（広畑，2016）．2017 年には宝塚市で（神吉，2020），2018 年には加古川市で（岡田・近藤，2018），2019 年は伊丹市（角正ら，2020）と西宮市（神吉，2020）で，2020 年には神戸市灘区（平野，2020），神戸市中央区（山崎，2021），宝塚市，西宮市，芦屋市（近藤，2020）で，2021 年と 2024 年には神戸市東灘区で確認された（新井，2021；石川，2024）．阪神地区では継続的に記録されているので，発生を繰り返している可能性がある．2009 年には京都府京都市で（田中，2010），2014 年には大阪府能勢町で（梅田，2014），2020 年には大阪府堺市で（高群，2020），2021 年には奈良県大和郡山市（佐藤ほか，2021）と上牧町（小原，2021）で，2023 年には大阪府池田市（Ujibayashi and Yagi, 2024）で記録された．淡路島では 1958 年と 1964 年の古い記録がある（広畑・近藤，2007）．

・四国地方における分布（図 8）

四国地方では徳島県徳島市から愛媛県宇和島市までの太平洋側に分布している（福田ら，1982）．1985 年には瀬戸内海側の愛媛県伊予市でも記録され（湊，1986），以後も継続的に発生を繰り返している（窪田，2002）．2009 年には愛媛県東温市で記録された（太田，2009；矢野，2009）．香川県では琴平町（1994 年〜）や高松市（2000 年〜）に定着し発生を繰り返している（出嶋，2012）．2022 年には愛媛県今治市の岡村島で記録された（藤井，2023）．

以上の他にも，偶産としての記録が以下のようにある．1943 年に愛知県名古屋市（愛知県，1991），1963 年に千葉県館山市（岩阪，1999），1969 年に神奈川県横須賀市（酒井，1969）で古い記録がある．愛知県知多半島では，定着する以前にも 1957 年の古い記録がある（愛知県，1991）．2004 年には神奈川県横浜市（伊藤，2005）と静岡県静岡市（伴野，2004）で，2019 年には静岡

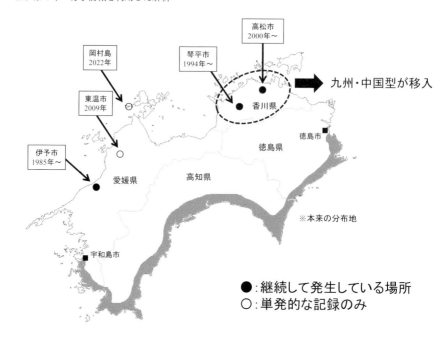

図8 ミカドアゲハ日本本土亜種の四国地方での分布.

県吉田町（山下，2022）でも記録された．2023年には，山梨県富士河口湖町の本栖高原で目撃例があるが（渡邊，2023），データや目撃状況から同定が明確ではなく，誤同定の可能性がある．

　中国地方，香川県で発生している個体群は黄斑型であることから九州本土由来（長田，2016），愛媛県伊予市で発生している個体群は黄色型と赤色型の混合であるため四国南部由来（湊，1986），知多半島や和歌山県和歌山市で発生している個体群は赤斑型であることから紀伊半島南部由来（長田，2016）と考えられる．兵庫県播磨地方産については言及がなく，由来は不明である．近年，兵庫県阪神地区で確認された個体は黄色型であるため（角正ら，2020；角正，2020；神吉，2020；平野，2020；山崎，2021；新井，2021），中国地方由来の可能性が高い．大阪府堺市で記録された個体は黄色型であるため（高群，2020），紀伊半島由来ではなく山陽か四国南部由来の可能性がある．高群（2020）によって大阪府堺市で採集された個体は新鮮な個体であることから，兵庫県側から飛来してきたとは考え難く，寄主植物と一緒に人為的に運ばれたか，飼育個体が放された可能性がある．小原（2021）による奈良県上牧町での記録は，

赤斑型であることから紀伊半島南部由来の可能性が高い．他の偶産の記録は斑紋について言及されておらず，出所は不明である．

２）分布拡大について

　本種は暖地性のため，温暖化によって北上しているという説がある（北原，2006）．しかし，本種は必ずしも気温上昇とともに分布が広がっているわけではなさそうである．例えば，四国地方においては愛媛県宇和島市や徳島県徳島市から，紀伊半島においては和歌山県田辺市や三重県松阪市から，少しずつ北に向かって本種が記録されてきたわけではない．

　すなわち，本種の新たな発生地はいずれも飛び地的で連続的ではない．中国地方の山陽側の場合，本種は山口県や広島県で1980年代に確認され，広島県福山市では1999年に確認され，岡山県に定着したのは2000年以降であるが，詳細に見ると，いずれの記録地（発生地）も連続的ではなくスポット状なので徐々に東進しているようには見えない．愛媛県伊予市は，既知の分布地である宇和島市から直線で約60kmも離れている．香川県も中国地方から瀬戸内海で隔離されている．和歌山県和歌山市は既知の分布地の田辺市から直線で約60kmも離れている．愛知県知多半島は，既知の分布地の三重県志摩半島より伊勢湾で隔てられており，陸伝いでも約100km離れている．また，オガタマノキの自生する照葉樹林で新たに発生した記録はなく，発生地はすべて公園や神社などで，植栽されたオガタマノキやタイサンボクで確認されている．

　岡山県における本種の分布調査において，オガタマノキでは連続して確認されることが多いがタイサンボクでは連続して確認されることは少ないことから，新たな場所で発生した個体が分布を拡大させていく途中に新芽が出ているタイサンボクを利用して発生し，定着しやすいオガタマノキに辿り着いて別の新たな場所で発生することが推測された（難波，2020）．

　本種は地理的な変異（分化）が多様であることから移動拡散能力が高くないと思われ，自力で分布を拡大させたとは考えにくい．そのため，これらの分布拡大は温暖化によるものではなく，寄主植物の植栽（淀江ら，2016）もしくは放虫など人為的な移入（長田，2019a）によると考えるのが妥当というのが筆者の見解である．実際，和歌山市では放虫由来であると断定的な文献もある（和歌山県環境生活部環境生活総務課，2001）．千葉県，神奈川県，静岡県，京都府，大阪府での偶産の例も人為的な放虫由来ではないかと考えられる．

３）遺伝的交流の懸念

　四国地方の香川県で発生している個体群はすべて後翅裏面が黄斑型であり（出嶋，2012），赤斑型と黄斑型が混在する四国南部の個体群とは異なる．すべて黄斑型というのは九州本土や中国地方産の特徴であり，香川県で発生している個体群はこれらの地域の由来である可能性が高い．本種の移動性が低いと仮定すると，短時間で自然に分布拡大して在来個体群の分布域に到達するとは考え難いが，同じ島の中で陸続きの近距離で別の遺伝子型を持つ個体群が発生している状況である（図8）．もし，九州・中国型の個体群が四国南部に移入されてしまったら，両個体群の遺伝子交雑が生じてしまい，赤斑型と黄斑型の2型が混在するという四国南部産独自の形質が失われる可能性がある．

第4章　分子情報を利用した解析

20　分子情報が解き明かす
　　潜葉性小蛾類の多様性

小林茂樹

　DNA などの分子情報の利用は環境動物昆虫学の分野でもすっかり定着した．生物の体の一部や血液，排泄物などをサンプルとした DNA 分析では，生体を大きく破損せずに種同定や個体識別，遺伝的多様性の解析などが可能であり，分類学や生態学，保全生物学などの調査・研究の強力なツールになっている．ここでは幼虫が植物の葉や茎に潜って生活する微小な蛾類について，多様性に富んだこの仲間の分類学的研究に分子情報を利用した事例を紹介する．

1　はじめに

　薄い葉の中に生息する昆虫は，ハエ目，コウチュウ目などいくつかのグループで知られており，その食べあとが白く線状や斑状になったりするため，一般には「絵かき虫」とよばれている．蛾類の中にも絵かき虫がおり，その生活する部位（葉や茎など）と幼虫が食べ進んだトンネル（潜孔 mine）の形状は蛾の種類によってさまざまである．このような蛾類は非常に小さく，しかも外見が似通った種が多く，研究が進んでいなかった．詳しい生態観察と分子情報（とくに DNA バーコード塩基配列）を活用することにより，同種と思われていた中に複数種が混在していることがわかった事例等について，日本とハワイでおこなった研究を紹介する．

2　表皮層に潜る銀白色の微小蛾　コハモグリガ

　コハモグリガ亜科（ホソガ科）は，成虫が銀白色の翅をもつ開張が 4 〜 6 mm とその名の通り微小な葉潜り蛾である．幼虫は，無脚で葉（まれに茎）の表皮中に曲がりくねった線状潜孔を作る絵かき虫（図 1B–D）で，葉の縁を折り曲げて内部で蛹化する（黒子，1982）．世界では 100 種以上が，日本ではミカンコハモグリ *Phyllocnistis citrella*（図 1A）など 12 種が知られる（小林，2013；Krichenko *et al*., 2018；Liu *et al*., 2018）．日本産は 100 種を超えるといわ

図1　A：ミカンコハモグリ成虫，B，C：ユズの葉の潜孔，D：ブドウコハモグリ幼虫が作ったナツヅタの潜孔．

れるが（久万田，私信），小型で斑紋や交尾器がよく似ているため，成虫・蛹などの形態や分類の知見は少なく，総合的な研究はおこなわれてこなかった．実際に筆者のこれまでの調査研究で幅広い種類の植物から多数の未記載種が見つかっている．

　葉の内部で生活する蛾類（葉潜り蛾）のなかでもコハモグリガは，もっとも葉の薄い部分である表皮層（厚さ0.01〜0.02 mm）のみを食べ進める．成虫が非常に小さく蛾類の中で最小（3 mm以下）の種を含んでいる．コハモグリガの幼虫は，身近な所ではミカンなどの柑橘類やブドウ類で観察することができる．卵は葉の表面に産付され，孵化した幼虫は葉の表皮層に入り，表皮細胞の組織液を吸汁し，曲がりくねったトンネル（潜孔）を作って進む（図1B-D）．非常に薄い表皮層の中で生活するため，形態が特殊化しており，3齢幼虫までは，薄い表皮層に適応して扁平・無脚で口器は丸のこ状，胴部は深くくびれた形をしている．葉縁に達すると脱皮した4齢幼虫は，吐糸型幼虫と呼ばれ，体は円筒形，摂食はせず，潜孔中にマユを作る（黒子，1982；Davis and Robinson, 1998）．同じ植物種を利用する同属の蛾類では，1種と考えられていたものが実は2種以上の種が生息していることが明らかになることもある．ここではヤナギの枝と葉を食べる2種のコハモグリガと4種のミズキの葉に潜るコハモグリガの発見の調査研究を紹介する．

１）葉と枝に潜る"ヤナギコハモグリ"
　ヤナギ科を利用する潜葉性小蛾類は多く，幼虫がヤナギ属やヤマナラシ属の葉に潜って生活する．日本ではヤナギコハモグリ Phyllocnistis saligna がヤナギ類の若枝の表皮に潜り，成熟すると葉柄を通って葉縁で蛹化することが知られていた（黒子，1982）．しかし，ヤナギ類に潜るコハモグリガのなかには，1）葉の表側（向軸面）表皮に潜る，2）葉の裏側（背軸面）表皮に潜る，3）葉→

茎→葉（蛹化）の潜る部位を移る3タイプの潜り方が野外観察で確認されていた．これら潜り方のタイプは種の違いを反映しているのだろうか，あるいは同種でも異なる潜り方をするのだろうか．そこで，Kobayashi et al.（2011）は，ヤナギ類に潜るコハモグリガを採集し，形態およびDNAバーコード塩基配列の比較をおこない，その正体の解明を目指した．

野外調査は，奈良県と三重県の木津川源流域と長野県を中心におこない，11種のヤナギ類と2種のヤマナラシ類から葉と茎に潜る幼虫が採集できた．長野県の調査では，カワヤナギ，イヌコリヤナギ，コゴメヤナギのそれぞれの葉の裏側に潜る幼虫が多数採集できた．葉の裏側に潜るコハモグリガは，葉身で幼虫期を終えて葉縁を折り曲げてマユを造って蛹化した．一方，枝の表皮に潜る幼虫は，やがて葉柄を通って葉身の付け根で蛹化した．羽化した

成虫は，ヤナギコハモグリにみられる前翅の縦黄帯を欠き，代わりに基部から一筋の黒線が伸び黄色帯が先端の3分の1にあらわれた．交尾器などの形態的特徴を比較した結果，新種ネコヤナギコハモグリ P. gracilistylella として記載した（Kobayashi et al., 2011）．

とくにタイプ産地（ホロタイプが得られた場所）とした木津川源流域の青蓮寺川のネコヤナギでは葉の表に潜る，裏に潜る，枝に潜るという3つのパターンの幼虫が多く採集できた．羽化した成虫の形態から葉の裏側に潜る幼虫はネコヤナギコハモグリ，枝に潜る幼虫はヤナギコハモグリと同定できた．しかし，葉の表側の幼虫は6月の早い時期から多くの葉で確認できたが，成虫の羽化にはいたらなかった．詳細に観察すると実はヤナギコハモグリの幼虫は，葉の表側表皮に潜り，葉身から葉柄を経由して茎を目指し，茎に入ると進路を茎頂にとりしばらくグネグネと潜り，柄を経由して葉縁で蛹になることがわかった．さらにヤマナラシでは，茎に潜るタイプ，葉の表側に潜るタイプの両方がヤナギコハモグリであることがわかった．表側の潜孔はヤナギコハモグリの1〜2齢幼虫の仕業であった．これまでこのような生態が知られていなかったのは，表側潜孔が顕著に見られるのはネコヤナギのみで複数の個体が一気に発生するので潜孔がすぐに上書きされ，ひとつの潜孔を追うのがとても難しかったからのようだ．

葉に潜るネコヤナギコハモグリと葉→枝→葉に潜るヤナギコハモグリは，分子系統解析でもDNAバーコード領域が12％異なっており，明確に2つのまとまりを作ることがわかった．DNAバーコードについては以下の「DNAバーコーディングと証拠標本」を参照してほしい．種内の変異も小さく（最大2塩基），

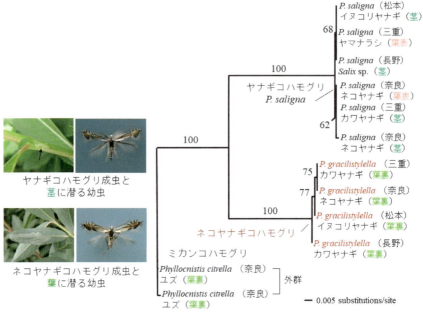

図2 ヤナギ科を寄主とする2種の分子解析.

長野,三重,奈良の個体で地域的な差異もほぼなかった(図2).ネコヤナギコハモグリは各種ヤナギ属の葉に潜るが,ヤナギコハモグリはヤナギ属では主に枝の表皮を利用し,ヤマナラシでは葉に潜ることがわかった.一方で同じヤマナラシ属のセイヨウヤマナラシ(ポプラ)ではポプラコハモグリ *P. unipunctella* が葉を利用する.さらにネコヤナギコハモグリのタイプ産地では,道路をはさんだ目と鼻の先で庭から逃げたギンドロの葉の表側に潜るヤナギコハモグリが採集されている(小林,未発表).ネコヤナギコハモグリは後に形態と DNA バーコード領域の情報からロシアのシベリア地域からも記録された(Kirichenko *et al.*, 2019).

2)ミズキの葉に潜る"ミズキコハモグリ"

ミズキ科のミズキやヤマボウシに潜るコハモグリガは,那須御用邸調査(有田ら,2009)で初めて記録され学名未確定でミズキコハモグリの和名が付けられた.先んじて 1987 年に北海道の国後島からミズキを利用する *Phyllocnistis cornella* が記載されていたが「ミズキコハモグリ」との異同については触れられなかった.Kirichenko *et al.*(2018)はロシア,中国,日本のミズキ科に潜る

コハモグリガを分類記載し，ロシアのシベリアから *P. verae*（新種），中国から *P. saepta*（新種）を記載し，日本の栃木県以南から *P. indistincta*（新種）を，北海道本土から *P. cornella* を記録した．これら4種はミズキの仲間の葉に蛇行した線状の潜孔を作り，成虫の外部形態もよく似ていた．DNAバーコード領域を用いた分子系統解析では，それぞれ6.1〜13.6％異なり（種内では0〜1.2％），明らかに別種であることがわかった．ミズキコハモグリ *P. indistincta* は北海道の *P. cornella* 標本とは，DNAバーコード領域で7.3％異なっていた．しかし，ミズキコハモグリは，前翅斑紋に個体変異があり，学名の種小名 *indistincta* の通り前縁の縦条の下黒線が indistinct（不明瞭な）場合がある．さらにコハモグリガに共通する個体変異として後縁の黒点の有無と翅頂の黄金紋の濃淡の個体変異がミズキを利用する他種との識別点と重なるためさらに同定を困難にしていた（図3）．

　ミズキコハモグリの幼虫は，葉の表皮層にナメクジが這った後のような白っぽい潜孔をつくって潜る．近畿地方の調査では幼虫が作る潜孔はミズキでは主に葉の裏側，クマノミズキ，ハナミズキ，ヤマボウシでは葉の表側で多く観察された（図4A-D：矢印）．葉の表側の潜孔は幼虫の糞筋が茶褐色で目立つこともあるが寄主植物によって葉の利用面に差異があるようだ．ミズキコハモグリのタイプ産地では野生のミズキに加え植栽のハナミズキがあり，両方から成虫が得られているが寄主植物と葉の利用面による成虫の形態差は確認されていない．むしろ，一つの木から一度の採集でさまざまな斑紋に差がある成虫が得られた（図3A-C）．さらに小蛾類研究者の第一人者の一人である黒子浩博士の採集標本のなかには"ヤマボウシの総苞"と採集ラベルがついたミズキコハモグリが見つかった．一般的にミズキの花びら（花弁）と思われている白い部分は総苞（総苞）で中央の部分が小さな花の集まり（花穂）である．一見すると緑色の葉のほうが栄養的に優れているようにみえるが本当に幼虫は総苞に潜

図3 ミズキコハモグリの色彩と斑紋変異．Dを除いて寄主植物：ミズキ．A-C：タイプ産地（奈良県），D：タイプ産地，ハナミズキ，E：愛知県，F：長野県．

図4 ミズキコハモグリの潜孔．A：ミズキ，B：クマノミズキ，C：ヤマボウシ，D：ハナミズキの葉，E，F：ミズキの総苞．矢印は潜孔を示す．

るのだろうか．総苞にも気を付けて採集を進めているとハナミズキで総苞に潜る幼虫を発見した（図4E，F：矢印）．羽化した成虫は葉に潜るミズキコハモグリと同様の特徴をもっていた．

　コハモグリガの幼虫は，新葉がでたばかりのミカン類では，新葉の茎を通って複数の葉を"渡り潜る"ミカンコハモグリの幼虫が観察できる．同様に，他のコハモグリガでも茎に潜る幼虫がまれだがみられる．表皮層に潜るコハモグリガの場合，葉と茎は簡単に行き来できるのかもしれない．同様に総苞のような"葉"には見えない部分も表皮層として利用できるようだ．

3　DNAバーコーディングと証拠標本

　上記のコハモグリガの2つの分類研究で示したようにDNAバーコーディングは，非常に有用な同定支援技術である．昆虫類を含む動物ではミトコンドリアのゲノム上にあるCOI遺伝子の一部，約650塩基長が標準的なバーコード領域（DNAバーコード塩基配列）とされている．専門家によって同定された標本（証拠標本）からDNAを抽出しDNAバーコード塩基配列を決定した情報は，専用のデータベースに集約される．調べたいサンプル（標本など）のDNAバーコード塩基配列を決定し，データベースで検索することで類似する塩基配列から標本情報を読み出すことができる．種の識別だけではなく，オスとメス，幼虫と成虫の組み合わせ，種や集団間の分化の程度を確認できる．ま

た，大量のサンプルを扱うモニタリングなどの野外調査，生物多様性の保全などの研究活動での同定作業を迅速かつ効率化することができる．詳しくは神保（2016）などを参照されたい．特に虫体が微小で標本作製と同定に技量が必要な小型蛾類では有用な技術といえる．潜葉性小蛾類の仲間では，DNAバーコード塩基配列が3～5％以上異なれば別種の可能性が高い．DNAバーコードの情報を利用するときには，同定の妥当性，分類学的な問題の確認，データの検証をおこない，証拠標本の写真や採集データを精査し判断をする必要がある．

1）DNAバーコード用サンプルから標本をよみがえらせる

近年の蛾類の新種記載論文では，種を記載するときにDNAバーコード配列などの分子データの登録番号と遺伝的距離などの記述を入れることが標準化しつつある．このときにDNAバーコード配列を決定した証拠標本が非常に重要になってくる．しかし，潜葉性小蛾類のような微小な蛾類では，野外ですぐに展翅標本にできない場合などに分子解析を優先して虫体をアルコール液浸標本にすることがある．研究を進めるうちにそのようなサンプルから再採集が困難な貴重な標本が発見されることもよく起きる．ここでは，筆者がハワイホソガ *Philodoria* 属の分類研究で実際におこなった小型蛾類の液浸標本から新種記載に適した標本を作製する方法を紹介する．

2）できるだけ乾燥標本を作製する

はじめに蛾類では，DNAやRNAの解析のためのサンプリングをおこなう場合，採集個体の殺虫後片側の脚を取り除いて，99.5％エタノールに保存する．この場合，乾燥標本と液浸標本に対応する2つのサンプルができる．より確実にDNAの解析をおこなうためには，この作業を採集直後の新鮮な状態で実施したい．大型蛾類では，DNA解析用サンプルを取り除いた後，虫体を三角紙にいれて持ち帰りその後に展翅する方法が可能である．しかし，小型蛾類では，採集して一日以内には展翅標本を作製したい．多くの個体は死亡して乾燥してかたくなってしまい，標本作製が困難となるからである．もちろん，適切な飼育環境下であれば，長く生存させることもできるがいつも余裕のある環境下で研究が進められるわけではない．

3）分類研究のための標本作製の最低ライン

小型蛾類の展翅作業には技能が必要でだれでもすぐにできるわけではない．

また，顕微鏡下でなければ正確な針刺し，翅の展開作業をおこなうのは極めて難しい．しかし，胸部に微針を刺し，翅に息を吹きかけて展翅する方法であればある程度の標本を得ることができる．綺麗に翅が展開されているに越したことはないが胸部に針を刺していれば標本として最低限の体裁が整う．また，息を吹きかけて翅を展開させておくことでその後の翅，腹部の観察，解剖を円滑におこなうことができる．ある小蛾類愛好家によれば，肉眼で胸に針刺しできる限界は開張7mmほどである（体長3mm前後であろうか）．筆者の実体験に基づくと確かに開張7mm前後で針の刺しやすさ，刺しにくさの違いが出てくるように感じる．虫体の幅にもよるがムモンハモグリガ科，チビガ科などのあたりに境界線があるだろうか．潜葉性小蛾類で最も小さいグループは，モグリチビガ科やコハモグリガ亜科の開張3〜4mmであるが，このぐらいの大きさになると胸部と微針の直径0.14mmがほとんど同じ大きさにみえまっすぐ針を刺すことは至難の業である．

　では，採集地で展翅せずアルコールなどの溶液に入った液浸標本から展翅標本を作ることは可能だろうか？灯火採集の回収ボックスに70％エタノールを用いるボックス法を例にすると大型の蛾類では溶液から取り出し紙の上に仰向けに翅を拡げて置いて乾燥させることである程度の展翅標本を作製できる．小型の蛾類では，開張10mm前後の個体から翅の幅が狭くなり乾燥によりねじれた翅をもつ標本になりやすいが，ある程度乾燥させた後，翅を再度整えることも可能である．この場合，開張12〜13mmがきれいに標本にできる目安となるだろうか（図5A，B）．しかし，開張10mmを下回る個体では針刺しができたとしても翅が細すぎて綺麗に展開させることはもはや困難である（図5C）．このような標本でもある程度研究に耐える乾燥標本にする新しい方法を考案したので，次に紹介しよう．

図5　ボックス法で採集したガ類から作製した乾燥標本．A：キバガ，ハマキガ科，B：イヌマキミドリスガ（ハマキモドキガ科）（左：針刺しのみ；中央，右：展翅した標本），C：モグリチビガ，ヒラタモグリガ，メムシガ科．

20 分子情報が解き明かす潜葉性小蛾類の多様性 287

４）DNA 解析用の標本をよみがえらせることは可能か？ ―ハワイホソガを例として―

　ハワイホソガは，ハワイ諸島にのみ生息するホソガ科の小さな蛾である．幼虫は植物の葉の内部に潜って生活する．1890–1930 年代に現存する標本の大半が採集され新種記載された．ハワイ諸島は人間活動による都市開発，侵略的外来生物などにより生態系の破壊が進み，多くの寄主植物の生息地は減少，消失した．現在，ハワイ固有の植物を含む生態系は国立公園などに指定され保護活動が進められているが，ハワイホソガの生息状況，何種が生存，絶滅したのか未知の種がどの程度存在するのか不明であった．例えば，ハワイで最も絶滅に近いキクの一種 *Hesperomannia* のラナイ島消滅個体群の押し葉標本からは，新種と思われるハワイホソガのマユがみつかっているが，いまとなっては確かめるすべはない．現実に長年の調査努力にもかかわらず 10 既知種の現存が確認できず，12 新種は極めてまれで寄主植物が絶滅の危機にあるため，ただちにレッドリストへの登録，危急の保護が必要であった（Kobayashi *et al.*, 2021）．

　ハワイホソガの研究プロジェクト（Johns *et al.*, 2016, 2018）では，分子系統解析を優先させるため，採集された生体のうち 3 / 4 にあたる 489 個体が液浸標本として保存された．液浸標本は 99％エタノール溶液か RNA 安定化組織液（RNAlater solution, Thermo Fisher scientific）で満たされたバイアルで保存された．一部の標本は全身が解析のために使用されたが，多くの標本は，翅や交尾器など分類研究に十分使用できる部分が残り，中には貴重な植物から飼育した標本も含まれていた．

　99％エタノール溶液で保存された液浸標本はバイアルに 1 から複数個体が保存されており，翅（1 / 2 〜全体）のみ，腹部を含む場合，全虫体を含む場合があった．これは，初期は翅以外の部分を分子系統解析に用いていたためである．研究の後期には腹部から DNA を抽出し，腹部を基の液浸バイアルに戻すという損失が少ない方法がとられた．ハワイホソガは開張が 10 mm を下回るため，単純にピン刺し標本にすると翅がよじれて翅の観察に適さない（図 6）．また，翅が胸部から切除されている標本ではそのまま溶液からとりだして乾燥させると翅が収縮してしまう．これらの問題を解決するため，Kobayashi *et al.*（2018, 2021, fig. 2）では，翅をカバーグラスで挟み固定する方法を考案した（表 1，図 7）．

　この方法により液浸標本のうち 131 個体をカバーグラス標本とすることができた．そのうち 34 個体は，胸刺し標本と翅と脚のカバーグラスのセットとす

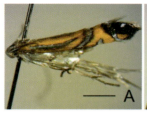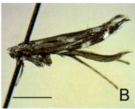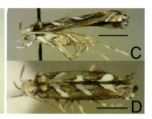

図6　99％エタノールで保存された個体から作製したハワイホソガ標本．A：*Philodoria lysimachiella*, B：*P. wilkesiella*, C：*P. hibiscella*. スケール 1 mm.

表1　カバーグラスを用いた翅固定と標本作製法

①	シャーレ（45 mm × 15 mm）に液浸標本の中身をだし，翅（＋脚，触角）を 15 mm 円形カバーグラスに拾い上げる（図7A, B）．このとき翅の表側がカバーグラス表面に接するようにする（図7B）．胸部は展翅場（ポリフォーム板）に載せ針を刺す（図7E）．針刺しした胸部は，ポリフォーム片（ペフ）を通した昆虫針の小片の先に固定する．
②	15 mm カバーグラスを翅が付着した面を上にして置き，その上に新たに 18 mm カバーグラスをかぶせる（図7C）．翅をはさみこんだら 15 〜 20 時間室温（23℃前後）で乾燥させる（図7D）．
③	翅が十分乾燥したら 18 mm カバーグラスをはずし，新たに 15 mm 正方形カバーグラスを合わせて翅を挟み込む．カバーグラスの四方は木工用ボンドで接着する．同時にマウント用のラベル紙片をカバーグラスで挟んで接着する（図7E, F）．
④	作製した針刺し標本とカバーグラス標本を虫ピンで刺しラベルを付ける（図7G-I）．

ることができた．RNA の解析をおこなう場合，常温での RNA の分解を抑える RNA 安定化組織液にサンプルを浸し保存する．この方法で保存された標本は，表面に白い結晶が付着し翅の展開が極めて困難である．また，翅を取り出しカバーグラスに展開できたとしても鱗粉が脱落しており種の識別は困難であった．ただし，交尾器の軟化と解剖，観察は問題なくおこなえた．ハワイホソガの場合，山間部の乾燥地に生えるハワイ固有ギクを食べる *Philodoria* sp. 1 of Johns *et al.*（2018）では，現存標本が RNA 安定化組織液で満たされた液浸標本しかなかった．生きた成虫の写真から明らかに，他種と異なる斑紋をしていたがホロタイプに適格な標本が作製できず新種記載を断念した（図8）．

　ハワイホソガ属の分類学的再検討の結果，15 新種を記載し，うち 11 新種が翅をカバーグラスで挟み込む方法を用いて作製した標本をホロタイプとした．しかし標本の全て，またはほとんどが分子系統解析で失われたため6種の学名が未確定のまま保留することとなった．また，分子系統解析の結果（Johns *et*

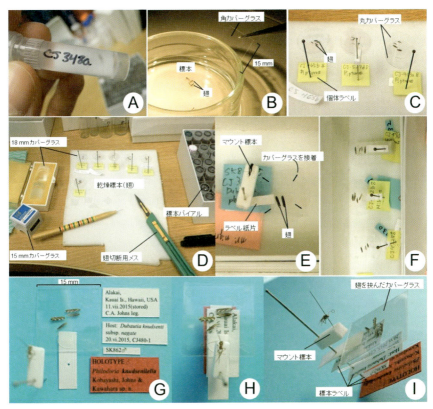

図 7　損傷がある液浸標本からマウント標本を作製する手順．作製の流れは表 1 に示した．

図 8　*Philodoria* sp. 1 of Johns *et al*. (2018) 標本．A：静止姿勢の成虫，B：RNA 安定化組織液で保存された個体から作製した標本（背側），C：同じ標本の側面．

al., 2018；Kobayashi *et al*., 2021, fig. 97），3 つのまとまりが不明な種単位である可能性が高かった．

290 第4章　分子情報を利用した解析

4 おわりに

　ここではホソガ科の2つのグループの分類学的研究について生態観察と分子情報を活用した事例を紹介した．このように分子情報，とくにDNAバーコーディングは，分類学的研究においても非常に有用な技術である．しかし，後半でも紹介したように時代が移り変わっても証拠標本の重要性は変わっていない．証拠標本の適切な作製と分子情報の活用を両立して調査研究していくことが大切である．

第4章 分子情報を利用した解析

21 湿地に生息する蛾類の生活様式と系統

吉安 裕

　湿地は陸上生態系の中でもとくに生物多様性の高い生態系である．そこにはさまざまなやり方で水域環境での生活に適応した動植物が生息している．昆虫ではトンボ類やゲンゴロウ類，水生カメムシ類などが典型的な水生昆虫として知られるが，意外なことに，陸生の種が大半を占める蛾類の一群が湿地生態系に進出している．どんなグループの蛾類がどのようにして水生生活を営んでいるのか，昆虫類の適応放散の好事例として紹介する．

1 湿地に生息する蛾類

　湿地とは，淡水や海水によって冠水する，あるいは定期的に覆われる低地をさす（図1）．したがって，海岸の干潟やマングローブ林等も含まれる．このような環境にも，陸地とは種は異なりまた特異な形態や性質をもった，さまざまな分類群の植物，藻類，菌類が生育・分布している．これらの湿地には，少ないとはいえ，それぞれの特有の植物等に依存して生活する蛾類も知られ，特殊な生態をもつので昔から注目されてきた．

　その代表的な種として，ヨーロッパの池に生息するツトガ科 Crambidae ミズメイガ亜科 Acentropinae の *Acentria ephemerella* がいる．一般的な鱗翅類の斑紋をもたないので，最初トビケラ類の一種として記載されている．幼虫は，水中のアリノトウグサ科のホザキノフ

図1　京都市深泥池の水生植物群落（2020年7月19日撮影，水面にはジュンサイやヒメコウホネなどの浮葉の植物が，その周辺にはヨシ，マコモなどの抽水植物類，また池周辺には日本では寒冷地の湿地でみられるミツガシワが繁茂する）．

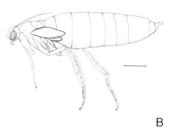

図2 A：*Acentria ephemerella* のオス成虫；B：同メス成虫（Berg, 1941 の図を改変）．

サモ（キンギョモ）の茎部分を摂食する．その葉を綴って巣をつくり移動・摂食を続け，老熟すると水中の植物体にその巣を固着し蛹となる（Berg, 1941）．オス成虫（図2A）は通常の発達した翅をもつが，メス成虫（図2B）は，多くが短翅で飛べない．その代わり図2Bのように中脚と後脚には密な毛列を備えていて泳ぐことができる．メス成虫は羽化後に水面上でオスと交尾し，交尾後はそのまま潜水し，水中の寄主葉に産卵する．この翅の退化とのトレードオフでメスの産卵数は多いようで，生息地ではかなり多くの幼虫がみられるという（Pabis, 2018）．このようにほぼ水中ですごす蛾は1例のみのきわめて特殊な例であるが，同じ亜科にも生活史の一時期に水中にいる種が多い．

　幼生期の一時期または全幼生期に水中ですごす蛾は水生の蛾とされ，その多くはツトガ科のミズメイガ亜科に属する（Mey and Speidel, 2008）．この群以外では，同じツトガ科のノメイガ亜科の2種のほか，南米ではトモエガ科 Erebidae の1属3種（Meneses *et al.*, 2013）およびハワイ州ではカザリバガ科 Cosmopterigidae に属し"両生（水生と陸生）"とされる *Hyposmocoma* 属の数種（Schmitz and Rubinoff, 2011）が知られるにすぎない．これらの水生種は，鱗翅類昆虫約165,000種のうちの約800種で，全体の0.5％を占める（Pabis, 2018）．ただし，もっとも種数が多いミズメイガ亜科には後述のように一部の陸生の属と種も含まれているので，実際にはこれよりも少ない可能性もある．それでは，湿地でミズメイガ亜科はどのようにして生活しているのか，日本の種について形態的な対応を含めて概説する．

2　水域環境への適応とその多様性

　ほかの水生昆虫と同様に，水中で生存するには酸素を外気から取り入れるか，または水中に含まれる酸素（溶存酸素）を利用するしかない．幼虫から成虫ま

で一生水中で過ごす昆虫として，半翅目のナベブタムシ *Apheloceirus vittatus* がよく知られる．この種の幼虫は皮膚を通して，成虫は腹面にある多数の微小突起群に保持されている薄い膜の空気層をとおして，水中の溶存酸素を摂り入れて呼吸している．活動によって薄膜の中の二酸化炭素濃度が高くなれば，接する水中にそれが溶けだし，その代わり水中の酸素がその薄膜内に入る仕組みになっている．プラストロン呼吸（毛盤呼吸）というこの呼吸方法は溶存酸素が十分であるかぎり，半永久的に水中で生活できる．前述のミズメイガ *Acentria ephemerella* の成虫も，わずか 1～2 日の寿命ではあるが，この呼吸法をとるという．

　ミズメイガ類の一般的な水域での呼吸の対応は，気管鰓 tracheal gill（図 3B）による酸素摂取である．名前のとおり体表から突出した鰓の中に気管枝が入り込んでおり，その気管をとおして体内に酸素をとりこんでいる．幼虫の体表は図 3B のように比較的薄く親水性で，常に水に浸っている状態で，水がないとうまく呼吸ができない．イネミズメイガ属 *Parapoynx* の種はその代表で，水田のイネ科植物，池や湖に生育する水生植物（水面上だけでなく，水中で展開する沈水葉をもつものが多い）に依存して生活している．孵化幼虫は葉内に潜り皮膚呼吸をしているが，2 齢以降の幼虫は気管鰓をもち，寄主葉の切片などで携帯できる巣をつくる（図 3A）．巣内は常に水に浸されていて，前述のように気管鰓を通して呼吸する．巣の中の二酸化炭素が多くなると，幼虫は体を左右に振って巣内の水をかく乱して，水を入れ替える行動をとる．この行動は野外でもしばしば観察される．

　一方，同じく世界に広く分布するギンモンミズメイガ属 *Nymphula* とマダラ

図 3　クロテンシロミズメイガ．A. コカナダモ葉片でつくった携帯巣と巣内の終齢幼虫（矢印は巣外に体を出した幼虫）；B. 水中で気管鰓を伸ばす終齢幼虫．

ミズメイガ属 Elophila の種に代表される幼虫の体表には，気管鰓は発達せずに，多数の小突起からなる疎水性（撥水性）の構造をもつ（図4B）．これらの種は，若齢期には寄主の葉に潜り内部を摂食するが，後に葉を切り取って合わせて Parapoynx 属と同様に携帯できる巣をつくる（図5）．ただし，幼虫

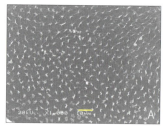 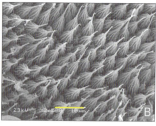

図4 幼虫の表皮．A. Parapoynx sp. B. クロスジマダラミズメイガ．スケール：10μm．

図5 2種の幼虫の携帯巣．A. ジュンサイ上のマダラミズメイガ幼虫巣（矢印）と幼虫；B. フトヒルムシロの葉を摂食する幼虫とその巣（浮葉の下面）．

の撥水性体表によって巣内は水に浸されないので，通常の気門から酸素を体内に供給する．幼虫は巣から出ても体表が撥水するため，水に浮いた状態を保ちおぼれることはない．池などに生息する種のなかで，ミドロミズメイガ Neoschoenobia testacealis だけは例外的に1齢から中齢幼虫までは寄主となるコウホネ類の浮葉に潜り，その後同じ植物体の茎内に穿孔して摂食し，最終的に水面下の茎内で蛹化する特殊な生活史をもっている．本種の幼虫は若齢幼虫を除いて，撥水性突起をもつので，水面上に浮くことができ，また幼虫体を左右に屈曲させて泳ぐことができる．水面で島のように点在する水生植物間を泳いで移動する．

ツトガ科のなかで，幼虫が携帯性の巣をつくる習性がみられるのは本亜科の種のみと思われ，この群の一つの特徴ともいえる．前述のように，池や湖などの止水に生息する幼虫は寄主葉あるいは茎から切り取って絹糸で綴り合わせてつくった巣を携えて寄主間を移動する．老熟幼虫は最後の携帯巣を寄主に付着させて蛹化する．他方，流水中の藻類を食べているキオビミズメイガ Potamonusa midas（図6）は岩上に繁茂した藻類の下に幼虫巣（巣道）をつくり，また琉球列島の河川にいるヨツクロモンミズメイガ属 Eoophyla の2種は，同

じく流水中の岩上に繁茂する珪藻類の上に絹糸のみでテント状の巣をはって中にいるので，携帯巣はつくらない．これらの

図6　キオビミズメイガ．A．水中の幼虫（短い気管鰓をもつ）；B．メス成虫．

河川に生息する種は，形態は違うがいずれも気管鰓をもっている．

3　エンスイミズメイガの生息域に対する適応

前述のように，ミズメイガ亜科の種は多くが池や河川の陸水と関わっているが，一部に汽水域に生息するグループがいる．東南アジアから日本にまで分布する *Eristena* 属の蛾で，日本でこの環境に生息するのはエン

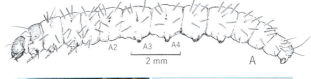

図7　エンスイミズメイガ．A．終齢幼虫；B．蛹室内のメスの蛹；C．メス成虫．A2-A4：第2-4腹節．

スイミズメイガ *E. argentata*（図7C）が唯一知られている．本種の食性や生息場所についてはすでに概説されている（吉安，2018）が，幼虫の形態を含めて，同じ種が示す生息場所の多様性という観点から，もう少し補足しておく．本種の幼虫（図7A）は，汽水域に生育するタニゴケモドキなどの紅藻類を寄主としている．おそらくほかの褐藻類も含めて広く利用するのかもしれない．本種の分布の南方の奄美大島では河口のマングローブ林下の岩の表面に生育する藻類を摂食している．幼虫は藻類のマットの下に縦横に伸びる巣道をつくってその中にいて周辺の藻類を摂食している．老熟幼虫は巣の一部に厚く絹糸でドーム状の蛹室をつくって中で蛹化する．したがって，岩上が本種の生息場所である．同じような生活は，四国の肘川河口の汽水域の岩上の藻類に生息する個体群でもみられる．

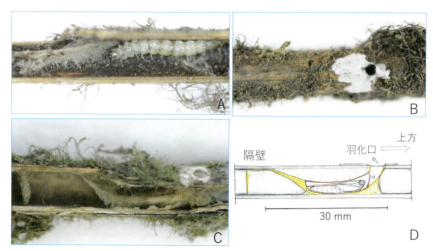

図8 エンスイミズメイガのヨシ稈内の状況．A．ヨシ稈内の幼虫；B．成虫の羽化口；C．蛹室の側面の状態；D．同，模式図（吉安，2018より転載）．

一方，マングローブ林や藻類が生じる岩石類のない本州の東海地方から西の四国，九州の河川河口の汽水域には，次第に少なくなりつつあるが，豊富なイネ科のヨシ群落が生育する．ヨシの稈には満潮時に海水に浸る部分に藻類が密生している．本種の幼虫はこの藻類を利用して生活している．通常幼虫はヨシの稈内に穿孔しており（図8A），そこを住処にして，おそらく干潮時に出てきて藻類を摂食している．この場合本種の生活場所はヨシという植物体である．

このように，エンスイミズメイガは，どの生息域でも藻類を寄主としていることに変わりはないが，それぞれの地域個体群が生息環境に応じた生活様式をとり，したたかに生存している．

4 ミズメイガ亜科の固有の形態形質

Pabis（2018）は，原始的な蛾で湿潤な環境に生息するコバネガ科を引き合いに出して，もともと鱗翅類がもっていた形質がまったく系統の異なる分類群に現れ，別の機能をもつ類似の形質として（つまり前適応として），ミズメイガ亜科に引き継がれて，さまざまな撥水性突起や気管鰓といった器官になっていることを示唆した．一方で，鱗翅類は直近の共通の祖先をもつ姉妹群のトビケラ類と同じように，特有の絹糸腺をもっている．絹糸腺があったことで，前述のようなさまざまな携帯巣や固着巣を絹糸で紡いでつくって水域環境へ対応できたのであろう．

他方，これまで日本で幼生期が知られているミズメイガ亜科の種では，池，河川，汽水域のいずれの生活環境あるいは水生・陸生の違いに関わらず，蛹では第2〜第4腹節の気門部は大きく発達し（図6B），それ以外の気門は退化し，機能していない．メイガ上科でこの3節だけに呼吸機能が集約されている亜科は現時点では報告がない．したがって，この形態の状態は本亜科の独自の新しい形質（固有派生形質）の一つとみなせよう（Yoshiyasu, 1985）．しかし，気門部が他の腹節を含めて突出する種はほかのツトガ科のシダメイガ亜科 Musotiminae の種でもみられるので，Pabis（2018）は，おそらくミズメイガ亜科のこの蛹の特異な形質が同形形質，つまり異なる単系統群で発達した類似した形質，の可能性を考慮したと思われ，この Yoshiyasu（1985）の固有派生形質であるという見解を棚上げにしている．この形態形質の解釈は今後の課題でもある．

5 ミズメイガ亜科の単系統性−分子分析1

多様な生活と形態をもつ分類群としてのミズメイガ亜科は，はたして単系統なのかは研究者の長年の課題であった．直近の同じ共通祖先からのすべての分類群（種）がこの亜科に含まれているとされる単系統群であれば，この亜科内でみられる形質がどのように変化したのかを正しく推定できることになる．近年 Regier *et al.*（2012）は，メイガ上科の2科18亜科に属する42種の核遺伝子のタンパク質をコードする5領域の6,633塩基対の配列を調べ，亜科間の系統関係を推定した．彼らが分析した各亜科の種数は限られてはいるが，著者に欧米の分類学者が含まれていることから代表的な種が選択されているようだ．この結果，祖先の分類群の塩基配列からの変化過程が最もありうると計算され求められた最尤法による系統樹では，まずメイガ科とツトガ科がそれぞれもっとも高い確率（ブートストラップ（BP）値100）で単系統群であることが示され，ツトガ科のなかではミズメイガ亜科は，オオメイガ亜科 Schoenobiinae と姉妹群であり，この2亜科が近縁であることが示された．また，解析された種数は北米産の2属のみであるが，ミズメイガ亜科は単系統であることが示唆された．なお，ミズメイガ亜科＋オオメイガ亜科は，ハネビロノメイガ亜科 Midilinae と姉妹群となる（BP値94）．ハネビロノメイガ亜科は中南米に分布する約100種からなる小さな亜科で，既知の幼虫はサトイモ科の穿孔虫であることが知られる．サトイモ科は湿地に生育する種が多く，この亜科と，幼虫の多くがイネ科植物を穿孔摂食するオオメイガ亜科とミズメイガ亜科とを合わせて湿地生息

系統群（Wet Habitat Clade）の名称を与えている．旧世界，とくに東洋区には
ミズメイガ亜科の多数の種が分布する（Mey and Speidel, 2008）ので，今後同
様の解析がそれらの種に対して進められれば，本亜科のより確実な単系統性の
証拠が積み重ねられることが期待される．

6 ミズメイガ亜科内の進化の道筋—分子分析 2

　最近,昆虫でもさまざまな分類群でミトコンドリアの全ゲノム（ミトゲノム）
塩基配列による系統解析がおこなわれるようになって，分類群間の系統関係の
推定の一助になっている．Chen et al.（2017）は，中国でスイレンなどの水生
植物の害虫の一種になっていて日本にも分布するタカムクミズメイガ
Parapoynx crisonalis（論文では Parapoynx-type として扱われている）のミトゲ
ノム（15,374 bp）を明らかにし，すでに調査されているほかのメイガ上科の
25 種（下記のミズメイガ亜科の 3 種を含む）のミトゲノムを参考に，系統解
析をおこなっている．この解析の結果，ミズメイガ亜科はほかの陸生のツトガ
科の亜科から分岐し，またミズメイガ亜科に属する種は同一の分岐群（単系統
群）に入ることが示唆された（図 9）．さらに，この論文では，タカムクミズ
メイガがマダラミズメイガ Elophila interruptalis（Nymphula-type）およびゼニ
ガサミズメイガ Paracymoriza prodigalis と P. distinctalis の 2 種（Potamomusa-type）
の分岐群と姉妹群になっている．ただし，ここで扱われている Paracymoriza 属
の 2 種が水生としているが，少なくともゼニガサミズメイガは，同属のクロバ
ミズメイガ P. nigra（吉安，2011）と同様に陸生であり（吉安，未発表），その
近縁種である P. distinctalis も陸生である可能性が高い．ちなみに，
「Potamomusa-type」とされた Potamomusa 属は，キオビミズメイガがタイプ種で，
前述のように，日本では各地の河川でみられる水生の種で幼虫は気管鰓をもっ
ている．

　さて，図 9 の系統関係の図で注目すべきは，ミズメイガ亜科において，少な
くとも陸生の一部の種が水生の種から分岐したことが示されている点，つまり
水生から陸への逆戻りの進化があった可能性が示されたことであろう．この亜
科の別の陸生種であるアトモンミズメイガ属 Nymphicula がこの図のどの系統
枝に入るのか，さらなる研究が望まれる．今後，ミトゲノムだけでなく，前述
した核遺伝子を含む分子解析がすすめば，詳細な形態の変化とも合わせて，ミ
ズメイガ亜科の進化の道筋の新たなシナリオが期待できるであろう．

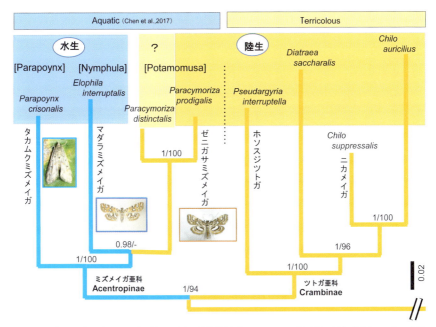

図9 ミズメイガ亜科とツトガ亜科の8種の系統関係（Chen et al., 2017の図を改変）．スケールは塩基置換数率．

7 おわりに

Pabis（2018）が指摘しているように，水生の蛾について，成虫の分類に比べてその生活史，また生息環境の評価の基礎資料となる生態の情報が，一部の害虫や水域の雑草の防除素材としての益虫に関連した研究を除いて，不足している．とくに今世紀になってから世界的にも湿地に生息する蛾類の生態の研究は大変少なく，このことが水生の蛾類が寄主との関係を通して水域において果たしている生態学的役割の理解が進まない理由となっている．日本においても湿地に生息する昆虫類については近年の環境省のレッドリストでも絶滅が危惧される種数が増えている．このことは多くの湿地環境の悪化が進んでいることを示している．水生の蛾の多様性がこれ以上失われないように，豊かな湿地環境が保全され，この仲間の幅広い生態の研究がさらに進展することを願っている．

8 謝辞

本稿を執筆する機会を与えていただいた大阪府立大学の石井 実名誉教授，

300 第4章　分子情報を利用した解析

そして拙稿に対し貴重な意見をいただいた，同大学院の平井規央教授に厚くお礼申しあげる．本文中の図7の転載許可をいただいたニューサイエンス社に謝意を表する．

第5章 人間社会との関係を考える

22 博物画や標本コレクションから探る京都市のチョウ相の変化

吉田 周

　活発な人間活動により世界的な生物多様性の減少が続くなか，各地で損なわれた自然環境を取り戻す事業や活動が進められている．こうした自然環境の再生や復元は，生物相を含むその地域の過去の自然環境の状況を考慮して行われる必要があり，一般的には文献調査や聞き取り調査がおこなわれる．ここでは，さまざまなタイプの資料が蓄積する京都市において，文献ばかりでなく博物画や標本コレクションなどの情報から過去のチョウ相を推定するユニークな試みを紹介する．

1 はじめに

　地域に分布するチョウの種構成（チョウ相）の変化は，その地域の自然環境の変化を反映すると考えられる．近年では，トランセクト調査の普及もあってチョウ類群集に関する定量的な情報が数多く報告されており，少なくとも1980年代以降のチョウ相の変化については正確な把握が可能な地域がある（今井・今井，2011）．しかし，1970年代以前のチョウ類群集に関する定量的な情報はわずかである（森下，1967）．

　日本では，江戸時代中期以降に描かれた博物画の中に多種のチョウが描かれており，これらを検討することで，江戸時代後半のチョウ相を推定できる可能性がある．また，チョウの愛好家や研究者が残した半世紀以上前の標本が博物館や大学などに保存されており，これも過去のチョウ相の推定に活用できる．さらに地域の同好会誌などに掲載されている確認・採集記録もチョウ相の推定には有用な情報である．本稿では，京都市街地およびその周辺（以下，京都市周辺）の過去のチョウ相を博物画，標本，確認・採集記録から推定し，現在のチョウ相との比較を試みた．

2 京都市周辺の植生の変化

　京都市は三方を山に囲まれた盆地の中にあるため，三方の山（京都三山）の

302 第 5 章　人間社会との関係を考える

植生が盆地内のチョウ相に与える影響は大きい.

　京都市周辺の極相は照葉樹林であるが, 794 年の平安遷都以降, 三山の植生は, 主に燃料を得るためのアカマツ, あるいはアカマツとアベマキ, コナラなどの落葉広葉樹によって構成される人為的に管理された樹林に変貌した. ただし, 室町時代以降は, 過剰に樹林を伐採したため, 樹林のない草原状態の場所が生じた (小椋, 1990). とくに江戸時代の後半は高木のない草原地帯が相当にあったと推定されている (小椋, 2008). 明治になると過剰な樹木の伐採が禁じられ, 上記のアカマツ, アベマキ, コナラ林は復活するが, 1960 年代後半以降は, エネルギー革命によってこれら樹林の経済的価値が低下したために管理が放棄され, 植生遷移が進行した. これに, マツ枯れやナラ枯れが加わり, 現在は常緑広葉樹であるシイ類を中心とした暗い樹林となっている (小椋, 2011).

　かつて, 京都盆地の中心部以外は水田を中心とした農地であり, クヌギなどの落葉広葉樹が両側に植栽された農業用水や小河川が多く流れていた. しかし, 都市化の進展によって, 農地の大半は道路や宅地に変化し, 農業用水や小河川も暗渠化されて落葉広葉樹も消失した. 現在でも盆地内に農地は残っているが, 縮小して断片化している.

3　円山応挙「写生帖」に描かれたチョウ

　江戸時代後半に円山応挙 (1733 ～ 1795) が描いた「写生帖」は大きく 3 つに分けられ, 「写生蝶之図」と呼ばれる「蝶」と題されたもの (図 1), 「昆虫写生帖」と呼ばれる「蟲」と題されたもの, 「円山応挙写生帖」と呼ばれる植物を中心に描かれたものである (星野, 1996a).

　「昆虫写生帖」には「安永丙申初秋寫」と添えられており, 安永 5 (1776) 年の初秋に描かれたと考えられる. これに対して, 「写生蝶之図」には具体的な執筆時期は示されていないが, 「写生蝶之図」を参考にしたであろう「百蝶図」が 1775 年に描かれている. さらに, 「円山応挙写生帖」には作品中の植物などに日付が添えられており, 1770 年から 1772 年にかけて集中的に描かれたと推定できる. 当時の応挙の住まいが四条麩屋町 (現在の京都市下京区) であったことから (星野, 1996b), 描かれているチョウなどの昆虫類は 1770 年代の前半に京都市周辺で採集されたものと考えられる.

　「昆虫写生帖」と「写生蝶之図」において, 応挙が描いたチョウは全部で約 30 種に及ぶ (表 1). その中には, 現在の京都市街地では観察できないウラギ

22　博物画や標本コレクションから探る京都市のチョウ相の変化　303

図1　円山応挙「写生帖」の中の「写生蝶之図」の一部．東京国立博物館所蔵，Image：TNM Image Archives.

表1　円山応挙「写生帖」に描かれたチョウの種類

セセリチョウ科 Hesperiidae	タテハチョウ科 Nymphalidae
キマダラセセリ *Potanthus flavus*	メスグロヒョウモン *Damora sagana*
アゲハチョウ科 Papilionidae	ウラギンヒョウモン *Fabriciana adippe*
ジャコウアゲハ *Atrophaneura alcinous*	ツマグロヒョウモン *Argyreus hyperbius*
カラスアゲハ *Papilio dehaanii*	イチモンジチョウ *Limenitis camilla*
クロアゲハ *Papilio protenor*	アサマイチモンジ *Limenitis glorifica*
アゲハ *Papilio xuthus*	コミスジ *Neptis sappho*
アオスジアゲハ *Graphium sarpedon*	キタテハ *Polygonia c-aureum*
シロチョウ科 Pieridae	ヒオドシチョウ *Nymphalis xanthomelas*
キタキチョウ *Eurema mandarina*	アカタテハ *Vanessa indica*
ツマグロキチョウ *Eurema laeta*	コムラサキ *Apatura metis*
モンキチョウ *Colias erate*	ジャノメチョウ *Minois dryas*
モンシロチョウ *Pieris rapae*	ヒメウラナミジャノメ *Ypthima argus*
シジミチョウ科 Lycaenidae	クロヒカゲ *Lethe diana*
ゴイシシジミ *Taraka hamada*	サトキマダラヒカゲ *Neope goschkevitschii*
ウラギンシジミ *Curetis acuta*	コジャノメ *Mycalesis francisca*
ベニシジミ *Lycaena phlaeas*	ヒメジャノメ *Mycalesis gotama*
ヤマトシジミ *Zizeeria maha*	
ルリシジミ *Celastrina argiolus*	

304 第5章 人間社会との関係を考える

ンヒョウモン *Fabriciana adippe* やジャノメチョウ *Minois dryas* といった草原性の種が含まれており，江戸時代後半の京都三山に草原地帯が相当にあったという推定（小椋，2008）と整合している．本草学者ではない応挙が希少種を採集する確率は低いであろうから，描かれた種は江戸時代後半に京都周辺で普通に確認することができた種と考えられる．

4 箕浦コレクションによる昭和前期のチョウ相の推定

　日本では明治以降の近代昆虫学の発展とともに，チョウの愛好者や研究者によって多くの標本が作成されてきた（近木，1962；諏訪，2003；矢後，2005）．標本には採集者の好みや研究上の関心などが反映されるため，特定の種や異常型などが多く収集される場合もあるが（大和田，1999），採集地に関する情報が添えられていれば，ある時期，ある場所に，ある種が生息していた確実な証拠になる（近木，1962；松本，2006）．

　欧米では，標本コレクションを個人蔵のものも含めて，目撃記録などとともにデータベース化し，学術的な活用に供している場合がある（Maes et al., 2016）．日本でも博物館や大学に保存されているチョウの標本の一部についてデータベース化が進行しており，これらを活用した研究が期待されている．ここでは，大阪府立大学（現在の大阪公立大学）に収蔵されていたチョウの標本の中で箕浦コレクションを用いて昭和前期の京都市周辺のチョウ相を検討した例（吉田ら，2019）を紹介する．

1）箕浦コレクションの概要

　鳥取市出身の箕浦忠愛（1887〜1969年）は，幼少時からチョウの採集を行い，京都府立医科大学予科などで生物学の教鞭をとる傍らチョウの採集，研究を行った（伊藤・笹川，1970）．大阪府立大学には，箕浦が戦前から1960年代にかけて採集したチョウの標本である箕浦コレクションが収蔵されていた．箕浦は1921年末から晩年まで京都市内に在住していたことから，箕浦コレクションには京都市周辺で採集された標本が多数含まれていると予想された．

　大阪府立大学の箕浦コレクションは122種1,720個体の標本で構成されていたが，その中で京都府内において採集されたことが明らかなのは63種961個体であった．内訳は，セセリチョウ科12種131個体，アゲハチョウ科6種14個体，シロチョウ科7種120個体，タテハチョウ科24種198個体，シジミチョウ科14種498個体であり，科ごとの個体数に大きな差を認めた．また，シロチョ

ウ科の中でもモンキチョウ *Colias erate* の標本が 48 個体あったのに対して，モンシロチョウ *Pieris rapae* が 2 個体であるなど，同じ科の中でも種ごとの個体数に違いがあった．京都府内全体で採集された標本数の上位 5 種は，ベニシジミ *Lycaena phlaeas*（132 個体），ヤマトシジミ *Zizeeria maha*（122 個体），ルリシジミ *Celastrina argiolus*（100 個体），ウラナミシジミ *Lampides boeticus*（67 個体），モンキチョウ（48 個体）であった．

　採集時期を確認できたのは 954 個体であり，その採集年は 1904 ～ 1969 年の 66 年間に及んでいた．ただし，1930 から 50 年代が合計で 924 個体（全個体の 96%）を占め，とくに 1934 年から 1943 年までの 10 年間に採集されたものが 830 個体（全個体の 86%）であった．すなわち，箕浦コレクションの大半は昭和前期に採集されたものであった．

　詳細な採集地を確認できたのは 61 種 885 個体であり，その数は 50 箇所だった．50 箇所中，京都市外の 3 箇所を除いた 47 箇所を「嵯峨地区」，「衣笠地区」，「西賀茂地区」，「西山地区」，「岩倉・東山地区」，「山間部東部地区」，「山間部西部地区」の 7 地区にまとめて比較すると，個体数は衣笠地区（255 個体）と嵯峨地区（241 個体）が多く，この 2 地区だけで京都府内で採集された全標本数の 51% を占めた．箕浦の自宅と勤務地が衣笠地区内に存在したこと，京福電鉄（嵐電）を使うことで衣笠地区から嵯峨地区への移動が容易であることを考えると，箕浦は嵯峨および衣笠地区で日常的に普通に見られる種も対象にした採集活動を行なっており，この 2 地区の採集リストは，現在の京都市西部に該当する地域における昭和前期のチョウ相を反映したものと考えられた．

２）コレクションに含まれるレッドリスト掲載種

　京都府内で採集された 63 種の中には，環境省 2020 年版レッドリスト（環境省，2020），京都府レッドデータブック 2015（京都府，2015），または日本鱗翅学会のレッドリスト四訂版（矢後ら，2016）に掲載されているオオウラギンヒョウモン *Fabriciana nerippe*（図 2），ツマグロキチョウ *Eurema laeta*（図 2），シルビアシジミ *Zizina emelina*（図 2），ギンイチモンジセセリ *Leptalina unicolor*，キマダラルリツバメ *Spindasis takanonis*，スジボソヤマキチョウ *Gonepteryx aspasia*，ウラナミアカシジミ *Japonica saepestriata*，ミヤマチャバネセセリ *Pelopidas jansonis*，ヤマキマダラヒカゲ *Neope niphonica*，ヤマトスジグロシロチョウ *Pieris nesis* が含まれていた．これら 10 種の中で，ギンイチモンジセセリは京都市外での採集だったが，残りは現在の京都市内でも採集されて

オオウラギンヒョウモン	ツマグロキチョウ	シルビアシジミ
Kyoto, Saga	Kyoto, Saga	YODO
25, IX, 37	X, 3, 1937	21, V, 51

図2　箕浦コレクションに含まれていたレッドリスト掲載種とラベル情報．

いた．とくにオオウラギンヒョウモン，キマダラルリツバメ，ウラナミアカシジミ，ツマグロキチョウ，ミヤマチャバネセセリの5種は嵯峨または衣笠地区でも採集されていた．これらの5種は，昭和前期には現在の京都市西部に該当する地域に分布していたと考えられる．

3）文献情報を裏付ける標本の存在

　箕浦・井上（1955a）によると，箕浦は1943年5月8日に京都府下の胡麻付近でギンイチモンジセセリを採集したとされている．箕浦コレクションにあった同種の標本（2個体）の採集地と採集日はこの記述と一致しており，過去の記録に直接的な証拠を提供するものであった．この分布記録は，キマダラルリツバメが小倉山，鳥居本，高雄，鳴滝，衣笠山などから多数の採集記録が出ていること，シルビアシジミが中書島の淀川堤防付近で採集できることも記している（箕浦・井上，1955b）．箕浦コレクション中のキマダラルリツバメの採集地は嵯峨と金閣寺，シルビアシジミは市原と淀である．小倉山が嵯峨地区に位置すること，金閣寺が衣笠山の麓に位置すること，淀が中書島に近接していることから，コレクションにある両種の標本は過去の採集記録を裏付けるものといえる．

　一方，経田（1937）による1930年代の桂川周辺の昆虫目録はツマグロキチョウを含み，箕浦・井上の分布記録は伏見区中書島付近の淀川堤防にオオウラギンヒョウモンが産することを記し（箕浦・井上，1955c），1960年代前半の京都のチョウ相を述べた垂井(1964)はオオウラギンヒョウモンとツマグロキチョウが木津川堤防において多数観察できると記している．嵯峨または衣笠地区での採集種にこれらが含まれていたことは，昭和前期の桂川河川敷をはじめとする京都市西部の荒地や未舗装の道端に，淀川や木津川堤防と同様にこれらの種

の寄主植物が分布していたことを示すものといえる．とくに複数の場所で採集されているツマグロキチョウは当時の京都市内において普通に見られたと考えられる．

４）土地利用から見たチョウ相の変化

　嵯峨および衣笠地区に関して，1931 年と 2016 年の国土地理院発行の 2 万 5 千分の 1 地図「京都市西北部」にもとづき，土地利用の変化を調べたところ，両地区とも，道路や建築物などを合わせた構築物の面積が大きく増加していた（表 2）．その一方で，両地区ともに水田が大きく減少し，樹林面積も減少していることが明らかになった．

　地区別に見ると，嵯峨地区では，針葉樹林と竹林は減少していたが，広葉樹林はやや増加していた．農地においては，1931 年に約 30％を占めた水田が大きく減少し，水田以外の農地がやや増えていた．ただし，1931 年に存在した果樹園，桑畑，茶畑が 2016 年にはほぼ消滅しており，2016 年における水田以外の農地の増加は，都市近郊に多い畑の増加によるものであった．一方，道路

表２　嵯峨および衣笠地区の土地利用の変化

土地利用	嵯峨				衣笠				嵯峨＋衣笠			
	1931 年		2016 年		1931 年		2016 年		1931 年		2016 年	
	面積 (km²)	割合 (%)[4]	面積 (km²)	割合 (%)[4]	面積 (km²)	割合 (%)[4]	面積 (km²)	割合 (%)[4]	面積 (km²)	割合 (%)[4]	面積 (km²)	割合 (%)[4]
樹林												
針葉樹林	3.07	36.4	2.74	31.1	3.03	28.5	2.13	20.0	6.10	32.0	4.87	25.0
広葉樹林	0.25	3.0	0.81	9.2	0.39	3.7	0.18	1.7	0.64	3.4	0.99	5.1
竹林	1.04	12.4	0.44	5.0	0.76	7.1	0.02	0.2	1.80	9.4	0.46	2.4
農地												
水田	2.50	29.7	0.75	8.5	4.27	40.2	0.09	0.9	6.77	35.5	0.84	4.3
池	0.10	1.2	0.13	1.5	0.02	0.2	0.03	0.3	0.12	0.6	0.16	0.8
その他の農地[1]	0.14	1.7	0.37	4.2	0.14	1.3	0.07	0.7	0.28	1.5	0.44	2.3
市街地												
鉄道と道路	0.22	2.6	1.08	12.2	0.60	5.6	2.71	25.5	0.82	4.3	3.81	19.6
建築物	0.51	6.1	1.46	16.6	0.75	7.1	4.51	42.4	1.26	6.6	5.97	30.7
その他												
荒れ地[2]	0.49	5.8	0.74	8.4	0.61	5.7	0.78	7.3	1.10	5.8	1.52	7.8
河川	0.10	1.2	0.30	3.4	0.06	0.5	0.11	1.0	0.16	0.8	0.41	2.1
区分不能[3]	3.07	―	2.67	―	3.40	―	3.40	―	6.47	―	6.07	―
合計	11.49	100	11.49	100	14.03	100	14.03	100	25.52	100	25.52	100

　1931 年および 2016 年に国土地理院が発行した 2 万 5 千分の 1 地図「京都西北部」において，土地利用区分ごとに描画アプリケーション（Clip Studio Paint, Celsys, Inc.）で色分けを実施後，画像解析アプリケーション（GIMP, The GIMP Team）を用いて各利用区分の面積を求めた．
[1] 果樹園，桑畑，茶畑，野菜畑
[2] 河川敷，樹林と竹林以外の寺社境内，空き地，グラウンド
[3] 画像解析アプリケーションは色分けごとに面積を計算するため，地図に黒色で示されている地名や等高線が別区分として面積が算定されるので，この部分を区分不能として扱った．
[4] 割合の計算においては区分不能の面積を除外した．

308 第5章 人間社会との関係を考える

や建築物は著しく増加していた．また，割合には反映されていないが，1931
年に小河川に沿って存在していた広葉樹林は，2016年にはすべて消滅した．
　衣笠地区では，農地と樹林が種類にかかわらず減少し，道路と宅地が著しく
増加していた．荒地の割合は，両地域ともにやや増加していた．しかし，1931
年の荒地が未利用の河川敷や農地と河川の間の草地などが主体であったのに対
して，2016年では学校などのグラウンド，宅地の中の空き地，一部が公園化
された河川敷などが主体であり，二次的な草原は減少していた．
　昭和前期に両地区に分布していたレッドリスト掲載の5種中，オオウラギン
ヒョウモンはスミレ類，ツマグロキチョウはカワラケツメイ，ミヤマチャバネ
セセリはススキを主要な寄主植物としている．これらの植物は，河川敷や農地
周辺の未利用地などの荒地，あるいは未舗装の道端に多い植物である（邑田，
2014）．嵯峨や衣笠地区でこれらのチョウが採集されていたことは，昭和前期
の京都市西部では，桂川河川敷をはじめとする荒地や未舗装の道端に，淀川や
木津川堤防と同様，これらの種の寄主植物が自生していたことを示すものとい
える．
　土地利用において，嵯峨，衣笠地区のいずれにおいても荒地の割合に大きな
変化がないにもかかわらず，これらの草原性チョウ種が絶滅・衰退したことは，
荒地の植生に変化が生じたことを意味する．すなわち，戦前の荒地はそのほと
んどが河川敷と農地周辺の未利用地であったが，現在は河川敷，およびグラウ
ンドと宅地に挟まれた空き地である．都市の空き地は不定期に撹乱が生じるた
め，安定した植生は期待できない．また，河川敷自体も，河川改修や公園など
への転用によって植生に変化が生じたと思われる．さらに，道路が舗装された
ことは道端が植物の分布域ではなくなったことを意味する．このような荒地や
道路の質的変化が，二次草原の植物に依存するツマグロキチョウ，オオウラギ
ンヒョウモン，ミヤマチャバネセセリの絶滅・衰退につながったと考えられる．
二次草原の植物の多くは，農業活動にともなう適度な撹乱のもとでのみ安定し
た分布が可能であることから（高橋，2004），都市化にともなう大規模な撹乱
に耐えられず消滅・衰退したと考えられる．現在では観察できないウラギン
ヒョウモンとジャノメチョウといった草原性種を円山応挙が描いていたこと
も，かつての京都市周辺に二次草原が広く存在していることを示すのだろう．
　嵯峨・衣笠地区で採集されていたウラナミアカシジミはクヌギやコナラなど
の落葉広葉樹を寄主植物としている．嵯峨地区では樹林全体の面積の減少はわ
ずかであり，広葉樹林はむしろ増加していたが，1930年代に河川沿いにあっ

たおそらく落葉性と考えられる広葉樹林は 2000 年代にはすべて消失していた.一方,嵯峨地区よりも京都市の中心に近い衣笠地区では,樹林がその種類を問わず減少し,道路と建築物が大きく増加していた.すなわち,衣笠地区では都市化の進行が樹林帯にまで及んでいた.ウラナミアカシジミの衰退は,都市化によって寄主植物であるクヌギやコナラなどのブナ科の落葉広葉樹が減少したことを反映したものと考えられる.

5 京都市北部岩倉のチョウ相の変化

京都市左京区の叡山電鉄沿線に位置する岩倉地区は京都市中心部に近く,かつてはアカマツ林,ナラ類の樹林,および草原と農地・集落によって構成される典型的な里地里山の景観であったが(小椋,2011),現在では住宅などの建築物が増加しており都市化が進んでいる.岩倉周辺には過去のチョウの確認・採集記録が比較的豊富に存在している(京都蝶の会,1979a など).また,箕浦コレクションにも 1930 から 1950 年代にかけて岩倉地区で採集された標本が含まれている.ここでは岩倉地区を対象として,標本と確認・採集記録にもとづいて復元した過去のチョウ相とトランセクト調査で確認した現在のチョウ相を比較し,都市化にともなう里地里山地域のチョウ相の変化を明らかにするとともに,土地利用の変化をはじめとするいくつかの要因とチョウ相変化との関連を考察した(吉田,2000).

1)過去のチョウ相の復元

箕浦コレクションの中には,1934 年から 1950 年の間に岩倉地区で採集された 24 種の標本が存在していた.また,京都蝶の会(1979a, b, 1980, 1982, 1983, 1984, 1985)の会誌を検索したところ,1957 年から 1983 年の間に岩倉地区で採集・確認されたチョウが 75 種見いだされた.重複している 18 種を整理し,明らかに記録漏れと考えられるアゲハ *Papilio xuthus* とクロアゲハ *Papilio protenor* を加えた 83 種を岩倉地区において 1930 から 1980 年代に記録のある種(過去の記録種)と判断した.

83 種の内訳は,セセリチョウ科 11 種,アゲハチョウ科 10 種,シロチョウ科 7 種,シジミチョウ科 25 種中,タテハチョウ科 30 種であり,環境省 2020 年版レッドリスト(環境省,2020),京都府レッドデータブック 2015(京都府,2015)または日本鱗翅学会の京都府レッドリスト四訂版(矢後ら,2016)に掲載されているツマグロキチョウ,スジボソヤマキチョウ,ウラナミアカシジミ,

310 第5章 人間社会との関係を考える

シルビアシジミ，ギフチョウ *Luehdorfia japonica*，クロシジミ *Niphanda fusca*，キマダラルリツバメ，ウラギンスジヒョウモン *Argyronome laodice*，オオムラサキ *Sasakia charonda*，ミヤマチャバネセセリが含まれていた．応挙が描いたチョウ種と比較すると，ジャノメチョウのみが含まれていなかった．

２）岩倉地区でのトランセクト調査

　岩倉地区の中で，市街地と農地がモザイク状に存在し，かつ山麓の樹林帯に近接している岩倉木野町に 2.5 km の調査ルートを設定した．2012 年から 2016 年の 5 年間に 70 回のトランセクト調査を行ったところ，38 種 2,959 個体のチョウを確認した．この 38 種に環境省や京都府のレッドリスト掲載種は含まれていなかった．トランセクト調査での確認数を科別に集計すると，セセリチョウ科 3 種 29 個体，アゲハチョウ科 8 種 117 個体，シロチョウ科 5 種 1,553 個体，シジミチョウ科 10 種 865 個体，タテハチョウ科 12 種 396 個体であった．個体数が多かったのは，モンシロチョウ（1087 個体），ヤマトシジミ（564 個体），キタキチョウ *Eurema mandarina*（307 個体），ヒメウラナミジャノメ *Ypthima argus*（193 個体），モンキチョウ（139 個体）であり，これら 5 種で全体の 77.4％を占めた．

　過去に記録のある 83 種のうち，トランセクト調査で確認できたのは 37 種であり，46 種を確認できなかった．確認できた 37 種の内訳は，セセリチョウ科 11 種中 3 種，アゲハチョウ科 10 種中 7 種，シロチョウ科 7 種中 5 種，シジミチョウ科 25 種中 10 種，タテハチョウ科 30 種中 12 種であり，セセリチョウ科，シジミチョウ科，タテハチョウ科において確認できない種が多かった．逆に，新たに確認した種はナガサキアゲハ *Papilio memnon* であった．

　過去に記録のある 83 種の中で今回の調査で確認した 37 種を地理的分布型と環境嗜好性に従って分類した（表3）．なお，各種の環境嗜好性は，チョウの寄主植物の出現する遷移段階を反映させた指数である遷移ランク（SR）（Nishinaka and Ishii, 2007）にもとづき，低茎草原依存性を意味する SR1 と SR2 の種を草原

表3　岩倉地区で過去に記録のある種とトランセクト調査で確認した種の環境嗜好性と地理的分布型

地理的分布型	環境嗜好性			
	草原性種	林縁性種	森林性種	小計
旧北区系	4 (3)	2 (2)	7 (3)	13 (8)
日華区系	1 (1)	12 (7)	41 (12)	54 (20)
東洋区系	4 (1)	6 (4)	6 (4)	16 (9)
小計	9 (5)	20 (13)	54 (19)	83 (37)

いずれも上段が過去に記録のある種の数，下段のカッコ内がトランセクト調査で確認した種の数である．

性種，高茎草原依存性を意味する SR3 と SR4 の種を林縁性種，各種の樹林への依存性を意味する SR5 以上を森林性種と定義した．83 種の地理的分布型の内訳は，東洋区系 16 種，旧北区系 13 種，日華区系 54 種であったが，この中で確認できたのは東洋区系が 9 種（9 / 16 = 56.3 %），旧北区系が 8 種（8 / 13 = 61.5%），日華区系が 20 種（20 / 54 = 37.0%）であり，日華区系の種において確認した割合が低かった．また，SR にもとづく 83 種の環境嗜好性は，草原性 9 種，林縁性 20 種，森林性 54 種であったが，この中で確認できたのは草原性が 5 種（5 / 9 = 55.6%），林縁性が 13 種（13 / 20 = 65.0%），森林性が 19 種（19 / 54 = 35.2%）であり，森林性種において確認した割合が低かった．これらのことは，里地里山地域において農地が宅地に変化し，落葉広葉樹によって構成される二次林において遷移が進行することにともない，日華区系の種，または森林性の種の中に衰退した種が多かったことを示している．

３）岩倉地区の土地利用とチョウ相の変化

1931 年と 2016 年の国土地理院発行の 2 万 5 千分の 1 地図「京都市東北部」にもとづいた土地利用の変化を表 4 に示した．総樹林面積にはほとんど変化がなかったが，2016 年針葉樹林がやや減少し，広葉樹林がわずかに増加していた．しかし，割合には反映しないが，1931 年に存在した小河川沿い，および山麓にあった広葉樹林は消失していた．また，1931 年には平地部分の大半を占めた水田が，2016 年では点在した状態となり，大幅に減少していた．これらに対して，道路と建築物の面積は 2016 年には 1931 年の 2 倍以上に増加していた．以上のことは，里地の大半を占めていた水田が建築物や道路に変化するなど，市街地が拡大して都市化が進行したことを示している．

小椋（2011）は，岩倉地区では高度経済成長の中頃までは，山地のアカマツ林とコナラやクヌギなどの薪炭林によって構成される里地里山の景観が維持されていたが，2000 年頃には薪炭林はほぼ消失し，アカマツ

表 4 岩倉地区における土地利用の変化

土地利用	1931 年		2016 年	
	面積 (km²)	割合 (%)	面積 (km²)	割合 (%)
樹林	4.61	51.1	4.56	50.6
針葉樹林	4.36	48.4	3.93	43.6
広葉樹林	0.22	2.4	0.62	6.9
竹林	0.03	0.3	0.01	0.1
農地	2.55	28.3	0.37	4.1
水田	2.55	28.3	0.30	3.3
池	<0.01	<0.1	0.02	0.2
その他の農地	<0.01	<0.1	0.05	0.6
市街地	1.00	11.1	2.40	26.6
鉄道・道路	0.34	3.8	0.99	10.9
建築物	0.66	7.3	1.41	15.7
その他				
荒れ地	0.16	2.0	1.21	13.4
河川	0.04	0.4	0.09	1.0
区分不能	0.64		0.38	
合計	9.02	100	9.02	100

1931 年および 2016 年に国土地理院が発行した 2 万 5 千分の 1 地図「京都東北部」にもとづき算定した．算定法や土地利用区分の詳細は表 2 と同じである．

林の一部はシイ・カシ林に変化したと述べている．この小椋（2011）に掲載されている 2003 年撮影の航空写真は，岩倉地区の水田が現在のような点在状態であることを示している．一方，1984 年の調査にもとづく 1989 年の国土地理院土地利用図「京都東北部」では，岩倉地区の水田はかなり残存している．これらより，調査ルートを設定した岩倉地区の都市化は 1960 年代後半から 1970 年代に始まり，その後，徐々に進行して 2000 年頃に現在のような状態になったと推定した．京都蝶の会の記録が 1983 年までであることから，過去に記録された 83 種が分布していた時期の岩倉周辺は，里地里山的な景観が維持されていたと考えられた．

　確認できなかった 46 種の中にはヒョウモンチョウ類 6 種，ギフチョウ，および 11 種のゼフィルスを含む多くの森林性の種が含まれていた．ヒョウモンチョウ類の食草であるスミレ科の植物やギフチョウの食草であるミヤコアオイは，その生育に適度な日照を必要とするため，管理されたアカマツやナラ類などで構成される二次林の林床には自生するが（押田ら，2006；環境省，2008），現在のように管理が不十分で植生遷移が進行すると日照不足のため，これらの植物の群落は衰退する．ヒョウモンチョウ類とギフチョウが確認できなくなったのは，アカマツ林が放置されたことにともない，寄主植物の群落が衰退したためと考えられる．また，多くの森林性種の衰退には，川沿いや山地に存在した落葉広葉樹の消失が関連している可能性が高い．

6　おわりに

　以上，円山応挙の博物画，箕浦コレクション，および確認・採集記録を解析することで，現在はレッドリストに掲載されている種のいくつかが，嵯峨や岩倉などの京都市周辺に分布していたことを示した．そして，これらの地域のチョウ相の変化と土地利用の変化との関連を検討することにより，京都市周辺では，都市化の進行による二次草原の消失によってツマグロキチョウや複数のヒョウモンチョウ類などの草原性種が衰退し，二次林の消失と管理放棄によって落葉広葉樹や林床植物に依存するギフチョウ，ゼフィルス，森林性ヒョウモンチョウ類などの日華区系森林性種が衰退したことを示した．

　近年，比叡山中腹のスキー場跡地がススキ群落となっており，1930 年代以降に岩倉で観察できていなかった応挙の描いたジャノメチョウが，多数生息していることが確認できた．このことは植生を回復することで，消滅した種が再分布できることを意味している．京都のチョウ相を豊かなものにするには，こ

のような二次草原や二次林の保全と再生のほか，市街化された地域における旧来の植生を復元した緑地の造成と管理，ネットワーク化などが必要である．

Photo Collection

ツマグロキチョウの秋型

2009 年 10 月 11 日　愛知県名古屋市　平井規央撮影

キマダラルリツバメ

2018 年 6 月 20 日　大阪府能勢町産　平井規央撮影

第5章 人間社会との関係を考える

23 滋賀県における農林業・里山の生物多様性を脅かすニホンジカ被害と対策

寺本憲之

　人間と野生鳥獣との関係は時代とともに変化してきた．シシ垣やシカ垣などは江戸時代にはすでに各地にあり，野生獣が田畑や人の暮らしに被害を及ぼしていた様子がうかがえる．近年，シカなどの野生獣が増加し，農林業ばかりでなく里山の生物多様性にも深刻な影響を及ぼすようになった．野生獣はなぜ増加したのか，どんな被害が出ているのか，その害を低減するにはどうしたらよいのか，滋賀県での取組事例を紹介する．

1 はじめに

　近年，シカ（ニホンジカ・エゾジカ）*Cervus nippon* やイノシシ *Sus scrofa*，ニホンザル *Macaca fuscata*，アライグマ *Procyon lotor*，カワウ *Phalacrocorax carbo* などの鳥獣による農林業の被害が増加して大きな社会問題になっている．

　農作物被害では，日本全国と滋賀県における主要害獣の被害金額の推移を比較すると，全国ではシカ，イノシシ，ニホンザルはやや減少傾向に推移している（農林水産省，2019；図1）．一方，滋賀県では 2010 ～ 2011 年をピークに 2019 年には約 1 / 7 と大幅に減少している（滋賀県，2021；図2）．被害金額に加えて被害面積，被害量ともに減少している．これは，滋賀県が全国でも早く 2000 年から農作物の被害対策指導を筆者らがおこなってきたこと，侵入防止柵が 2020 年末で 2,250 km（滋賀県みらいの農業振興課情報提供）まで設置延長されたこと（とくにニホンジカ，イノシシの被害軽減につながっている），野生動物の隠れ場所となる藪の刈り払いを実践指導したり，緩衝地帯（バッファーゾーン）を整備する里山リニューアル事業などにより 2019 年度には林縁などに 38 ha の緩衝地帯の整備がされたこと，そして県・市の指導のもとに集落ぐるみのエサ場価値の低減，追い払い対策の実践や野生獣の捕獲事業の強力な推進によるところが大きいと考えている（滋賀県，2022）．

　一方，全国の森林被害については，2020 年時点でシカが 4,200 ha と全体の

図1　全国における野生獣による農作物被害金額の推移（農林水産省，2019などのデータから作図）．

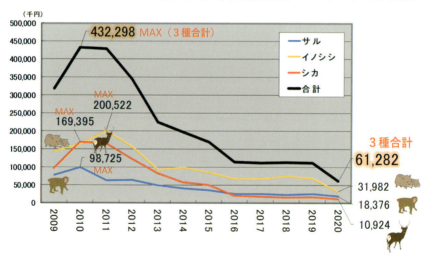

図2　滋賀県における野生獣による農作物被害金額の推移（滋賀県，2021；滋賀県環境保全課のデータから作図）．

73%を占めており，ノネズミ，クマ，ノウサギ，カモシカ，イノシシ，ニホンザルなど他の獣種と比べ極めて高い（林野庁，2021）．また，全国の森林約14,000か所の調査地点のうちシカが確認された地点数の推移をみると，1999〜2003年にかけて5%だったものが，10年後の2009〜2013年には30%の地点で確認されるようになっており，確実に個体数が増加していることがわかる

(環境省，2018)．一方，滋賀県では人工林における林業被害面積は，2000年度から増加し，2012年度には約280 haに達する状況となっていたが，近年やや減少傾向がみられる．被害対策として，剥皮害防止の造林木テープ巻きや新植造林地での食害防護柵や食害防止チューブなどによる苗木の食害防除をおこなっている（滋賀県，2022）．

このように，シカの個体数が増加して植物を食い尽くした結果，農林業への被害だけでなく里山の植物相の貧困化も進み，日本の植物と動物の多様性が大きく低下してしまった（図3，4，6）．

図3 ニホンジカによる水稲の食害．

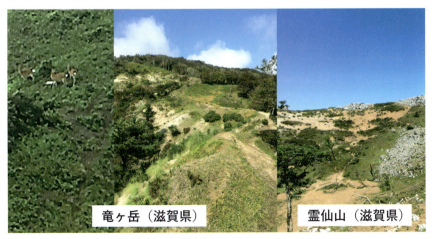

図4 ニホンジカによる食害（鈴鹿山脈；深尾和寿氏撮影）．

318　第5章　人間社会との関係を考える

ここでは，森・里の生態系を大きく崩した鳥獣害問題とその原因および滋賀県を例にした対策について述べることにする．

2　野生鹿の増加で食物連鎖の均衡が崩れる

ある地域の生態系では，そこに生息する各生物は「食べる（捕食），食べられる（被食），分解する」などの関係によってつながっている．このような，食物連鎖でつながった生物群集の栄養供給の基盤をなすのは，光合成をおこなって自ら有機物を生産することができる植物である．

しかし，シカの個体数が増加した地域の生態系では，「生産者」である植物への採食圧が高まり，植物に依存する一次消費者である植食動物の個体群が衰退，さらに一次消費者に依存する二次以上の消費者である肉食動物も個体群の維持が困難になっている．すなわち，シカが森林や里山の植物を過剰採食することによって，その地域の植物と動物各種の個体群の衰退が始まっており，その生息域が水平分布では本州北部地域や垂直分布では山の高標高まで広がることにより，日本の森林・里山で生物多様性の劣化が進行している．

3　シカが増加した要因

戦後の1960年代からの高度経済成長期において，日本国土には拡大造林事業等による「森の変化」，里の崩壊といった「里の変化」，地球温暖化といった「気象の変化」という大きな日本国土に変化が相互に関連しつつ生じた．そして，それぞれの変化がシカなどの野生動物に「生息地環境の変化」，「行動の変化」，「個体数の変化」という相互に関連する野生動物の変化を引き起こしたのではないかと考えられる．筆者はこれが人の経済活動により鳥獣害が増加した大きな要因ととらえている（寺本，2018）．

滋賀県の総森林面積は201,557 haであるが，人工林率が42％と他県と同様に高く，戦前と森の様子が大きく変化している（滋賀県，2022）．また人の生活様式の激変で里山は崩壊危機に陥り，温暖化で野生動物は冬期に餓死する個体も少なくなり，さらに農作物を食べるようになって個体数が増加した．

4　シカの抑制に向けた対策

ではここで，ニホンジカを含む野生鳥獣による被害の発生を抑制するためにおこなわれている国や地方自治体の鳥獣害対策を整理してみたい．

1）野生動物の管理

　鳥獣害対策では，すべての住民が前述した複雑な発生要因を理解し，住民自らが地域ぐるみで対策をおこなうことが重要になると考えられる．また，集落と関係組織が連携し，役割分担を決めて総合的対策を実施する必要があるだろう．

　筆者は鳥獣害抑制の総合的対策には，「集落・農地管理」，「生息環境管理」，「個体数管理」の 3 つがあると考えているが（図 5），このうち「集落・農地管理」は地域住民が，「生息地管理」と「個体数管理」は行政主導で対策をおこなう必要があると思われる（寺本，2003，2005，2010，2016，2018）．

2）特定鳥獣保護管理計画（第二種特定鳥獣管理計画）

　これらを踏まえ，長期的な観点から野生鳥獣の個体群の保護管理を図ることを目的として，1999 年に「鳥獣の保護及び管理並びに狩猟の適正化に関する法律」が改正され，都道府県知事が策定する任意計画として特定鳥獣保護管理計画制度（以下，特定計画）が設けられた（環境省，2012；寺本，2018）．特定計画は，専門家や地域の幅広い関係者の合意形成を図りながら，科学的で計画的な鳥獣の保護または管理に係る中長期的な目標や対策を設定するものである．これに基づいて，鳥獣の「被害防除対策」，「個体数管理」，「生息環境管理」

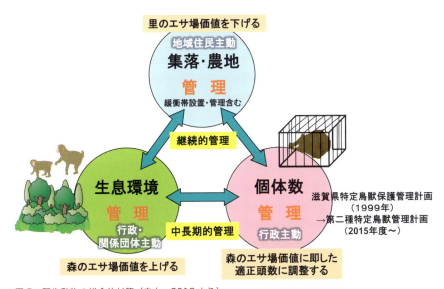

図 5　野生動物の総合的対策（寺本，2018 より）．

の管理（総合的対策）が主流になった．

特定計画では，①「被害防除対策」として，地域住民主導で里のエサ場価値を下げ従来の生息場所である森へ野生動物を押し戻す，②「個体数管理」として，行政主導で生息地域の個体数と森の食物量を調査して適正な生息頭数を計算し，年ごとの目標捕獲個体数を設定して個体数調整

図6　ニホンジカによるダイズの食害（滋賀県）．

をおこなう，③「生息地環境管理」として，行政主導で拡大造林事業などにより野生動物の食物量が少なくなった森の食物場価値を野生動物の食物となる広葉樹の植林などで上げる，という3つの観点からの対策が必要である．

さらに，特定鳥獣保護管理計画は，2014年の法律改正により，保護計画と管理計画が分けられ，都道府県知事が定める2項目と環境大臣が定める2項目に再整理された（表1）．

3）特定鳥獣管理計画を策定している都道府県

特定計画は47都道府県すべてで策定されており（2020年10月30日現在），有害鳥獣別ではシカ（ニホンジカ・エゾジカ）44，イノシシ44，ニホンザル27，クマ類14（主に本州中部以北），ニホンカモシカ8，カワウが7，保護鳥獣

表1　特定鳥獣管理計画の概要

○	都道府県知事が定めるもの
ア	第一種特定鳥獣保護計画：その生息数が著しく減少し，またはその生息地の範囲が縮小している鳥獣（第一種特定鳥獣）の保護に関する計画
イ	第二種特定鳥獣管理計画：その生息数が著しく増加し，またはその生息地の範囲が拡大している鳥獣（第二種特定鳥獣）の管理に関する計画
○	環境大臣が定めるもの
ウ	希少鳥獣保護計画：国際的又は全国的に保護を図る必要がある鳥獣（希少鳥獣）の保護に関する計画
エ	特定希少鳥獣管理計画：特定の地域においてその生息数が著しく増加し，またはその生息地の範囲が拡大している希少鳥獣（特定希少鳥獣）の管理に関する計画

（環境省，2022より作成）

ではクマ類が 8 都道府県（主に本州中部以南）となっている（環境省，2020）.

　滋賀県では，第二種（管理鳥獣）特定計画はニホンジカ（1 ～ 4 次特定計画（2005 年～）），イノシシ（1 ～ 3 次特定計画（2012 年～）），ニホンザル（1 ～ 4 次特定計画（2002 年～）），カワウ（1 ～ 3 次計画（2010 年～））で，第一種（保護鳥獣）特定計画はツキノワグマ（1 ～ 3 次特定計画（2008 年～））で策定し，計画に基づきそれぞれ実行されている.

　数頭（全体の約 2 割）のオスがメスグループを囲い込んでハーレムを形成するニホンジカでは個体数を減少させるにはメスの捕獲が重要になる（図 7）. これまでの狩猟捕獲許可がオスのみであったため個体数の減少に歯止めがかからなかった. そこで法律改正にともない，滋賀県では 2005 年に第 1 次特定計画を策定し，特例措置で①特定計画・狩猟によるメスの捕獲（狩猟による捕獲頭数制限の緩和：1 人 1 日あたりの捕獲頭数の上限を，銃器の場合はメス無制限，オスは 2 頭まで，わなを用いる場合はオス，メスとも無制限），②猟期の延長（11 月 1 日～ 3 月 15 日）を可能にした（滋賀県，2022）.

5　滋賀県におけるニホンジカの生態と防除対策

　もっとも被害が大きいニホンジカ（以下，本種）を例に，筆者が鳥獣害対策の試験研究・普及指導担当して長くかかわってきた滋賀県における生態と防除対策について以下に紹介したい.

（1）生態

　本種は食植性（雑草や木の葉，秋季はドングリなど）であり，反芻胃をもつことはよく知られている. 滋賀県では，本種は基本的にはイネ科植物の瑞々しい幼草や若葉を好むが，硬くなったイネやダイズなどの葉や籾，莢まで食する個体が発生している地域もあり，食性は幅広く，地域性が顕著である（寺本，2018；図 3，4，6）.

　滋賀県の調査によると，本種は里では水稲の被害が最も多く，とくに田植えからしばらくして分げつ時期の若葉を好む. 他に抽苔前の麦類，牧草類，ダイズ，アズキなどの豆類，ハクサイ，ダイコン，ナバナなどの野菜類，クリなどの果樹，クワ，チャなどの工芸作物が被害作物として挙げられる.

　また，本種は樹木では若葉を好むが，食物が乏しくなる冬季には栄養価が低い樹皮，鈴鹿山脈の霊仙山（海抜 1,084 m）などでは食物がなくなれば毒をもつアセビ，トリカブトまでも食することが知られている. 滋賀県においても，

近年の個体数激増により，森ではササ類など多様な植物が食べつくされ，結果，植物の多様性が著しく低下し，それにともない植物を利用する昆虫などの多様性も低下している（中村，2016）．また，ニホンジカの食害によって下層植生が衰退することによる土壌流出などの森林生態系への影響，水源かん養機能や土砂流出防止機能の低下も懸念されている（滋賀県，2022）．

本種の繁殖生態は図7に示したとおり，生まれた幼鹿は1年で成熟し，若オスはオスグループへ移動するようである（井上ら，2006；寺本，2018）．繁殖期以外は，オスグループと血縁関係があるメスグループは異なる場所で群れをつくり，別々の場所で生活している（井上ら，2006；寺本，2018）．発情期は9〜11月の秋季で，オスは7・8歳程度の壮年期になると「フィ〜ヨ〜」と発情声をあげて縄張りを主張し，オス同士の戦いが始まるのが観察される．戦いに勝った力が強くて，体と角が大きいオス（約2割）は自分の縄張り内に複数のメスを囲い込んでハーレムを形成する（井上ら，2006；寺本，2018）．メスは年1産で1頭（まれに2頭）を産む（妊娠期間は約220日）．妊娠率は1歳以上では6〜8割，高齢でも妊娠率は低下しないという報告がある（滋賀県，2022；飯島，2011）．本種の出産期は春季〜初夏の5〜7月であり，寿命は0歳の死亡率や罹病死などを考慮しないと，オスが12歳程度，メスが15歳程度である（井上ら，2006）．したがって，個体数を減らすためにはオスではなくメスの捕獲が重要となる．

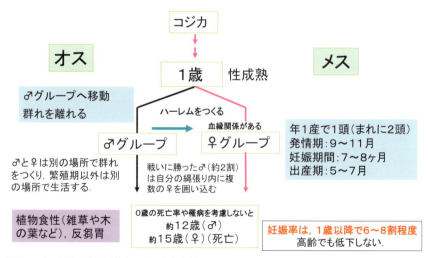

図7　ニホンジカの生態（寺本，2018を改変）．

本種の分布域は，環境省の調査では日本全土の約7割で1978年度から2018年度までの40年間で約2.7倍に拡大している（環境省，2021）．また様々な学説があるが，本種は蹄が小さいため，深い雪では身動きがとれなくなり，厳冬期の吹雪や長く深い根雪に遭遇すると体温が奪われ死亡するため，生息に影響を及ぼす積雪深50 cm，積雪期間10日以上の地域での生息は困難とされている（丸山ら，1977；常田ら，1981）．しかし，近年の温暖化の影響で長期間積雪する地域が減少したため，本種は水平分布域を北方へ広げ，また垂直分布域も高標高の山頂付近まで拡大しているのが伊吹山（海抜1,377 m）などで観察されている．

　また，本種の個体数は2016年度の生息個体数が中央値で約272万頭（90％信用区間約199万～396万頭）とされている（図8）．個体数（本州以南）は1989年度から2016年度までの27年間で約11倍に拡大している（環境省，2018）．滋賀県においても，2005年に策定した特定計画に基づいて捕獲を実施しているが，階層ベイズモデルによる推定生息頭数は2006～2015年の9年間で43,100頭(中央値)から71,154頭（中央値）まで約1.7倍増加している（滋賀県，2022（3次計画））．

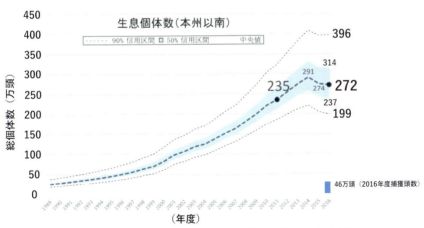

図8　ニホンジカの生息個体数(本州以南)の推移．環境省（2018）統計手法による全国のニホンジカ及びイノシシの個体数推定等について（平成30年度）を改変．

（2）防除対策
○物理柵

　本種の防除のための物理柵には金網柵，ワイヤーメッシュ柵，ネット柵などが知られている．本種は跳躍して柵を突破するイメージがあるが，実際には地際の柵裾をこじ開けて入ろうとする習性が顕著である（図9：寺本，2018）．しかし，急に人などと遭遇して驚いたり，狩猟などにより追い詰められたりしたときは，ジャンプして柵を乗り越えようとすることが観察されている．江口（2003）などによると，このとき本種の成獣は，垂直飛びでは1.5 m，助走をつけると2 m近く跳躍できる運動能力があるとされている（図10, 11）．したがって，物理柵を設置するには，本種の習性をよく理解したうえで，柵を高くすることよりも柵裾をペグやパイプなどでしっかり地面に固定することの方が重要

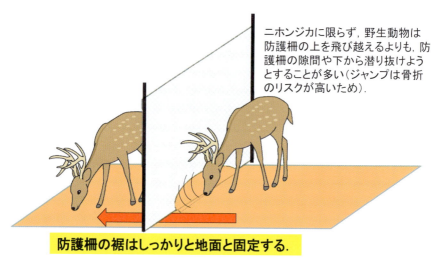

図9　ニホンジカの潜り抜けの習性（寺本，2018より）．

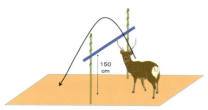

図10　ニホンジカの身体能力（垂直跳躍）
（寺本，2018より）．

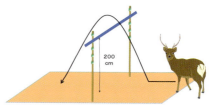

図11　ニホンジカの身体能力（助走＋跳躍）
（寺本，2018より）．

と考えられ，滋賀県でもそのような対策を推奨してきた．

滋賀県では山間部が多い土地柄である．車で運ぶことができない山中に設置する場合，重量の軽いネット柵が適しているが，強度や耐久性が低いという問題がある．ネットが噛みちぎられたり，角がひっかかったりすることもあり，設置後も頻繁に点検・補修・交換する必要があった．また，山間部は傾斜地が多いため，隙間がないよう柵裾を地面にしっかりと固定しなければならない．さらに，幼木や樹皮の防護には，食害されないよう樹ごとの樹幹まわりに防護ネットやテープを巻く必要があるほか，森林生態系の衰退を防ぐ場合は，小面積を囲う植生防護柵の設置をおこなわなければならない．

滋賀県では，農政水産部農業経営課（現みらいの農業振興課）などの指導のもとで農林事業者が本種の物理柵の防除対策を進め，前述した対策を強化してきた結果，本種の農作物の被害金額が前述のとおり大幅に減少している（図2）．

○電気柵

電気柵は，野生動物の接触によって電放器→電線（＋）→野生動物（体内）→土壌（－）→アース→電放器と電気回路が通じてはじめて感電するため，毛が生えていない湿り気がある鼻先など，感電しやすい部位に接触するよう電気線の位置を決定するのがよいとされる．滋賀県の経験では，例えばイノシシの場合，鼻先が地上から20 cmの位置がもっとも接触しやすく，地上から30 cm

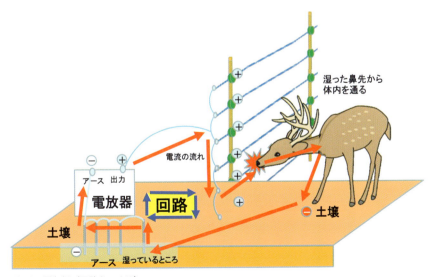

図12　電気柵（回路をつくる）．

326　第5章　人間社会との関係を考える

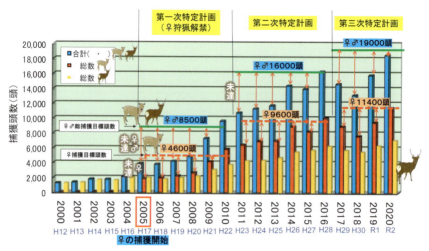

図13　滋賀県におけるニホンジカの捕獲頭数の推移.

だと鼻先が接触せず，体毛がある頭部に接触するので感電することなく電気柵を突破された．滋賀県の場合，大型のニホンジカでは4〜5段の電気線（＋）を設置する（図12）．電気線に草が触れると電気回路ができて漏電するため，そうならないよう柵周辺の草刈りを励行する必要があった．

○個体数管理（捕獲）

　前述したとおり，シカの特定計画は43都道府県で策定されており，個体数調整が進んでいる．前述のようにハーレムをつくる本種の場合，オスよりもメスの捕獲が重要となる．しかし，滋賀県を含み多くの県では，捕獲を依頼している猟友会の高齢化や会員減少などの要因で捕獲目標頭数まで到達できず，本種の個体数の増加に歯止めがかかっていないのが現状である．

　滋賀県の例を挙げると，2005年に特定計画を策定して以来，捕獲目標頭数を設定して努力しているが，第1次計画（2005〜2010年）ではオス・メス合わせて8,500頭，メスが4,600頭，第2次計画（2011〜2016年）ではオス・メス合わせて16,000頭，メスが9,600頭，第3次計画（2017〜2020年）ではオス・メス合わせて19,000頭，メスが11,400頭であったがほとんどの年度で達成できていない（図13）．県内のニホンジカの適正生息頭数は8,000頭だが，推定生息頭数は2015年度が中央値で約71,000頭と推定されている．すなわち，63,000頭ものニホンジカが滋賀県の森林にある通常のエサ場では賄いきれておらず，植物は食べつくされ，食べるものがなく空腹になったシカたちは里まで

下りてきて農作物を加害するようになったと考えられているのである（寺本，2018；滋賀県，2022（3次計画））.

6 おわりに

　近年，農林業や里山の生物多様性を脅かす鳥獣害問題は深刻な状況にある．滋賀県においても，1990年代以前は里でシカやニホンザルなどの野生動物をほとんど見かけることはなかったが，現在では普通に見かけるようになった．その原因は経済成長が引き金となって私たち人間の生活様式が大きく変化したことにある．

　食糧が乏しかった時代（1960年以前），農村部などではシカやイノシシの獣肉は貴重なたんぱく源として食べられ，生活のために積極的に狩猟に出かけ，農業との兼業で生計をたてる人たちは少なくなかった．しかし，現在は農村部でもサラリーマンが増え，スーパーへ行けば牛肉，豚肉，鶏肉などがすぐに手に入るような飽食の時代に入り，その結果，森林縁・内での野生鳥獣に対する狩猟圧（人圧）が大きく低下している．

　また，前述したように高度経済成長で森が変化して現在まで築いてきた多様な植物相が一気に脆弱になり，野生動物の個体数が増加してさらに植物が食べつくされ（本種の非嗜好性の植物（オオバアサガラ，ホソエノアザミなど）が残り繁茂する「偏向遷移」という現象もおきている（村上，2005）），空腹になった野生動物が，食べ物を求めて森から人圧が少ない里へと下りてきた．

　このように，日本の高度経済成長によって森・里・気候が変化し，それにより野生動物の生息地環境・行動・個体数の変化も生じた結果，昔から均衡がとれていた森の食物連鎖が崩れたと考えられる．

　人々は登山の際，森が砂漠状態になっており，昔の森の形相と全く異なっているのに驚く．しかし，報道などによりその原因が増殖したシカによる食害にあることは理解しているが，それが経済成長や自分たちの生活様式の変化に起因していることを自覚している人は案外少ないのではないだろうか．

　筆者の専門は昆虫学と野生動物管理学であるが，相異なる両学問を並行して学び進めているうちに最終的には同じ里山保全学にたどり着いた．里山保全といっても，現代の便利になりすぎた生活様式を放棄して，人々が里山で働いて木質バイオマスを活用した数十年前の生活に戻ることは困難である．

　環境動物昆虫学を学ぼうとしている若い読者の皆さんの新しい発想で，うまく経済を回しながらの『人と自然との共生』，すなわち現代版の三方よしの里

山の活用方法を考えて，鳥獣害問題を解決して頂ければ幸いである．

経済的に裕福でなかった時代，人と自然とがうまく共生していた里山構造に鳥獣害問題を解決するヒントが隠されていると筆者は考えている．

第5章　人間社会との関係を考える

24 大阪府北部におけるギフチョウの 衰退とニホンジカの増加

石井 実

　日本の生物多様性の危機要因のひとつに位置づけられている里地里山における自然に対する働きかけの縮小は，植生遷移の進行により特定の植物に依存する昆虫類を衰退させるばかりでなく，ニホンジカやイノシシなどの野生獣の増加にも関わっている．とくにニホンジカの増加は，草地や森林の下層植生を衰退させることで生物多様性の減少を加速させる．ここでは里地里山の管理放棄によるニホンジカの増加で生息状況が急激に悪化した大阪府北部のギフチョウ個体群の事例を紹介する．

1　はじめに～衰退が進む各地の個体群～

　ギフチョウ *Luehdorfia japonica*（以下，本種）は，日本の本州のみに分布する小型のアゲハチョウである（図1）．本種は落葉広葉樹林を主な生息地とし，幼虫はその林床や林縁に生育するウマノスズクサ科のカンアオイ類を寄主植物としている（福田ほか，1982など）．本種は，成虫が年に一度，春に出現することから，チョウの愛好家から「春の女神」の愛称で呼ばれ親しまれている．本種は，春に卵よりふ化した幼虫が初夏に蛹になり，その後，夏秋冬をこのステージで越す年一化性の生活史をもつ．この10か月にも及ぶ本種の長い蛹期間は，温度と日長で制御される夏休眠と冬休眠という2つのタイプの休眠により維持されている（Ishii and Hidaka, 1979, 1983；図1）．

　本種の生息する落葉広葉樹林は，日本海側や高標高地ではブナ林やミズナラ林などであるが，太平洋側の低地などでは，薪炭林や農用林として利用されてきたコナラやクヌギ，アカマツなどを主体とする里山林であることが多い．また，戦後の拡大造林政策により造られたスギやヒノキなどの針葉樹の人工林も，各地で本種の生息地となっている（原，1979など）．

　しかし，里山林の多くは1950年代頃から始まった燃料革命と肥料革命により管理放棄され，その後，市街地の拡大や道路建設，施設の造成なども進み，荒廃あるいは消失，分断化が進行している（守山，1988；石井ほか，1993；石

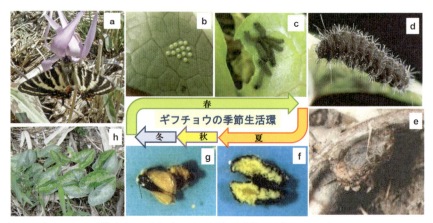

図1 ギフチョウの季節生活環．成虫（a：池口直樹氏提供）は早春に現れ，産卵は大阪ではミヤコアオイ（h）の葉裏に行われる（b）．孵化した幼虫（c）は初夏には終齢（5齢；d）まで成長し蛹化する（e）．蛹化後の蛹は夏季の長日と高温により成虫分化が抑制され，脂肪体で満たされた状態（f）が続くが（夏休眠），秋になると短日と中温により夏休眠が消去され，蛹殻の下に成虫の体が形成される擬成虫期（g）まで成虫分化が進み，この状態で再び休眠に入る（冬休眠）．この擬成虫期の冬休眠は冬の低温により消去され，気温の上昇とともに最後の成虫分化を終え，成虫が羽化する（Ishii and Hidaka, 1979, 1983 より）．

井，2009；Nakamura，2011 など）．また人工林でも，1960 年代の木材輸入の全面自由化により急激に国産材の需要が減少し，スギやヒノキなどの伸長にともない林内がうっ閉し，本種の生息に適さない産地も増加している（平井ほか編，2022 など）．

　このような生息環境の悪化により，各地で個体群の衰退傾向が続き，本種は環境省の「レッドリスト 2020」（環境省，2020）では絶滅危惧 II 類にランクされている．しかし，本種の生息状況は，里山林や人工林の生息環境が悪化した太平洋側では厳しいものになっている一方で，ブナ林やミズナラ林などの冷温帯林のある日本海側では比較的良好な産地も少なくない（平井ほか編，2022；図 2）．

2 大阪における分布と現状

　大阪府域では，本種は金剛・生駒山地と北摂山地の 2 つの地域に分布している（図 3）．渡辺編（1996）によると，大阪府域における本種の発見は早く，Leech による新種記載の 4 年後に当たる 1893 年（明治 26 年）の大阪・奈良府県境の金剛山での採集記録に遡るという．その後，本種は紀見峠（1932 年に

初記録，以下同様），岩湧山（1944年），生駒山（1947年），大和葛城山（1949年）などでも確認され，金剛山西麓の滝谷不動（富田林市）や大和川・石川合流点付近の玉手山（柏原市）などの低地での記録もあるという（渡辺，2013）．本種の大阪府域における食草であるミヤコアオイは，金剛・生駒山地では北は四條畷市から南は和泉市まで分布しており（藤澤，1983），本種の分布はそれとほぼ一致する（図3）．しかし，金剛・生駒山地における生息地はス

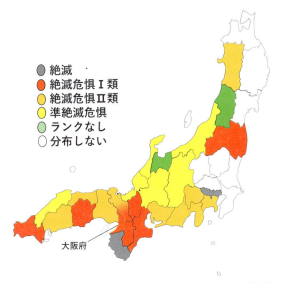

図2 ギフチョウの分布する県と日本鱗翅学会「日本産蝶類都道府県別レッドリスト」（平井ほか編，2022）による各県の絶滅危惧ランク．

ギ・ヒノキの人工林が多く，本種はその伸長とともに衰退，生駒山では山頂周辺の観光開発と信貴・生駒スカイラインの開通後に記録が途絶えるなど，現在，本種が確実に見られるのは大和葛城山のみとなっている（渡辺，2013；大阪昆虫同好会，2013など）．

大阪府北部の北摂山地では，本種は箕面市で1914年（大正4年）頃には記録され，箕面公園周辺で確認されていたが，ドライブウェイの建設などの影響もあってか，1966年頃には姿を消した（渡辺，2013）．また，本種は豊能町の天台山（1967年），初谷（1982年），妙見山（1982年），鴻応山（1986年），高槻市のポンポン山（1969年），地獄谷峠（1972年），樫田（1974年），田能（1988年），茨木市の竜王山（1988年）などでも記録されているが，鴻応山周辺を除き（後述），近年報告が途絶えている（渡辺編，1981；仲田，1982；遠山編，1989；大阪昆虫同好会，1998，2013；渡辺，2013など）．大阪府最北部の能勢町では，本種は1976年にミヤコアオイの葉についた卵により吉野地区で確認されたのが最初であり（渡辺，2013），その後，豆柏（1981年），宿野（1981年），歌垣山（1987年），三草山（1988年）などでも記録されたが，これらの地域では近年の生息確認の報告はない（渡辺編，1981；仲田，1982；遠山編，1989；

大阪昆虫同好会，1998, 2013；渡辺，2013など）．

　北摂地域では，里山林のほかスギ・ヒノキの人工林やクリ畑が本種の生息地になっており，市街地の拡大や人工林の成長，クリ栽培の放棄，下刈りの中止などにより生息環境が悪化あるいは消失している（遠山編，1989；大阪昆虫同好会，1998, 2013；竹内，2002など）．能勢町において最初に本種が確認された吉野地区では，生息地内

図3　大阪府の各市町村におけるギフチョウの生息の現状と主な記録地．藤澤（1983），渡辺（1996），森地（2009），平井ほか編（2022）などを参考に作成．下線を付けた市町村は藤澤（1983）によるミヤコアオイ分布地域．

に大規模な変電所が建設され，さまざまな保全策が講じられたものの，次第に同地域の個体群は衰退し，絶滅状態になってしまった（森地，2009；植田ほか，2010）．ここでは，能勢町吉野地区で行われた本種の保全の取り組みを振り返り，衰退要因としてこの時期に増加したニホンジカ *Cervus nippon* の影響が判明した経過を紹介する．

3　能勢町の生息地の変電所計画と保全対策

　吉野地区は能勢町の最北部，歌垣山の西麓に位置し，北側と東側は京都府亀岡市に接している（図3；図4）．1990年代に入って，関西電力は大阪府北部

地域で増加が見込まれる電
力需要をまかなうため，こ
の地域に変電所を建設する
ことになった．1993年に環
境影響評価の事前調査が始
まり，変電所施設や取付け
道路，工事用道路などの建
設予定地周辺にはミヤコア
オイ群落が広く見られ，本
種の大きな生息地になって

図4　能勢町北部吉野地区のギフチョウの生息地（2011年4月16日撮影）．

いることが明らかになった（井土垣ほか編，2001）．そのため，1996年に能勢町・吉野区・関西電力などからなる貴重動植物保全対策検討会（以下，検討会）が組織された．この検討会は2001年まで毎年開催され，筆者は当初から専門家として会議に参加した．

　この検討会で議論し，実施に移された施策は多岐にわたるが，大別すると本種とミヤコアオイのモニタリング調査および両種の生息・生育環境の保全・拡大対策であった．その概要について，保全対策を記録した報告書（井土垣ほか編，2001）と大阪昆虫同好会能勢のギフチョウを調べる会（2001）や森地（2009），植田ほか（2010）などに基づき紹介する．モニタリング調査では，1996年から2000年の5月上旬に建設予定地全域を踏査して，ミヤコアオイの株数と本種の卵塊数を記録した．また，4月上旬から5月上旬には本種の成虫のルートセンサス調査とエリア調査をおこなうとともに，1997年から1999年には成虫に個体識別マークをすることで移動距離を調べた．

　このようなモニタリング調査と並行して，建設予定地における保全対策が進められた．ミヤコアオイについては，1996年から2000年に建設予定地からの採取と移植や一時待避をおこなうとともに，取付け道路沿いのうっ閉したスギ・ヒノキ人工林を間伐することにより生育環境の改善をはかった．また，変電所の敷地や取付け道路沿いに本種の蜜源となるサクラ類やコバノミツバツツジ，タチツボスミレなどの植物やコナラやクヌギ，クリなどの里山林を構成する落葉樹の植栽をおこなった．2000年には吉野個体群から採卵し，野外ケージで幼虫・蛹を飼育する増殖の試行実験もおこなった．

　この間の調査では，ミヤコアオイの株数は1996年の約1300株から2000年は約1万株に増加したが，これは調査範囲が広がったことによるものであった．

334 第 5 章　人間社会との関係を考える

一方，本種の確認卵数は，1997 年には 1558 個であったのに対して，2000 年は 162 個と減少を続けた．吉野地区の生息地の環境変化に驚いた大阪昆虫同好会は，2000 年の春に有志による「能勢のギフチョウを調べる会」を組織し，本種とミヤコアオイの生息状況調査を実施している．その調査でも，ミヤコアオイの株数やサイズは十分なものの，確認数は成虫 3 個体と 17 卵にとどまり，本種が危機的な状況に陥っていることは明らかだった．

　保全対策のための調査では，興味深い成果も得られた．本種のマーキング調査で成虫の頻繁な移動が明らかになり，歌垣山で再捕獲されるなど，約 900 m におよぶ移動も確認された．Matsumoto（1983）は金沢市の郊外で本種のマーキング調査をおこない，最長約 1600 m のものを含め，多くの移動例を確認している．また夏秋・竹内（1999）は，約 5 km 南東の鴻応山で成虫の行動をマーキング法で調査し，麓で羽化した雌雄が山頂に飛来して配偶行動をおこなうなど，高い移動・分散性を明らかにしている．保全対策調査の結果は，先行研究を裏付けるものであった．

4　能勢のギフチョウを守る会の活動

　関西電力の変電所は予定どおり 2001 年に竣工し，本種の減少は続いていたにも関わらず，この年に検討会は解散した（森地，2009；植田ほか，2010）．しかし，関西電力の本種の保全対策事業に関わった人たちや地元のチョウの専門家，愛好家などを中心に保全活動の継続を望む声が強く，検討会の解散からまもなく「能勢のギフチョウを守る会」（以下，守る会）が発足した（子安，2002；島崎，2002；小林，2002；泉，2005）．設立総会は 2002 年 11 月の開催であったが，キックオフ集会が前年の 6 月に吉野区公民館で開かれ，生息地内のクリ園を営む地元の人たちをはじめ，地元能勢高校や歌垣小学校などの教員，大阪府北部農と緑の総合事務所や大阪みどりのトラスト協会の職員，大阪府立大学（現大阪公立大学）や大阪昆虫同好会などの専門家などの有志が集まり，今後の本種の保全方法について意見交換をおこなった．この集会には，筆者や関西電力の保全対策事業の実務に関わった担当者も専門家として参加した．

　守る会の主な活動は，本種やミヤコアオイのモニタリング調査，クリ畑や背後の里山林，スギ・ヒノキの人工林の生息環境整備など関西電力による保全事業の継続のほか，会報「のせギフ通信」の発行や地元の学校における本種と生息環境の保全や幼虫の飼育活動なども行われた（子安，2002，2004a，b，2005a，b；溝口，2004；森地，2002，2009；森地ほか，2004；永井，2002，

2004；能勢のギフチョウを守る会，2005；天満，2004，2011a，b；植田，2002，2004a, b, 2005a, b, c など）．また，大阪みどりのトラスト協会は吉野地区の本種の生息地を事業地「歌垣の森」と位置づけ，生息環境整備に協力するとともに，一般向けの本種の観察会などを開催することになった（島崎，2002；大阪みどりのトラスト協会，2002）．

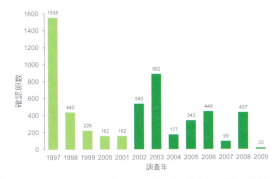

図5 能勢町吉野地区におけるギフチョウ確認卵数の推移．1997～2001年は関西電力による調査，2002年以降は能勢のギフチョウを守る会による調査．井戸垣ほか（2001），植田（2005b），森地（2009），植田ほか（2010）より．

守る会では，野外ケージなどでの飼育と羽化した成虫の放飼を実施した（宗像，2002；子安，2005b など）ほか，春の調査で見つかった本種の卵を分担して飼育し，3齢から5齢（終齢）まで育てて幼虫を生息地に戻す取り組みをおこなった（溝口，2002；森地 2002；寺町，2002 など）．飼育した幼虫を放飼する方法は，群馬県赤城山のヒメギフチョウ *Luehdorfia puziloi* の保全活動などでもおこなわれたもので（松村，2010 など），衰退した現存個体群の安定化のために遺伝的多様性などに考慮しながら個体を加える「補強」（re-inforcement）という手段にあたる（中村，2007 など）．これは，孵化後のウミガメを生存率の低い初期の発育段階は飼育下で育て，その後海に放すヘッドスターティング（head starting）という方法（プリマック・小堀，1997 など）と似ている．

このような守る会の活動により，本種の減少傾向は止まり，2003年の卵塊調査では892卵が確認されるなど，しばらく安定した発生傾向が続いた（図5；植田，2005b；森地 2009；植田ほか，2010）．この間，守る会は2004年には環境省の「自然環境功労者（保全活動部門）」に選定され，環境大臣から子安鎮郎会長に賞状が授与された（永井，2005；泉，2005）．また，2008年には日本チョウ類保全協会が主催する「チョウ類保全シンポジウム－ギフチョウ・ヒメギフチョウ－」において，子安会長の後を継いだ岩井正行会長が「大阪府能勢におけるギフチョウの保全活動」と題して，講演をおこなっている（竹内，2011）．

5 減少の要因はニホンジカの増加か？

　変電所の建設によって一時危機的な状況に陥った本種の吉野地区個体群は、守る会の活動でなんとか安定した発生状態に戻ったかに思えたが、それも長くは続かなかった。2009年の卵塊調査で突如、それまでで最小の20卵を記録し、その後、本種の成虫や卵が確認できなくなってしまった（森地 2009, 2011b；植田ほか, 2010）。この吉野地区における本種の急激な衰退については、当然、守る会でも深刻に受け止められたが、その原因は不明であった。しかし、少なくともその頃までに多くの会員がミヤコアオイの株や葉が小さくなり、スミレ類やショウジョウバカマなどの本種の蜜源植物も減少したことに気づいていた（森地, 2009, 2011a, b；植田ほか, 2010；阪上, 2011；植田, 2011a, b, c, dなど；図6a, b）。

　ミヤコアオイの衰退要因として当初考えられていたのは、生息地における草刈り頻度の低下と刈り取った草の除去による土壌の劣化（植田, 2011a）、クリ林などの乾燥やネザサの繁茂・人工林の伸長による被圧（森地, 2011a, b）、夏の直射日光による土壌の乾燥や冬の降霜・寒風（阪上, 2011）などであったが、植田（2005a）は早くからニホンジカやイノシシ *Sus scrofa* の増加による生育環境への影響を懸念していた。実際、大阪府域では1980年代以降、ニホンジカの個体数が増加し、農林業被害や自然植生への影響が深刻化したことから、2002年に初めて「大阪府シカ保護管理計画」を策定していた（大阪府, 2022）。

図6　林床の草本植生が衰退した吉野地区のギフチョウ生息地（a）と葉や株が小さくなったミヤコアオイ（b）、ニホンジカの糞塊（c）.

吉野地区でも，卵塊調査の際に次第にニホンジカの糞塊や葉柄だけのミヤコアオイの株も目立つようになってきていた（図6c）．幸田ほか（2014）は，その頃から大阪府北部においてもニホンジカが増加し，森林植生への被害が拡大したことを報告している．

そこで，本種の生息地の一部を防鹿柵で囲みミヤコアオイなどの植生を保護することになった．それとともに，筆者の研究室の秋田理沙（旧姓藤並）さんが，2011年から2012年にかけて修士研究の一環で生息地の2ヶ所に7台の赤外線センサー付き自動撮影カメラ（以下，カメラトラップ）を設置し，野生哺乳類の密度を評価した（図7；秋田・石井，2023）．この調査では6目13種の哺乳類が記録され，出現頻度（RAI=100「カメラ日」当たりの撮影個体数）はニホンジカが31.4で最も高く，以下，ニホンノウサギ *Lepus brchyurus* (3.4)，イノシシ (2.2)，アナグマ *Meles anakuma* (2.2)，アライグマ *Procyon lotor* (1.5) の順であった(図8)．やはり，ニホンジカが吉野地区の本種の生息地における哺乳類群集の超優占種であることが明らかになった．ニホンジカとニホンノウサギは7台すべてのカメラで，イノシシも6台で撮影され，この3種が広範に分布してい

図7　吉野地区のギフチョウ生息地に設置したカメラトラップ（a）と撮影されたニホンジカ（b）．

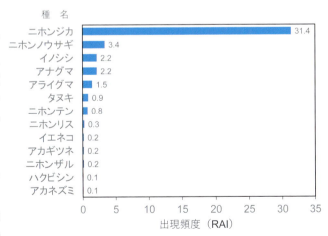

図8　2011〜2012年に能勢町吉野地区の里山で行った哺乳類の生息状況調査で確認された種と出現頻度（RAI）．秋田・石井（2023）より．

ることもわかった．ちなみに，ニホンジカの RAI は生態系への影響が問題視されている奈良県大台ケ原で 88.6（福田ほか，2008），奈良県春日山で 14.2（前迫，2009）などの記録があり，吉野地区（31.4）の生息密度は大きなものといえる．

ミヤコアオイの状態については，2014 年の卵塊調査時に参加者の協力で集めたデータを当時，筆者の研究

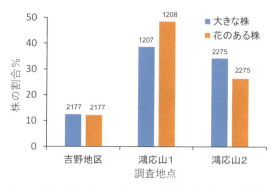

図 9　吉野地区と鴻応山のギフチョウ生息地で 2014 年春に行ったミヤコアオイの生育状況調査における大きな株（葉身長 6 cm 以上の葉を付けた株）と花を付けた株の割合．図中の数字は調査株数．吉村ほか（2015）より．

室の学生だった吉村忠浩さんが修士研究の中でまとめてくれた（吉村ほか，2015）．この調査では，ミヤコアオイの株あたりの葉の数（株サイズ）と各株の最大の葉の葉身長，花の有無を記録した．また比較のために，本種が生息している鴻応山でも同様の調査をおこなった．この調査の結果，やはり吉野地区のミヤコアオイは，鴻応山と比較すると株サイズが小さく，大きな葉（葉身長 6 cm 以上の葉）や花をつけた株の割合も小さいことが明らかになった（図 9）．中には親指の爪くらいのサイズの葉が 1 枚だけのミヤコアオイも見られたことから（図 6b 参照），吉野地区における本種の急激な減少はニホンジカの増加によるミヤコアオイ群落の衰退が主要因と考えるのが妥当と思われた．

6　ニホンジカの増加とチョウ類の衰退

近年のニホンジカの増加と分布拡大は全国的な現象であり（本書 23 寺本の項参照），各地で下層植生とチョウ類群集の衰退が報告されるようになった（中村，2015；平井ほか編，2022 など）．栃木県の奥日光では，1990 年代にニホンジカの植生への影響が顕著になり，食草や蜜源植物の衰退によりコヒョウモンモドキ *Melitaea britomartis* が絶滅したほか，ヒョウモンチョウ *Brenthis daphne* やウスバシロチョウ *Parnassius citrinarius* など多くの草原性のチョウ類が減少した（長谷川，2008, 2009, 2010）．また兵庫県養父市の里山でも，2001 年のトランセクト調査で 67 種記録されたチョウ類が，その後のニホンジカの増加により植生環境が悪化して 2014 年には 29 種に減少，本種のほかダイミョウセ

セリ *Daimio tethys* やイチモンジチョウ *Limenitis camilla* などが姿を消すととも
に，確認個体数も 16% 程度になってしまったという（森地・近藤，2016）．能
勢町の大阪みどりのトラスト協会事業地の「三草山ゼフィルスの森」では，ニ
ホンジカの増加により下層植生がネザサと不嗜好性とされるダンドボロギクや
イワヒメワラビなど（橋本・藤木，2014）が目立つ単調な状態になり，草本食・
花蜜食のメスグロヒョウモン *Damora sagana* やダイミョウセセリ，木本食・花
蜜食のイチモンジチョウ，キタキチョウ *Eurema mandarina*，カラスアゲハ
Papilio bianor など多くのチョウ類が減少している（石井ほか，2019）．

　万葉の時代にも多くの歌が詠まれるなど，ニホンジカは古来，日本人の身近
な野生動物であり，イノシシとともに重要な生活資源であった（梶，2010；依
光，2011 など）．しかし，江戸期以降は農作物を荒らす害獣としても捕獲が進み，
明治期には狩猟の大衆化もあって密度が減少，明治 25 年（1892 年）に制定さ
れた「狩猟規則」では 1 歳以下の小鹿が捕獲禁止になった（表 1；依光，
2011；山本，2014 など）．その後，明治 34 年（1901 年）の狩猟法の改正でニ
ホンジカの禁猟が解除され，1918 年からは狩猟獣とされ，戦後まで全国的に
乱獲が続いたことで再び減少した（依光，2011；山本，2014 など）．そのため，
昭和 22 年（1947 年）の「鳥獣保護法」の制定時にメスジカが狩猟獣から除外
されることになった．大阪府では，ニホンジカは 1974 年に捕獲が全面的に禁
止され，今度は 1980 年頃から増加し始めた（大阪府，2022）．前述のように，
ニホンジカの増加と分布拡大は全国的な傾向であり，農林業被害が増加したた
め，平成 11 年（1999 年）に「鳥獣保護法」が改正されて「鳥獣保護管理法」
となり，密度の管理が強化されることになった（依光，2011；山本，2014 など）．
大阪府が 2002 年に「鳥獣保護管理法」にもとづく「大阪府シカ保護管理計画」
を初めて策定したのはすでに述べたとおりである．

　このように，ニホンジカは捕獲により減少し，禁猟により増加することを繰
り返してきたが，近年の増加の勢いはすさまじく，全国的に強い捕獲圧をかけ
ているにもかかわらず抑制できていない（依光，2011；山本，2014 など）．依
光（2011）は，近年のニホンジカの増加要因として，基本は社会構造の変化と
しつつ，メスジカ保護政策，奥山伐採と拡大造林，地球温暖化，耕作放棄地の
増加，猟師の減少，林道等の法面緑化，ニホンオオカミ *Canis lupus hodophilax*
の絶滅の 7 つをあげている．このうちニホンオオカミの絶滅については，いま
や人間の狩猟圧の方が大きく，強力な「捕食者」となっているとし，例えば，
ハレムを形成するニホンジカではメスジカの保護が個体群の増加につながるな

340 第 5 章　人間社会との関係を考える

表 1　日本と大阪府における鳥獣保護管理政策とニホンジカへの対応の変遷．梶（2010，2019），
山本（2014），大阪府（2022）などを参考に作成．

時　期	事　項	主な内容
1872 年（明治 5 年）	鉄砲取締規則の制定	野生鳥獣の激減と狩猟事故の増加に対応．猟銃は免許銃として登録
1873 年（明治 6 年）	鳥獣猟規則の制定	野生鳥獣の減少を受け，銃猟を免許鑑札制とし職猟と遊猟に区分，銃猟を対象に禁止区域，違反者への罰則等を規定
1892 年（明治 25 年）	狩猟規則（勅令）の制定	指定保護鳥獣 15 種類の狩猟禁止，規制対象にわな猟，網猟を追加，禁猟期の設定等を規定．**1 歳以下の子鹿の捕獲禁止**
1895 年（明治 28 年）	**狩猟法の制定**	狩猟の安全確保と秩序維持等を規定．職猟と遊猟の区分の廃止，保護鳥獣の販売，保護鳥の雛・卵の採取・販売を禁止
1901 年（明治 34 年）	狩猟法の改正	禁猟区制度と銃猟禁止区域制度を創設．**ニホンジカの禁猟を解除**
1918 年（大正 7 年）	**狩猟法の全面改正**	保護鳥獣の指定から狩猟鳥獣の指定に変更，保護を要する狩猟鳥獣の捕獲制限等を規定．猟区制度の創設，**ニホンジカを狩猟獣に指定**
1925 年（大正 14 年）	狩猟法の改正	**雌鹿を狩猟獣から除外**
1926 年（大正 15 年）	狩猟法の改正	**雌鹿の狩猟獣からの除外措置を解除**
1947 年（昭和 22 年）	狩猟法の改正	**雌鹿を狩猟獣から除外**
1950 年（昭和 25 年）	狩猟法の改正	狩猟鳥獣の捕獲制限の権限が都道府県知事に拡大，鳥獣保護区制度，保護鳥獣の飼養許可証制度の創設．**雄鹿のみを狩猟獣に指定**
1963 年（昭和 38 年）	**狩猟法の改正・名称変更**	「鳥獣保護及狩猟ニ関スル法律」（以下，鳥獣保護法）と改称，鳥獣保護事業の実施，農林水産業・生態系への被害防止等を規定
1971 年（昭和 46 年）	**環境庁設置**（2001 年から環境省）	鳥獣保護法を林野庁から環境庁に移管
1974 年（昭和 49 年）	大阪府：鳥獣保護管理事業計画の改正	大阪府：**雌鹿を含むニホンジカの捕獲を全面禁止**（鳥獣保護法に基づく大阪府の鳥獣保護管理事業計画で規定，以下同様）
1978 年（昭和 53 年）	鳥獣保護法の改正	狩猟者登録制度・特別保護指定区域制度の導入，**雄鹿の捕獲を 1 日 1 頭に制限**
1986 年（昭和 61 年）	大阪府：鳥獣保護管理事業計画の改正	大阪府：**雄鹿の捕獲禁止措置を解除，1 日 1 頭まで捕獲可**とした．
1994 年（平成 6 年）	環境庁告示	**雌鹿も狩猟獣に指定したが捕獲禁止措置は継続**．保護管理計画を策定した都道府県は雌鹿の捕獲禁止措置を解除
1999 年（平成 11 年）	鳥獣保護法の改正	鳥獣保護管理の権限を環境庁から各自治体に移譲，特定鳥獣保護管理計画制度の創設，**計画にもとづく雌鹿の狩猟が可能に**
2000 年（平成 14 年）	**鳥獣保護法の改正・名称変更**	「鳥獣の保護及び管理並びに狩猟の適正化に関する法律」（以下，鳥獣保護管理法）と改称，野生鳥獣の法的な「管理」を強化
2000 年（平成 14 年）	大阪府：シカ保護管理計画（第 1 期）を策定	大阪府：北摂 7 市町を対象に雌鹿の捕獲禁止措置を解除，**1 日 2 頭まで（うち雌鹿は 1 頭まで）の狩猟捕獲を認めた**
2007 年（平成 19 年）	**鳥獣被害防止特別措置法の制定**	市町村が被害防止計画を作成・実施，国は特別交付税を措置，捕獲等の強化やジビエ利用拡大等の取組を交付金により支援
2007 年（平成 19 年）	大阪府：シカ保護管理計画（第 2 期）を策定	大阪府：第 1 期計画の特例措置を継続，狩猟による捕獲を 1 日 3 頭まで（うち雄鹿は 1 頭まで）に拡大
2008 年（平成 20 年）	大阪府：シカ保護管理計画（第 2 期）を一部改正	大阪府：狩猟期間を 1 か月延長，直径 12 cm を超えるくくりわなの使用制限を解除
2012 年（平成 24 年）	大阪府：シカ保護管理計画（第 3 期）を策定	大阪府：対象を府内全域に拡大，わな猟は捕獲制限なし，銃猟は雌鹿は制限なし，雄鹿は 1 日 1 頭までとした
2013 年（平成 25 年）	環境省と農林水産省「**抜本的な鳥獣捕獲強化対策**」取りまとめ	令和 5 年度までに平成 23 年度比で全国全体のニホンジカ及びイノシシの個体数を半減する目標を設定
2014 年（平成 26 年）	鳥獣保護管理法の改正	指定管理鳥獣制度，指定管理鳥獣捕獲等事業及び認定鳥獣捕獲等事業者制度の導入，特定鳥獣保護管理計画を第一種と第二種に区分
2015 年（平成 27 年）	大阪府：計画名称を改定	「大阪府シカ第二種鳥獣管理計画（第 3 期）」に改定
2017 年（平成 29 年）	大阪府：大阪府シカ第二種鳥獣管理計画（第 4 期）を策定	大阪府：わな猟の捕獲頭数の制限を解除，銃猟は雌鹿の制限なし，雄鹿は 1 日 1 頭まで

2017年（平成29年）	鳥獣保護管理法施行規則改正	狩猟鳥獣の捕獲等の制限の見直し：ニホンジカの頭数制限を解除
2022年（令和4年）	大阪府：大阪府シカ第二種鳥獣管理計画（第5期）を策定	大阪府：狩猟期間を1か月延長，直径12 cmを超えるくくりわなの使用制限を解除の規制緩和措置を継続
2023年（令和5年）	生物多様性国家戦略2023-2030	ニホンジカ及びイノシシは指定管理鳥獣捕獲等事業等により引き続き捕獲の強化を図りつつ，令和6年度以降の目標のあり方を検討する

ど，保護管理政策のあり方の方が重要としている．メスジカ保護政策が実施された昭和初期は，奥地の国有天然林の伐採とその跡地の植林が進んだ時期でもあり，まだ残されていた原野や採草地を含めた草地面積が一時的に大きくなり，ニホンジカの増加につながったようだ．しかし，戦後の高度経済成長期を境にこうした草地は減少し始め，地球温暖化による豪雪・大雪の減少による冬季の死亡率の低下などもあり，増加したニホンジカが新たな餌場を求めて高山から里山まで広く分布域を拡大しているのが現在の状況といえそうである．

　そのような中で本種の保全に成功している事例として，京都府南西部の小塩山（642 m）における「西山自然保護ネットワーク」の取組みがある（宮崎，2022）．本種の生息地は林床にミヤコアオイの自生するコナラ林で，ここでは2006年からニホンジカの増加によりカタクリが減少を始めたという．そのため入山者から特別カンパを集め，京都府からの補助金や助成金などとあわせた資金で防獣ネットを購入，2008年から順次設置したところ，2009年にはカタクリ群落がほぼ回復した．本種についても，ニホンジカによるミヤコアオイの被食により2009年から減少し始めたものの，全長2760mにおよぶ防獣ネットが完成する2014年までには安定した発生状況に戻ったという．小塩山では，炭焼きが途絶えて60年以上も経過して林冠がうっ閉，暗い森になってきたため，2015年から2019年に地主と覚書を取り交わして，試験的に一部の区画でコナラの大径木の伐採もおこなっている．その結果，ミヤコアオイの葉は大きくなり，見かけなかった草本やヤマツツジなどの低木が成長したという．

7　おわりに

　吉野地区の春の調査は2016年まで続けられたが，残念ながら本種の卵塊が確認されることはなかった．守る会の初代の代表を務めていだいた子安さんがその年の春，卵塊調査の2週間前に亡くなった．また，2代目会長の岩井さんも亡くなり，守る会の活動は休止状態になっている．会員の一部は，大阪府北部で唯一残された本種の生息地である鴻応山での卵塊のモニタリング調査など

に関わっている．ところが鴻応山においても，前述のミヤコアオイの調査をおこなった 2014 年の時点で，地点 2 ではすでに株サイズが小さく，花付きも悪いことから（図 9），ニホンジカの影響が出始めているものと思われた．実際，2011 年から 2013 年にかけて急激に本種の確認卵数が減少したため（吉村ほか，2015），飼育した幼虫の放飼による補強をおこない，なんとか個体群を維持している状態である（石井ほか，2023）．

　そんな中で，2023 年の正月に子安さんの奥様，子安ひろみさんから届いた年賀状に，「昨春，本種の成虫を目撃された人がいて驚いています」という添え書きがあった．本種は，成虫がかなり活発に飛び回ることから，ミヤコアオイやスミレ類などの下層植生が回復すれば個体群の復活もあるかもしれない．そのためには，「大阪府シカ第二種鳥獣管理計画」の達成によるニホンジカ密度の低下とともに，ミヤコアオイが自生し，本種の生息地となる能勢栗「銀寄」の畑が拡大することが望まれる．いつか吉野地区の里山に本種が戻ってくる日が来ることを期待したい．

　最後になるが，吉野地区や鴻応山での卵塊調査や保全活動は多くの方が関わられていることを付記しておきたい．

第5章 人間社会との関係を考える

25 チャノキイロアザミウマはなぜウンシュウミカンの大害虫になったのか

多々良明夫

　害虫とは人の生活に直接・間接に害を与える虫，益虫とは何らかの形で人の生活に役立つ虫であり，それ以外は「ただの虫」とされる．「虫」には昆虫のほかダニ類などの小動物も含まれるが，いずれにしても，人間の都合による区別である．微小なアザミウマ類は作物の果実や花，葉などの品質を下げることから害虫とされ，殺虫剤が多用される場合があるが，それが別の害虫を生むことにもなる．あらためて害虫とは何か，人間社会と害虫との関係について考える好事例を紹介する．

1 はじめに

　1967年，静岡県においてウンシュウミカン果実のヘタにリング状でかすり状の傷が多発し，大きな問題となった．このような症状は従来から知られていたが，この年のように多発することは今までなかったのだ．それまでは，被害が軽微であり，果実の中身に影響する被害ではなかったため，重要視もせず，原因も不明であった．当時の静岡県柑橘試験場でおこなわれた接種試験の結果，チャノキイロアザミウマ *Scirtothrips dorsalis* が犯人と判明した（西野，1972）．

　現在，本種は多くの農作物を加害する重要害虫となっている．チャ，カキ，ブドウでは日本において古くから害虫として知られていた（南川，1957；黒沢，1968）．チャでは局地的に多発したこともあったが，チャを含め，それらの作物においても，重要害虫という位置づけではなく，防除対象となってはいなかった．それが，1960年代から70年代にかけてミカンを含めてどの作物でも被害が広がり，本種を対象に防除がおこなわれるようになったのである．この原因として，有機塩素剤や有機リン剤などの有機合成殺虫剤が広く使用されたことが一つの要因と考えられている．本稿では，ウンシュウミカンにおいて，かつてはただの虫と思われていたものが，今や一番防除回数の多い害虫になってしまったのはなぜなのか，研究のデータを紹介しながら追っていくことにしよう．

2 チャノキイロアザミウマとは

本種はアザミウマ目アザミウマ科に属し、体長 0.8 〜 1.0 mm とアザミウマ目の中でも小型な種である（図1）。日本のほか、中国から東南アジア、オーストラリアなどに広く分布し（CABI, 2003）、近年は北アメリカに侵入して問題となっている（Kumar et al., 2013）。受精しない卵はオスとなる産雄性単為生殖であり、蛹や成虫で越冬し、年間 8 〜 10 世代を繰り返す。卵は3分の1程度を表面に残し、植物の組織内に産み込まれる。幼虫・成虫共に植物の軟弱な部分を好んで摂食し、蛹化は土壌表面の狭い隙間や樹皮の中などでおこなわれる。極めて多食性で、140 種類以上の植物に寄生する（多々良, 2004）。

図1　チャノキイロアザミウマの成虫.

図2　チャノキイロアザミウマによるチャ新芽の被害.

3 本種による農作物の被害

本種は吸収性の口器により、植物の汁を吸汁する。汁を吸われた細胞は死んでしまい、それが被害として残る。本種の口器は 10μm と細胞の厚さより短く、表面の細胞だけが死んでしまい、その下の細胞は生きて生長するため、植物の表面がひび割れたような被害が生じる。加害部位は柔らかい新芽や展開したばかりの新葉、果実である。チャでは本種の密度が高いと新芽が枯死してしまい（図2）、収量減となる。ミカン、カキ、ブドウでは果実表面に傷がつき、商品価値を大きく損ねてしまう。

4 ミカンは好適な食べ物ではなかった

本種は、多くの作物で重要な害虫となっており、防除が盛んにおこなわれているが、どの加害作物でも発生が多いのであろうか。静岡県静岡市清水区のウンシュウミカン園とそこに隣接するチャ園、それにウンシュウミカン園の防風樹として植えられているイヌマキを加えて調査をおこなった。イヌマキも本種

の寄主植物である．なお，ウンシュウミカンについては，チャ園に隣接する早生温州園とその奥に位置する杉山温州園，青島温州園，以上異なる品種3カ所を調査圃場とした．

まずは，黄色粘着トラップによる捕獲数の比較である．トラップは，本種が

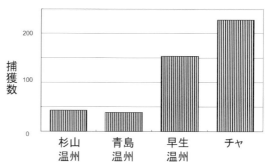

図3 チャノキイロアザミウマの黄色粘着トラップによる年間捕獲総数（多々良，2004）．

よく誘引される黄色のアクリル板（20×20 cm）に透明な粘着シートを貼ったもので，高さ1.5 mの位置に粘着面が縦になるように設置し，そこに捕獲される虫数を7日間隔で調査した．イヌマキは防風林のためトラップの設置はせず，チャとウンシュウミカンとの比較である．年間の捕獲数はチャ園がもっとも多く，次に早生温州園がチャ園の約3分の2，チャ園と少し距離のある青島温州園と杉山温州園ではチャ園の約5分の1であった（図3）．

では植物上の虫の数は早生温州の方が青島温州や杉山温州よりも多いのだろうか．結果はウンシュウミカン上の密度はチャやイヌマキよりもかなり低く，ウンシュウミカンの品種間では差が認められなかった（図4）．どうも本種にとって，ウンシュウミカンは好適な食べ物ではないようである．早生温州園に設置したトラップの捕獲数が多かったのは，チャ園から飛んできた虫の可能性が高く，ウンシュウミカン上にいた虫も飛んできた虫かもしれない．

そこで，本種が主に地表面で蛹になることに着目し，羽化した虫を捕らえる地表面トラップを設置した．トラップは，コンテナの底に穴をあけ，そこに粘着剤を塗ったガラス板を粘着面を下にしてかぶせたものである（図5）．コンテナで覆われた地面で羽化してきた虫は光を目指して飛翔し，粘着面に付着するため，その場所で増殖した虫の数が比較できる．結果が第6図である．ウンシュウミカン園でもわずかに捕獲が見られるもののチャ園が圧倒的に多いのがわかる．チャ園から多くの虫が飛んでくる早生温州でさえ，非常に少なかった．

これらの植物を実際に食べ物として本種に与えたらどうなるのだろう．両切のアクリル管に植物の葉を入れ，両方をフィルムで蓋をして飼育してみた．その結果が表1である．卵から成虫までの発育期間に3種の植物で差はなかった．しかし，メス成虫の寿命は，本種が多く発生するサンゴジュやチャでは20日

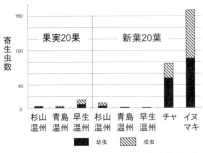

図4 チャノキイロアザミウマの寄生密度（年間30回の総数）（多々良, 2004）.

図5 地表面トラップ.

以上と長かったが，ウンシュウミカンではわずか4日生存していたに過ぎない．また，産卵数も他の植物よりかなり少なかった．ウンシュウミカンは本種成虫の生存や産卵に好適でなかったのだ．

5 虫の接種による被害再現

そんなに低い密度でも大きな被害が生じるのだろうか．そこで接種試験をおこなってみた．長さ15 mmの両切アクリル管の一方をウンシュウミカンの幼果にシリコンゴムで固定し，5頭の成虫を接種した後アクリル管のもう一方をシリコンゴムをつけたカ

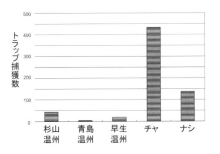

図6 チャノキイロアザミウマの地表面トラップによる年間捕獲総数（多々良, 2004）.

表1 チャノキイロアザミウマの寄主植物の違いによる産卵数等の差異（25℃）（多々良, 2004）

寄主植物	雌成虫の寿命	産卵数	発育期間
サンゴジュ	23.7日	41.5卵	18.6日
チャ	27.5	27	17.9
ミカン	4.0	1.4	18.0

バーグラスにより蓋をした．5日間接種した結果，果実の接種した場所がまんべんなくかすり状の被害が生じた．幼虫による被害はアクリル管の面に沿って被害が生じた．幼虫は隠れることができる場所にいて，そこを集中的に加害するようである．このような幼果の被害は，果実が肥大するとより大きくなり，この果実の場合，甚大な被害となるだろう．すなわち，少ない虫でも商品価値を減ずる被害が生じることになる．

6 ミカンにおける被害の出方

　問題となるウンシュウミカンの被害は，果実に生じる3つのパターンである（図7）．3つの被害パターンは出現時期が異なり，それを示したのが図8である．まず，最初に現れるのは果実の果梗部のヘタと相似形のかすり状の被害である．6月以降から生じ，果実の肥大に伴って減少する．次に現れるのは8月から現れる果頂部前期の被害で，果梗部と同様のかすり状被害が果頂部と呼んでいる果実のおしりに生じる．最近では7月下旬から発生することもある．果実の肥大が止まる9月になると，果実のおしりに黒褐色の被害が生じ，これを果頂部後期の被害と呼んでいる（多々良，1992）．これらの被害があることで，果実内容には影響しないが，外観を損ない商品価値が低下する．果側部に被害が生じないことに関しては，果実の向きの変化や果実表面の硬さ，一部の果実表皮の成分などを比較したが，原因ははっきりしなかった．この原因がわかれば，農薬以外の防除方法が開発できるかもしれない．

7 JA出荷場における被害の扱い

　この果実表面の傷が実際にどの程度商品価値に影響するのだろうか．静岡県内の農協に本種の被害に関してアンケートを取ってみた．ミカンの等級は上位

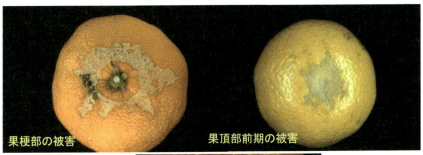
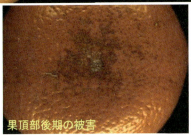

図7　チャノキイロアザミウマによるウンシュウミカンに生じる3種類の被害．

348 第5章 人間社会との関係を考える

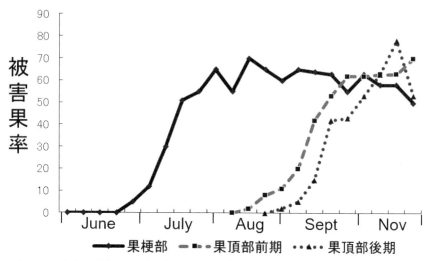

図8 チャノキイロアザミウマによる3種類の被害の発現推移（多々良, 1992）.

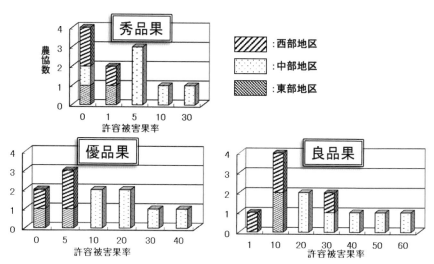

図9 静岡県内の農協が設定した，ウンシュウミカン各出荷等級におけるチャノキイロアザミウマ被害の許容被害果率（多々良, 2004）.

から秀，優，良と格付けされている．それぞれの農協がそれぞれの格付けにどの程度本種の被害を許容できるかということを聞いてみたのが図9である．図では県内の地区別に分けてあるが，地区の特徴を念頭に置いて図を見てもらった方がよい．静岡県の西部地区は三ヶ日に代表される単価の高いミカンの産地

である．単価を高くするためには，糖度が高いなど果実内容が良いことだけでなく，果実の外観も重要視される．静岡県の東部地域も農協を中心に産地がまとまっており，比較的外観を重視する傾向がある．ただ，この地域はほかよりも本種による被害が少ないのが特徴である．静岡県の中部地区は農協により外観重視にばらつきがある産地である．アンケートの結果は非常にばらついたが，秀品果ではほとんどの農協が5％以下の被害果率を要求していた．特に西部地区と東部地区は厳しく，秀品果はすべてが1％以下，優品果でもすべてが5％以下としていた．一方，中部地区の農協の許容被害果率は農協によりおおきくばらついた．

このように，ばらつきはあるものの，一部の農協では良品果であっても許容できる被害は1％以下が求められる．この農協では，少しでも本種による傷があれば，単価が極めて安い加工用に回されるのだ．そのため，生産者が必死で防除することとなる．

8 チャノキイロアザミウマはなぜミカンの害虫になったか

今までのことをもう一度振り返ってみよう．まず，本種は1960年代から70年代かけて多くの作物でその被害が問題となった．なぜ，害虫化したのか．有機リン剤や有機塩素剤のような有機合成農薬は皆殺し的な農薬であり，害虫のみならず天敵などの有用昆虫やただの虫も殺してしまう．本種も当初はそれらの農薬に弱かったが，年間の世代数が多いこともあり，農薬に強くなってきた．これはチャやミカンの防除薬剤の変遷が激しいことでもわかる（多々良，2004）．また，無防除ウンシュウミカン園では本種を捕食するニセラーゴカブリダニ *Amblyseius eharai* やハナカメムシ類が見られたが，慣行防除ウンシュウミカン園ではそれらの天敵類がほとんど見られなかった（多々良，1995）．その無防除ウンシュウミカン園では本種の密度や被害が少なかった．静岡県内の無防除や防除回数の少ないウンシュウミカン園でも同様の傾向が見られた．そのような圃場では害虫やそれらの天敵だけではなく，様々な虫が生息する．植物の表皮細胞を広く加害する本種は他の虫の存在を嫌うのではないかと考えた．そこで，ミカンの葉や果実の汁を吸って加害するミカンハダニ *Panonychus citri* と本種の幼虫をウンシュウミカンの葉片に混在させ，それをビデオカメラで撮影し，歩行距離を計測すると，居心地が悪いのか葉片に本種のみを放した場合より明らかに歩行距離が長くなった．また，葉片に放したミカンハダニを24時間後に除去し，そこに本種を放しても歩行距離はミカンハダニを放して

いない区よりも長くなったのである（多々良, 1995）. ミカンハダニの存在や痕跡は本種に明らかな影響を与えており, 他の虫の存在も同様に影響している可能性がある. 農薬によって他の害虫や天敵そしてただの虫が排除された植物は本種にとって快適な空間となったのであろう. 以上のことにより, 有機合成化学農薬の使用によって本種が害虫として問題になったと考えられる.

しかし, 上記のことはウンシュウミカンだけでなく, 他の作物とも共通することである. ウンシュウミカンでは, かつて本種の被害は問題とならなかった. ではなぜウンシュウミカンの害虫として問題になったのだろう.

一つ目の原因は, 有機合成農薬の使用により, 他の作物でも本種が増えてきたため, ウンシュウミカン園にやってくる数も増えたからだと考えられる. そして, 本来余り好きでないウンシュウミカンを仕方なく食べたことから被害が大きくなった. 本種によるウンシュウミカンの被害が, 原因不明の被害として最初問題になったのはチャ栽培地帯にあるウンシュウミカンだった（西野, 1972）ことからもそれがうかがえよう.

本種によるウンシュウミカンの被害は果実の糖度には影響しない. 外観を損なうだけである. 戦前は販売する際, 外観などを気にとめなかった. それを生産者が気にし始めたことがもうひとつの原因である. それはウンシュウミカンの生産量と関係がある. 第二次世界大戦後食糧としての農業が復興すると, 果樹などの嗜好品が売れ始めた. 1950 年に 35,400 ha と減少したウンシュウミカンの全国の栽培面積は, 60 年に 63,100 ha と増加し, 価格が高かったこともあり, 1973 年には 173,100 ha と急激に拡大した（図 10）. 生産量が増えると過剰となり, 価格も低下する. そこで, 付加価値を高めようと, 味だけではなく外観をきれいにするために, 防除の回数が増えてきた. 皮肉にもそれが本種の被害をさらに増やす原因ともなった.

このように, 二つの要因が同時に起こったことにより, ウンシュウミカンで本種が害虫化したのである.

9 おわりに

外観のみを加害する害虫をコスメティック・ペストと呼ぶ. ウンシュウミカンではチャノキイロアザミウマだけでなく黒点病という病害も外観のみを加害する病害である. 愛媛県でおこなわれた試験では, 黒点病の防除をおこなわないと商品化率が低下し, 収益が半分になった（日本植物防疫協会, 2008）. かつて, カンキツの害虫研究者が中心となり, 消費者や市場関係者も交えたシン

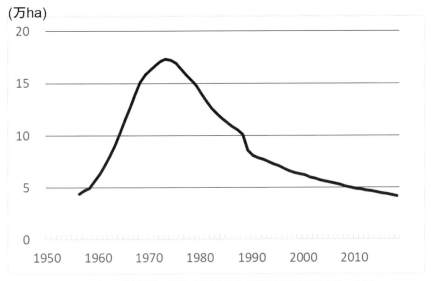

図 10 ウンシュウミカンの栽培面積の推移（農林水産省「耕地及び作付面積統計」より）.

ポジウムを開催し，コスメティック・ペストが果実内容に影響のないことを PR して必要のない防除を減らそうと試みたが，先に示したとおり，今でも外観重視の傾向は変わらず，ミカンのチャノキイロアザミウマは現在も防除回数の最も多い害虫である．あまつさえ，最近では味が良くて外観が美しい農産物が海外で高く評価され，農産物の輸出が増加している．チャノキイロアザミウマに対する防除はまだまだ続くようである．

Photo Collection

グレープフルーツの花と果実

2022 年 5 月 5 日　大阪府堺市（大阪府立大学中百舌鳥キャンパス）
平井規央撮影

第5章 人間社会との関係を考える

26 ビオトープ池の水生動物・昆虫群集〜 池干しによる撹乱の効果を実証する〜

鈴木真裕

　ビオトープ（Biotope）はギリシア語の bio（生命）と topos（空間）の合成語で「野生生物の生息空間」を意味する．旧西ドイツ時代に都市圏における野生生物の生息場所の保全・復元・創造の手段として，ビオトープ整備事業が始まった．日本でも生物多様性保全や環境教育の目的でビオトープ池造りが盛んだが，群集生態学的な調査・研究がおこなわれるケースはまれである．ここでは池干し管理をおこなった場合の水生動物・昆虫群集に与える影響について紹介する．

1 日本の水生昆虫の危機

　日本の里地里山には水田やため池，水路等からなる水田生態系が人の手によって作られ，維持されてきた．非灌漑期をもつ水田や維持管理にともない落水がおこなわれるため池は強い人為的撹乱を受ける半自然水域であるにも関わらず，タガメ *Kirkaldyia deyrolli* やゲンゴロウ類に代表されるような多様な止水性水生昆虫の生息場所として機能してきたことが知られている（西原ら，2006；市川，2008）．

　桐谷（2010）によれば，プランクトン類，昆虫類，魚類，両生類，鳥類など5,600種以上の水生生物が日本の水田生態系から記録されている．しかし，その記録種のうち環境省レッドリストに掲載されている水生昆虫種は2007年(環境省，2007)時点で44種，2017年（環境省，2017）時点で85種含まれており，10年間でほぼ倍増している．2017年時点の85種は，桐谷（2010）における水生昆虫の掲載種の4割弱を占める．このように，日本の水生昆虫の種多様性は，著しい衰退が危惧される状況にある．世界的にみても，あらゆる生態系のなかで淡水域は人間活動の影響を比較的被りやすく，生物多様性の衰退が著しい場所として注視されている（Ricciardi and Rasmussen, 1999；Sala *et al.*, 2017）．

2 水生生物保全のためのビオトープ池

このような衰退傾向を受けて，近年では止水性水生昆虫を含む水生生物の生息場所の保全に向けた取り組みが各地でみられるようになってきた．水田の生物多様性を高める取り組み（鷲谷，2007）や，ビオトープ池の造成などが挙げられる（井上・谷，1999；Primack et al., 2000）．

ビオトープ池の多くは小規模だが，それ自体が水生生物の生息場所の拠点となるだけでなく，水域間の水生生物の結びつきを補強する効果をもつことが期待されている（Oertli et al., 2009）．Coccia et al. (2016) は小規模な水域の造成が地域の水生生物群集の多様性保全に有効であることを報告している．このように，ビオトープ池の造成は水生生物の生物多様性保全策として重要な位置を占めるといえる．

著者はビオトープ池や水田等の半自然水域に着目し，水生動物・昆虫群集とその多様性がどのように形成・維持されているかを明らかにするための野外実験研究をおこなってきた．本稿では，企業の敷地内に造成されたビオトープ池の水生動物・昆虫群集をモニタリングして，水田生態系の管理様式を模した池干しによる撹乱の効果を検証した研究（鈴木ら，2018）を紹介するとともに，論文には書かれていないエピソードも紹介する．

3 水生動物・昆虫群集への池干し効果

調査地は大阪府の都市部に位置する企業敷地内に 2009 年 3 月に造成された面積 90 m^2，最大水深 30 cm のビオトープ池である（図1）．2011〜2014 年の各年に毎月1回，冬期を除いて D 型フレーム，目合い 1 mm のたも網を用いてすくい取り調査をおこない，水生動物・昆虫の種と個体数を記録した．池干し

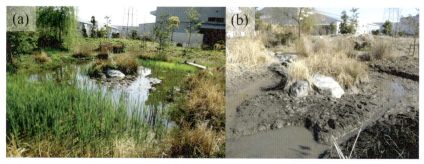

図1　調査地のビオトープ池（a）と池干し期間の様子（b）．鈴木ら（2018）より抜粋．

図2 池干し後1年目のビオトープ池にトチカガミが繁茂している様子.

は，企業のボランティアの方々のご協力のもと，2012〜2013年の冬期に実施した．降雨による増水の度に排水を繰り返し，できるだけ水面が池の深部に疎らに残る状態になるよう維持した．

この池干しによって環境条件に大きな変化がみられた．池干し後1年目の2013年には他の年よりも水生植物が多く繁茂した．造成当初に導入されたトチカガミが初夏から秋まで水面の大半を覆い，初夏にはシャジクモが水底の3割以上を被覆した（図2）．

水生動物・昆虫のモニタリング調査の結果，4年間で合計6綱12目52分類群15,130個体，うち昆虫綱は42分類群6,000個体が確認された．年ごとの分類群数は2011年から順に22, 23, 37, 29分類群，うち昆虫綱は16, 20, 32, 21分類群であり，池干し後1年目の2013年にピークを示した．分類群数の時間変化と各年における分類群数の累積増加曲線をみると，2013年には分類群数の時間変化よりも，累積増加曲線に顕著な違いがみられた（図3）．このことから，池

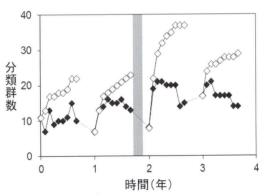

図3 分類群数の時間変化（白）および各年の累積増加曲線（黒）．網掛けは池干し期間を示す（鈴木ら，2018）.

干し後1年目には種構成の速やかな変化が起こることで種多様性が増加したことがわかった．イメージしにくいかもしれないので補足すると，仮に経時的に分類群数が一定でも，種構成が変化していれば調査の度に新しい種が見つかるため，累積分類群数は増加するということである．

池干し後1年目に種構成に大きな変化がみられた要因について，水生昆虫の生活史に着目して考えてみたい．

この年のみに出現した種にはチビゲンゴロウ Hydroglyphus japonicus などの水田でよく見られる種が多く含まれることや，新たな水域で多く出現する傾向にあるとされるマルタンヤンマ Anaciaeschna martini（武藤，1994），プラスチック容器に水を溜めただけの簡易な実験池（Suzuki et al., 2017）で初期に出現するミズアブ科 Stratiomyidae sp. やナミハナアブ族 Eristalini sp. などが含まれた．さらに，水田生態系の水生昆虫の生活史には春～初夏の繁殖期に水田に移住して一時利用するパターンがあると考えられている（西城，2001）．これらのことから，池干し後1年目の種構成の変化については，水田のような初期水域に移住・繁殖する生活史特性をもつ種，いわゆる先駆種による影響が大きかったと思われる．

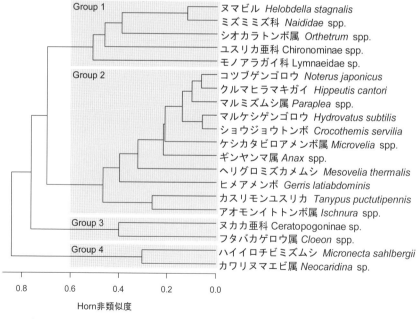

図4 主要分類群の個体数変動パターンをクラスター解析により分類した結果（鈴木ほか，2018）．

次に，群集構造を特徴づける優占分類群に着目してみた．池干し前2年間はカワリヌマエビ属 Neocaridina sp., 昆虫ではハイイロチビミズムシ Micronecta sahlbergii が優占したが，池干し後1年目には明確な優占分類群がみられなくなり，翌年にはミズミミズ科 Naididae spp., 昆虫ではユスリカ亜科 Chironominae spp. が優占した．池干し前後にみられたこれらの優占分類群はいずれもデトリタス（腐植や動物遺骸からなる有機物残渣）食者に相当し，池干しにともなう優占分類群の消失・翌年の出現はデトリタス食者の増減の過程とみることができる．池干し後1年目のデトリタス食性の優占分類群が消失したことは，同じデトリタス食者における多種共存に正の効果をもたらしたと考えられる．

さらに，主要な分類群の個体数変動パターンを分類するためにクラスター解析をおこなったところ，主要分類群は60％の非類似度レベルで4つのグループに分類された（図4, 5）．その構成は，池干し後に徐々に増加する型（グループ1），池干し後に一時増加する型（グループ2およびフタバカゲロウ属 Cloeon spp.），池干し後に消失する型（グループ4），および池干しの影響が不明瞭な型（グループ3）であった．グループ3は毎年の季節変動が大きな種であったのに対して，フタバカゲロウ属の個体数変動はその傾

図5　池干しを介して異なる個体数変動パターンを示した水生動物種．種と Group 番号は図4に対応する．

向と池干し後の一時増加を併せもつものであった．池干し後に一時増加する型には，植食者や水生植物に関連した生態を有する肉食者の種が多く含まれる．このことから，池干し後1年目にトチカガミやシャジクモが繁茂したことが，植食者・肉食者の増加に影響したと考えられる．

　この研究結果から池干しは先駆種の移住を引き起こしたことに加え，優占的なデトリタス食者の排除，および水生植物の繁茂にともなう植食者・肉食者の増加を促し，結果的に種多様性を高めうることが示された．

4 野外実験は突然始まった

　以上の研究の池干しは，実のところ予め計画した時期におこなわれたものではなかった．どこまでモニタリング調査を継続し，どの年に干すのかについて検討中の段階で，企業ボランティアの方の排水設備確認作業に手違いがあり，水が抜けてしまったことから突然始まったものである．当初は混乱があったものの，ボランティアの方をはじめ関係者の皆さんのご尽力により，野外実験としての精度を確保した操作や詳細な状況記録が可能となった．とかく野外実験にはハプニングがつきものであるが，予期せず始まったにも関わらず，結果的にこの研究で得られたものは大きかった．

　池の水生植物の繁茂が考察における1つの重要なキーになったが，これはモニタリング調査の際に毎回"念のために"池周囲の定点から方向も定めて写真撮影をおこなっていたことに加えて，水底の様子等も"念のために"記録していたことが論文作成の際に大いに役立った．写真は手軽に得られる割に情報量が多いため，野外調査の際には予備情報としてできるだけ多く，一貫した方法で撮影をおこなっておくとよいということも，著者がこの研究から得た教訓のひとつである．

5 おわりに

　生物多様性保全などを目的としてビオトープ池が造成されても，多様性が維持されず目的を果たしているとは言い難い状況に陥っているケースは珍しくない．本研究のようなビオトープ池を対象とした群集生態学的な研究は，そこから得られた知見が多様性保全に直結することが期待される．水生生物群集の性質に関する基礎的な知見と，多様性維持・増加に効果的な管理手法に関する応用的な知見を蓄積することで，生物多様性保全におけるビオトープ池の価値を高めることができるだろう．

第5章　人間社会との関係を考える

27 長距離移動昆虫オオカバマダラ
―市民科学が支える調査と保護

馬淵　恵

　里山の一斉調査や長期モニタリング調査，渡り鳥の渡来状況調査など，広域あるいは長期にわたる生態系や生物の調査・研究を市民が科学者と連携しておこなう市民科学が広がりを見せている．オオカバマダラは，いまでこそ秋に北米大陸を南下しメキシコの山中で越冬することが知られているが，本種の移動ルートや集団越冬地が明らかになったのは，多くの市民が標識調査などに参加する市民科学の成果であった．また，本種は近年，衰退傾向にあるとされるが，そのことを明らかにし，保全活動を支えているのも市民である．ここではアメリカ合衆国に住み，オオカバマダラの移動調査や保全活動に関わる著者が本種の生息と保全の現状について紹介する．

1 はじめに

　世界的な長距離移動昆虫として知られる北米大陸のオオカバマダラ（*Danaus plexippus*，英語名 monarch）は（図1），アメリカ合衆国（以下，合衆国），カナダ，メキシコなどではとくに象徴的なチョウ（iconic butterfly）として市民から愛されている．合衆国ではこのチョウをアラバマ，アイダホ，イリノイ，ミネソタ，テキサス，バーモント，ウェストバージニアの7州が「州の昆虫」に選定しているほどである．

　オオカバマダラはマダラチョウ科に属し，主に北米大陸，中米，カリブ海諸島および南米大陸北部のほか，ヨーロッパのイベリア半島，ハワイ諸島やオセアニアなどにも分布する（Zhan *et al.*, 2014）．アメリカ大陸を起源とするこのチョウがどのような要因で分布を広げたかについては諸説があるが，主に食草であるト

図1　羽化直後のオオカバマダラの成虫．

ウワタ（トウワタ科）の伝播によるものと考えられている（Zhan *et al.*, 2014）．オオカバマダラには6亜種が知られるが，その多くは移動しないか，あるいは比較的短距離に限られた季節移動をする．北米大陸に生息し，長距離の季節移動をするのは名義タイプ亜種 *Danaus plexippus plexippus* であり（Zhan *et al.*, 2014），これ以降はこの亜種を本種と呼ぶ．なお，南米大陸に生息し，スケールは小さいものの季節的な移動をする近縁種の southern monarch（*D. erippus*）は，移動性をもつ共通の祖先種から分化したものと考えられている（Zhan *et.al*, 2014）．

　筆者の住むマサチューセッツ州ボストン周辺では，夏至の頃に南から本種が飛来して繁殖を始め，8月中旬から9月中旬ごろに秋の移動世代が南へ飛び立っていく．春から秋にかけて，家の庭先や道路脇，農地の周りなどの草原のトウワタの群落の周りを優雅に飛ぶオレンジ色の本種は，筆者を含め当地の人々にとってとても不思議で，複雑で魅力的な存在感を与える．また，このチョウは卵を集めて羽化まで育てることが比較的容易で，教材として飼育観察にも適している．

　筆者は，主にボストンの北西部において1998年頃からこの魅力的なチョウの観察や飼育を毎年おこない，市民によるモニタリングプログラムにも参加してきた．本稿では，合衆国における本種の生態や季節移動について概説するとともに，広大な北米大陸全域で繁殖する本種の移動や生息状況の調査研究を支える市民科学者（citizen scientists あるいは community scientists）の活動について紹介する．なお，本文内では多くの団体の URL を引用しているため，本文内ではその略号のみを記し，本文末に団体名と URL および活動の紹介等を付表としてまとめたので，参考にしてほしい．

2 オオカバマダラの生態と季節移動

　秋になり日長が短く気温が低下し始める頃，カナダ南部やロッキー山脈より東側の繁殖地から，何百万匹という本種の成虫が南へ移動を始める．ここではこれらの成虫を第1世代として話を進める．南下した第1世代成虫はメキシコ中部ミチョアカン（Michoacán）州の山頂付近のごく限られた針葉樹林で集団越冬する（MJV）．

　越冬後の成虫は春になると繁殖可能になり交尾し，再び北へ移動を始める（MJV）．北上してテキサス州など合衆国の南部に到達したメス成虫は，幼虫の食草であるトウワタに産卵する．この次の第2世代あるいはさらに次の第3世

代は緯度により遅れて生育を始める食草にタイミングを合わせるように北上し，広範囲に個体数を増やしていく．本種は最終到達地で繁殖し，主に第4または遅れて北上を始めた個体群の第3世代にあたる成虫が再び秋に南の越冬地へ大移動をおこなう（図2）（XS）．

本種のナビゲーションシステムや移動のメカニズムには，未だ解明されていない部分が多いが，最近の研究により，時間補正太陽コンパスと傾角磁気コンパスの2つのコンパスが移動世代の本種の主なナビゲーションシステムであることがわかってきた（Reppert *et al.*, 2016）．時間補正太陽コンパスは，太陽方位角と体内時計により移動コースを調整するシステムであり，秋の南下だけでなく，春の北上も含めた2方向の移動で用いられると考えられている．春の北上のためのナビゲーションシステムは，メキシコ高地の越冬地で一定の期間低温にさらされることが必要とされている．

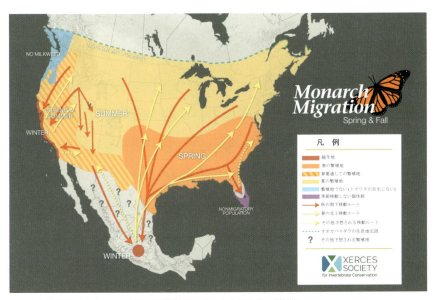

図2　北米大陸のオオカバマダラの季節移動のルートと越冬地，繁殖地．
夏（黄色）と春（オレンジ色）の繁殖地から越冬地（赤）へ向かう秋の南下ルートは赤い矢印で，また越冬を終えて春に繁殖地へと向かう北上ルートは黄色い矢印で示される．破線は未確認の推定ルートである．黄色とオレンジ色の斜線は春夏ともに繁殖地とされる．合衆国とカナダ国境線のやや北側（カナダ南部）がオオカバマダラ生息地の北限である．大陸北西部沿岸地域（水色）はトウワタが自生しないため繁殖地でない．また，大陸南西部のフロリダ半島南部では季節移動しない個体群が確認されている．メキシコ内にも未確認であるが繁殖地（疑問符）があると予想される．
The Xerces Society for Invertebrate Conservation より図の転載許可．

傾角磁気コンパスは，傾斜角による地球磁場強度の変化を利用するシステムで，秋の移動ではとくに緯度移動を方向づけると考えられている．Reppert *et al.*（2016）によると，この傾角磁気コンパスを感知するには，成虫が紫外線 A 光や青色光（380-420 nm）にさらされる必要があることが示唆されている．これら以外にも，季節風や風の流れを感知するセンサーや，移動中や夜間の集団休息中のフェロモンなど分子レベルの個体間コミュニケーションなども，ナビゲーションシステムと考えられている．

本種の移動世代は，幼若ホルモン制御により，繁殖の停止，寿命の延長，飛翔のエネルギー源となる体脂肪の増加など，長距離移動のための生理学的プロセスを調和させると考えられている（Reppert *et al.*, 2016）．すなわち，気温の低下や日長の短縮により，幼若ホルモンの生合成が減少し，成虫期の繁殖の停止や寿命の延長などが引き起こされる．また，ゲノム DNA のメチル化や，移動世代と夏の繁殖世代との間のマイクロ RNA のシーケンスプロファイルを含めたゲノム・エピゲノム情報をもとに，本種の長距離移動のメカニズムの解析がおこなわれている．

Zhan and *Reppert*（2013）は，本種のゲノムアセンブリやマイクロ RNA，アノテーションなどの情報をまとめた総合的なデータベースを立ち上げた．Zhan *et al.*（2014）は，ドラフトゲノム配列をもとに世界各地に分布する本種の移動する個体群としない個体群の双方から採取した全ゲノムシーケンシングをおこない，ゲノムワイドの 1 塩基多型の多様性から，分子進化と長距離移動の解析と裏付けをおこなった．この研究から全ゲノムのおよそ 2.1％に該当する 500 余りの遺伝子が本種の長距離移動と深く関わることが明らかになった．とくに，IV 型コラーゲン α1 の遺伝子多型のダイバージェンスが，本種の分子進化と行動進化のつながりを強く示したことは注目される．

3 衰退を始めたオオカバマダラ

合衆国では，およそ 800 種のチョウのうち 17％が絶滅の危機にあるとされ（NS），一般種もまた確実に姿を消している．本種も実態調査が始まった 1990 年代半ばからこれまでに個体群のおよそ 70％が失われたとされる（Black, 2016）．

本種の個体群の全体像をとらえるためには，1）越冬する個体数と，2）秋と春に移動中の個体数，の 2 つが重要な指標になる．1）では，成虫が限られた地域で集団越冬することから，秋に南下して越冬し，春に北上するまで個体数

の規模や変動をほぼ定点で観察する．2）は成虫の翅に小さなタグを貼り付けるタギング調査など多様な方法で移動世代の個体数を観察記録する．これとは別に，3）春から夏にかけての繁殖が良好であるかどうかのアセスメントも全米各地で実施されている．このアセスメントは，1）と2）から得られるデータを検証する重要な情報になる．

いずれのタイプの調査も，科学者など専門家と自治体，NPO法人，市民科学者らの連携により実施されている．カナダ南部からメキシコ中部までの広大な範囲で，年間を通して調査を持続的におこなっていく上で，市民科学者（後述）の協力は不可欠である．

これらの調査データから，越冬地の個体数は明らかな「減少傾向」を示していることがわかった（Brower *et al.*, 2012；Agrawal and Inamine, 2018）．とくに2013年の激減は記録的なもので，絶滅が危惧された．Agrawal and Inamine（2018）は，越冬地の個体数と秋の移動中の個体数との年次変動は，必ずしも一致しないとしている．秋に北米大陸を南下する成虫の個体数には減少傾向が明確に現れていないことから，彼らは調査方法のばらつきなどを考慮しても，秋の成虫の移動の妨げとなる要因が存在するのではないかとしている．

本種の生活史は，越冬地の森林や，次世代を育む春夏の繁殖地が健全に保たれることで成り立つが，近年の人間活動の拡大により，その双方が失われつつある．本種の個体数が減少する主な要因として，成虫の越冬地になる森林の減少・劣化，遺伝子組換えによる除草剤耐性作物の使用拡大による食草や繁殖地の消失，土地開発の継続，厳しい気象などが挙げられている（Brower *et al.*, 2012）．

まず越冬地であるが，メキシコ中部のごく限られた地域の海抜3,000 mほどの山頂近くにある森林に集中している．それらの森林は，成虫が集団で越冬するために適した気温や湿度など微小気候を保つデリケートなカプセルのような役割を果たしている．しかし，2002年には，真冬の暴風で木が倒され，カプセルにいくつも風穴が空いてしまい，越冬中の成虫のおよそ75％が失われたという（MW）．また，建材使用を目的とする針葉樹の違法伐採が後を絶たないだけでなく（Brower *et al.*, 2016），本種の越冬地は，エコツーリズム観光資源として利用され，毎年国内外から訪れる多くの観光客が足を踏み入れることによる，越冬地の攪乱も指摘されている（Brower *et al.*, 2012）．

本種の繁殖地は合衆国やカナダ南部の広い範囲にわたる．幼虫の食草であるトウワタは（図3），草原，人家や農地の周り，道路脇などにごく普通に見ら

れるいわゆる雑草で，合衆国とカナダを合わせて76種が自生するとされる（XS）．本種の北米大陸における最大の繁殖地はグレートプレーンズと中西部であり，合衆国の大農業地帯と一致する．実際，メキシコの森で越冬する個体群のおよそ70％は農地周辺のトウワタ群落で繁殖すると考えられている（Oberhauser *et al.*, 2001）．

図3　脱皮直後のオオカバマダラ2齢幼虫．
写真提供：Yukie Kudara．

　ところが，合衆国の農地周辺では，BT（*Bacillus thuringiensis*）遺伝子組換えトウモロコシの花粉が風で隣接するトウワタなどの野生植物の群落に運ばれ，食草とともにこれを食べた本種の幼虫の死亡率が顕著に高くなることが指摘されている（Luna and Dumroese, 2013）．これは本種に限らず，同じ地域の野生植物に依存する他の種にとっても同様のリスクである．また，除草剤耐性遺伝子組換え作物（大豆やトウモロコシ）の栽培と除草剤散布により，農地周辺のトウワタ群落が大幅に失われているが（Brower *et al.*, 2012），これは食草だけではなく，成虫の季節移動のエネルギー源となる蜜源植物もまた失われていることになる．

　さらに農薬以外でも，干ばつや冷夏など異常気象により食草や蜜源植物の生育が妨げられることなども，本種の繁殖に大きく影響するし，移動中に鉄道や自動車に衝突して死亡する成虫の個体数も無視できない．実際，台湾では，やはり長距離を季節移動するルリマダラ（*Euploea*）属の個体群の激減に「ロードキル」問題があるとされている（Kantola *et al.*, 2019）．

　天敵の影響については，本種は食草から幼虫の体内にアルカロイドを選択蓄積し，成虫になってもこの毒性成分で武装して鳥などの捕食者から身を守ることが知られている（MJV）．本種の幼虫の寄生者がそれほど多くないのは，この武装のたまものといえるだろう．それでも自然界では捕食・寄生され，幼虫の生存率は高くない．

　近年，原虫 *Ophryocystis elektroscirrha*（略称OE）による寄生が多く報告されている（MJV）．この原虫は本種の幼虫の体内で増殖して胞子になり，羽化したメス成虫はこの胞子を体表に付着させたままトウワタの葉の上に産卵と同時に胞子を撒くため，食草と一緒に胞子を食べる次世代の幼虫もまた継続的に寄

生されていくことになる（PMH）．高密度で寄生された幼虫から羽化する成虫は，翅が変形して飛翔の妨げになるという．OE による寄生率の高い個体群は秋の移動で越冬地へ到達する成功率が低いことが報告されている（XS，MJV）．

繁殖世代と移動世代，食草と吸蜜植物，大陸の南北にわたる広い範囲で季節ごとに生育・開花する多様な野生植物との，一年を通して絶妙にバランスのとれた健全な関わりが，本種の存続にとって欠かせないといえる．

4 保護の動き

本種の生活史や長距離移動，集団越冬地が明らかになったのは，それほど昔のことではない．Fred と Norah Urquhart 夫妻が数百人のボランティアの協力により，本種の成虫の翅に自作のタギング調査を始めたのは 1950 年代のことである（Scott A., 2015）．それ以後，一般市民によるタグ付成虫の再発見情報をもとに個体ごとの移動ルートを追跡し，ついにメキシコの集団越冬地を発見するに至った（Urquhart and Urquhart, 1976）．この調査プログラム（IMA）は，基礎的なモニタリングを超えた科学調査に市民科学者が大きく貢献する先駆けとなった貴重な例である．IMA は 1994 年まで続き，以後 MW がその後を継ぐ形で，タギングなどの科学調査を続けている．本種の個体群の衰退が深刻な問題となっている現在，モニタリング調査は，本種の保護という観点からとくに重要といえる．

1）観察調査は保護の手がかり

北米では，12 もの本種専門のモニタリングプログラムが進行し，一年を通じた生活史ごとのデータ収集をおこなっている．これらのプログラムでは，移動世代と繁殖世代の成虫，卵，幼虫，あるいは越冬中の成虫集団を対象としたボランティア主体の観察・データ収集が実施されている．

市民科学者の協力によりもたらされたデータから，本種の個体群の変動だけでなく，その背景にある天候や除草剤，殺虫剤の使用との関連性や春に北上する個体群の変動を追跡することが可能になった（Ries and Oberhauser, 2015）．

合衆国，カナダ，メキシコでは，上記の 12 のプログラム以外にも大小さまざまな規模の観察調査プログラムが市民科学者の協力により運営されている（MJV；CEC など）．

366 第5章 人間社会との関係を考える

2）生息環境の保護

　本種を保護するには，その生息環境を健全に維持することが必須であり，越冬地，繁殖地，秋の移動ルートのそれぞれについて，さまざまな方法で保護や再生がおこなわれている．越冬地の保全はとくに重要で，国や地域レベルでの保護区指定と厳格な管理が必要である．

　オオカバマダラ生物圏保護区は，メキシコ中部の森林山地に指定された56,259 ha の地域で，2008 年にユネスコの世界遺産に登録されている．この保護区には，確認されている本種の14ヶ所の集団越冬地のうちの8ヶ所が含まれ，北米東部の移動個体群のおよそ70％を保護するとされる（UWHC）．ここでは，現存する森林およびそのエリアの微小気候の維持，違法森林伐採の取締り，生物圏の一般の利用や訪問者と自然環境とのバランスをとることが重要な管理上の課題となっている．しかし，この保護区所有の森林は違法伐採による打撃を直に受けており，ユネスコが掲げる「顕著な普遍的価値」を維持する上で脅威となっている（UWHC）．

　2020 年の2月，この保護区内のエル・ロサリオ保護区域で，チョウの保護活動家として知られた保護区域の管理者と観光ガイドの2人が立て続けに殺害されるという痛ましい事件が各国のメディアで報じられた．この保護区における環境保護は，自然林伐採に依存する業者や犯罪組織と敵対するため，時としてこのような暴力に直面することになる．

　ここまでは詳しく解説してこなかったが，北米大陸西側の本種の個体群（以下，西部個体群）は，秋にカリフォルニア州の海岸沿いや山地へ長距離移動して集団越冬する．西部個体群の越冬地は州により開発規制の管理下にあるものの，宅地・商業地の開発を優先する圧力により存続が危ぶまれている．越冬地の危機は個体群の縮小に顕著に現れ，ここ数年，西部個体群は衰退の一途をたどっている（MJV など）．

3）食草や蜜源植物の群落を再生する

　遺伝子組換え作物の栽培や除草剤の使用は，該当地域だけでなく周辺地域の生態系にも影響を及ぼす．すなわち，本種の個体群に影響を及ぼす要因が「農業地帯の遺伝子組換え作物や除草剤」であるとひとことでは言い切れず，周辺地域の目に見えにくい諸要因が影響しているとみるべきである（Boyle *et al.*, 2019）．たとえば，住宅地，学校，商工業施設，公園や高速道路脇などでも，自然の植生を取り除き，芝生や品種改良された園芸植物を植え，頻繁に芝刈り

をし，除草剤や殺虫剤を使っている．これらが本種の個体群維持に影響していることが考えられる．近年，こうした場所に豊かな食草や蜜源植物群落を再生しようという活動が各地で始まっている．

カナダ，合衆国，メキシコの3国による北米の自然環境保護のための協議会（CEC）は，2008年に北米オオカバマダラ保護計画を発表し，失われた繁殖地を取り戻すために，地域に自生する野生種トウワタの植栽を推進しはじめた．しかし，雑草として除去されてきたトウワタの種子は一般には流通しておらず，手に入りにくい状況だった．これに呼応して，無脊椎動物とその生態系保護を目的としたXSやMJVなどと国や野生種苗企業が協力し，トウワタの種子の各地への供給体制を整えた（XS）．

それ以前は自分で自生しているものから種子を採取するか，MWなど遠方の保護団体に注文する以外に方法がなかったが，ここ数年供給元が増えた．今では，園芸用品店，各地の大小自然観察保護プロジェクト，博物館，学校や個人のグループなどからその地域に適したトウワタの種子を手に入れることができるようになった．

また，サスティナビリティという考え方の浸透にともない，自宅の庭や校庭にトウワタを植えようという動きが多く見られるようになった．一般市民が身近な自然や本種とその生息環境の維持に目を向け，各地でトウワタが育ち定着していくのは望ましいことである．

しかし，自生していないトウワタが植えられるリスクもある．熱帯性のトウワタの一種（*Asclepias curassavica*）は，トウワタの種子が全体的に不足していた年代に積極的に導入された外来種である．北米に自生するトウワタは開花結実後に植物体が枯れるのに対し，この外来植物は温暖な地域では常緑のまま生育するため，前述の原虫OEの温床になり得ることが指摘されている（XS）．この外来トウワタは蜜源植物としては有益であるものの，温暖な地域での栽培には注意が必要である．

食草に加えて，蜜源植物を積極的に植えようという動きも始まった．蜜源植物は，それぞれの地域で春から秋までの期間にさまざまなタイミングで開花するよう，蜜源にもなるトウワタに限らず多様な種類が混在することが好ましい．秋の移動の時期に開花する植物は限られるので，積極的に植栽することが望まれる．ネバリギクやセイタカアワダチソウなどは秋に広く自生する蜜源植物である．XSは地域別に自生するトウワタの種類や，種子の採取のし方や育て方のほか，本種の蜜源植物ガイドを作成し，ウェブ上で紹介している．バタフラ

368 第5章 人間社会との関係を考える

イガーデニングは，古くから花壇づくりのデザインとして取り入れられているが，その地域に自生する植物種をより積極的に植えよう，という考え方がこれに加えられた．このような蜜源植物の群落は，本種だけなくミツバチなどのポリネーターの命も支えることにもなる（XS）.

　国や地方行政だけでなく，国内に広大な私有地をもつ道路交通，電力や農業に関連する企業の協力も不可欠である．高速道路や幹線道路脇，高圧電線下のスペースなどに本種が繁殖する生態系を作る試みもなされている．MJVは自治体の交通機関管理者や電気会社向けに「オオカバマダラのための生態系開発ツール」を提供している．このツールに基づいて，1）本種の生態系として適切な区域の選定，2）選定した区域の環境アセスメント，3）植生のバランスや草刈りのタイミングなどの生態系の管理，関係者とのコミュニケーション，の段階を経てプロジェクトが進められる．同様に「高速道路を生息地に」など国や州ごとにロードサイドなどを利用した生態系の再生がおこなわれている．

　農場や牧場を経営する農家を対象としたプロジェクトも実施されている．農牧業地の一部，周辺部や住宅の裏庭など，可能なスペースにトウワタや蜜源植物を植え，本種の生息地の再生を図る．トウワタを含む蜜源植物が豊かな生態系は，本種だけでなく，同様に激減している野生ミツバチなどポリネーターの個体群の増殖にも寄与し，養蜂家や農家にとって有益である．また，総合的有害生物管理により，農地や周辺での殺虫剤の使用や有害なものや侵入性の高い雑草以外への除草剤の使用を控えることなどを提案し，管理計画に基づき，持続性のある生態系を確立していくなどの提案もなされている．なお，これらの取り組みには，国や自治体・企業による資金提供や支援，イメージアップなどの機会も設けられている（FWS；NACD；MJV）.

4）オオカバマダラの種の保護 −2020 年歴史的合意

　2014 年，FWS は本種を絶滅危惧種保護法の下で保護する請願書を受理した．請願者は生物多様性センター，食品安全センター，XS および Lincoln P. Brower 博士であった．FWS は年末に 90 日間の実質的な所見を連邦官報で公開し，本種の絶滅危惧種としての保護の必要性についてアセスメントを実施することを発表した．

　2020 年 4 月，FWS とイリノイ州立大学シカゴ校との間で危惧候補種保護協定が結ばれた．この保証つきの保護協定に基づき，エネルギー事業と運輸業者は，本種の生息地を保護するための時間と資金を自主的に援助することになっ

た．この協定は「歴史的合意」とよばれ，協力者となる 45 社を超えるエネルギー事業や運輸業社，各州の関連事業者に加え，多くの個人出資者が数百万エーカーの道路・鉄道・送電用地とその周辺地域において，本種やポリネーターの生息地を管理維持するというものである．

　本種が絶滅危惧種保護法により危惧種と指定されるかどうかの FWS による最終決定が 2020 年の 12 月に下され，危惧種に指定された．なお，合衆国に先がけ，カナダでは絶滅危惧種法に基づき，絶滅危惧野生生物に関する委員会が2016 年に本種を絶滅危惧種としてリストアップしている．

5　市民科学者とともに

　本種の生態，移動ルートやパターンなどの調査が本格的におこなわれるようになった 1950 年代以降，カナダ南部からメキシコに至る広範囲のモニタリングやデータ収集などを支えてきたのは市民ボランティアであった．今でいう市民科学の先駆けとなる，質的にも量的にも大きな貢献事例である．Ries and Oberhauser（2015）は，2011 年の一年間に市民科学者が本種の研究のためのデータ収集に費やした総時間が 72,000 時間を上回ると推定した．

　本種に限らず，野生生物およびその生息環境の保護に対するアメリカ市民の関心は高い．インターネットが普及する以前から，市民ボランティアによるさまざまな生物環境調査保護プロジェクトが各地で実施されてきた．しかし，それらは大学や州などによる専門的な調査研究プロトコルに基づくものから，自治体や学校，個人レベルの活動まで幅広く，一つの種に対しての活動であっても，コンセンサスが取れていたとは言いにくい．筆者が市民科学者として MW のタギング調査に参加を始めた 1990 年代後半は，ちょうど全米やカナダで一貫したプロジェクトを運営するために，専門家のグループがコラボレーションや政府や民間の支援について模索している時代であった．

1）Monarch Joint Venture の設立

　MJV は，国や州政府，民間団体，企業や学術プログラムが一体となり本種のカナダ，合衆国，メキシコ間の季節移動を保護する目的で 2008 年に設立されたパートナーシップである．MJV は同年に施行された前述の北米オオカバマダラ保護計画およびオオカバマダラ保護実行計画にしたがって，学術的な視点から保護の問題に取り組んでいる．MJV の前身は北米中西部のほぼ北端のミネソタ州セントポールに拠点を置くミネソタ大学で，オオカバマダラ幼虫モ

ニタリングプロジェクト（MLMP）では，トレーニングを受けた市民科学者に委託し，全米 1,300 ヶ所での幼虫の生育や寄生の状況などのデータ収集を長年続けてきた実績がある．

２）市民科学者主体の全国規模のプログラム

MJV が運営するオオカバマダラ総合モニタリングプログラム（IMMP）では，登録した市民科学者が合衆国各地の自然草原から開発が進んだ都市空間におよぶさまざまな土地利用環境から観察区画を設定し，トウワタ，蜜源植物および本種についてのデータを収集している．このプログラムでは，これらのデータを長期間蓄積・検討することにより，本種と生育環境との関係，保護活動の実態，個体群や生育環境の動向を把握することができる．

プログラムの活動要項として，50 ページほどのガイドブックが作成されており，各活動の詳しいプロトコルや注意事項のマニュアルになる．このガイドブックは，MJV のウェブサイトからダウンロード可能である．IMMP では，プログラムに登録を希望する市民科学者向けに，事前トレーニングを完了することを勧めている．トレーニングはオンラインと IMMP 現地の双方で受講可能である．表 1 は，IMMP が実施している 5 種類の活動の一覧である．市民科学者は観察区画を自分で選ぶことができる．毎訪問時に調査区画の植生や周辺の状態などを記録する活動は必須で，それ以外に活動 1 から活動 4 までのものを選択して調査に加えることができる．

市民科学者は，調査区画を IMMP に登録し区画や調査活動の ID 番号を受け取る．調査活動に関して IMMP とコミュニケーションが取りやすいように工夫されている．調査に必要な用具は，GPS（または GPS 機能付きのモバイル機器），コンパス，調査表をとめたクリップボードと筆記用具，活動に応じた

表 1　IMMP の活動の概要（IMMP Guidebook V. 3 2020 より引用）

活動	必須 / 選択可	頻度	所要時間
調査区画の解説	必須	毎訪問時	15–30 分
活動 1：トウワタと開花植物調査	選択可	月に一度	1–3 時間
活動 2：オオカバマダラの卵と幼虫調査	選択可	週に一度	1 時間
活動 3：オオカバマダラの成虫調査	選択可	二週に一度	30 分
活動 4：オオカバマダラの生存率と寄生	選択可	毎日（飼育観察）	15–30 分

図鑑やフィールドガイド，温度計（活動2と3），100 mの長さのテープか巻尺，虫眼鏡（活動2）などが指定される．

活動1〜3ではトランセクト法が用いられ，活動ごとに指定された方法でモニタリングやサンプリングをおこなう．活動3の成虫調査ではポラード法による立体的なトランセクト法が用いられ，調査者は500 mの距離を同じペースで歩きながら成虫をカウントする．IMMPでは歩行ルートの左右5 m，前方5 m，地上から5 mの立方体の箱（外箱）の中の成虫をカウントする．また，成虫を発見しにくい区画である場合や，他の調査プログラムとの互換性が必要な場合に，左右を2.5 mに設定した箱（内箱）をカウントの対象にする場合がある（図4）．成虫のカウン

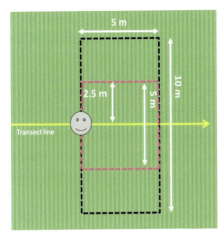

図4 成虫の個体数カウントの範囲観察者は図の左から右へルート上を歩き（黄色線）ながら成虫をカウントする．スタート地点（絵文字）から左右5メートル，前方5メートル，上空5メートルの空間（黒の点線，外箱）の個体数をカウントする．障害物などがあり外箱空間で観察しにくい場合には左右2.5メートルに縮小した空間（ピンクの点線，内箱）の個体数をカウントする．
©Monarch Joint Venture (2020) Integrated Monarch Monitoring Program. Version 3.0.

トは，午前10時から午後4時ごろまで，気温21–23℃，風速10 m未満で降雨のない条件でおこなわれ，風速，天候別に指定されたコードを記録する．また，成虫の行動を，飛翔（地上から5 mまで），休息・停止，産卵，交尾，吸蜜に分類して記録し，それ以外の行動（例えば5 mよりも高い位置での飛翔など）が観察された場合にも記録をおこなう．

6 市民科学の現在とこれから
1）市民科学の評価

市民科学がもたらす成果の用途には，大きく分けて研究目的，個人使用（個人自体に直接インパクトを与える），および政治活動の3通りがある．Ries and Oberhauser（2015）は，市民科学の主な立ち位置として，貢献プログラムと協調プログラムの2通りを対比している．

貢献プログラムは主に大学や研究施設所属の科学者がデータ収集を目的とし

て大規模な市民ボランティアを募集するものである．これに対して協調プログラムは，市民自身や，社会支援や教育活動に直接携わる諸団体により企画運営されるものである．協調プログラムもボランティアを募集してデータ収集を実施しているものが多くあり，中には科学者がデータ解析や評価をおこなう場合があるが，前者に比べて認知度は低い．また，両者の中間的な位置付けのプログラムもある．

　本種に関する市民科学プログラムのボランティアが費やした時間と，その結果として市民科学のデータが科学論文にどのように利用されているかを解析した結果，1940年代から2014年までの約70年間に発表された新規発見事項を示す科学論文のうち17％が該当することが明らかになった（Ries and Oberhauser, 2015）．しかし，データ検索や提供システムの問題などにより，データが十分に活用されているとは言い難い．また，市民科学のデータには，収集に時間・空間的なギャップが生じる場合がみられることもある．専門的にトレーニングを受けた科学者が市民科学者の貢献を過小評価する側面も否めない．MN は MJV などとの合同プロジェクトとして2009年に立ち上げられ，市民科学プログラムにより得られた本種に関する膨大なデータを統合し，これらの検索と有効利用を促進している．

２）市民科学者と市民ボランティア

　合衆国において，科学調査や研究活動に携わる非科学者を市民科学者と呼ぶようになったのは1990年代の後半であり，その概念は幅広い．本種の調査や観察と生息地保護についてみると，市民科学者は調査・観察データの収集や環境保護のためのアセスメントに携わっている．直接，調査や観察，研究活動には参加しないものの，食草や蜜源植物を育て，自然保護の教育啓発をおこなうなど，サイエンス以外の分野で市民のボランティアが活躍する場面は多い．実際に，市民科学者とボランティアとの線引きはなかなか難しいものがある．

　筆者は MW の秋の移動調査プログラムに1998年から市民科学者として参加し，成虫に MW 指定のタギング後リリースし，各個体の ID（タグ番号，雌雄，捕獲したものか飼育羽化させたものか）とリリースした場所と日付などを報告してきた．北米各地で毎年継続的に実施されるタギング，リリース，再捕獲の膨大なデータは MW により集計・分析され，移動ルートの解析のみならず各年の個体群の様子を質的，量的に把握する上で重要な情報源になっている．1998年ごろ確認されていた本種の移動ルートは現在わかっているほど複雑で

はなく，北米中西部を南下する主流と東海岸沿いなどを南下する傍流を合わせた東部個体群，これらとは移動ルートも越冬地も異なる西部個体群が想定されるのみだった（MW）．

当時からおよそ25年を経て想定される移動ルートには，東部と西部の個体群の一部が越冬地を共有する可能性，移動をせずフロリダ半島に定住し越冬する個体群，未確認の繁殖地が存在する可能性など興味深い情報が新たに書き込まれた（図2）．筆者とともに卵や幼虫の採集，飼育観察，成虫のタグ付けやリリースをアシストしてくれたメンバーは，このような科学プログラムに関わっていることを誇りに思っている．

筆者は本種の目撃情報や食草の生育情報をJNやMJPのデータベースに報告するオンラインのプロジェクトにも参加している．また，自宅の庭にトウワタや蜜源植物を取り入れて持続的に育てMWから Monarch Waystation（本種の通過駅）として認定を受けている（図5）．

図5 植生や蜜源植物の植栽を認定するプロジェクト（Monarch Watch, MW）．
自宅の庭，校庭，商業施設のスペースなどを本種の生育地として登録申請する．生息地として認定されると，本種の通過駅（Monarch Waystation）という名称の認定証とプレートが郵送されてくる．申請項目は生育地の面積，植生の種類，日射，植栽密度，管理方法などプレートを認定地に設置することで，人々の関心や意識づけにもなる．写真は筆者の自宅の庭の認定プレート（マサチューセッツ州）．筆者撮影．

これ以外にも小規模な協調プログラムに参加しながら，教育ボランティア活動もおこなっている．いわば市民科学とボランティア活動とのハイブリッドである．市民科学者の多くは，おそらく筆者と同じようにハイブリッドとして活動に関わっていると考えられる．ボランティアの活動はその名の通り，特に明確なプロトコルのあるプログラムに参加しない限り自主的なものであり，小学生からシニア世代まで，本種や生物に対する知識のレベルも多様な市民が，本種の調査や観察，保護などにさまざまな形で携わっている．

374 第5章 人間社会との関係を考える

3）市民科学のこれから

　最近，合衆国政府の公式ウェブサイト（CS）が立ち上がった．これは2016年に制定されたクラウドソーシングおよび市民科学法に基づいたものである．ホームページから，カタログ，ツールキット，コミュニティのページへ飛ぶことができ，カタログのページから，プロジェクトの詳細の検索，登録編集ができる．Monarchのキーワードで検索するとIMMPやPMHがヒットする．PMHは本種に寄生する原虫OEの防除を目的とする市民科学プログラムである．カタログのページから，教育コンセプト（STEM）など教育関係のプログラムのサイトへもリンクが可能である．ツールキットのページでは，クラウドソーシングや市民科学をデザイン，実行するための手引き，ケーススタディや資料を検索することができる．

　SSは，国立科学財団などのサポートによるアリゾナ州立大学内の研究センター所属のウェブサイトで，市民科学のプロジェクト管理者や参加者のコミュニティである．本種に関しては，CSには統括されない，比較的小規模のプログラムがリストされている．

　クラウドソーシングの開発とカスタマイズ化が進み，市民サイエンティストは専用のアプリを搭載したスマートフォンがあれば，フィールドで収集したデータの記録，整理や送受信が可能になった．本種の観察調査は，市民科学との協働のさきがけといわれる．これから充実・発展するであろうクラウドソーシングと市民科学のモデルとして評価・期待されている．

7　おわりに

　メキシコ中部の山地に本種が秋に波のように現れて集団越冬する現象は，もちろんUrquhart and Urquhart（1976）が本種の越冬地を発見するよりもずっと以前から現地の住民には知られており，先住民はトウモロコシの収穫期に来るチョウという意味で「実りのチョウ」と呼んでいた（MJV）．また，メキシコの祝日 Dia de los Muetos（Day of the Dead）は死者が蘇る日とされ，本種の成虫が飛来する時期にあたるため，マリポーサ州など現地では本種が死者の化身として崇拝されている（JN）．

　人々にとって生活や伝統の中に普遍的に彩りをもたらしてくれるオオカバマダラ．北米やメキシコで本種を知らない人は少ないだろう．それほど身近なチョウだからこそ，市民科学者やボランティアの大きな力が観察保護の支えになってきたのだといえる．反面，多くの人々はこの身近なチョウが絶滅を危惧され

ていることを知らない．そのような情報メッセージの発信源としても，市民科学者やボランティアの力が必要だ．

8 謝辞

大阪府立大学昆虫学研究室同窓会の 30 周年を心より祝賀申し上げるとともに，学部生時代から熱心に環境生態学や昆虫の行動学を御教示くだり，また研究室ならびに府立大学の教育環境の向上に努めてこられた石井実先生のご尽力に深い敬意と感謝を申し上げる．また小編の寄稿にあたり，多方面からご支援賜った平井規央先生ならびに編集委員の皆様に心より感謝申し上げる．

376 第 5 章 人間社会との関係を考える

付表．団体名，データベース名などのリスト

略称	団体・サイトの名称	団体・サイトの内容	URL
CEC	Commission of Environmental Cooperation	北米の自然環境保護のための協議会．	www.cec.org
CS	CitizenScience.gov	合衆国政府によるクラウドソーシングと市民科学との活用促進を目的とする公式ウェブサイト．	https://www.citizenscience.gov
FWS	U.S. Fish and Wildlife Service	合衆国魚類野生生物局	https://www.fws.gov/
IMA	Insect Migration Association	タグ付による本種成虫の移動ルート調査プログラム．Urquhart らにより 1950 年代に立ち上げられた．現在の Monarch Watch（MW）の前身．	
IMMP	Integrated Monarch Monitoring Program	Monarch Joint Venture（MJV）が運営するオオカバマダラ総合モニタリングプログラム．	https://monarchjointventure.org/mjvprograms/science/integrated-monarch-monitoring-program
JN	Journey North	北米の本種の移動や食草の生育状況のデータベース。登録市民科学者によりデータがリアルタイムでアップされる。	https://journeynorth.org/monarchs
MJV	Monarch Joint Venture	国や州政府，民間団体，企業や学術プログラムによるパートナーシップ．本種の合衆国，カナダ，メキシコ間の季節移動の保護を目的とする．	https://monarchjointventure.org
MN	MonarchNet	MJV などとの合同プロジェクト．市民科学プログラムにより得られた本種に関する膨大なデータを統合し，これらの検索と有効利用を促進している．	https://monarchnet.org
MW	Monarch Watch	カンザス大学に拠点を置くタグ付による本種成虫の移動ルート調査プログラム．季節移動のモニタリングだけでなく，本種の生態観察のためのリソースになっている．	https://monarchwatch.org
NACD	National Association of Conservation Districts	合衆国内の州や自治体レベルで天然資源保護・管理の対象となる保護区域を総括する NPO 団体．	https://www.nacdnet.org
NS	NatureServe	科学データやテクノロジーに基づく生物多様性、保護、管理などについてのガイダンスを行う NPO 団体．	https://www.natureserve.org/
PMH	Project Monarch Health	原虫 OE の本種への感染経路や感染率に焦点をあてた市民科学プロジェクト．	https://monarchparasites
SS	SciStarter	市民科学プロジェクトの管理者や参加者のウェブ上コミュニティ．CitizenScience.gov（CS）に比べ小規模のプログラムがリストされている．	https://scistarter.org
UWHC	UNESCO World Heritage Convention	ユネスコ世界遺産センター	https://whc.unesco.org/en/convention/
XS	Xerces Society for Invertebrate Conservation	無脊椎動物および生息地の保全を通じた自然界の保護を目的とする NPO 団体．	https://xerces.org

引用文献
■環境動物昆虫学がめざすもの

阿江茂（1992）イギリスにおける蝶類長期観察組織．昆虫と自然 27(8)：2-8.

青木淳一（1973）土壌動物学．北隆館，東京．814pp.

荒谷邦雄（2002）外来カブトムシ・クワガタムシ〜人気ペット昆虫の新たな脅威．外来種ハンドブック（日本生態学会編）．地人書館，東京．pp.158-159.

荒谷邦雄（2010）日本のクワガタムシ・カブトムシ類における多様性喪失の危機的状況．日本の昆虫の衰亡と保護（石井実監修），北隆館，東京．pp.36-52.

荒谷邦雄（2019）日本産マルバネクワガタ類の生息の現状と保全対策．昆虫と自然，54(2)：12-16

馬場友希・片山直樹・山迫淳介・山本哲史・池田浩明・伊藤健二（2022）環境 DNA 分析を用いた水田の昆虫多様性評価．昆虫と自然 57(1)：20-25.

ベゴン，M.・J. L. ハーパー・C. R. タウンゼンド（2003）生態学　個体・個体群・群集の科学（堀道雄監訳）．京都大学学術出版会．京都．1302pp.

カーソン，R.（1964）生と死の妙薬―自然均衡の破壊者科学薬品（沈黙の春）（青樹簗一訳）．新潮文庫．東京．394pp.

地球環境研究会編(2008)五訂地球環境キーワード事典．中央法規．東京．159pp.

クラウズリー・トンプソン，J. L.（1982）歴史を変えた昆虫たち（小西正泰訳）．思索社．東京．368pp.

ディクソン＝デクレーブ，S.・O. ガフニー・J. ゴーシュ・J. ランダース・J. ロックストローム・P. E. ストックネス（2022）Earth for All 万人のための地球『成長の限界』から 50 年　ローマクラブ新レポート（武内和彦監訳）．丸善出版．東京．215pp.

堂本暁子（1995）生物多様性　生命の豊かさを育むもの．岩波書店．東京．272pp.

江崎保男・田中哲夫編（1998）水辺環境の保全―生物群集の視点から―．朝倉書店．東京．220pp.

藤崎憲治・大串隆之・宮武貴久・松浦健二・松村正哉（2014）昆虫生態学．朝倉書店．東京．217pp.

藤田香（2017）SDGs と ESG 時代の生物多様性・自然資本経営．日経 BP 社．東京．254pp.

藤田香（2023）ESG と TNFD 時代の生物多様性・ネイチャーポジティブ経営．日経 BP 社．東京．255pp.

福井順治（2010）磐田市桶ヶ谷沼におけるベッコウトンボの保護活動．日本の昆虫の衰亡と保護（石井実監修）．北隆館，東京．pp.135-142.

二橋亮（2023）富山県におけるアカトンボの現状．昆虫と自然，58(8)：5-9.

Gilpin, M.E. and M.E. Soule（1986）Minimum viable populations：processes of species extinction. "Conservation Biology：The Science of Scarcity and Diversity（M.E. Soule eds)", pp.19-34. Sinauer Associates, Massachusetts.

五箇公一（2010a）クワガタムシが語る生物多様性．創美社．東京．2054pp.

五箇公一（2010b）昆虫の生物多様性を脅かす化学物質．日本の昆虫の衰亡と保護（石井実監修）．北隆館．東京．pp.222-234.

五箇公一（2017）終わりなき侵略者との闘い　増え続ける外来生物．小学館．東京．159pp.

後藤哲雄・上遠野富士夫編（2019）応用昆虫学の基礎．農文協，東京，205pp.

郷右近勝夫（2010）砂浜の後退にともなう海浜性有剣ハチ類の衰退．日本の昆虫の衰亡と保護(石井実監修)．北隆館．東京．pp.174-188.

郷右近勝夫（2022）津波後の仙台砂浜の海浜性有剣ハチ類相．昆虫と自然 57(6)：7-10.

グールソン，D.（2022）サイレント・アース　昆虫たちの「沈黙の春」（藤原多伽男訳）．NHK出版．東京．403pp.

Hallmann C. A., M. Sorg, E. Jongejans, H. Siepel, N. Hofland, H. Schwan, W. Stenmans, A. Muller, H. Sumser, T. Horren, D. Goulson, H. de Kroon（2017）More than 75 percent decline over 27 years in total flying insect biomass in protected areas. PLoS ONE 12（10）: e0185809. https://doi.org/10.1371/journal. pone.0185809.

Hanski, I., M. Kuussaari and M. Nieminen（1994）Metapopulation structure and migration in the butterfly *Melitaea ciuxia*. Ecology 75：747-762.

浜島繁隆・土山ふみ・近藤繁生・益田芳樹編（2001）ため池の自然 – 生き物たちと風景．信山社サイテック．東京．231pp.

長谷川順一（2008）栃木県の自然の変貌　自然の保全はこれでよいのか．自費出版（松井ピ・テ・オ印刷），宇都宮．181pp.

長谷川順一（2010）シカ食害による植生の変貌と昆虫類の衰退．「日本の昆虫の衰亡と保護」（石井実監修），北隆館，東京．pp.104-112.

日鷹一雅（2020）水田生物多様性の成り立ちとその複雑性　環境と生物群集の時・空間的な因果を読み解きながら．なぜ田んぼには多様な生き物がすむのか（大塚泰介・嶺田拓也編）．京都大学学術出版会．京都．pp.87-103.

樋口広芳編（1996）保全生物学．東京大学出版会．東京．253pp.

平林公男（2018）日本環境動物昆虫学会30年の歩みと今後の課題．環動昆 29：113-125.

平井規央（2022a）衰退する水生昆虫と保全のための基礎情報の重要性．昆虫と自然 57（4）：2-4.

平井規央（2022b）大阪国際空港周辺のシルビアシジミ．日本産チョウ類の衰亡と保護 第8集（日本鱗翅学会　平井規央・

森地重博・矢後勝也・神保宇嗣編），pp.51-55. 大阪公立大学出版.

広木詔三編（2002）里山の生態学．名古屋大学出版会．名古屋．333pp.

日浦勇（1973）海をわたる蝶．蒼樹書房．東京．200pp.

細谷忠嗣（2023）昆虫食，古くて新しい食料資源．昆虫と自然 58（14）：2-5.

堀道雄編（2019）日本のハンミョウ．北隆館．東京．326pp.

市川憲平（2010）日本の水生昆虫類の衰退と保全の動き．日本の昆虫の衰亡と保護（石井実監修）．北隆館．東京．68-80pp.

市川憲平（2018）19年目のタガメビオトープ．水生半翅類の生物学（大庭伸也編）．北隆館．東京．pp.290-301.

市川憲平（2020a）なぜ田んぼには多様な生き物がすむのか．なぜ田んぼには多様な生き物がすむのか（大塚泰介・嶺田拓也編）．京都大学学術出版会．京都．pp.87-103.

市川憲平（2020b）さまざまなビオトープ．昆虫と自然 55（10）：2-4.

石井実（1993）チョウ類のトランセクト調査．日本産蝶類の衰亡と保護 第2集（矢田脩・上田恭一郎編）．日本鱗翅学会・日本自然保護協会．pp.91-101.

石井実（1996）英国チョウ類モニタリング事業発祥の地，モンクスウッドを訪ねて．昆虫と自然 31（14）：5-8.

石井実（1999）日本環境動物昆虫学会10年の歩みと今後の課題．環動昆 10：99-106.

石井実（2002）農業土木技術者のための生き物調査（その4）－陸生昆虫の調査法－．農業土木学会誌 70：1147-1152.

石井実（2003）種の保全．昆虫学大事典（三橋淳編）．朝倉書店．東京．pp.1087-1102.

石井実監修（2005）生態学からみた里やまの自然と保護（日本自然保護協会編）．講談社．東京．2　42pp.

石井実（2009）生物多様性からみた里山環境保全の重要性．日本産チョウ類の衰亡と保護第6集（間野隆裕・藤井恒編）日本鱗翅学会．pp.3-11.

石井実（2010）レッドデータブックからみた日本の昆虫の衰退と危機要因．日本の昆虫の衰亡と保護（石井実監修），北隆館，東京．pp.6-22.

石井実監修（2010）日本の昆虫の衰亡と保護．北隆館，東京．325pp.

石井実（2016a）環境省第4次リストからみた日本の昆虫の現状と危機要因．日本産チョウ類の衰亡と保護第7集（矢後勝也・平井規央・神保宇嗣編），pp.9-13.日本鱗翅学会．

石井実（2016b）分布型と生活史特性からみたチョウ類の分布変化．チョウの分布拡大（井上大成・石井実編）．北隆館，東京．pp.434-448.

石井実（2016c）環境省モニタリングサイト1000のチョウ類調査．昆虫と自然51（4）：2-3.

石井実（2019）絶滅危惧昆虫の増加と生息域外保全．昆虫と自然，54（2）：2-3.

石井実（2021）増加する昆虫類のレッド種〜危機要因と保全〜．国立公園（793）：8-11.

石井実（2022）衰退する里山のチョウ類ーモニタリングサイト1000里地調査の結果から．生物の科学遺伝76（2）：118-124.

石井実・浅井悠太・上田昇平・平井規央（2019）「三草山ゼフィルスの森」におけるチョウ類群集の24年間の変化．地域自然史と保全41：97-109.

Ishii, M., N. Hirai and T. Hirowatari（2008）The occurrence of an endangered lycaenid, *Zizina emelina*（de l'Orza）, in the Osaka International Airport, central Japan. Trans. lepd. Soc. Japan 59：78-82.

石井実・大谷剛・常喜豊編（1996）日本動物大百科8　昆虫Ⅰ（日髙敏隆監修）．

平凡社．東京．188pp.

石井実・大谷剛・常喜豊編（1997）日本動物大百科9　昆虫Ⅱ（日髙敏隆監修）．平凡社．東京．187pp.

石井実・大谷剛・常喜豊編（1998）日本動物大百科10　昆虫Ⅲ（日髙敏隆監修）．平凡社．東京．188pp.

石井実・植田邦彦・重松敏則（1993）里山の自然をまもる．築地書館．東京．171pp.

石川均（2022）小笠原のバッタ目の多様性と危機．昆虫と自然57（5）：5-10.

石川良輔（1996）昆虫の誕生　一千万種への進化と分化．中央公論社．東京．210pp.

石川幸男・野村昌史編（2020）応用昆虫学．朝倉書店，東京，197pp.

伊藤嘉昭（1995）沖縄やんばるの森．岩波書店．東京．187pp.

伊藤嘉昭・山村則男・嶋田正和（1992）動物生態学．蒼樹書房．東京．507pp.

岩槻邦男（1990）日本絶滅危惧植物．海鳴社．東京．227pp.

岩槻邦男・太田英利編（2022）環境省レッドリスト日本の絶滅危惧生物図鑑．丸善出版．東京．332pp.

加賀芳恵（2022）南島の昆虫類と固有ハナバチ類の保全．昆虫と自然57（5）：26-30.

鹿児島大学生物多様性研究会編（2016）奄美群島の生物多様性　研究最前線からの報告．南方新社．鹿児島．389pp.

梶光一・飯島勇人編（2017）日本のシカ　増えすぎた個体群の科学と管理．東京大学出版会．東京．256pp.

苅部治紀（2002）食い尽くされる固有昆虫たち〜外来種グリーンアノールの脅威．外来種ハンドブック（日本生態学会編）．地人書館，東京．p.241.

苅部治紀（2010）日本のトンボの衰亡とその保護．日本の昆虫の衰亡と保護（石井実監修）．北隆館，東京．53-67pp.

苅部治紀（2014）小笠原諸島の固有甲虫と外来種問題．昆虫と自然 49(9)：8-11．

苅部治紀（2021）オガサワラシジミ 衰亡から学ぶべきこと．自然保護（579）30-31．

苅部治紀（2022）小笠原の固有トンボ類の現況と危機．昆虫と自然 57(5)：11-14．

苅部治紀・橋村正雄・森英章（2019）小笠原諸島兄島の絶滅危惧種オガサワラハンミョウ－その生態と域内・域外保全の実践について－．日本のハンミョウ（堀道雄編）．北隆館．東京．pp.289-315．

加藤太一郎・鈴木浩文・永野幸生（2022）ゲンジボタルの遺伝的多様性を解き明かす．昆虫と自然 57(7)：19-23．

加藤英明（2022）日本のスゴイいきもの図鑑海，山，川，街 etc で懸命に生きる固有種の話．大和出版．東京．177pp．

川合禎次・川那部浩哉・水野信彦編（1980）日本の淡水魚 侵略と攪乱の生態学．東海大学出版会．東京．194pp．

川上和人（2002）小笠原諸島のノネコとネズミ類～固有鳥類への影響と対策．外来種ハンドブック（日本生態学会編）．地人書館．東京．pp.236-237．

亀山剛・加藤義隆（2019）能登半島のイカリモンハンミョウ－その生態と保全－．日本のハンミョウ（堀道雄編）．北隆館．東京．pp.237-261．

金子浩昌・小西正泰・佐々木清光・千葉徳爾（1992）日本史のなかの動物事典．東京堂出版．東京．266pp．

環境省（環境庁）編（1991a）日本の絶滅のおそれのある野生生物－レッドデータブック－脊椎動物編．日本野生生物研究センター．東京．331pp．

環境省（環境庁）編（1991b）日本の絶滅のおそれのある野生生物－レッドデータブック－脊椎動物編．日本野生生物研究センター．東京．272pp．

環境省編（2002）新・生物多様性国家戦略～自然の保全と再生のための基本計画

～．環境省．東京．315pp．

環境省編（2006）改訂・日本の絶滅のおそれのある野生生物－レッドデータブック－ 5 昆虫類．自然環境研究センター．東京．246pp．

環境省編（2008）第 3 次生物多様性国家戦略 人と自然が共生する「いきものにぎわいの国づくり」を目指して．環境省．東京．323pp..

環境省編（2010）生物多様性国家戦略2010．環境省．東京．356pp．

環境省編（2013）生物多様性国家戦略2012-2020．環境省．東京．273pp..

環境省編（2015）レッドデータブック2014 5 昆虫編．ぎょうせい．東京．509pp．

木元新作編（1986）日本の昆虫地理学 変異性と種分化をめぐって．東海大学出版会．東京．185pp．

木元新作・保田信紀（1995）北海道の地表性歩行虫類 その生物環境学的アプローチ．東海大学出版会．東京．315pp

桐谷圭治編（1986）日本の昆虫 侵略と攪乱の生態学．東海大学出版会．東京．179pp．

桐谷圭治（2004）「ただの虫」を無視しない農業－生物多様性管理－．築地書館．東京，192pp．

桐谷圭治・森本信生（2012）概説．原色図鑑 外来害虫と移入天敵（梅谷献二編）．全国農村教育協会．東京．pp.105-132．

岸本年郎（2010）小笠原における昆虫の保全．日本の昆虫の衰亡と保護（石井実監修），北隆館．東京．pp.277-294．

岸本年郎（2014）小笠原の昆虫を取り巻く危機と光明．昆虫と自然 49(9)：2-3．

岸本年郎（2022a）小笠原の昆虫多様性保全の現在．昆虫と自然 57(5)：2-4．

岸本年郎（2022b）小笠原の土壌動物に迫る危機－外来陸生ヒモムシの影響．昆虫と自然 57(5)：31-34．

北野忠・佐藤翔吾（2023）フチトリゲンゴ

ロウの生息域外保全．昆虫と自然 58(7)：
6-10.

国立科学博物館編(2000a)皇居の生物相(1)
植物相．国立科学博物館専報（34）：
1-416.

国立科学博物館編(2000b)皇居の生物相(2)
動物相（昆虫を除く）．国立科学博物館
専報（35）：1-304.

国立科学博物館編(2000c)皇居の生物相(2)
昆虫相．国立科学博物館専報（36）：
1-520.

国立科学博物館編（2006）皇居の動物相モ
ニタリング調査．国立科学博物館専報
（42）：1-446.

小西正泰（2003）昆虫学の歴史．昆虫学大
事典（三橋淳編）．朝倉書店．東京．
pp.3-18.

小西正泰・田中誠（2003）文化昆虫学．昆
虫学大事典(三橋淳編)．朝倉書店．東京．
pp.1103-1135.

工藤葵（2022）食痕に残された昆虫の環境
DNA の検出．昆虫と自然 57(1)；10-14.

MacArthur,R. H. and E. O. Wilson（1967）The
theory of island biogeography. Princeton
University Press, Princeton, New Jersey.

前田幸男（2023）「人新世」の惑星政治学
－ヒトだけを見れば済む時代の終焉．青
土社．東京．347pp.

前迫ゆり・高槻成紀（2015）シカの脅威と
森の未来　シカ柵による植生保全の有効
性と限界．文一総合出版．東京．247pp.

前藤薫編（2020）寄生バチと狩りバチの不
思議な世界．一色出版．東京．323pp.

マルコ，G. J.・R. M. ホリングワース・W.
ダーラム（1991）「サイレント・スプリ
ング」再訪(波多野博行監訳)．化学同人．
京都．293pp.

丸山宗利（2014）昆虫はすごい．光文社．
東京．238pp.

丸山宗利・長島聖大・中峰空監修（2022）
学研の図鑑ライブ　新版昆虫．学研プラ
ス．東京．315pp.

丸山徳次・宮浦富保編（2009）里山学のま
なざし　＜森のある大学＞から．昭和堂．
京都．426pp.

松田裕之（2003）「保全生態学研究」の役
割と編集方針について．保全生態学研究
8：1-2.

松木崇司・兼子峰光（2019）絶滅危惧昆虫
における域外保全と野生復帰．昆虫と自
然，54(2)：4-7.

メドウズ，D. H.・D. L. メドウズ・J. ラー
ンダズ・W. W. ベアランズ三世（1972）
成長の限界－ローマ・クラブ「人類の危
機」レポート－（大来佐武郎監訳）．ダ
イヤモンド社．東京．203pp.

Minohara, S., S. Morichi, N. Hirai and M. Ishii
（2007）Distribution and seasonal occurrence
of the lycaenid, *Zizina emelina*（de l' Orza）
（Lepidoptera, Lycaenidae），around the
Osaka International Airport, central Japan.
Trans. lepd. Soc. Japan 58：421-432.

宮下直・井鷺祐司・千葉聡（2012）生物多
様性と生態学．朝倉書店．東京．176pp.

宮下直・瀧本岳・鈴木牧・佐野光彦（2017）
生物多様性概論　自然のしくみと社会の
とりくみ．朝倉書店．東京．184pp.

宮崎俊一（2022）京都府小塩山におけるギ
フチョウの保全活動．日本産チョウ類の
衰亡と保護 第8集（日本鱗翅学会　平
井規央・森地重博・矢後勝也・神保宇嗣
編），pp.63-72. 大阪公立大学出版.

本川達雄（2015）生物多様性　「私」から
考える進化・遺伝・多様性．中央公論新
社．東京．288pp.

森英章・涌井茜（2022）オガサワラハンミョ
ウの総合的保全対策の20年．昆虫と自
然 57(5)：20-25.

森本桂（1996）昆虫類（六脚上綱）総論．
日本動物大百科8　昆虫I（日高敏隆監
修，石井実・大谷剛・常喜豊編）．平凡社．
東京．46-49pp.

森本桂（2003）昆虫の分類同定．昆虫学大
事典（三橋淳編集）．朝倉書店．東京．

pp.19-62.

森下正明（1967）京都近郊における蝶の季節分布．自然－生態学研究－, pp.95-132．中央公論社，東京．

守山弘（1988）自然を守るとはどういうことか．農文協，東京．260pp.

守山弘（1997）水田を守るとはどういうことか－生物相の視点から．農文協，東京．205pp.

永幡嘉之（2021）フォト・レポート　里山危機－東北からの報告．岩波書店．東京．77pp.

中濱直之（2022）遺伝子の視点から考える，チョウ類の保全．生物の科学遺伝76(2)：125-129.

中原正登（2023）佐賀県におけるマユタテアカネの現状．昆虫と自然, 58(8)：15-20.

中島淳・林成多・石田和男・北野忠・吉富博之（2020）ネイチャーガイド日本の水生昆虫．文一総合出版．東京．351pp.

中森泰三（2024）内顎類の多様な生態．昆虫と自然, 59(2)：18-22.

中村康弘（2019）ヒョウモンモドキの生息域外保全と再導入の試み．昆虫と自然, 54(2)：25-28

中村康弘（2022）チョウ類の保全の現場から－チョウ類保全に必要な10の活動．生物の科学遺伝76(2)：130-134.

中村康弘・永幡嘉之・久壽米木大五郎・神宮周作・西野雄一・深澤いぶき・矢後勝也（2015）ツシマウラボシシジミの現状と生息域外保全．昆虫と自然50(2)：4-7.

中西康介（2023）各地のアカトンボ類の状況とアキアカネの激減要因．昆虫と自然, 58(8)：2-4.

中西康介・田和康太（2020）農法の違いは水生動物群集に影響を及ぼすか．なぜ田んぼには多様な生き物がすむのか（大塚泰介・嶺田拓也編）．京都大学学術出版会．京都．pp.186-207.

中筋房夫・内藤親彦・石井実・藤崎憲治・甲斐英則・佐々木正己（2000）応用昆虫学の基礎．朝倉書店．東京．211pp.

根本正之編（2010）身近な自然の保全生態学　自然の多様性を知る．培風館．東京．213pp.

日本環境動物昆虫学会編（2010）改訂　トンボの調べ方．文教出版．339pp.

日本生態学会編（2002）外来種ハンドブック（村上興正・鷲谷いづみ編）．地人書館．東京．390pp.

日本生態学会編（2012）生態学入門　第2版．東京化学同人．東京．287pp.

日本生態学会編（2014）里山のこれまでとこれから（鎌田磨人・白川勝信・中越信和責任編集）．日本生態学会．東京．71pp.

日本自然保護協会編（1996）昆虫ウォッチング．平凡社．東京．332pp.

日本自然保護協会・世界自然保護基金日本委員会（1989）我が国における保護上重要な植物種の現状．日本自然保護協会．320pp.

日本ユスリカ研究会編（2010）図説日本のユスリカ．文一総合出版．東京．353pp.

西原昇吾（2010）日本のゲンゴロウ類の生息現状と保全．日本の昆虫の衰亡と保護（石井実監修）．北隆館．東京．151-162pp.

西原昇吾（2019）シャープゲンゴロウモドキの生息現状と生息域外保全．昆虫と自然, 54(2)：17-20

西本登志（2022）イチゴ栽培でのハエの利用．昆虫と自然57(12)：20-25.

野村昌史（2013）観察する目が変わる昆虫学入門．ベレ出版．東京．222pp.

沼田英治（2022）ハエと生物学．昆虫と自然57(12)：5-9.

沼田真編（1983）生態学辞典 増補改訂版．築地書館．519pp.

大場信義（2006）ゲンジボタルの遺伝的多様性と放虫問題．昆虫と自然41(13)：

大場信義(2002)ホタル類の光コミュニケーションと夜間照明. 環動昆 13：67-76.

大場信義（2009）ホタルの不思議. どうぶつ社. 東京. 307pp.

大庭伸也（2018）外来種が水生半翅類に与える脅威. 水生半翅類の生物学（大庭伸也編）. 北隆館. 東京. pp.277-289.

大庭伸也編（2018）水生半翅類の生物学. 北隆館. 東京. 313pp.

大林隆司（2002）小笠原の外来昆虫～東洋のガラパゴスを脅かす昆虫たち. 外来種ハンドブック（日本生態学会編）. 地人書館. 東京. pp.239-240.

大澤雅彦監修（2001）生態学からみた身近な植物群落の保護（日本自然保護協会編）. 講談社. 東京. 244pp.

追手門学院大阪城プロジェクト編（2008）いのちの城・大阪城公園の生きもの：追手門学院創立120周年記念事業大阪城プロジェクト調査報告書. 追手門学院. 大阪. 241pp.

大塚泰介（2020）田んぼにしかいない生物は, 田んぼができる前にはどこにいたのか. なぜ田んぼには多様な生き物がすむのか（大塚泰介・嶺田拓也編）. 京都大学学術出版会. 京都. pp.255-273.

大塚泰介・嶺田拓也編（2020）なぜ田んぼには多様な生き物がすむのか. 京都大学学術出版会. 京都. 328pp.

岡田匡（2022）ヒロズキンバエによるマゴットセラピーと花粉媒介. 昆虫と自然 57(12)：2-4.

奥本大三郎監修（1990）虫の日本史. 新人物往来社. 東京. 157pp.

大串隆之（2003）昆虫たちが織りなす相互作用のネットワーク－間接効果と生物多様性. 生物多様性科学のすすめ 生態学からのアプローチ（大串隆之編）. 丸善株式会社. 東京. pp.1-23.

大串隆之・近藤倫生・難波利幸編（2020）生物群集を理解する. 京都大学学術出版

会. 京都. 392pp.

大脇淳（2022）チョウの群集生態学－過去30年間の日本のチョウ類群集の研究の歩みと今後. 生物の科学遺伝 76(2)：113-117.

Parmesan, C.（1996）Climate change and species range. Nature 382：765-766.

Pollard, E. and T. J. Yates（1993）Monitoring butterflies for ecology and conservation. Chapman and Hall. London. 274pp.

Pullin, A. S.（2004）保全生物学 生物多様性のための科学と実践（井田秀行・大窪久美子・倉本宣・夏原由博訳）. 丸善. 東京. 378pp.

プリマック, R.B.・小堀洋美（1997）保全生物学のすすめ 生物多様性保全のためのニューサイエンス. 399pp., 文一総合出版.

劉浩（2021）昆虫に学ぶバイオミメティクス. 昆虫と自然 56(14)：2-4.

埼玉県野鳥の会編（1990）ビオトープ 緑の都市革命. ぎょうせい. 103pp.

坂本充（2019）ミヤジマトンボの現状と生息域外保全. 昆虫と自然, 54(2)：8-11.

坂田雅之・矢指本哲（2022）土壌を用いた陸上昆虫の種特異的環境DNA検出. 昆虫と自然 57(1)；5-9.

斎藤哲夫・松本義明・平嶋義宏・久野英二・中島敏夫（1986）新応用昆虫学. 朝倉書店. 東京. 280pp.

笹川満廣（1979）虫の文化史. 文一総合出版. 東京. 243pp.

佐々木正己（1994）養蜂の科学. サイエンスハウス. 東京. 159pp.

佐藤綾（2008）海辺のハンミョウ（コウチュウ目：ハンミョウ科）の現状と保全. 保全生態学研究 13：103-110.

佐藤正孝（1988）日本の甲虫 その起源と種分化をめぐって. 東海大学出版会. 東京. 209pp.

佐藤正孝編（1994）新版 種の生物学. 建帛社. 東京. 231pp.

生物多様性政策研究会編（2002）生物多様性キーワード事典．中央法規．東京．247pp.

瀬戸口明久（2009）害虫の誕生－虫からみた日本史．筑摩書房．東京．217pp.

滋賀自然環境研究会編（2001）滋賀の田園の生き物．サンライズ出版．189pp.

島野智之（2024）土壌昆虫と節足動物の多様性研究．昆虫と自然，59(2)：2-6.

清水善和（2002）小笠原の外来樹木〜回復不能なダメージ．外来種ハンドブック（日本生態学会編）．地人書館．東京．pp.242-243.

篠永哲・林晃史（1996）虫の味．八坂書房．東京．222pp.

自然環境研究センター編（2019）最新日本の外来生物．平凡社．東京．591pp.

杉山恵一（1992）自然環境復元入門．信山社出版．212pp.

田端英雄編（1997）里山の自然．保育社．大阪．199pp.

田川一希・細谷忠嗣・百村帝彦（2023）ラオスの食料市場で販売される昆虫の季節的・地理的変動．昆虫と自然58(14)：6-10.

高橋進（2021）生物多様性を問いなおすー世界・自然・未来との共生とSDGs．筑摩書房．東京．286pp.

高槻成紀（2015）シカ問題を考える　バランスを崩した自然の行方．山と渓谷社．東京．213pp.

竹田敏（2003）昆虫機能の秘密．工業調査会．東京．238pp.

武内和彦・鷲谷いづみ・恒川篤史編（2001）里山の環境学．東京大学出版会．東京．257pp.

田中敦夫（2020）獣害列島　増えすぎた日本の野生動物たち．イースト・プレス．東京．189pp.

田中良尚（2023a）絶滅危惧昆虫の生息域外保全の現状と課題，そして展望．昆虫と自然58(7)：2-5.

田中良尚（2023b）フサヒゲルリカミキリの生息域外保全．昆虫と自然58(7)：23-27.

谷川哲朗・石井実（2010）ギフチョウの生息する地域の気候条件．昆虫と自然45(6)：4-7.

天満和久（2009）大阪府能勢町における里山のチョウ類の保全活動．日本産チョウ類の衰亡と保護第6集．日本鱗翅学会．pp.49-52.

寺山守・久保田敏・江口克之（2014）日本産アリ類図鑑．朝倉書店．東京．278pp.

戸田光彦（2022）小笠原諸島におけるグリーンアノール対策．昆虫と自然57(5)：15-19.

塚本珪一（2010）フンころがしの生物多様性　自然学の風景．青土社．東京．278pp.

鶴崎展巨（2022）鳥取砂丘のエリザハンミョウ．昆虫と自然57(6)：2-6.

内山りゅう（2005）田んぼの生き物図鑑．山と渓谷社．東京．320pp.

上田哲行（2012）全国で激減するアキアカネ．自然保護（539）：36-38.

上田哲行・百瀬年彦・長野峻介・永田陽斗（2019）能登半島のイカリモンハンミョウーその生態と保全ー．日本のハンミョウ（堀道雄編）．北隆館．東京．pp.206-236.

梅谷献二編（2012）原色図鑑　外来害虫と移入天敵．全国農村教育協会．東京．404pp.

涌井茜・小山田佑輔（2023）父島におけるオガサワラハンミョウの類題飼育．昆虫と自然58(7)：16-22.

鷲谷いづみ（1998）生態系管理における順応的管理．保全生態学研究3：145-166.

鷲谷いづみ（2011）さとやま　生物多様性と生態系模様．岩波書店．東京．192pp.

鷲谷いづみ・矢原徹一（1996）保全生態学入門　遺伝子から景観まで．文一総合出版．東京．270pp.

渡辺弘之（2009）日本環境動物昆虫学会20年の歩み．環動昆 20：149-152.

渡辺守（2007）昆虫の保全生態学．東京大学出版会．東京．190pp.

渡辺雅子・上月康則（2019）徳島県のルイスハンミョウ－生態と保全－．日本のハンミョウ（堀道雄編）．北隆館．東京．pp.264-288.

渡邉通人（2016）富士山北部におけるギンボシヒョウモン（*Speyeria aglaja*）の生息域の高標高化．日本産チョウ類の衰亡と保護第7集（矢後勝也・平井規央・神保宇嗣編），日本鱗翅学会．東京．pp.37-46.

渡部晃平（2023）水生甲虫を対象とした自主的な生息域外保全．昆虫と自然 58（7）：11-15.

渡部晃平・大庭伸也（2018）タガメが減少した要因－なぜ全国的に激減したのか？－．水生半翅類の生物学（大庭伸也編）．北隆館．東京．pp.258-276.

ウィルソン，E. O.（1995）生命の多様性 I・II（大貫昌子・牧野俊一訳）．岩波書店．東京．559pp.

矢後勝也（2014）小笠原固有の絶滅危惧種オガサワラシジミの現状と保全体制．昆虫と自然 49（9）：4-7.

矢後勝也（2022）日本産チョウ類保全の現状と課題－日本鱗翅学会自然保護委員会の活動を中心に－．日本産チョウ類の衰亡と保護 第8集（日本鱗翅学会　平井規央・森地重博・矢後勝也・神保宇嗣編），pp.9-26. 大阪公立大学出版．

矢後勝也・谷尾崇・伊藤勇人・遠藤秀紀・中村康弘・永幡嘉之・水落渚・関根雅史・神宮ири作・久壽米木大五郎・伊藤雅男・清水聡司・平井規央・佐々木公隆・小沢英之・王敏・徐堉峰・山本以智人・松木崇司（2019）絶滅危惧チョウ類・ツシマウラボシシジミの現状と保全．昆虫と自然，54（2）：21-24.

山本捺由他・曽田貞滋（2022）カワラハン

ミョウの体色多様性と保全．昆虫と自然 57（6）：16-20.

山本哲史（2022）昆虫調査における環境DNA分析．昆虫と自然 57（1）；2-4.

矢野宏二（2002）水田の昆虫誌－イネをめぐる多様な昆虫たち．東海大学出版会．東京．175pp.

山下結子・小島弘昭（2022）海浜性ゾウムシ2種の遺伝的多様性と分布．昆虫と自然 57（6）：11-15.

安田和代・長瀬昌宏・松本好康（2014）名古屋城外堀に生息するヒメボタル *Luciola prvula* の発光数の記録．なごやの生物多様性（1）：71-75.

安間繁樹（1982）琉球列島　生物にみる成立の謎．東海大学出版会．東京．208pp.

安富和男（1994）害虫博物館　害虫たちの「小進化」．三一書房．東京．260pp.

安富和男・梅谷献二（1983）原色図鑑　衛生害虫と衣食住の害虫．全国農村教育協会．東京．310pp.

横山潤（2010）外来ハナバチ類による在来生態系への影響と対策．日本の昆虫の衰亡と保護（石井実監修）．北隆館．東京．pp.259-267.

依光良三編（2011）シカと日本の森林．築地書館．東京．226pp.

湯川淳一（2010）地球温暖化が日本の昆虫の生物多様性に及ぼす影響．日本の昆虫の衰亡と保護（石井実監修）．北隆館．東京．pp.190-203.

全国昆虫施設連絡協議会（2021）昆虫館スタッフの内緒話　昆虫館はすごい！リブックブック．東京．224pp.

全国昆虫施設連絡協議会（2022）昆虫館スタッフの内緒話　昆虫館はすごい！2. リブックブック．東京．223pp.

■コウノトリの巣は希少種アカマダラハナムグリの天国

浅野涼太・小川龍司・佐藤悠子・出口翔大（2016）フクロウの巣箱からはじめて発

見されたチビコブスジコガネ. 昆蟲
（ニューシリーズ）19：94-96.

浅野涼太・小橋皐平・小田和也・出口翔大
（2017）ブッポウソウの巣箱からはじめ
て発見されたコブナシコブスジコガネ.
昆蟲（ニューシリーズ）20：183-185.

Choi, C. Y., H. Y. Nam, W. S. Lee and C. R.
Park（2008）Prevalence of *Anthracophora
rusicola*（Coleoptera：Cetoniidae）in nests
of the Chinese Goshawk（*Accipiter
soloensis*）. *J. Rapt. Res.* 42：302-303.

兵庫県（2003）兵庫県版レッドデータブッ
ク 2003. https://www.kankyo.pref.hyogo.
lg.jp/jp/environment/（2021 年 8 月アクセ
ス）

兵庫県（2012）兵庫県版レッドリスト
2012（昆虫類）. https://www.kankyo.pref.
hyogo.lg.jp/jp/environment/（2021 年 8 月
アクセス）

伊賀正汎（1955）あかまだらこがね. 原色
日本昆虫図鑑甲虫編増補改訂版（中根猛
彦監修）. 保育社，大阪，p. 103.

飯島一浩（2011）ノスリの営巣木下から得
られたアカマダラハナムグリの蛹室. 鰓
角通信（22）：55-58.

稲垣正志（2008）コブナシコブスジコガネ
Trox nohirai Nakane の生態について（続
報）. 鰓角通信（16）：33-35.

稲垣政志・稲垣信吾（2007）コブナシコブ
スジコガネ *Trox nohirai* Nakane の生態に
ついて. 鰓角通信（15）：7-10.

岸本圭子（2019）トキの巣内雛の胃内容物
から検出されたアカマダラハナムグリの
成虫. 昆蟲（ニューシリーズ）22：155-
158.

越山洋三（2012）オオタカ営巣木の根際で
採集されたアカマダラハナムグリ幼虫.
すずむし（147）：74.

越山洋三（2014）希少種アカマダラハナム
グリが棲む鳥の巣. 昆虫と自然 49(4)：
9-12.

越山洋三・渡邊啓文・平田智隆（2012）育

雛中のクマタカ巣で採集されたアカマダ
ラハナムグリの成虫. 昆蟲(ニューシリー
ズ)15：172-174.

Koshiyama, Y., R. Miyata and T. Miyatake
（2012）Meat-eating enhances larval
development of *Anthracophora rusticola*
Burmeister（Coleoptera：Scarabaeidae），
which breeds in bird nests. *Entomol. Sci.*
15：23-27.

槇原寛・阿部學・新里達也・早川浩之・飯
嶋一浩（2004）ワシタカ類の巣で生活す
るアカマダラハナムグリ. 甲虫ニュース
148：21-23.

永幡嘉之・越山洋三・梅津和夫・後藤三千
代（2013）ハシボソガラスの巣で発育し
たアカマダラハナムグリ―DNA 解析に
よる土繭内の蛹殻および幼虫死体の種同
定―. 昆蟲（ニューシリーズ）16：104-
112.

村山醸造（1950）あかまだらこがね，しら
ほしはなむぐり. 日本昆蟲圖鑑改訂版(石
井梯ら編). 北隆館，東京，p. 1320.

水谷高英・叶内拓哉（2017）フィールド図
鑑日本の野鳥. 文一総合出版，東京.
431 pp.

中村登流・中村雅彦（1995）原色日本野鳥
生態図鑑水鳥編. 保育社，大阪. 304 pp.

那須義次・村濱史郎・松室裕之（2018）鳥
の巣の知られざる共生系―南西諸島にお
ける鳥の巣の共生鱗翅類―. 島の鳥類学
―南西諸島の鳥をめぐる自然史―（水田
拓・高木昌興共編）. 海游舎，東京，
pp.245-257.

那須義次・三橋陽子・大迫義人・上田恵介
（2012）. 兵庫県豊岡市のコウノトリの巣
に共生する動物. 昆蟲(ニューシリーズ)
15：151-158.

那須義次・村濱史郎・三橋陽子・大迫義人・
上田恵介（2010）コウノトリの巣から発
見された鞘翅目と鱗翅目昆虫. 昆蟲
（ニューシリーズ）13：119-125.

那須義次・村濱史郎・松室裕之・上田恵介・

広渡俊哉・吉安裕（2011）フクロウの巣から発見されたシラホシハナムグリ（鞘翅目，コガネムシ科）．*Strix* 27：67-72.

野中俊文・野口将之・飯嶋一浩（2010）ミサゴの巣で確認されたアカマダラハナムグリ．甲虫ニュース 171：12.

Ohsako, Y., H. Ikeda, K. Naito and N. Kikuchi（2008）Reintroduction project of the Oriental white stork in coexistence with humans in Japan. In the proceedings of International Environmental Conference：A Healthy Amur for a Better Life：189-199.

長船裕紀・越山洋三（2014）人工防砂林のノスリ巣でアカマダラハナムグリを採集．昆虫と自然 49(4)：12.

酒井香（2012）ハナムグリ亜科．日本産コガネムシ上科標準図鑑（岡島秀治・荒谷邦雄 監修）．学研教育出版，東京，pp.68-75, 308-320.

佐藤隆士・鈴木祥悟・槇原寛（2006）アカマダラハナムグリのハチクマ巣利用．昆蟲（ニューシリーズ）9：46-49.

徳島県コウノトリ定着推進連絡協議会，2021．https://kounotori.club/（2021 年 8 月アクセス）

豊岡市，2021．コウノトリと育む．https://www.city.toyooka.lg.jp/konotori/index.html（2021 年 8 月アクセス）

常永秀晃・四ツ車実記・山本晃治・阿部學（2009）オオタカの巣内で繁殖するアカマダラハナムグリ．日本鳥学会 2009 年度大会講演要旨：174.

雲南市（2021）https://www.city.unnan.shimane.jp/unnan/kankou/bunkasports/bunka/2020kounotorihouran.html（2021 年 8 月アクセス）

山田辰美・新井真・松岡陽一・関川文俊（2007）猛禽類の巣で繁殖するアカマダラハナムグリの生息環境．富士常葉大学研究紀要 7：213-219.

山本正志（2010）滋賀県伊崎半島のカワウコロニーの巣でアカマダラハナムグリ発

生．昆虫と自然 45(12)：37-39.

■水田生物の多様性

阿部聖哉（2017）自然環境保全基礎調査データを用いた種分布モデルの計画段階環境配慮書への適用可能性 – トウキョウサンショウウオを対象としたケーススタディ．環境アセスメント学会誌 15(2)：60-70.

Araujo, M. B. and A. Guisan（2006）. Five (or so) challenges for species distribution modelling. *J. Biogeogr.* 33(10)：1677-1688.

東淳樹・武内和彦・恒川篤史（1998）谷津環境におけるサシバの行動と生息条件．環境情報科学論文集 12：239-244.

Baldwin, R. F., A. J. Calhoun and P. G. de Maynadier（2006）Conservation planning for amphibian species with complex habitat requirements：a case study using movements and habitat selection of the wood frog *Rana sylvatica. J. Herpetol.* 40(4)：442-453.

Bennett, A. F., J. Q. Radford and A. Haslem（2006）Properties of land mosaics：implications for nature conservation in agricultural environments. *Biol. Conserv.* 133：250-264.

Brannelly, L. A., M. W. Chatfield, and C. Richards-Zawacki（2013）Visual implant elastomer（VIE）tags are an unreliable method of identification in adult anurans. *Herpetol. J.* 23：125-129.

Cai, W., Z. Ma, C. Yang, L. Wang, W. Wang, G. Zhao, Y. Geng and D. W. Yu（2017）Using eDNA to detect the distribution and density of invasive crayfish in the Honghe-Hani rice terrace World Heritage site. *PloS one* 12(5)：e0177724.

Doi, H., I. Katano, Y. Sakata, R. Souma, T. Kosuge, M. Nagano, K. Ikeda, K. Yano and K. Tojo（2017）Detection of an endangered aquatic heteropteran using environmental DNA in a wetland ecosystem. *R. Soc. Open Sci.* 4(7)：170568.

Elith, J. and J. R. Leathwick（2009）Species distribution models：ecological explanation and prediction across space and time. *Annu. Rev. Ecol. Evol. Syst.* 40：677-697.

Fujioka, M., J. W. Armacost Jr, H. Yoshida and T. Maeda（2001）Value of fallow farmlands as summer habitats for waterbirds in a Japanese rural area. *Ecol. Res.* 16(3)：555-567.

Fujioka, M., S. D. Lee, M. Kurechi and H. Yoshida（2010）Bird use of paddy fields in Korea and Japan. *Waterbirds* 33（spl）：8-29.

Fujita, G., S. Naoe and T. Miyashita（2015）Modernization of drainage systems decreases gray-faced buzzard occurrence by reducing frog densities in paddy-dominated landscapes. *Landsc. Ecol. Eng.* 11(1)：189-198.

深澤圭太・石濱史子・小熊宏之・武田知己・田中信行・竹中明夫（2009）条件付自己回帰モデルによる空間自己相関を考慮した生物の分布データ解析. 日本生態学会誌 59(2)：171-186.

福岡有紗・高原輝彦・松本宗弘・壮丸敦史・源利文（2016）在来希少種カワバタモロコの環境 DNA による検出系の確立. 日本生態学会誌 66(3)：613-620.

五箇公一（2017）メソコスム試験の最前線. 日農薬会誌 42(1)：119-126.

Habel, J. C., M. Teucher, W. Ulrich, M. Bauer and D. Rödder（2016）Drones for butterfly conservation：larval habitat assessment with an unmanned aerial vehicle. *Landsc. Ecol.* 31(10)：2385-2395.

Hagen, M., M. Wikelski and W. D. Kissling（2011）Space use of bumblebees（*Bombus* spp.）revealed by radio-tracking. *PLoS one* 6(5)：e19997.

Hashimoto, K., Y. Eguchi, H. Oishi, Y. Tazunoki, M. Tokuda, F. Sanchez-Bayo, K. Goka and D. Hayasaka（2019）Effects of a herbicide on paddy predatory insects depend on their microhabitat use and an insecticide application. *Ecol. Appl.* 29：1132-1142.

日比伸子・山本知巳・遊磨正秀（1998）水田周辺の人為水系における水生昆虫の生活. 江崎保男・田中哲夫（編）水辺環境の保全 - 生物群集の視点から -, 朝倉書店, 東京, pp.111-124.

Hogg, B. N. and K. M. Daane（2010）The role of dispersal from natural habitat in determining spider abundance and diversity in California vineyards. *Agric. Ecosyst. Environ.* 135(4)：260-267.

Honda, T.（2009）Environmental factors affecting the distribution of the wild boar, sika deer, Asiatic black bear and Japanese macaque in central Japan, with implications for human-wildlife conflict. *Mammal Study* 34(2)：107-116.

Hutchinson, D. A., A. Mori, A. H. Savitzky, G. M. Burghardt, X. Wu, J. Meinwald and F. C. Schroeder（2007）Dietary sequestration of defensive steroids in nuchal glands of the Asian snake *Rhabdophis tigrinus*. *PNAS* 104(7)：2265-2270.

市川憲平（2020）水田とため池・水路を利用する昆虫たち. 大塚泰介・嶺田拓也（編）なぜ田んぼには多様な生き物がすむのか. 京都大学出版会, 京都, pp.87-103.

市川憲平・北添伸夫（2009）タガメ（田んぼの生きものたち）. 農山漁村文化協会, 東京. 56 pp.

池田浩明（2020）特集「環境保全型農業で水田景観の生物多様性を守ることができるのか」企画趣旨. 日本生態学会誌 70(3)：197.

伊勢紀・三橋弘宗（2006）モリアオガエルの広域的な生息適地の推定と保全計画への適用. 応用生態工学 8(2)：221-232.

石井実（2001）広義の里山の昆虫とその生息場所に関する一連の研究．環動昆 12(4)：187-193.

岩田樹・藤岡正博（2006）ハス田とイネ田における冬期湛水の有無が作物成長期の水生動物相に与える影響．保全生態学研究 11：94-104.

Jakob, C. and B. Poulin（2016）Indirect effects of mosquito control using *Bti* on dragonflies and damselflies（Odonata）in the Camargue. *Insect Conserv. Divers.* 9：161-169

Jinguji, H., D. Q. Thuyet, T. Uéda and H. Watanabe（2013）Effect of imidacloprid and fipronil pesticide application on *Sympetrum infuscatum*（Libellulidae：Odonata）larvae and adults. *Paddy Water Environ.* 11：277-284

角谷拓（2010）生物の在・不在データをあつかう発見率を考慮した統計モデル．保全生態学研究 15(1)：133-145.

門脇正史（1992）水田地帯に同所的に生息するシマヘビ *Elaphe quadrivirgata* とヤマカガシ *Rhabdophis tigrinus* の食物重複度．日本生態学会誌 42(1)：1-7.

金尾滋史（2020）魚たちの様々な水田利用法．大塚泰介・嶺田拓也（編）なぜ田んぼには多様な生き物がすむのか．京都大学出版会，京都，pp.104-126.

環境省自然環境局生物多様性センター（2021）環境 DNA 分析技術を用いた淡水魚類調査手法の手引き 第 2 版．環境省自然環境局生物多様性センター，富士吉田．85 pp.

Kano, Y., Y. Kawaguchi, T. Yamashita and Y. Shimatani（2010）Distribution of the oriental weatherloach, *Misgurnus anguillicaudatus*, in paddy fields and its implications for conservation in Sado Island, Japan. *Ichthyol. Res.* 57(2)：180-188.

片野修（1998）水田 農業水路の魚類群集．江崎保男・田中哲夫（編）水辺環境の保全．朝倉書店，東京，pp.67-79.

Katayama, N., Y. G. Baba, Y. Kusumoto and K. Tanaka（2015）A review of post-war changes in rice farming and biodiversity in Japan. *Agricul. Syst.* 132：73-84.

片山直樹・馬場友希・大久保悟（2020）水田の生物多様性に配慮した農法の保全効果：これまでの成果と将来の課題．日本生態学会誌 70(3)：201-215.

Katayama, N., Y. Osada, M. Mashiko, Y. G. Baba, K. Tanaka, Y. Kusumoto, S. Okubo, H. Ikeda and Y. Natuhara,（2019）Organic farming and associated management practices benefit multiple wildlife taxa：a large-scale field study in rice paddy landscapes. *J. Appl. Ecol.* 56(8)：1970-1981.

Kato, N., M. Yoshio, R. Kobayashi and T. Miyashita（2010）Differential responses of two anuran species breeding in rice fields to landscape composition and spatial scale. *Wetlands* 30(6)：1171-1179.

Kidera, N., T. Kadoya, H. Yamano, N. Takamura, D. Ogano, T. Wakabayashi, M. Takezawa and M. Hasegawa（2018）Hydrological effects of paddy improvement and abandonment on amphibian populations；long-term trends of the Japanese brown frog, *Rana japonica. Biol. Conserv.* 219：96-104.

桐谷圭治（2004）「ただの虫」を無視しない農業―生物多様性管理．築地書館，東京．200 pp.

桐谷圭治（2010）田んぼの生きもの全種リスト 改訂版．生物多様性農業支援センター 農と自然の研究所．427 pp.

Kissling, W. D., D. E. Pattemore and M. Hagen（2014）Challenges and prospects in the telemetry of insects. *Biological Reviews* 89(3)：511-530.

小室巧・大西敏一・山本かおり・中津弘（2021）大阪府南東部におけるサシバの生息状況の変化：40 年後の再調査で明

らかになった減少. *Strix* 37：35-47.

小山淳・城所隆（2003）水田内のクモ類，アカネ属トンボ幼虫およびユスリカ類成・幼虫に対する水稲初期害虫防除の影響. 北日本病害虫研究会報 2003(54)：123-125.

倉沢秀夫（1956）水田に於けるプランクトンの消長. 日本生物地理学会報 16：430-434.

草野保（2016）種分布モデリングによるトウキョウサンショウウオの好適生息環境の予測（特集日本における希少有尾類の保全活動）. 爬虫両棲類学会報 2016(2)：135-146.

Matsuhashi, S., H. Doi, A. Fujiwara, S. Watanabe and T. Minamoto (2016) Evaluation of the environmental DNA method for estimating distribution and biomass of submerged aquatic plants. *PloS one* 11(6)：e0156217.

Matsushima, N., S. Ihara, O. Inaba and T. Horiguchi (2021) Assessing the impact of large-scale farmland abandonment on the habitat distributions of frog species after the Fukushima nuclear accident. *Oecologia* https://doi.org/10.1007/s00442-021-04991-y.

Matsushima, N. and M. Kawata (2005) The choice of oviposition site and the effects of density and oviposition timing on survivorship in *Rana japonica*. *Ecol. Res.* 20 (1)：81-86.

松浦俊也・横張真・東淳樹（2001）数値地理情報を用いた谷津の景観構造の把握によるサシバ生息適地の広域的推定. ランドスケープ研究 65(5)：543-546.

皆川明子・高木強治・樽屋啓之・後藤眞宏（2010）非灌漑期の農業水路における魚類の移動と越冬. 農業農村工学会論文集 78(5)：369-376.

Mito, N., K. Ohshima and O. Saitoh (2018) Genetic diversity among clouded salamanders (*Hynobius nebulosus*) in Shiga Prefecture. *Zool. Sci.* 35(5)：427-435.

Miyashita, T., Y. Chishiki and S. R. Takagi (2012) Landscape heterogeneity at multiple spatial scales enhances spider species richness in an agricultural landscape. *Popul Ecol.* 54(4)：573-581.

Mochizuki, S., D. Liu, T. Sekijima, J. Lu, C. Wang, K. Ozaki, H. Nagata, T. Murakami, Y. Ueno and S. Yamagishi (2015) Detecting the nesting suitability of the re-introduced Crested Ibis *Nipponia nippon* for nature restoration program in Japan. *J. Nat. Conserv.* 28：45-55.

百瀬浩・植田睦之・藤原宣夫・内山拓也・石坂健彦・森崎耕一・松江正彦（2005）サシバ（*Butastur indicus*）の営巣場所数に影響する環境要因. ランドスケープ研究 68(5)：555-558.

Mukai, Y., N. Baba and M. Ishii (2005) The water system of traditional rice paddies as an important habitat of the giant water bug, *Lethocerus deyrollei* (Heteroptera：Belostomatidae). *J. Insect Conserv.* 9(2)：121-129.

Murase, J. and P. Frenzel (2008) Selective grazing of methanotrophs by protozoa in a rice field soil. *FEMS Microbiol. Ecol.* 65 (3)：408-414.

永井孝志（2017）室内試験から野外での影響までの共通解析基盤としての種の感受性分布. 日農薬会誌 42(1)：133-137.

Naito, R., M. Yamasaki, Y. Natuhara and Y. Morimoto (2012) Effects of water management, connectivity, and surrounding land use on habitat use by frogs in rice paddies in Japan. *Zool. Sci.* 29(9)：577-584.

中村智幸（2007）水田で産卵する魚類の生態. 水谷正一（編）水田生態工学入門. 農文協, 東京, pp.51-56.

中西康介・田和康太（2020）農法の違いは

水生動物群集に影響を及ぼすか．大塚泰介・嶺田拓也（編）なぜ田んぼには多様な生き物がすむのか．京都大学出版会，京都, pp.186-207.

中西康介・田和康太・蒲原漠・野間直彦・沢田裕一（2009）栽培管理方法の異なる水田間における大型水生動物群集の比較. 環動昆 20(3)：103-114.

Nakanishi, K., H. Yokomizo and T. I. Hayashi（2021）Population model analyses of the combined effects of insecticide use and habitat degradation on the past sharp declines of the dragonfly *Sympetrum frequens*. *Sci. Total Environ.* 787：147526.

成田国際空港株式会社（2018）成田空港の更なる機能強化 環境影響評価準備書 https://www.narita-kinoukyouka.jp/document/way_note1804_c10_10.pdf（2021年8月アクセス）

裏田孝晴・大木智矢（2014）千葉県北東部の谷津田におけるトウキョウサンショウウオ *Hynobius tokyoensis* の産卵場の分布及びその周辺環境. 応用生態工学 16(2)：119-125.

夏原由博・神原恵（2000）ニホンアカガエルの大阪府南部における生育適地と連結性の推定. ランドスケープ研究 64(5)：617-620.

夏原由博・中西康介・藤岡康弘・山本充孝・金尾滋史・天野一葉ら（2020）滋賀県および愛知県の環境保全型稲作の生物多様性保全効果. 日本生態学会誌 70(3)：231-242.

Natuhara, Y. and X. Zheng（2022）Effects of advance and retreat of agricultural landscapes on *Rana japonica* and *R. ornativentris*. Landscape and Ecological Engineering 18：493-503.

Nemeth, E. and A. Schuster（2005）Spatial and temporal variation of habitat and prey utilization in the Great White Egret *Ardea alba alba* at Lake Neusiedl, Austria. *Bird Study* 52(2)：129-136.

Noël, S., P. Labonté and F. J. Lapointe（2011）Genomotype frequencies and genetic diversity in urban and protected populations of blue-spotted salamanders（*Ambystoma laterale*）and related unisexuals. *Herpetol.* 45(3)：294-299.

野田康太朗・中島直久・守山拓弥・森晃,・渡部恵司・田村孝浩（2020）PIT タグを用いたトウキョウダルマガエル（*Pelophylax porosus porosus*）越冬個体の探知法の開発. 応用生態工学 22(2)：165-173.

大庭伸也（2012）野外におけるタガメによるニホンマムシの捕食事例. 昆蟲 ニューシリーズ 15(2)：92-93.

Ohba, S. Y. and P. P. Goodwyn,（2010）Life cycle of the water scorpion, *Laccotrephes japonensis*, in Japanese rice fields and a pond. Journal of Insect Science, 10(1)：45, https://doi.org/10.1673/031.010.4501.

Osawa, S. and T. Katsuno,（2001）Dispersal of brown frogs *Rana japonica* and *R. ornativentris* in the forests of the Tama Hills. *Curr. Herpetol.* 20(1)：1-10.

Phillips, R. A., J. C. Xavier and J. P. Croxall（2003）Effects of satellite transmitters on albatrosses and petrels. *Auk* 120：1082-1090.

Phillips, S. J., M. Dudík and R. E. Schapire（2004）A maximum entropy approach to species distribution modeling. In Proceedings of the twenty-first international conference on Machine learning, https://doi.org/10.1145/1015330.1015412.

Psychoudakis, D., W. Moulder, C. C. Chen, H. Zhu and J. L. Volakis（2008）A portable low-power harmonic radar system and conformal tag for insect tracking. *IEEE Antennas Wirel. Propag. Lett.* 7：444-447.

Richards, S. J., U. Sinsch and R. A. Alford（1994）Radio tracking. In W. R. Heyer, M.

A. Donnelly, R. W. McDiarmid, L. C. Hayek, and M. S. Foster (eds.), M*easuring and Monitoring Biological Diversity, Standard Methods for Amphibians.* Smithsonian Inst. Press, Washington D.C., pp.155-158.

Rowley, J. J. and R. A. Alford (2007) Techniques for tracking amphibians：the effects of tag attachment, and harmonic direction finding versus radio telemetry. *Amphibia-Reptilia* 28(3)：367-376.

Sakai, Y., et al. (2019). Discovery of an unrecorded population of Yamato salamander (*Hynobius vandenburghi*) by GIS and eDNA analysis. Environmental DNA 1：281-289.

Sasamal, S. K., S. B. Chaudhury, R. N. Samal and A. K. Pattanaik (2008) QuickBird spots flamingos off Nalabana Island, Chilika Lake, India. *Int. J. Remote Sens.* 29(16)：4865-4870.

澤邊久美子・夏原由博（2015）景観構造がカヤネズミの生息率におよぼす影響. 応用生態工学 18(2)：69-78.

嶋田哲郎・植田睦之・高橋佑亮ら（2018）GPS-TX によって明らかとなった越冬期のオオハクチョウ, カモ類の環境選択. *Bird Research* 14：A1-A12.

Sugawara, H., T. Kusano and F. Hayashi (2016) Fine-Scale genetic differentiation in a Salamander *Hynobius tokyoensis* living in fragmented urban habitats in and around Tokyo, Japan. *Zool. Sci.* 33(5)：476-484.

鈴木良地・田中雄一・佐伯晶子・河村年広・加藤久・大野徹（2018）PCR 法およびloop-mediated isothermal amplification（LAMP）法を用いたナゴヤダルマガエルの検出・同定. 爬虫両棲類学会報 2018(1)：14-24.

Takada, M. B., S. Takagi, S. Iwabuchi, T. Mineta and I. Washitani (2014) Comparison of generalist predators in winter-flooded and conventionally managed rice paddies and identification of their limiting factors. *SpringerPlus* 3(1)：1-7.

Takada, M. B., A. Yoshioka, S. Takagi, S. Iwabuchi and I. Washitani (2012) Multiple spatial scale factors affecting mirid bug abundance and damage level in organic rice paddies. *Biol. Control* 60(2)：169-174.

竹村武士・水谷正一・森淳・小出水規行・渡部恵司・西田一也（2012）水田域における魚類研究の現状と課題―生息環境の保全・向上に向けての評価の必要性―. 農業農村工学会論文集 80(4)：367-373.

田和康太・中西康介（2016）水田の冬期湛水農法が魚類にあたえる影響：ドジョウを事例に. 農業および園芸 91：105-111.

田和康太・中西康介・村上大介・沢田裕一（2014）中干しを実施しない水田でみられた水生動物群集の季節消長. 環動昆 25：11-21.

田和康太・佐川志朗（2017）兵庫県豊岡市祥雲寺地区の水田域とビオトープ域におけるカエル目の繁殖場所. 野生復帰 5：29-38.

Togaki, D., H. Doi and I. Katano (2020) Detection of freshwater mussels (*Sinanodonta* spp.) in artificial ponds through environmental DNA：a comparison with traditional hand collection methods. *Limnology* 21(1)：59-65.

Toral, G. M., D. Aragones, J. Bustamante and J. Figuerola (2011) Using Landsat images to map habitat availability for waterbirds in rice fields. *Ibis* 153(4)：684-694.

Tsuji, M., A. Ushimaru, T. Osawa and H. Mitsuhashi (2011) Paddy-associated frog declines via urbanization：a test of the dispersal-dependent-decline hypothesis. *Landsc. Urban Plan.* 103(3-4)：318-325.

浦辺研一・池本孝哉・武井伸一（1990）水田におけるアキアカネ幼虫のシナハマダ

ラカ幼虫に対する天敵としての役割に関する研究：4 水田地帯における捕食関係．衛生動物 41(3)：265-272.

宇留間悠香・小林頼太・西嶋翔太・宮下直（2012）空間構造を考慮した環境保全型農業の影響評価：佐渡島における両生類の事例．保全生態学研究 17：155-164.

Vukovich, M. and J. C. Kilgo（2009）Effects of radio transmitters on the behavior of Red-headed Woodpeckers. *J. Field Ornithol.* 80(3)：308-313.

若杉晃介（2012）圃場整備水田における止水域性トンボの保全とミティゲーション対策に関する基礎的研究．農村工学研究所報告（51)：1-36.

若杉晃介・長田光世・水谷正一・福村一成（2002）アジアイトトンボの移動距離の測定 水田ほ場整備地区における生物保全地の設置間隔に関連して．農業土木学会論文集 2002(219)：421-426.

Watanabe, M. and T. Higashi（1989）Sexual difference of lifetime movement in adults of the Japanese skimmer, *Orthetrum japonicum*（Odonata：Libellulidae), in a forest-paddy field complex. *Ecol. Res.* 4(1)：85-97.

渡部恵司・森淳・小出水規行・竹村武士・西田一也（2014）圃場整備事業前後のニホンアカガエルの卵塊数の比較．農業農村工学会論文集 82(1)：53-54.

Sakai, Y., et al.（2019). Discovery of an unrecorded population of Yamato salamander（*Hynobius vandenburghi*）by GIS and eDNA analysis. Environmental DNA 1：281-289.

Watanabe, K., et al.（2014). Genetic population structure of Hemigrammocypris rasborella（Cyprinidae）inferred from mtDNA sequences. Ichthyological Research 61：352-360.

Yamada, Y., S. Itagawa, T. Yoshida, M. Fukushima, J. Ishii, M. Nishigaki and T.

Ichinose（2019）Predicting the distribution of released Oriental White Stork（*Ciconia boyciana*）in central Japan. *Ecol. Res.* 34(2)：277-285.

Yamazaki, M., T. Ohtsuka, Y. Kusuoka, M. Maehata, H. Obayashi, K. Imai, F. Shibahara and M. Kimura（2010）The impact of nigorobuna crucian carp larvae/fry stocking and rice-straw application on the community structure of aquatic organisms in Japanese rice fields. *Fish Sci.* 76(2)：207-217.

依田憲・牧口祐也（2017）海鳥類とサケ科魚類のバイオロギングとナビゲーション．日本ロボット学会誌 35(2)：118-121.

Zheng, X. and Y. Natuhara（2020）Landscape and local correlates with two green tree-frogs, *Rhacophorus*（Amphibia：Rhacophoridae）in different habitats, central Japan. *Landsc. Ecol. Eng.* 16(2)：199-206.

Zheng, X., Y. Natuhara, J. Li, G. Li, Y. Du, H. Jia, Z. Dai, D. Du, S. Zhong and D. Qin（2021）Effects of multiple stressors on amphibian oviposition：Landscape and local determinants in central Japan. *Ecol. Indic.* 128：107824.

Zheng, X., Y. Natuhara and S. Zhong（2021）Influence of midsummer drainage and agricultural modernization on the survival of *Zhangixalus arboreus* tadpoles in Japanese paddy fields. *Environ. Sci. Pollut. Res.* 28(14)：18294-18299.

■トンボの楽園「中池見湿地」の過去と現在

朝日新聞（2012）貴重な湿地に新幹線．2012 年 11 月 20 日朝刊, p. 35.

Corbet, P. S.（1962）*A Biology of Dragonflies*. H.F. and G. WITHERBY LTD, London. 247 pp.

藤野勇馬・和田茂樹（2011）福井県敦賀市中池見湿地におけるキトンボの記録．福

井市自然史博物館研究報告（58）：65-66.

福田真由子（2015）中池見湿地の北陸新幹線ルート変更までの道のりと今後の課題．https://www.nacsj.or.jp/archive/files/katsudo/nakaikemi/pdf/nakaikemisimpo2015fukuda.pdf（2020年10月アクセス）

比嘉洋・藤野基文（2012a）北陸新幹線ルートヘイケボタル生息．毎日新聞朝刊．2012年11月10日，p. 29.

比嘉洋・藤野基文（2012b）ホタル湿地に絶滅危惧10種．毎日新聞朝刊．2012年11月26日，p. 8.

Hirai, N., T. Morioka and M. Ishii（2020）Species diversity of Odonata in Nakaikemi Marsh, Fukui Prefecture, Japan. *Japanese Journal of Environmental Entomology and Zoology* 31：1-12.

井上清・谷幸三（1999）トンボのすべて．トンボ出版，大阪．151 pp.

井上清・谷幸三（2010）赤トンボのすべて．トンボ出版，大阪．181 pp.

石田昇三・石田勝義・小島圭三・杉村光俊（1988）日本産トンボ幼虫・成虫検索図説．東海大出版会，東京．140 pp.

JRTT鉄道・運輸機構（2015）北陸新幹線，中池見湿地付近環境事後調査最終報告．https://www.jrtt.go.jp/project/asset/pdf/hokuriku/constPHrkReport.pdf（2020年10月アクセス）

環境省（2024）特定外来生物等一覧．https://www.env.go.jp/nature/intro/2outline/list.html（2024年11月30日アクセス）

環境省（2013b）絶滅危惧情報．http：//www.biodic.go.jp/rdb/rdb_f.html（2013年アクセス）

河野昭一（2000）中池見湿地第二次学術調査の成果．京都・神戸・福井3大学合同中池見湿地学術調査チーム，日本生物多様性防衛ネットワーク編．中池見湿地(福井県敦賀市) 学術調査報告書―第二次学

術調査結果の報告―, pp.1-3.

中池見ねっと（2012）中池見ねっと通信（14）．4pp. NPO法人中池見ねっと，福井．

中池見ねっと（2013）最近のトピックストンボ72種目確認！！～カトリヤンマ～．中池見ねっと通信（24）：1.

中池見ねっと（2014）20年ぶり！アオヤンマ（県域準絶滅危惧種）確認！中池見ねっと通信（28）：1.

中池見ねっと（2017）祝！ラムサール登録5年目の奇跡！！中池見ねっと通信（40）：1.

中池見ねっと（2020）トラフトンボ発見！中池見のトンボが73種になりました．中池見ねっと通信（51）：1.

中池見湿地トラスト編（2002）中池見湿地のトンボ―観察ガイドブック―．第13回全国トンボ市民サミット福井県敦賀大会実行委員会，福井．170 pp.

日本経済新聞（2012）北陸新幹線の計画変更を．2012年11月20日朝刊, p. 42.

尾園暁・川島逸郎・二橋亮（2012）日本のトンボ．文一総合出版，東京．531 pp.

The Ramsar Convention on Wetlands（2012）Japan adds nine new Ramsar Sites. News Archives. http://www.ramsar.org/ cda/en/ramsar-news-archives-2012-japan-nine/main/ramsar/ 1-26-45-520% 5E25828_4000_0(2013年アクセス)

斎藤愼一郎（2008）奇跡の泥炭湿原 中池見湿地．斎藤好子，神奈川県．184 pp.

佐々治寛之・岸本修（1996）福井県敦賀市中池見湿地の昆虫相とその自然環境保全の提言 付 テントウムシ科昆虫の新種記載と生活史．日本海地域の自然と環境（3）：15-36.

佐々治寛之・長田勝・室田忠男・岸本修（2003）中池見湿地並びにその周辺地域の昆虫相（1）中池見湿地と丘陵地帯の昆虫相, 生息環境の保全問題．野原精一・河野昭一編．福井県敦賀市中池見湿地総合学術調査報告．国立環境研究所,茨城,

笹木智恵子（2006）事例：身近で貴重な『中池見湿地』を守る（福井県敦賀市）．日本自然保護協会編．生態学からみた里やまの自然と保護．講談社，東京，pp.216-217.

下田路子（2003）水田の生物をよみがえらせる．岩波書店，東京．214pp.

下田路子・中本学（2003）中池見（福井県）における耕作放棄湿田の植生と絶滅危惧植物の動態．日本生態学会誌 53：197-217.

総務省（2012）法令データ提供システム．http://law.e-gov.go.jp/cgi-bin/idxsearch.cgi（2013 年 1 月アクセス）

Steytler, N. S. and M. J. Samways（1995）Biotope selection by adult male dragonflies (Odonata) at an artificial lake created for insect conservation in South Africa. *Biol. Conserv.* 72：381-386.

椿宜高・河野昭一（2003）中池見湿地の昆虫相(総合評価)．野原精一・河野昭一編．福井県敦賀市中池見湿地総合学術調査報告．国立環境研究所，茨城，p. 226.

和田茂樹（1995）中池見のトンボ―1991～1995 年度調査報告―．福井市自然史博物館研究報告（42）：67-79.

和田茂樹（2000）中池見湿地のトンボ相．京都・神戸・福井 3 大学合同中池見湿地学術調査チーム，日本生物多様性防衛ネットワーク編．中池見湿地（福井県敦賀市）学術調査報告書―第二次学術調査結果の報告―．pp.18-50.

和田茂樹（2001）福井県におけるトンボ類の生息地の現状．*Ciconia* 9：37-42.

和田茂樹（2003）中池見湿地のトンボ相とその現状．野原精一・河野昭一編．福井県敦賀市中池見湿地総合学術調査報告．国立環境研究所，茨城，pp.291-292.

■チョウ類の視点で里山を見る

近松美奈子・夏原由博・水谷康子・中村彰宏(2002)都市林に造成された人工ギャップがチョウ類の種組成に及ぼす影響．日緑工誌 28：97-102.

服部保・赤松弘治・武田義明・小舘誓治・上甫木昭春・山崎寛（1995）里山の現状と里山管理．人と自然 6：1-32.

服部保・南山典子，橋本佳延・石田弘明・小舘誓治・黒田有寿茂（2010）多様性植生調査法 - 生物多様性評価と数量的な解析を進めるための植生調査法 -．兵庫県立人と自然の博物館，兵庫，pp.28.

一般社団法人日本木質バイオマスエネルギー協会編（2019）私たちのくらしと木質バイオマスエネルギー〜バイオエコノミーによる循環型社会の創造〜．（一社）日本木質バイオマスエネルギー協会，東京．26 pp.

石井実（1993）チョウ類のトランセクト調査．矢田脩・上田恭一郎編，「日本産蝶類の衰亡と保護第 2 集」日本鱗翅学会(大阪)・日本自然保護協会（東京），pp.91-101.

石井実（1998）トラップ法．日本環境動物昆虫学会編，「チョウの調べ方」．文教出版，大阪，pp.53-58,

石井実（2001a）広義の里山の昆虫とその生息場所に関する一連の研究．環動昆 12：187-193.

石井実（2001b）森林文化とチョウ相の成り立ち - 大阪での考察 -．「照葉樹林文化論の現代的展開」金子務・山口裕文編，pp.351-372，北海道大学図書刊行会，札幌．

石井実（2016）環境省モニタリングサイト1000 のチョウ類調査．昆虫と自然 51：2-3.

石井実（2022）衰退する里山のチョウ類 - モニタリングサイト 1000 里地調査の結果から．生物の科学遺伝 76：118-124.

石井実監修（2005）生態学からみた里やまの自然と保護（日本自然保護協会編）．講談社，東京．242 pp.

石井実・植田邦彦・重松敏則（1993）里山の自然を守る．築地書館，東京．171 pp.

石井実・広渡俊哉・藤原新也（1995）「三草山ゼフィルスの森」のチョウ類群集の多様性．環動昆 7：134-146.

石井実・石井敬任・広渡俊哉（2003）ゼフィルスの森つくりと里山の管理．関西自然保護機構会誌 24：75-85.

石井実・浅井悠太・上田昇平・平井規央（2019）「三草山ゼフィルスの森」におけるチョウ類群集の 24 年間の変化．地域自然史と保全 41：97-109.

Kudrna, O.（1986）*Butterflies of Europe-Aspects of the conservation of butterflies in Europe*. Aula-Verlag, Wiesbaden. 323 pp.

牧野富太郎（1982）原色牧野植物大図鑑．北隆館，東京．906 pp.

牧野富太郎（1983）原色牧野植物大図鑑続編．北隆館，東京．538 pp.

道下雄大・西中康明（2004）三草山における里山植生と人との関わり．都市と自然 336：8-11.

守山弘（1988）自然を守るとはどういうことか．農山漁村文化協会，東京．260 pp.

中川重年（2001）里山保全の全国的パートナーシップ．「里山の環境学」武内和彦・鷲谷いづみ・恒川篤史編，pp.125-135, 東京大学出版会，東京．

夏原由博（1998a）標識再捕法．日本環境動物昆虫学会編，「チョウの調べ方」，pp.43-53, 文教出版，大阪．

夏原由博（1998b）多様度指数を利用した解析．日本環境動物昆虫学会編，「チョウの調べ方」，pp.69-1, 文教出版，大阪．

Nishinaka, Y. and M. Ishii（2006）Effects of experimental mowing on species diversity and assemblage structure of butterflies in a coppice on Mt Mikusa, northern Osaka, central Japan. *Trans. lepid. Soc. Japan* 57：202-216.

Nishinaka, Y. and M. Ishii（2007）Mosaic of

various seral stages of vegetation in the Satoyama, the traditional rural landscape of Japan as an important habitat for butterflies. *Trans. lepid. Soc. Japan* 58：69-90.

西中康明・岩崎江利子・桜谷保之（2005）近畿大学奈良キャンパスにおける環境とチョウ類群集の多様性との関係．環動昆 16：23-30.

西中康明・石井実・道下雄大（2007）チョウ類の種多様性の保全のための里山植生の管理方法の検討．関西自然保護機構会誌 28：93-116.

西中康明・松本和馬・日野輝明・石井実（2010）伝統的施業により維持されている薪炭林におけるチョウ類群集の構造と種多様性．蝶と蛾 61：176-190.

西中康明・有賀憲介・千原裕（2014）万博記念公園のチョウ相 -2009 ～ 2013 年の定性調査結果より -. 環動昆 25：155-164.

沼田真 編集(1983)生態学辞典 増補改訂版．築地書館，東京．519 pp.

奥田重俊（1997）日本野生植物館．小学館，東京．631 pp.

大泉一貫（2010）農業の高齢化と耕作放棄地の解消を目指す農地制度の改革．日本不動産学会誌 23：66-72.

大内幸雄（1987）拡大造林政策の歴史的展開過程．林業経済研究 1113-11.

Pollard, E.（1977）A method for assessing changes in the abundance of butterflies. *Biol. Conserv.* 12：116-134.

Pollard, E.（1982）Monitoring butterfly abundance in relation to the management of a nature reserve. *Biol. Conserv.* 24：317-328.

Pollard, E.（1984）Synoptic studies of butterfly abundance. In：Vane-Wright, R. I. and P. R. Ackery（eds.），*The biology of butterflies*, pp.59-61, Academic Press, London.

Pollard, E. and T. J. Yates（1993）*Monitoring butterflies for ecology and conservation*.

Chapman and Hall, London. 274 pp.

Primack, R. B. (2000) *A Primer of Conservation Biology, 2nd ed.* Sinauer Associates, Massachusetts. 319 pp.

Pullin, A. S. (2002) *Conservation Biology.* Cambridge University Press, New York. 358 pp.

Shannon, C. E. and W. Weaver (1949) *The mathematical theory of communication.* University of Illinois Press, Chicago.

竹中明夫 (2009) 全天写真解析プログラム CanopOn 2. http：//takenaka-akio.org/etc/canopon2/（2024 年 6 月アクセス）.

武内和彦・鷲谷いづみ・恒川篤史編（2001）里山の環境学. 東京大学出版会, 東京. 257 pp.

Thomas, J. A. (1983) A quick method for estimating butterfly numbers during surveys. *Biol. Conserv.* 27：195-211.

戸田健太郎・中村彰宏 (2001) 全天写真を用いた日射量推定プログラムの開発. 日緑工誌 27：154-159.

■土の中の多様な動物の世界：里山林の土壌性甲虫類

青木淳一（1980）土壌動物学―分類・生態・環境との関係を中心に―. 814 pp. 北隆館, 東京.

青木淳一（1999）日本産土壌動物 分類のための図解検索. 1076 pp.+ xxxix. 東海大学出版会, 東京.

青木淳一（2015）日本産土壌動物 第2版：分類のための図解検索. 2022pp. 東海大学出版会, 東京.

Dybas, H. S. (1990) Insecta：Coleoptera, Ptiliidae. In Dindal, D. L. (ed.), Soil biology guide. 1093-1112. A Wiley-Interscience Publication. New York.

林長閑（1999）コウチュウ目（鞘翅目）幼虫. 青木淳一編著, 日本産土壌動物―分類のための図解検索―. 東海大学出版会. 東京. pp.910-952.

平野幸彦（1985）落葉下の甲虫. 昆虫と自然 20(12)：4-8.

久松定成（1984）ムクゲキノコムシ科, コケムシ科. 原色日本甲虫図鑑 (II)（上野俊一・黒沢良彦・佐藤正孝編）：239-241. 保育社, 大阪.

保科英人（2001）ツルグレン装置と土壌甲虫. 甲虫ニュース, 133：9-13.

河原正和（2005）マメダルマコガネ族. 日本産コガネムシ上科図説, 第 1 巻食糞群. （川合信矢, 堀繁久, 河原正和, 稲垣政志編著）, 昆虫文献六本脚, 東京.

木元新作・武田博清（1989）群集生態学入門. 共立出版, 東京.

Kimoto, S. (1967) Some quantitative analysis on the chrysomelid fauna of the Ryukyu Archipelago. *Esakia* 6：27-54.

丸山宗利（2003a）日本とその周辺地域の好蟻性ハネカクシ. 昆虫と自然 38(2)：6-10.

丸山宗利, 2003b. 好蟻性・好白蟻性甲虫の採集法. 昆虫と自然 38(9)：43-47.

Maruyama, M. (2004) Four new species of *Myrmecophilus* (Orthoptera, Myrmecophilidae) from Japan. *Bull. Nat. Sci. Mus., Tokyo, Ser. A 30*：37-44.

Maruyama, M. (2006) Revision of the Palearctic species of the myrmecophilous genus *Pella* (Coleoptera, Staphylinidae, Aleocharinae). *National Science Museum Monographs* (32)：1-207.

Maruyama, M. and T. Hironaga (2004) *Microdon katsurai*, a new species of myrmecophilous hoverfly (Diptera, Syrphidae) from Japan, associated with *Polyrhachis lamellidens* (Hymenoptera, Formicidae). *Bull. Nat. Sci. Mus., Tokyo, Ser. A 30*：173-179.

丸山宗利・小松貴・工藤誠也・島田拓・木野村恭一（2013）アリの巣の生きもの図鑑－TheGuests of Japanese Ants－. xii + 208pp., 東海大学出版会, 神奈川.

Maruyama, M., K. Mizota and M. Ohara (2000) Notes on the myrmecophilous rove beetle, *Philetaerius elegans* Sharp (Coleoptera, Staphylinidae, Staphlininae). *Elytra* 28 (1)：67-70.

Maruyama, M. and H. Sugaya (2004) A new myrmecophilous species of *Batraxis* (Coleoptera, Staphylinidae, Pselaphinae), associated with *Lasius* (*Chthonolasius*) sp. (Hymenoptera, Formicidae, Formicinae) from Hokkaido, Japan. *Elytra* 32(2)：321-325.

森本桂 (1984) ゾウムシ科. 原色日本甲虫図鑑 (IV) (林匡夫・森本桂・木元新作編) 269-345. 保育社, 大阪.

森本桂 (1996) 昆虫類 (六脚上綱) 総論. 日本動物大百科第8巻昆虫 I (石井実, 大谷剛, 常喜豊 編集), pp.46-49. 平凡社, 東京.

Naomi, S.-I. and M. Maruyama (1998) A revision of the genus *Sepedophilus* Gistel (Coleoptera, Staphylinidae, Tachyporinae) from Japan：Species group of *S. pedicularius*. *Jpn. J. Syst. Entomol.* 4 (1)：51-75.

Newton, Jr., A. F. (1984) *Mycophagy in Staphylinoidea* (*Coleoptera*). *In Fungus-Insect-Relationships. Perspectives in Ecology and Evolution.* (eds. Wheeler, Q. and M. Blackwell). Columbia University Press, New York, pp.302-353.

野村周平 (1993) 土壌甲虫の生息する環境. 昆虫と自然, 28(2)：2-10.

野村周平 (1995) 土壌甲虫群集から見た宮崎東諸県地域. 平嶋義宏編, 宮崎東諸県の生物―その分類学・生態学的知見―. 秀巧社印刷, 福岡, pp.17-30.

越智輝雄 (1984) コガネムシ科. 原色日本甲虫図鑑 (II) (上野俊一・黒沢良彦・佐藤正孝編) 239-241. 保育社, 大阪.

佐々治寛之 (1984) ミジンムシダマシ科. 原色日本甲虫図鑑 (III) (黒沢良彦・久松定成・佐々治寛之編). 保育社, 大阪, p.230.

佐々治寛之 (1999) コウチュウ目 (鞘翅目) 成虫. 青木淳一編著, 日本産土壌動物―分類のための図解検索―. 東海大学出版会. 東京, pp.891-909.

澤田義弘・広渡俊哉・石井実 (1999) 三草山の里山林における土壌性甲虫類の多様性. 昆蟲ニューシリーズ 2(4)：161-178.

Thayer, M. K. (2005) 11.7. Staphylinidae. In Handbook of Zoology. Volume IV Arthropoda：Insecta, Part 38. Coleoptera, Beetles. Volume 1：Morphology and Systematics. (vol. eds：R. G. Beutel and R. A. B. Leschen), pp.296-344.

渡辺泰明 (1984) アリヅカムシ科, ハネカクシ科. 原色日本甲虫図鑑 (II) (上野俊一・黒沢良彦・佐藤正孝編) 保育社, 大阪, pp.261-326.

■源流部にサンショウウオを求めて – マホロバサンショウウオの生活史の解明 –

秋田耕佑・平井規央・石井実 (2011) 大阪府南部におけるコガタブチサンショウウオ *Hynobius yatsui* Oyama の分布と生息環境. 関西自然保護機構会誌 33(1)：15-33.

秋田喜憲 (2011) 宝達山におけるヒダサンショウウオ幼生の生活史. 両生類誌 21：1-16.

Frost, D. R. (2024) *Amphibian Species of the World：an online reference. Version 6.2* (4 July, 2024). Electronic Database accessible at https://amphibiansoftheworld.amnh.org/index.php. American Museum of Natural History, New York, USA.

環境省 (2020a) 環境省レッドリスト 2020. https://www.env.go.jp/press/107905.html (2022年5月12日参照).

環境省 (2020b)「絶滅のおそれのある野生動植物の種の保存に関する法律施行令の

一部を改正する政令」の閣議決定につい
て（国内希少野生動植物種の指定等）．
http：//www.env.go.jp/press/107622.html
（2022 年 5 月 12 日参照）．

環境省（2014）レッドデータブック 2014
－日本の絶滅の恐れのある野生生物－3
爬虫類・両生類．ぎょうせい，東京．
153 pp.

Kusano, T. and K. Miyashita（1984）Dispersal
of the salamander, *Hynobius nebulosus
tokyoensis. J. Herpetol.* 18：349–353.

Li, J, C. Fu and G. Lei（2011）Biogeographical
Consequences of Cenozoic Tectonic Events
within East Asian Margins：A Case Study
of *Hynobius* Biogeography. *PLoS ONE* 6
(6)：e21506. doi：10.1371/journal.pone.
0021506

松井正文（1996）両生類の進化．東京大学
出版会，東京．302 pp.

松井正文・小池裕子（2003）生物進化と保
全遺伝学．小池裕子・松井正文（編）．
保全遺伝学．東京大学出版会，東京，
pp.19–39.

Matsui, M., K. Nishikawa, Y. Misawa and S.
Tanabe（2007）Systematic relationships of
Hynobius okiensis among Japanese
salamanders（Amphibia：Caudata）. *Zool.
Sci.* 24：746–751.

松井正文・関慎太郎（2008）カエル・サン
ショウウオ・イモリのオタマジャクシハ
ンドブック．文一総合出版，東京．79
pp.

松井正文（2013）7-1 有尾両生類の進化と
繁殖戦略．佐藤孝則・松井正文（編）．
北海道のサンショウウオたち．エコ・ネッ
トワーク，札幌，pp.225–240.

Matsui, M., H. Okawa, K. Nishikawa, G. Aoki,
K. Eto, N. Yoshikawa, S. Tanabe, Y. Misawa
and A. Tominaga（2019）Systematics of the
Widely Distributed Japanese Clouded
Salamander, *Hynobius nebulosus*（Amphibia
：Caudata：Hynobiidae）, and Its Closest

Relatives. *Current Herpetology* 38(1)：32–
90.

日本爬虫両棲類学会（2020）日本産爬虫両
生類標準和名．http：//herpetology.jp/
wamei/index_j.php.

Nishikawa, K. and M. Matsui（2008）A
Comparative Study on the Larval Life
History in Two Populations of *Hynobius
boulengeri* from Kyusyu, Japan（Amphibia：
Urodela）. *Current Herpetology* 27(1)：
9–22.

太田宏・佐藤孝則（2013）4-5 行動圏．佐
藤孝則・松井正文(編)．北海道のサンショ
ウウオたち．エコ・ネットワーク，札幌，
pp.138–146.

Sakai, Y., A. Kusakabe, K. Tsuchida, Y.
Tsuzuku, S. Okada, T. Kitamura, S. Tomita,
T. Mukai, M. Tagami, M. Takagi, Y. Yaoi and
T. Minamoto（2019）Discovery of an
unrecorded population of Yamato
salamander（*Hynobius vandenburghi*）by
GIS and eDNA analysis. *Environmental
DNA.* 2019 1：281–289.

佐藤孝則・堤公宏（2013）5-2 帯広市「若
葉の森」での事例．佐藤孝則・松井正文
（編）．北海道のサンショウウオたち．エ
コ・ネットワーク，札幌，pp.155–167.

高橋久（2008）ホクリクサンショウウオの
陸上の生息場所と産卵期の移動．両生類
誌 17：19–24.

Tominaga, A. and M. Matsui（2008）
Taxonomic status of a salamanderspecies
allied to Hynobius naevius and re-evaluation
of Hynobius naevius yatsui Oyama, 1947
（Amphibia, Caudata）. *Zool. Sci.* 25：107–114.

Tominaga, A., M. Matsui, S. Tanabe and K.
Nishikawa（2019）A revision of *Hynobius
stejnegeri*, a lotic breeding salamander from
western Japan, with a description of three
new specoes（Amphibia, Candata,
Hynobiidae）. *Zootaxa* 4651(3)：401–433.

吉川夏彦（2015）最近の日本産ハコネサン

ショウウオ属の分類に関する雑記. 両生類誌 27：1-8.

吉川夏彦・富永篤（2019）2013年以降の日本産有尾両生類の分類について. 爬虫両生類学会報 2019：177-194.

■オオカマキリとチョウセンカマキリのすみわけ

石井五郎（1937）カマキリタマゴカツオブシムシ *Orphiloides ovivorus* MATSUMURA et YOKOYAMA の生活史及び習性. 蚕糸試験場報告 9：151-165.

Habu, A.（1962）*Family Podagrionidae*. In Okuda, Y. et al.（eds.）, Fauna Japonica-Chalcididae, Leucospididae and Podagrionidae：178-202. Biogeographical Society of Japan, National Science Museum, Tokyo.

Hurd, L. E.（1988）Consequences of divergent egg phenology to predation and coexistence in two sympatric, congeneric mantids（Orthoptera：Mantidae）. *Oecologia* 76：549-552.

Hurd, L. E. and R. M. Eisenberg（1989）Temporal distribution of hatching times in three sympatric mantids（Mantodea：Mantidae）. *Proc. Entomol. Soc. Wash.* 91：529-533.

Iwasaki, T.（1990）Predatory behavior of the praying mantis, *Tenodera aridifolia* I. Effect of prey size on prey recognition. *J. Ethol.* 8（2）：75-79.

Iwasaki, T.（1991a）Predatory behavior of the praying mantis, *Tenodera aridifolia* II. Combined effect of prey size and predator size on the prey recognition. *J. Ethol.* 9（2）：77-81.

Iwasaki, T.（1991b）The tachinid fly *Exorista bisetosa* parasitizing the mantis *Tenodera angustipennis*. *Jpn. J. Ent.* 59（2）：256.

Iwasaki, T.（1992）Stage duration, size and coloration of two praying mantises, *Tenodera*

aridifolia（Stoll）and *Tenodera angustipennis* Saussure（Mantodea：Mantidae）. *Jpn. J. Ent.* 60（3）：551-557.

岩崎拓（1993）カマキリに寄生するヤドリバエの生活史. インセクタリウム 30：260-265.

岩崎拓（1995）オオカマキリとチョウセンカマキリのすみわけに関する研究. 大阪府立大学大学院農学研究科博士論文. 66 pp.

Iwasaki, T.（1996）Comparative studies on the life history of two praying mantises, *Tenodera aridifolia*（Stoll）and *Tenodera angustipennis* Saussure（Mantodea：Mantidae）I. Temporal pattern of egg hatch and nymphal development. *Appl. Entomol. Zool.* 31（3）：345-356.

Iwasaki, T.（1998）Prey menus of two praying mantises, *Tenodera aridifolia*（Stoll）and *Tenodera angustipennis* Saussure（Mantodea：Mantidae）. *Ent. Sci.* 1（4）：529-532.

岩崎拓（2000）オナガアシブトコバチのオオカマキリとチョウセンカマキリ越冬卵嚢への寄生. *Jpn. J. Ent.*（*N.S.*）3（2）：65-70.

Iwasaki, T.（2000）Life history of the torymid wasp *Podagrion nipponicum* parasitizing eggs of the praying mantis. *Ent. Sci.* 3（4）：597-602.

岩崎拓（2002a）カマキリの種間交尾. 南大阪の昆虫 4（2）：18.

岩崎拓（2002b）堺市周辺におけるオオカマキリとチョウセンカマキリの生息場所の変化. 南大阪の昆虫 4（3）：14-18.

岩崎拓（2003）カマキリヤドリバエの生息場所について. 南大阪の昆虫 5（4）：1-4.

岩崎拓（2004）カマキリヤドリバエの越冬ステージについて. 南大阪の昆虫 6（2）：16-17.

岩崎拓（2006）オナガアシブトコバチ. 自然遊学館だより 41：9-11.

岩崎拓 (2008a) サツマヒメカマキリが10個の卵嚢を産みました. 自然遊学館だより 46：10-11.

岩崎拓 (2008b) カマキリヤドリバエ. 南大阪の昆虫 10：34.

岩崎拓 (2011) オオカマキリとチョウセンカマキリの生息場所の違い 〜導入除去実験の結果から〜. 昆虫と自然 46(13)：17-20.

岩崎拓 (2021) オオカマキリとチョウセンカマキリの交尾器の挿入時間. ばったりぎす 164：51-53.

岩崎拓・青柳正人・百々康行・石井実 (1994) カマキリタマゴカツオブシムシ越冬世代成虫のカマキリ卵嚢からの脱出および産卵の時期と寿命. 応動昆 38(3)：147-151.

Iwasaki, T., M. Aoyagi, Y. Dodo and M. Ishii (1996) Life history of the first generation of the dermestid beetle, *Thamaglossa rufocapillata*. *Appl. Entomol. Zool.* 31(3)：389-395.

岩崎拓・青柳正人・百々康行・石井実 (2000) クロヒゲブトカツオブシムシ第1世代成虫の生活史. *Jpn. J. Ent.* (*N.S.*) 3(3)：105-109.

岩崎拓・青柳正人 (2007) カマキリタマゴカツオブシムシの生活史 3. 自然遊学館だより 44：9-11.

桐谷圭治 (1957) カマキリタマゴカツオブシムシの産卵習性. 生態昆虫 7：111-116.

熊代三郎 (1938) カマキリタマゴカツオブシムシに就いて. 応用動物学雑誌 10：254-256.

松良俊明 (1979) カマキリの卵期死亡率と死亡要因について. 京都教育大学紀要 B55：49-58.

松良俊明 (1984) オオカマキリ. インセクタリウム 21：277.

松良俊明 (2007) カマキリは滅んでしまうのか?―オオカマキリとの対比を通して

の考察―京都教育大学環境教育研究年報 (15)：57-67.

大山義雄 (1987) オオカマキリの孵化について. 三重生物 37：25-31.

嶌洪 (1989) 寄生生活への道―ヤドリバエの場合 [3]. インセクタリウム 26：88-94.

Shima, H. (1999) Host-parasite catalog of Japanese tachinidae (Diptera). まくなぎ, Supplement 1, 108 pp.

Terayama, M. (2006) Bethylidae (Hymenoptera). *The Insects of Japan*, vol.1. Touka Syobou, Fukuoka, 319 pp.

山崎一夫・岩崎拓 (2002) ヒメオナガアシブトコバチの寄生. *Jpn. J. Ent.* (*N.S.*) 5(2)：25-27.

■クモに便乗するカマキリモドキの不思議な生活史

Engel, M. S., S. L. Winterton and L. C. V. Breitkreuz (2018) Phylogeny and evolution of Neuropterida：where have wings of lace taken us? *Ann. Rev. Entomol.* 63：531-551.

蓮沼克己 (1980) 卵のうから出たムシ. *Kishidaia* 45：28, 8.

Hirata, S., M. Ishii and Y. Nishikawa (1995) First instar larvae of mantispids, *Mantispa japonica* MacLachlan and *Eumantispa harmandi* (Navás) (Neuroptera：Mantispidae), associating with spiders (Araneae). *Jpn. J. Ent.* 63：673-680.

Hirata, S. and M. Ishii (2001) Factors Affecting Fecundity of the Mantispid, *Eumantispa harmandi* (Navás) (Neuroptera：Mantispidae). *Sci. Rep. Agr. Biol. Sci. Osaka Pref. Univ.* 53：31-36.

日浦勇 (1978) カマキリモドキ科. 原色日本昆虫図鑑 (下) (伊藤修四郎・奥谷禎一・日浦勇編). 保育社, 大阪. p. 180.

板倉泰弘 (1990) アズマキシダグモ卵のうに寄生したヒメカマキリモドキ. 蜘蛛 23：186-187.

岸田久吉（1929）エドコマチグモの産卵性
に就て．Lansania 1（5）：73-74.
越澤拓美・中峰空（2024）東海・近畿地方
で確認された外来種タテスジカマキリモ
ドキ（新称）（アミメカゲロウ目：カマ
キリモドキ科）．東海自然誌（早期公開
版）：1-7.
Kuroko, H.（1961）On the eggs and first-instar
larvae of two species of Mantispidae. *Esakia*
3：25-31.
Nakamine, H. and S. Yamamoto（2018）A new
genus and species of thorny lacewing from
Upper Cretaceous Kuji amber, northeastern
Japan（Neuroptera, Rhachiberothidae）.
ZooKeys 802：109-120.
Nakamine, H. and S. Yamamoto.（2024）
Taxonomic notes on the Mantispidae
（Insecta：Neuroptera）from Japan. *Species
Diversity* 29：1-26.
Ohl, M.（2004）Annotated catalog of the
Mantispidae of the world（Neuroptera）.
Contrib. Ent. Internat. 5：129-264.
Nakamine, H. and S. Yamamoto.（2024）
Taxonomic notes on the Mantispidae
（Insecta：Neuroptera）from Japan. *Species
Diversity* 29：209-234.
Redborg, K. E.（1998）Biology of
Mantispidae. *Ann. Rev. Entomol.* 43：175-
194.
Redborg, K. E. and E. G. MacLeod（1983）
Climaciella brunnea（Neuroptera：
Mantispidae）：a mantispid that obligately
boards spiders. *J. Nat. Hist.* 17：63-73.
Redborg, K. E. and E. G. MacLeod（1985）
The developmental ecology of *Mantispa
uhleri* Banks（Neuroptera：Mantispidae）.
Ill. Biol. Monogr. 53. 130 pp.
Redborg, K. E. and A. H. Redborg（2000）
Resource partitioning of spider hosts
（Arachnida, Araneae）by two mantispid
species（Neuroptera, Mantispidae）in an
Illinois woodland. *J. Arachnol.* 28：70-78.

新海栄一（2017）ネイチャーガイド 日本
のクモ 増補改訂版．文一総合出版, 東京.
407 pp.
Snyman, L. P., M. Ohl, M. W. Mansell and C.
H. Scholtz（2012）A revision and key to the
genera of Afrotropical Mantispidae
（Neuropterida, Neuroptera）, with the
description of a new genus. *ZooKeys* 184：
67-93.
Snyman, L.P., C. L. Sole and M. Ohl（2018）A
revision of and keys to the genera of the
Mantispinae of the Oriental and Palearctic
regions（Neuroptera：Mantispidae）.
Zootaxa 4450：501-549.
Snyman, L. P., M. Ohl, C. W. W. Pirka and C.
L. Sole（2020）A review of the biology and
biogeography of Mantispidae（Neuroptera）.
Ins. Sys. Evo., 13 Apr. 2020：1-42. DOI
10.1163/1876312X-bja10002.
田中陽介・平田慎一郎（2017）オオイクビ
カマキリモドキの寄主クモの初記録．昆
蟲（ニューシリーズ）20：120-123.
吉倉真（1987）クモの生物学．学会出版セ
ンター, 東京．613 pp.

■ウラナミジャノメの不規則な世代数の変異を追って

Hasegawa, Y., T. Takeuchi and N. Hirai（2019）
Variability of photosensitive period and
voltinism among populations of a butterfly,
Ypthima multistriata, inhabiting similar
latitudes and altitudes. *Entomol. Exp. Appl.*
167：467-475.
環境省（2020）環境省レッドリスト 2020.
https://www.env.go.jp/press/files/jp/114457.
pdf（2020 年 10 月 30 日アクセス）
Masaki, S.（1999）Seasonal adaptations of
insects as revealed by latitudinal diapause
clines. *Entomol. Sci.* 2：539-549
Noriyuki, S., K. Akiyama and T. Nishida
（2011）Life-history traits related to
diapause in univoltine and bivoltine

populations of *Ypthima multistriata* (Lepidoptera：Satyridae) inhabiting similar latitudes. *Entomol. Sci.* 14：254-261.

竹井一（2004）ウラナミジャノメの不思議－近畿地方を中心として－．*SPINDA* 19：17-23

田中誠二・小滝豊美・檜垣守男（2004）休眠の昆虫学－季節適応の謎．東海大学出版会，平塚．329 pp.

■ブチヒゲヤナギドクガ成虫の行動と生態を追って

Hidaka, T.（1972）Biology of *Hyphantria cunea* DRURY（Lepidoptera：Arciidae）in Japan：XIV. Mating Behavior. *Appl. Ent. Zool.* 7：116-132.

伊藤嘉昭（編）（1972）アメリカシロヒトリ．中央公論社，東京．185pp.

桑名幸雄（1986）ブチヒゲヤナギドクガの光周反応と地理的起源．応動昆 30：173-178.

Sirota, Y., K. Ueda, Y. Kuwana and F. Komai （1976）Biological studies on *Leucoma candida*（Staudinger）（Lepidoptera；Lymantriidae）in Japan. I. Biology and life history. *Kontyu* 44：85-92.

Sirota, Y., S. Onogi and K. Ueda（1976）Biological studies on *Leucoma candida* （Staudinger）（Lepidoptera；Lymantriidae）in Japan. II. The timing mechanism of female calling. *Appl. Ent. Zool.* 11：22-26.

Solomon, M. E.（1949）The natural control of animal populations. *J. Anim. Ecol.* 18：1-35.

Ueda, K., Y. Nasu and Y. Suda（1981）Biological studies on *Leucoma candida* （Staudinger）（Lepidoptera；Lymantriidae）in Japan. III. Sparrow predation on adult moths. *Res. Popul. Ecol.* 23：61-73.

■森に棲む赤い誘惑者ベニボタル

Bocak, L. and M. Bocakova（1990）Revision of the supergeneric classification of the family Lycidae（Insecta：Coleoptera）. *Polskie Pismo ent.* 59：623-676.

Bocak, L. and M. Bocakova（2008）Phylogeny and classification of the family Lycidae （Insecta：Coleoptera）. *Annls zool. Warsz.* 58(4)：695-720.

Bocak, L. and M. Bocakova（2010）Elateroidea, Lycidae. *In*：*Lawrence, J. F et al., eds. Handbook of Zoology. Arthropoda*：*Insecta. Coleoptera, Beetles* 2. Walter de Gruyter GmbH and Co. KG, Berlin/New York, pp.114-123.

Bocak, L. and K. Matsuda（2003）Review of the immature stages of the family Lycidae （Insecta：Coleoptera）. *J. nat. Hist.* 37：1463-1507.

Eisner, T., F. C. Schroeder, N. Snyder, J. B. Grant, D. J. Aneshansley, D. Utterback, J. Meinwald and M. Eisner（2008）Defensive chemistry of lycid beetles and of mimetic cerambycid beetles that feed on them. *Chemoecology* 18：109-119.

福田彰（1956）ベニボタル科の生態．新昆虫 9(5)：27.

福田彰（1959）クロベニボタルの1種 *Cautires* sp. 日本幼虫図鑑（河田党ら著）．北隆館，東京：431.

林長閑（1954）カクムネベニボタルの幼虫と蛹（鞘翅目幼虫の研究 I）．ニュー・エント 3(2/3)：11-15, pls. 1, 2.

林長閑（1959）クロベニボタル *Cladophorus geometricus* Kiesenwetter. 日本幼虫図鑑（河田党ら著）．北隆館，東京：432.

林長閑（1981）枯木に生息する鞘翅目の幼虫の同定手びき．日本私学教育研究所，調査資料 81：83-96, pls. 1-12.

林長閑（1986a）甲虫の生活．築地書館，東京：58-61.

林長閑（1986b）ベニボタル科．原色日本甲虫図鑑 I（森本桂ら著）．保育社，大阪：pl. 34.

林長閑・竹中英雄（1960）クロハナボタル
の幼期について．*Kontyû* 28(2)：138-
141, pl. 9.

竹中英雄（1962）ヤマトアミメボタルの幼
虫について．*Akitu* 10：41-42, figs. 1-8.

萩原広光・山本幸憲（1995）日本変形菌類
図鑑．平凡社，東京．163 pp.

Hawkeswood, T. J.（2011）A record of
Metriorrhynchus beetles（Coleoptera：
Lycidae）feeding on the flowers of the
introduced tree, *Acer buergerianum* Miquel
（Aceraceae）in New South Wales, Australia.
Calodema. 179：1-3.

今関六也・本郷次雄（1957）原色日本菌類
図鑑．保育社，大阪．181 pp.

兼久勝夫（1991）昆虫のアロモンおよびカ
イロモン．1億人の科学 3，新ファーブ
ル昆虫記，日本化学会編（石井象二郎ら
著）．大日本図書，東京：78-106.

川上新一（2013）森のふしぎな生きもの
変形菌ずかん．平凡社，東京．127 pp.

川上新一（2017）変形菌．技術評論社，東
京．207 pp.

Kazantsev, S. V.（2004）Morphology of
Lycidae with some considerations on
evolution of the Coleoptera. *Elytron.* 17-
18：73-248.

Kleine, R.（1933）*Coleopterorum Catalogus
auspiciis et auxilio W. Junk editus a
Schenkling, S., ed. Pars 128, Lycidae.* W.
Junk, Berlin. 145 pp.

公文暁（2020）茨城県におけるベニボタル
科 5 種の記録．月刊むし 587：24-25.

Kusy, D., M. Motyka, M. Bocek, M. Masek
and L. Bocak（2019）Phylogenomic analysis
resolves the relationships among net-winged
beetles（Coleoptera：Lycidae）and reveals
the parallel evolution of morphological
traits. *Syst. Ent.* 2019：1-15.

Lawrence, J. F.（1991）Lycidae
（Cantharoidea）. *In*：*Stehr, F. W., ed.
Immature Insects 2.* Kendall/Hunt Publishing

Company. pp.423-424.

Lawrence, J. F. and E. B. Britton（1994）
Australian Beetles. Melbourne University
Press. 192 pp.

松田潔（1994）東南アジアのベニボタル．
昆虫と自然 29(2)：28-30.

松田潔（1997a）ベニボタル科の幼虫．昆
虫と自然 32(2)：14-18.

松田潔（1997b）ベニボタル科の分類概説．
昆虫と自然 32(3)：35-40.

松田潔（1997c）1996 年ベニボタル科の動
向．昆虫と自然 32(4)：21-25.

松田潔（2005）ベニボタルの幼虫形態．昆
虫と自然 40(4)：43-47.

松田潔（2014）大阪府内のベニボタル科甲
虫（4）．南大阪の昆虫 16：65-68.

松田潔（2017a）ベニボタル科の絵解き検索．
絵解きで調べる昆虫 2（井上広光ら著）.
文教出版，大阪：91-115.

松田潔（2017b）日本産ベニボタル科甲虫
研究の課題．昆虫と自然 52(14)：34-38.

松田潔（2019）日本産アミメボタル族（鞘
翅目ベニボタル科）研究の現状．昆虫と
自然 54(11)：22-25.

松本淳ら（2007）粘菌 驚くべき生命力の謎．
誠文堂新光社，東京．143 pp.

Miller, R. S.（2002）Elateroidea, Lycidae. *In*：
*Arnett, R. H. Jr. et al., eds. American Beetles
2, Polyphaga*：*Scarabaeoidea through
Curculionoidea.* CRC Press. pp.174-178.

村山茂樹（2004）粘菌変形体捕食者として
の吸汁性土壌昆虫．昆虫と自然 39(7)：
13-16.

中島淳志（2017）しっかり見わけ 観察を
楽しむ きのこ図鑑．ナツメ社，東京．
319 pp.

緒方一夫（1989）アリ科．日本産昆虫総目
録 II（森本桂ら著）．九州大学農学部昆
虫学教室・日本野生生物センター共
同編集：654-660.

Perris, M. E.（1877）Larves de Coléoptères.
Ann. Soc. Linn. Lyon. 22. 590 pp.

Reitter, E. (1911) *Fauna Germanica. Die Käfer des Deutschen Reiches. Nach der analytischen Methode bearbeitet. III. Band.* Stuttgart. 436 pp.

佐藤正孝・松田潔（1985）ベニボタル科. 原色日本甲虫図鑑 III（黒澤良彦ら著）. 保 育 社, 大 阪：92-107, pls. 15-17, 図 8-11.

Schelford, R. W. C. (1916) A naturalist in Borneo. T. Fisher Unwin, London. 331 pp.

Stebbing, E. P. (1914) *Indian forest insects of economic importance, Coleoptera.* Eyre and Spottiswoode, London. 648 pp., 63 pls.

Wong, A. (1995) Trilobite larvae. A new understanding. *Nat. malay.* 20 (1)：24-29.

■世界最小の甲虫・ムクゲキノコムシ

Barber, H. S. (1924) New Ptiliidae related to the smallest known beetle. *Proc. Entomol. Soc. Washington* 26(6)：167-178.

Bouchard, P., Y. Bousquet, A. Davies, M. Alonso-Zarazaga, J. Lawrence, C. Lyal, A. Newton, C. Reid, M. Schmitt, A. Ślipiński and A. Smith (2011) Family-group names in Coleoptera (Insecta). 972pp. Pensoft Publification, Bulgaria.

Crowson, R. A. (1981) The Biology Coleoptera, 802pp. Academic Press, New York.

Darby, M. (2020) A revision of *Cissidium* Motschulsky (Coleoptera：Ptiliidae) with seventy-seven new species. *Eur. J. Taxon.* 622：1-188.

Dybas, H. S. (1990) Insecta：Coleoptera, Ptiliidae. In Dindal, D. L. (ed.), Soil biology guide. A Wiley-Interscience Publication, New York：1093-1112.

Grebennikov, V. V. (2008) How small you can go：Factors limiting body miniaturization in winged insects with a review of the pentropical genus Discheramocephalus and discription of six new species of the smallest

beetles (Pterygota：Coleoptera：Ptiliidae). *Eur. J. Entomol.* 105：313-328, 2008.

Hall, E. W. (1999) Revision of the tribe Nanosellini (Coleoptera：Ptiliidae：Ptiliinae). *Trans. Amer. Entomol. Soc.* 125：39-126.

Hall, E. W. (2001a) Family 17. Ptiliidae. In Arnet, R. H. Jr., and M. C. Thomas (eds.), American Beetles, vol. I, Archostemata, Myxophaga, Adephaga, Polyphaga：Staphylinoidea. CRC Press, Florida：233-246.

Hall, E. W. (2001b) 11.2 Ptiliidae Erichson, 1845. In：Handbuch der Zoolgie, vol. 4 Arthropoda：Insecta, part 38：Coleoptera, Beetles. volume 1：Morphology and Systematics. edited by Kristensen, N, P. and Beutel, R. G., (volume edited Beutel, R. G. and R. A. B. Leschen). De Gruyter, Germany.

Hall, E. W. (2016) 14.2 Ptiliidae Erichson, 1845. In：Handbuch der Zoolgie, vol. 4 Arthropoda：Insecta, part 38：Coleoptera, Beetles. volume 1：Morphology and Systematics. 2nd edition, edited by Kristensen, N, P. and Beutel, R. G., (volume edited Beutel, R. G. and R. A. B. Leschen). De Gruyter, Germany.

久松定成（1989）ムクゲキノコムシ科. 日本産昆虫総目録（九州大学農学部昆虫学研究室・日本野生生物研究センター編）, 第 I 巻, pp.250-251.

Koch, K. (1989) Ptiliidae. In：Die Käfer Mitteleuropas, Ökologie. 1：200-211, Goecke and Evres, Kreferld.

Lawrence, J. F. and E. B. Britton (1994) Australian Beetles. Melbourne University Press, Melbourne. 192 pp.+ x,

Lawrence, J. F. and A. M. Newton, Jr. (1995) Families and subfamilies of Coleoptera (with selected genera, notes, references and data on family-group names). In J. Pakaluk, and S. A. Slipinski (eds.), Biology, Phylogeny, and Classification of Coleoptera. Papers Celebrating the 80th Birthday of Roy A. Crowson 2：779-1006. Muzeum i Instytut Zoologii Polska Akademia Nauk, Warszawa.

Matthews, A. (1872) Trichopterygia, illustrata et descripta. Alvey and Boulton, London. 188 pp.

Matthews, A. (1884) Trichopterygidae found in Japan by Mr. G. Lewis. *Cistula Entomol.* 3(28)：77-84.

Matthews, A. (1889) New genera and species of Trichopterygidae. Ann. Mag. Nat. Hist., Series 6, 3：188-195.

Matthews, A. (1900) Trichopterygia, illustrata et descripta, supplement. Alvey and Boulton, London. 112 pp.

Polilov, A. A. (2016) Structure of Principal Group of Microinsects. III. Featherwing Beetles (Coleoptera：Ptiliidae). In：At the Size Limit-effects of miniaturization of insects. Springer International Publishing, Switzerland, pp.77-133.

Polilov, A. A., I. Ribera, M. I. Yavorskaya, A. Cardoso, V. V. Grebennikov and R. G. Beutel (2019). The phylogeny of Ptiliidae (Coleoptera：Staphylinoidea)-the smallest beetles and their evolutionary transformations. *Arthr. Syst. Phyl.* 77(3)：433-455.

Portevin, G. (1929) Histoire Naturelle des Coléoptères de France. Tome I. Adephaga, Polyphaga：Staphylinoidea. Encyclopédie Entomologique (A). Vol. 12., Lechevalier, Paris.

Reitter, E. (1909) Familie Ptiliidae. Fauna Germanica, die Käfer des Deutschen Reiches 2：265-275.

澤田義弘 (1999) 日本のムクゲキノコムシ. 昆虫と自然 34(5)：17-20.

Sawada Y. and T. Hirowatari (2002) Revision

of the genus *Acrotrichis* Motschulsky (Coleoptera, Ptiliidae) in Japan. *Entomol. Sci.* 5(1)：77-101.

Sawada, Y and T. Hirowatari (2003) Discovery of the genus *Skidmorella* Johnson (Coleoptera：Ptiliidae) in Japan, with descriptions of two new species. *Entomol. Sci.* 6：309-314.

Sawada, Y. (2008) Revision of the genus *Cissidium* (Coleoptera：Ptiliidae) in Japan. Taichius：The Special Publication of the Japan Coleopterological Society 2：101-126.

Sharp, D. (1883) Subfamily Cepharoplectinae. In；Biologia Centrali-Americana. Insecta, Coleoptera vol.1(2) Taylor and Francis, London, pp.295-297.

Skidmore, P. (1991) Insects of the cow-dung community. Field Studies Council Publication, Montford Bridge. 166 pp.

Sörensson, M. and J. A. Delgado (2019) Unveiling the smallest-systematics, classification and a new subfamily of featherwing beetles based on larval morphology (Coleoptera：Ptiliidae). *Invert. Syst.* 33：757-806.

■ハナカメムシの生物学

Arbogast, R. T., M. Carthon and J. R. Roberts, Jr. (1971) Developmental stages of *Xylocoris flavipes* (Hemiptera：Anthocoridae), a predator of stored-product insects. *Ann. Entomol. Soc. Am.* 64：1131-1134.

Bacheler, J. S. and R. M. Baranowski (1975) *Paratriphleps laevisculus*, a phytophagous anthocorid new to the United States (Hemiptera：Anthocoridae). *Fla. Entomol.* 58：157-163.

Carayon, J. (1958) Un nouvel Anthocoridae omphalophore de Côte d'Ivoire (Hemiptera Heteroptera). *Bull. Mus. Natl. Hist. Nat.*

Series 2 30：153–158.

Carayon, J.（1966）Traumatic insemination and the paragenital system. In *Monograph of Cimicidae（Hemiptera-Heteroptera）*（R. L, Usinger, ed.）. Thomas Say Foundation, Entomological Society of America, Lanham, Maryland, pp.81–166.

Carayon, J.（1972）Caractères systématiques et classification des Anthocoridae ［Hemipt.］. *Ann. Soc. entomol. Fr.（N.S.）* 8：309–349.

Carayon, J.（1977）Insémination extra-génitale traumatique. In *Traité de Zoologie. Anatomie, Systématique, Biologie. Tome VIII：Insectes. Gamétogenè ses, Fécondation, Métamorphoses.*（P. P. Grassé, ed.）. Masson, Paris, France, pp.351–390.

Carayon, J. and J. R. Steffan（1959）Observations sur le regime alimentaire des *Orius* et particulierement d'*Orius pallidicornis*（Reuter）（Heteroptera Anthocoridae）. *Cah. Naturalistes Bull. Nat. Parisiens（N.S.）* 15：53–63.

Carpintero, D. L.（2002）Catalogue of the Neotropical Anthocoridae. *Rev. Soc. Entomol. Arge.* 61：25–44.

Carpintero, D. L.（2014）Western Hemisphere Lasiochilinae（Hemiptera：Heteroptera：Anthocoridae）with comments on some extralimital species and some considerations on suprageneric relationships. *Zootaxa* 3871：1–87.

Carpintero, D. L. and P. M. Dellapé（2012）Neotropical Scolopini（Hemiptera：Heteroptera：Anthocoridae）：new taxa, diagnostic characters and a key to the genera of the tribe. *Acta Ent. Mus. Nat. Pra.* 52：49–66

Cassis, G. and G. F. Gross（1995）Hemiptera：Heteroptera（Coleorrhyncha to Cimicormorpha）. Anthocoridae. In *Zoological Catalogue of Australia. Vol. 27.*

3A.（W. W. K. Houston and G. V. Maynard, eds.）. CSIRO Publishing, Melbourne, pp.23–42.

Eberhard, W.（2006）Sexually antagonistic coevolution in insects is associated with only limited morphological diversity. *J. Evol. Biol.* 19(3)：657–681.

Henry, T. J.（2009）Biodiversity of Heteroptera. In *Insect Biodiversity：Science and Society.*（R. G. Foottit and P. H. Adler, eds.）. Wiley–Blackwell, Oxford, UK, pp.223–263.

Henry, T. J., A. G. Wheeler, Jr. and W. E. Steiner, Jr.（2008）First North American records of *Amphiareus obscuriceps*（Poppius）（Hemiptera：Heteroptera：Anthocoridae）, with a discussion of dead-leaf microhabitats. *Proc. Entomol. Soc. Wash.* 110：402–416.

Horton, D. R. and T. M. Lewis（2011）Variation in male and female genitalia among ten species of North American *Anthocoris*（Hemiptera：Heteroptera：Anthocoridae）. *Ann. Entomol. Soc. Am.* 104：1260–1278.

Horton, D. R., T. M. Lewis and D. A. Broers（2004）Ecological and geographic range expansion of the introduced predator *Anthocoris nemoralis*（Heteroptera：Anthocoridae）in North America：Potential for nontarget effects? *Am. Entomol.* 50：18–30.

市川俊英・上田恭一郎（2010）ボクトウガ幼虫による樹液依存性節足動物の捕食―予備的観察．香川大学農学部学術報告 62(115)：39–58.

Jay, E., R. Davis and S. Brown（1968）Studies on the predaceous habits of *Xylocoris flavipes*（Reuter）. *J. Georgia Entomol. Soc.* 3：126–130.

Jung, S., H. Kim, K. Yamada and S. Lee（2010）Molecular phylogeny and evolutionary habitat transition of the flower bugs (Heteroptera：Anthocoridae). *Mol. Phylogenet. Evol.* 57：1173–1183.

Lattin, J. D. (2000) Minute Pirate Bugs (Anthocoridae). In *Heteroptera of Economic Importance*. (C. W. Schaefer and A. R. Panizzi, eds.). CRC Press, Boca Raton, Florida, pp.607–637.

前原諭（2015）栃木のハナカメムシについて．インセクト 66(1)：28–34.

Morrow, E. H and G. Arnqvist (2003) Costly traumatic insemination and a female counter-adaptation in bed bugs. *Proc. R. Soc. B.* 270：2377–2381.

Nakashima, Y., M. Uefune, E. Tagashira, S. Maeda, K. Shima, K. Nagai, Y. Hirose and M. Takagi (2004) Cage evaluation of augmentative biological control of *Thrips palmi* with *Wollastoniella rotunda* in winter greenhouses. *Entomol. Exp. Appl.* 110：73–77.

中山恒友（2014）日本国内において家屋害虫となるカメムシ類．*Rostria* (57)：45–55.

Peet, W., Jr. (1973) Biological studies on *Nidicola marginata* (Hemiptera：Anthocoridae). *Ann. Entomol. Soc. Am.* 66：344–348.

Péricart, J. (1972) *Faune de l'Europe et du Bassin Méditerranéen 7. Hémiptères Anthocoridae, Cimicidae et Microphysidae de l'Ousest-Paléarctique.* Masson et Cie Éditeurs, Paris. 402 pp.

Reinhardt, K., R. Naylor and M. T. Siva-Jothy (2003) Reducing a cost of traumatic insemination：female bedbugs evolve a unique organ. *Proc. R. Soc. B.* 270：2371–2375.

Salas-Aguilar, J. and L. E. Ehler (1977) Feeding habits of *Orius tristicolor*. *Ann. Entomol. Soc. Am.* 70：60-62.

Schmitt, J. J. and R. A. Goyer (1983)

Consumption rates and predatory habits of *Scoloposcelis mississippensis* and *Lyctocoris elongatus* (Hemiptera：Anthocoridae) on pine bark beetles. *Ecol. Entomol.* 12：363–367.

Schuh, R. T. and J. A. Slater (1995) *True bugs of the World (Hemiptera：Heteroptera). Classification and natural history.* Cornell University Press, Ithaca and London, i–xii + 337 pp.

Schuh, R. T. and P. Štys (1991) Phylogenetic analysis of Cimicomorphan family relationships (Heteroptera). *J. N. Y. Entomol. Soc.* 99：298–350.

Schuh, R. T., C. Weirauch and W. C. Wheeler (2009) Phylogenetic relationships within the Cimicomorpha (Hemiptera：Heteroptera)：a total-evidence analysis. *Syst. Entomol.* 34：15–48.

Schuh, R. T. and C. Weirauch (2020) *True bugs of the world (Hemiptera：Heteroptera). Classification and Natural history. Second edition.* Monograph Series. Vol. 8. Siri Scientific Press, Manchester. 767 pp + 32 pls.

Scutareanu, P., B. Drukker and M. W. Sabelis (1994) Local population dynamics of pear psylla and their anthocorid predators. *Bull. OILB-SROP.* 12：18–22.

Shima, K. and Y. Hirose (2002) Effect of temperature on development and survival of *Wollastoniella rotunda* (Heteroptera：Anthocoridae), a predator of *Thrips palmi* (Thysanoptera：Thripidae). *Appl. Entomol. Zool.* 37：465–468.

Stutt, A. D. and M. T. Siva-Jothy (2001) Traumatic insemination and sexual conflict in the bed bug *Cimex lectularius*. *Proc. Natl. Acad. Sci. USA.* 98：5683-5687.

Taniai, K., T. Arakawa and T. Maeda (2018) Traumatic insemination is not the case in three *Orius* species (Heteroptera：

Anthocoridae). *PLoS ONE* 13(12)：
e0206225.

Weber, P. W.（1953）Recent liberations of beneficial insects in Hawaii II. *Proc. Hawaiian Entomol. Soc.* 15：127-130.

Weirauch, C., R. T. Schuh, G. Cassis and W. C. Wheeler（2019）Revisiting habitat and lifestyle transitions in Heteroptera (Insecta：Hemiptera)：insights from a combined morphological and molecular phylogeny. *Cladistics* 35：67-105.

Yamada, K.（2008）Taxonomy of the genus *Amphiareus* (Heteroptera：Anthocoridae) in Southeast Asia. *Eur. J. Entomol.* 105：909-916.

山田量崇・広渡俊哉（2016）カササギの巣に発生した2種のハナカメムシ．*Rostria* (60)：43-47.

山田量崇・中山恒友（2013）日本への侵入が初めて確認された貯穀害虫の天敵クロセスジハナカメムシ *Dufouriellus ater* (Dufour)．応動昆 57：185-189.

Yamada, K., T. Yasunaga, Y. Nakatani and T. Hirowatari（2006）The minute pirate-bug genus *Xylocoris* Dufour (Hemiptera：Heteroptera：Anthocoridae) from rice mills in Thailand. *Proc. Entomol. Soc. Wash.* 108：525-533.

Yamada, K., K. Bindu and M. Nasser（2010）The second species of the genus *Rajburicoris* Carpintero and Dellapé (Hemiptera：Heteroptera：Anthocoridae) from southern India, with reference to autapomorphies and systematic position of the genus. *Proc. Entomol. Soc. Wash.* 112：464-472.

Yamada, K., T. Yasunaga and T. Ichikawa（2012）A new species of Lyctocoridae (Hemiptera：Heteroptera：Cimicoidea) feeding on the exuded sap of a Sawtooth Oak, *Quercus acutissima*, in Japan. *Zootaxa* 3525：65-74.

Yamada, K., T. Yasunaga and T. Artchawakom

（2013）The genus *Xylocoris* found from plant debris in Thailand, with description of a new species of the subgenus *Arrostelus* (Hemiptera：Heteroptera：Anthocoridae). *Acta Ent. Mus. Nat. Pra.* 53：493-504.

Yamada, K., T. Yasunaga and T. Artchawakom（2016）The flower bug genus *Orius* Wolff, 1811 (Hemiptera：Heteroptera：Anthocoridae：Oriini) of Thailand. *J. Nat. Hist.* 50：17-18.

八杉龍一・小関治男・古谷雅樹・日高敏隆編集（1996）岩波生物学辞典第4版．岩波書店，東京．2048 pp.

■幼虫がケースを作る小蛾類

Dupont, S. and D. Rubinoff（2015）Larval and larval case morphology of *Hyposmocoma* species (Lepidoptera：Cosmopterigidae), with a discussion on adaptations to larval case-bearing locomotion. *Ann. Entmol. Soc. Am.* 108(6)：1037-1052.

広渡俊哉（2011）潜葉性をもつガ類の多様性．（広渡俊哉編）．絵かき虫の生物学．北隆館，東京，pp.40-58.

広渡俊哉（2016）採集法．(4) 枯葉・枯枝・土壌調査．鱗翅類学入門（那須義次・広渡俊哉・吉安裕編著）東海大学出版部，神奈川，pp.29-35.

Hirowatari, T., S. Yagi, I. Ohshima, G.-H. Huang and M. Wang（2021）Review of the genus *Vespina* (Lepidoptera, Incurvariidae) with two new species from China and Japan. *Zootaxa* 4927(2)：209-233.

Huang, G.-H., S. Kobayashi and T. Hirowatari（2008）Biological notes on *Tineovertex melanochrysa* (Meyrick, 1911) (Lepidoptera, Tineidae) in Japan. *Trans. lepid. Soc. Japan* 59：261-266.

Kyaw, M.M.K., S. Yagi, J. Oku, Y. Sakamaki and T. Hirowatari（2019）Taxonomic study of *Thiotricha* Meyrick (Lepidoptera, Gelechiidae) in Japan, with the description of two new species. *ZooKeys* 897（1）：67–99.

Kyaw, M.M.K., T. Ueda, S. Yagi, T. Okamoto and T. Hirowatari（2021）A taxonomic study of two species of *Thiotricha* Meyrick （Lepidoptera：Gelechiidae）, from southwestern Japan, with notes on the biology of their immature stages. *Zootaxa* 4980（2）：331–354.

森内茂（1982）ヒロズコガ科．（井上寛ら著）日本産蛾類大図鑑．講談社，東京，pp.1：162–171, 2：185–187, pls. 2, 246–248.

中塚久美子・広渡俊哉・池内健・長田庸平・金沢至（2013）大阪府内のさまざまな緑地における腐植食性ガ類の種多様性．*Lepid. Sci.* 64：154–167.

Narukawa, J., S. Arai, K. Toyoda and U. Kurosu（2002）*Gaphara conspersa* （Lepidoptera）, a tineid moth preying on ant larva. *Spec. Bull. Jap. Soc. Coleopterol.* （5）：453–460.

Nasu, Y., G. H. Huang, S. Murahama and T. Hirowatari（2008）Tineid moths （Lepidoptera, Tineidae）from Goshawk and Ural Owl nests in Japan, with notes on larviparity of *Monopis congestella*（Walker）. *Trans. lepid. Soc. Japan* 59：187–193.

那須義次・村濱史郎・松室裕之・上田恵介・広渡俊哉（2012）昆虫食性鳥類4種の巣に発生する鱗翅類．*Lepid. Sci.* 63：87–93.

Okamoto, H. and T. Hirowatari（2000）Biology of *Vespina nielseni* Kozlov （Lepidoptera：Incurvariidae）, with description of immature stages and redescription of adults. *Entomol. Sci.* 3（3）：511–518.

Okamoto, H. and T. Hirowatari（2004）Distributional records and biological notes on Japanese species of the family Incurvariidae（Lepidoptera）. *Trans. lepid.*

Soc. Japan 55（3）：173–195.

Rubinoff, D.（2008）Phylogeography and ecology of an endemic radiation of Hawaiian aquatic case–bearing moths （*Hyposmocoma*：Cosmopterigidae）. *Phil. Trans. R. Soc.* B 363：3459–3465.

Rubinoff, D.（2012）20 million years of evolution in Hawaii's most diverse genus, *Hyposmocoma*（Cosmopterid)idae）. Abstract, XXIV International Congress of Entomology, Daegu 2012.

Sugiura, S.（2016）Bagworm bags as portable armour against invertebrate predators. *PeerJ*, 4：e1686.

上田達也（2011）キバガ科．日本の鱗翅類．（駒井古実・吉安裕・那須義次・斉藤寿久編著）．東海大学出版会，神奈川，pp.637–650, pls. 41–50.

Ueda, T. and Y. Fujiwara（2005）A new species of the genus *Thiotricha*（Lepidoptera：Gelechiidae）associated with *Symplocos prunifolia*（Symplocaceae）from Japan, with a biological note on the immature stages and a taxonomic comment on the Japanese *Thiotricha* species. *Trans. lepid. Soc. Japan* 56（1）：73–84.

保田淑郎・広渡俊哉・石井実編著（1998）小蛾類の生物学．文教出版，大阪．233 pp.

■分類研究のおもしろさと難しさ－キバガ科の研究をとおして

De Benedictis, J. A. and J. A. Powell（1989）A procedure for examining the genitalic musculature of Lepidoptera. *J. Lepid. Soc.* 43（3）：239–243.

Heikkilä, M., M. Mutanen, M. Kekkonen and L. Kaila（2014）Morphology reinforces proposed molecular phylogenetic affinities：a revised classification for Gelechioidea （Lepidoptera）. *Cladistics* 30：563–589.

Hodges, R. W.（1986）Gelechioidea：

Gelechiidae (in part). In Dominick, R. B. et al. (eds), *The moths of America north of Mexico*, fasc. 7(1)：i-xiii+1-195. The Wedge Entomological Research Foundation, Washington.

Kaila, L. (2004) Phylogeny of the superfamily Gelechioidea (Lepidoptera：Ditrysia)：an exemplar approach. *Cladistics* 20：303-340.

Karsholt, O., M. Mutanen, S. M. Lee and L. Kaila (2013) A molecular analysis of the Gelechiidae (Lepidoptera, Gelechioidea) with an interpretative grouping of its taxa. *Syst. Entomol.* 38：334-348.

Karsholt, O. and T. Riedl (1996) Gelechiidae. *In* Karsholt, O. and Razowski, J. (ed.), *The Lepidoptera of Europe, a distributional checklist*：103-122. Apollo Books, Stenstrup.

Kyaw, M. M. K., T. Ueda, S. Yagi, T. Okamoto, M. Wang and T. Hirowatari (2021) A Taxonomic study of two species of Thiotricha Meyrick (Lepidoptera：Gelechiidae), from southwestern Japan, with notes on the biology of their immature stages. *Zootaxa* 4980(2)：331-354.

森内茂 (1982) キバガ科. 井上ら, 日本産蛾類大図鑑 1：275-288, 2：212-215, pls 10, 13, 227, 231, 233, 242-244, 257-260. 講談社, 東京.

Nasu, Y., Y. Sakamaki and Y. Tomioka (2016) Immature stages of *Oecia oecophila* (Staudinger, 1876) (Lepidoptera, Gelechioidea, Schistonoeidae), with notes on biology and phylogenetic relationships of the family. *J. Asia-Pacific Biodiver.* 9：208-211.

那須義次・広渡俊哉・吉安裕編著 (2016) 鱗翅類学入門 飼育・解剖・DNA 研究のテクニック. 東海大学出版会, 神奈川. 295 pp.

Park, K.T. and R. W. Hodges (1995)

Gelechiidae of Taiwan III. Systematic revision of the genus *Dichomeris* in Taiwan and Japan. *Ins. Koreana* 12：1-101.

Ponomarenko, M. G. (1992) Functional morphology of the male genitalia of moths of the subfamily Dichomeridinae sensu novo (Lepidoptera, Gelechiidae) and relationship of its tribes. *Entomol. Obozr.* 71：160-178.

Ponomarenko, M. G. (1997) Phylogeny and taxonomy of the subfamily Dichomeridinae (Lepidoptera：Gelechiidae). *Zoosyst. Rossica* 6：305-314.

斉藤寿久・上田達也 (2011) キバガ上科. 駒井古実・吉安裕・那須義次・斉藤寿久 (編). 日本の鱗翅類―系統と多様性：185-223. 東海大学出版会, 神奈川.

坂巻祥孝・上田達也 (2013) キバガ科. 広渡俊哉・那須義次・坂巻祥孝・岸田泰則 (編). 日本産蛾類標準図鑑 3：262-316. 学研教育出版, 東京.

Ueda, T. (1995) The genus *Helcystogramma* (Lepidoptera, Gelechiidae) of Japan. *Jap. J. Entomol.* 63：377-387.

Ueda, T. (1997) A revision of the genus *Autosticha* from Japan (Lepidoptera, Oecophoridae). *Jap. J. Entomol.* 65：108-126.

Ueda, T. and Y. Fujiwara (2005). A new species of *Thiotricha* (Lepidoptera, Gelechiidae) associated with *Symplocos prunifolia* (Symplocaceae) from Japan, with biological notes on the immature stages and a taxonomic comment on the Japanese Thiotricha species. *Trans. Lepid. Soc. Japan* 56：73-84.

■河川のベントス調査の難関, ユスリカ類の同定作業を克服する

Cranston, P. S. (1995) Introduction. In：P. D. Armitage, P. S. Cranston, L. C. V. Pinder, editors. The Chironomidae：Biology and ecology of non-biting midges. *Chapman* and Hall. London. 1-7.

平嶋義宏・森本桂・多田内修（1989）昆虫分類学．川島書店，東京．599 pp.

川合禎次・谷田一三 共編（2018）日本産水生昆虫 科・属・種への検索（第二版）．東海大学出版部，神奈川．1520 pp.

木村悟朗・上野隆平・小林貞（2017）ユスリカの和名の由来．まくなぎ 22：1-6.

近藤繁生・平林公男・岩隈敏夫・上野隆平 共編（2001）ユスリカの世界．培風館，東京．xii + 306 pp.

日本ユスリカ研究会編（2010）図説日本のユスリカ．文一総合出版，東京．Xlviii + 356 pp.

Sasa, M and M. Kikuchi（1995）Chironomidae of Japan. *Univ. Tokyo Press, Tokyo*. 333 pp.

ウィキペディア（2020）ユスリカ．https://ja.wikipedia.org/wiki/ % E3 % 83 % A6 % E3 % 82 % B9 % E3 % 83 % AA % E3 % 82% AB（2020 年 4 月 30 日観覧）.

Yamamoto, M.（2004）A catalog of Japanese Orthocladinae（Diptera：Chironomidae）. *Makunagi/Acta Dipterologica* 21：1-121.

Yamamoto N., M. Suzuki and M. Yamamoto（2019）Taxonomic notes on several Japanese Chironomids（Diptera）described by Dr. M. Sasa （ † ）and his coauthors. *Japanese journal of systematic entomology* 25(1)：63-72.（2019）.

山本優（2017）ユスリカ科の絵解き検索—エリユスリカ亜科・ユスリカ亜科—．絵解きで調べる昆虫 2（日本環境動物昆虫学会編：井上広光ら著）. 文教出版，大阪．117-223.

山本優・山本直（2014）ユスリカ科（Chironomidae）. 日本昆虫目録第 8 巻双翅，日本昆虫学会，pp.242-367.

■ペット魚，ミナミメダカの他地域個体群の侵入による遺伝子攪乱

有本文彦・香月利明・北坂正晃・田丸八郎・林美正（2003）大阪府に於けるメダカの生息状況報告（第 1 報）．NPO 法人シニア自然大学校．31 pp.

有本文彦・香月利明・北坂正晃・田丸八郎・林美正（2005）大阪府に於けるメダカの生息状況報告（第 2 報）．NPO 法人シニア自然大学校．23 pp.

有本文彦・香月利明・北坂正晃・田丸八郎・林美正（2010）大阪府に於けるメダカの生息状況報告（第 3 報）．NPO 法人シニア自然大学校．31 pp.

Asai, T., H. Senou and K. Hosoya（2011）*Oryzias sakaizumii*, a new ricefish from northern Japan（Teleostei：Adrianichthyidae）. *Ichthyol. Explor. Freshwaters* 22：289-299

Brown, D. M., M. B. George and A. C. Wilson（1979）Rapid evolution of animal mitochondrial DNA. *Proc. Natl. Acad. Sci.* 76：1967-1971.

Clement, M., D. Posada and K. Crandall（2000）TCS：a computer program to estimate gene genealogies. *Molecular Ecology* 9：1657-1660.

江上信雄（1954）メダカの臀鰭軟条数の変異に関する研究．魚類学雑誌 3(1)：33-89.

Egami, N., O. Terao and Y. Iwao（1988）The life span of wild populations of the fish Oryzias latipes under natural conditions. *Zoological Science* 5：1149-1152.

Excoffier, L. G. Laval and S. Schneider（2005）Arlequin ver. 3.1：An integrated software package for population genetics data analysis.

外来種影響・対策研究会（2008）河川における外来種対策の考え方とその事例 決定版．(財)リバーフロント整備センター，東京．110 pp.

林公義（2003）メダカ．環境省野生生物課編「改訂・日本の絶滅のおそれのある野生生物 4 レッドデータブック汽水淡水魚類」．自然環境研究センター．162-163

Hirai, N., Y. Torii, H. Matsuoka and M. Ishii（2017）Genetic diversity and intrusion of alien populations of *Oryzias latipes* in Osaka Prefecture, central Japan. *Japanese Journal of Environmental Entomology and Zoology* 28：47-54.

石川恭子・東淳樹（2005）水路の構造からみた水田地帯におけるメダカの生息環境要因．農村計画学会誌 24：19-24.

岩松鷹司（2002）メダカと日本人．青弓社，東京．213 pp.

岩松鷹司（2006）新版 メダカ学全書．大学教育出版，岡山県．473 pp.

岩松鷹司（2007）野生メダカの生息調査から見た生物多様性国家戦略の現状．瀬木学園紀要 3,8：53-60.

ジョン・メイナード＝スミス（2002）進化遺伝学．産業図書，東京．378 pp.

北野聡・山形哲也・市川寛・小林尚（2003）長野県北部の水田用水路に生息する淡水魚類：耕作放棄 1 年後の状況．信州大学教育学部附属志賀自然教育研究施設研究業績（40）：29-32.

小山直人・北川忠生（2009）奈良県大和川水系のメダカ集団から確認されたヒメダカ由来のミトコンドリア DNA．魚類学会誌 56：153-157.

近藤繁生・谷幸三・高崎保郎・益田芳樹（2006）ため池の水田の生き物図鑑動物編．トンボ出版，大阪．116 pp.

上月康則・佐藤陽一・村上仁士・西岡健太郎・倉田健悟・佐良家康・福田守（2000）都市近郊用水路網におけるメダカの生息環境要因に関する研究．環境システム研究 28：313-320.

水野信彦・後藤晃（1987）日本の淡水魚類－その分布，変異，種分化をめぐって．東海大学出版会，東京．33 pp.

向井貴彦・西田睦（2005）ヌマチチブ非在来個体群におけるミトコンドリア DNA の地理的変異．魚類学会誌 52(2)：133-140.

中井克樹（2002）ブルーギル．日本生態学会編「外来種ハンドブック」地人書館，東京．p. 119.

Nakao, R., Y. Iguchi, N. Koyama, K. Nakai and T. Kitagawa（2017a）. Current status of genetic disturbances in wild medaka populations（*Oryzias latipes* species complex）in Japan. *Ichthyological research* 64：116-119.

Nakao, R., Y. Kano, Y. Iguchi and T. Kitagawa（2017b）. Genetic disturbance in wild Minami-medaka populations in the Kyushu region, Japan. *Int. J. Biol.* 9：71-77.

根井正利・S. クマー（2006）分子進化と分子系統学．培風館，東京．160 pp.

Nei, M.（1973）Analysis of gene diversity in subdivided populations. *Proc. Natl. Acad. Sci.* 70：3321-3323.

Nei, M. and W.-H. Li（1979）Mathematical model for studying genetic variation in terms of restriction endonucleases. *Proc. Natl. Acad. Sci.* 76：5269-5273.

Nicholas, K. B., H. B. Nicholas,Jr. and D. W. Deerfield II.（1997）GeneDoc：A software for analysis and visualization of genetic variation.

リチャード・フランカム・ジョナサン・D. バーロウ・デヴィッド A. ブリスコウ（2007）保全遺伝学入門．文一総合出版，東京．751 pp.

Sakaizumi, M., K. Moriwaki and N. Egami（1983）Allozymic variation and regional differentiation in wild population of the fish *Oryzias latipes. Copeia* 1983：311-318.

Sakaizumi, M., Y. Shimizu and S. Hamaguchi（1992）Electrophoretic studies of meiotic segregation in inter- and intraspecific hybrids among east Asian species of the genus *Oryzias*（Pisces：Oryziatidae）. *Journal of Experimental Zoology* 264：85-92.

Setiamarga, D. H. E., M. Miya, Y. Yamanoue, Y. Azuma, J. G. Inoue, N. B. Ishiguro, K. Mabuchi and M. Nishida (2012) Divergence time of the two regional medaka populations in Japan as a new time scale for comparative genomics of vertebrates. *Biological Letters* 5：812-816.

佐原雄二・幸地良仁（1980）カダヤシーメダカダヤシの生態．川合禎次・川那部浩哉・水野信彦編「日本の淡水生物」．東海大学出版会，東京，pp.106-118

佐原雄二（2002）カダヤシ．日本生態学会編．外来種ハンドブック．地人書館，東京，p. 115.

齋田圭太・松田勝・水谷正一（2009）ミトコンドリア DNA を指標とした栃木県産野生メダカの遺伝的多様性の解析．農業農村工学会全国大会講演要旨集，pp.750-751.

瀬能宏（2000）今，小田原のメダカが危ない―善意？の放流と遺伝子汚染．自然科学のとびら 6：14.

Swofford, D. L. (2002) PAUP*：Phylogenetic analysis using parsimony and other methods, Version 4.0. Sinauer Associations, Sonderland, Massachusetts.

武田洋幸・岡本仁・成瀬清・堀寛（2002）小型魚類研究の新展開―脊椎動物の進化・遺伝・進化の理解をめざして．共立出版，東京．315 pp.

Takehana, Y., N. Nagai, M. Matsuda, K. Tsuchiya and M. Sakaizumi (2003) Geographic variation and diversity of the cytochrome b Gene in Japanese wild populations of Medaka, Oryzias latipes. *Zoological Science* 20：1279-1291.

Takehana Y., J. Sang-rin and M. Sakaizumi (2004) Genetic structure of Korean wild populations of the Medaka *Oryzias latipes* inferred from allozymic variation. *Zoological Science* 20：977-988.

竹花佑介・北川忠生（2010）メダカ：人為

的な放流による遺伝的攪乱．魚類学会誌 57(1)：76-79.

上野輝彌・沖山宗雄（1988）現代の魚類学．朝倉書店，東京．256 pp.

内田和子（2003）日本のため池―防災と環境保全．海青社，滋賀．227 pp.

渡辺絵理子・辻徹・佐藤政則・土井寅治・八鍬拓司・佐々木隆行・渡辺明彦・鬼武一夫（2006）山形県内に生息する野生メダカにおける種内分化の分子遺伝学的解析．山形大學紀要．自然科學 16(2)：55-69.

淀太我（2002）オオクチバス．日本生態学会編．外来種ハンドブック．地人書館，東京，p. 117.

吉永育生（2007）農業用調整池ならびに水田湛水中の水質環境の形成に関する研究．農工研報 47．51 pp.

■絶滅危惧種アサマシジミの保全単位と遺伝的多様性

千野光茂 (1915) 信濃の蝶．信濃教育 (11)：1-8.

藤岡知夫（1971a）日本のアサマシジミをめぐって（上）．月刊むし (7)：12-18.

藤岡知夫（1971b）日本のアサマシジミをめぐって（下）．月刊むし (8)：2-5.

藤岡知夫（1975）日本産蝶類大図鑑．講談社，東京，312 pp.

藤岡知夫（2005）日本の秘蝶 (9) - ヤリガタケシジミ -. *Butterflies* (*S. fujisanus*) (40)：9-17.

降旗剛寛・浜栄一（1972）アサマシジミの発香鱗（長野県とその北部隣接地域のアサマシジミについて, 2). まつむし (42)：1-30.

原幸夫・降旗剛寛（1973）アサマシジミ群の亜種間交配（長野県とその北部隣接地域のアサマシジミについて, 3). まつむし (46)：5-15 + 1 pl.

林慶二郎 (1951) 日本蝶類解説．日新書院，東京．210 pp.

Jeratthitikul, E., T. Hara, M. Yago, T. Itoh, M. Wang, S. Usami and T. Hikida（2013） Phylogeography of Fischer's blue, *Tongeia fischeri*, in Japan：Evidence for introgressive hybridization. *Molecular Phylogenetics and Evolution* 66：316-26.

Jump, A. S., C. Matyas and J. Penuelas（2009） The altitude-for-latitude disparity in the range retractions of woody species. *Trends in Ecology and Evolution* 24：694-701.

環境省（2018）環境省レッドリスト 2019—昆虫類 Available from https://www.env.go.jp/press/files/jp/109188.pdf

川副昭人・若林守男（1976）原色日本蝶類図鑑 全改訂新版. 保育社, 大阪. 422 pp.

清沢晴親・浜栄一・降旗剛寛（1971）長野県とその北部隣接地域のアサマシジミについて. まつむし（40）：1-28 + 2 pl.

江田慧子（2011）オオルリシジミなど里山環境に生息する絶滅危惧シジミチョウ類の保全・保護に関する生態学的研究—オオルリシジミ自然個体群の回復にむけて—. 環動昆 22(4)：207-219

国立科学博物館編（2006）日本列島の自然史. 東海大学出版会, 秦野. 339 pp.

Kuzume, H. and T. Itino（2013）Agreement of subdivisions inferred from different data types in *Cimicifuga simplex* (Ranunculaceae)：pollination morphs and genotypes based on internal transcribed spacer（ITS）sequences of nuclear ribosomal DNA. *The Journal of Japanese Botany* 88：176-181.

丸山潔・原幸夫・小林靖彦・浜栄一・降旗剛寛（1974）白馬岳周辺のアサマシジミ群についての考察（長野県とその北部隣接地域のアサマシジミについて, 4）. まつむし（48）：1-12 + 1 pl.

Matsumura, S.（1929）Some new butterflies from Japan, Korea and Formosa. *Insecta Matsumurana* 3：139-142.

Nakahama, N. and Y. Isagi（2018）Recent transitions in genetic diversity and structure in the endangered semi-natural grassland butterfly, *Melitaea protomedia*, in Japan. *Insect Conservation and Diversity* 11：330-340.

Nakahama, N., K. Uchida, A. Ushimaru and Y. Isagi（2018）Historical changes in grassland area determined the demography of semi-natural grassland butterflies in Japan. *Heredity* 121：155-168.

日本昆虫目録編集委員会編（2013）日本昆虫学会日本産昆虫目録 第7巻 鱗翅目. 櫂歌書房, 福岡. 119 pp.

西山保典(1971a) ブルーの謎を求めて(1), ブルーの魅力, アサマシジミの分布, 変異. 昆虫と自然 6(11)：2-7.

西山保典(1971b) ブルーの謎を求めて(2), アサマシジミは1種か？あの青い輝きは. 昆虫と自然 6(12)：20-25.

大嶋和雄（1990）第四紀後期の海峡形成史. 第四紀研究 29(3)：193-208.

Papadopoulou, A., I. Anastasiou and A. P. Vogler（2010）Revisiting the insect mitochondrial molecular clock：the mid-Aegean trench calibration. *Molecular Biology and Evolution* 27：1659-72.

Quek, S. P., S. J. Davies, T. Itino and N. E. Pierce（2004）Codiversification in an ant-plant mutualism：stem texture and the evolution of host use in *Crematogaster* (Formicidae：Myrmicinae) inhabitants of *Macaranga*（Euphorbiaceae）. *Evolution* 58：554-70.

佐竹正一（1904）浅間産蝶類ノ一部. 博物之友 4(21)：82-84.

白水隆(1965)原色圖鑑 日本の蝶. 北隆館, 東京. 265 pp.

白水隆（2006）日本産蝶類標準図鑑. 学研研究社, 東京. 336 pp.

白水隆・柴谷篤弘（1943）日本産ヒメシジミ, ミヤマシジミ及び其の近似種につい

て．関西昆蟲學會會報 13(1)：25-36 + 4 pl.

Strand, E.（1922）Neue Namen längst beschriebener Tiere. *Archiv für Naturgeschichte* A88：142.

Suzuki, K. and A. Sasaki（2019）Meteorological Observations in the Japanese Alps Region. *Journal of Geography* 128：9-19.

Talavera, G., V. A. Lukhtanov, N. E. Pierce and R. Vila（2013）Establishing criteria for higher level classification using molecular data：the systematics of Polyommatus blue butterflies（Lepidoptera, Lycaenidae）. *Cladistics* 29：166-192.

田下昌志・山﨑浩希・上田昇平・宇佐美真一・江田慧子・中村寛志（2013）希少種ミヤマシジミの帰化植物シロバナシナガワハギ（マメ科シナガワハギ属）への産卵に伴う生存率の低下．蝶と蛾 64(1)：10-17.

Tuzov, V., P. Bogdanov, S. Churkin, A. Dantchenko, A. Devyatkin, V. Murzin, G. Samodurov and A. Zhdanko（2000）*Guide to the Butterflies of Russia and Adjacent Territories. V. 2.* Sofia, Moscow, Russia, 480 pp.

Ueda, S., T. Nozawa, T. Matsuzuki, R. Seki, S. Shimamoto and T. Itino（2012）Phylogeny and phylogeography of *Myrmica rubra* complex（Myrmicinae）in the Japanese Alps. *Psyche* 2012, Article ID 319097, 7 pages.

Ueda, S., T. Nakatani, M. Fukumoto, K. Maruyama, T. Itoh and S. Usami（2020）Phylogeography of silver-studded blue, *Plebejus subsolanus*（Lepidoptera：Lycaenidae）, in the central mountainous regions of Japan. *Entomological Science* 23 (2)：216-226.

Yagi, M.（1915）Description of a new variety of *Lycaena argus* Linnaeus. *The Entomological Magazine* 1：139-140.

矢後勝也（2007）シジミチョウ．新訂原色昆虫大圖鑑 I 蝶蛾篇（矢田脩編）．北隆館，東京．pp.32-36, 49-82.

湯本貴和・須賀丈（2011）信州の草原―その歴史をさぐる．ほおずき書籍，長野．175 pp.

■ミカドアゲハ日本本土亜種の分類学的特徴と分布拡大

青木俊明・山口就平・植村好延（2009）琉球列島に固有のチョウ．やどりが(220)：47-60.

青木暁太郎（1984）広島市におけるミカドアゲハの分布．広島虫の会会報 (23)：29-33.

愛知県（1991）愛知県の昆虫（下）．農地林務部自然保護課，名古屋．416 pp.

新井雅夫（2021）ミカドアゲハを神戸市東灘区で撮影．きべりはむし 44 (1)：104.

東清二編（1987）沖縄昆虫野外観察図鑑第 1 巻 鱗翅目（チョウ類・ガ類）．沖縄出版，浦添．252 pp.

東清二・金城政勝・木村正明（2002）チョウ目（鱗翅目）．東清二（監），屋冨祖昌子ら（編），琉球列島産昆虫目録増補改訂版．沖縄生物学会，沖縄，pp.397-465.

東清二（2005）昆虫類．沖縄県文化環境部自然保護課（編），改訂・沖縄県の絶滅のおそれのある野生生物(動物編)―レッドデータおきなわ―．沖縄県文化環境部自然保護課，沖縄．286 pp.

伴野正志（2004）静岡市におけるミカドアゲハの記録．駿河の昆虫 (208)：5799.

出嶋利明（2012）香川県におけるミカドアゲハの分布拡大．やどりが (234)：26-27.

福田晴夫・久保怪哉・葛谷健・高橋昭・高橋真弓・田中蕃・若林守男（1972）原色日本昆虫生態図鑑（III）チョウ編．保育社，大阪．278 pp.

福田晴夫・浜栄一・葛谷健・高橋昭・高橋真弓・田中蕃・田中洋・若林守男・渡辺

康之（1982）原色日本蝶類生態図鑑Ⅰ．
保育社，大阪．299 pp.

福田晴夫（2012）野外飼育による日本列島
におけるミカドアゲハの周年経過の再検
討．*Butterflies-T*（61）：23-34.

福田竹美（1989）柳井市でミカドアゲハを
採集．ちょうしゅう（3）：4.

福田竹美・五味清（2015）光市文化センター
所蔵の昆虫標本．山口のむし（14）：
144-161.

藤井康隆（2023）ミカドアゲハを岡村島で
採集．いよにす（39）：101.

藤岡知夫（1975）日本産蝶類大図鑑．講談
社，東京．312 pp, 142 pp., 137 pls.

藤岡知夫（1981）改訂増補日本産蝶類大図
鑑．講談社，東京．329 pp, 163 pp., 152
pls.

藤岡知夫（1997）第2編アゲハチョウ科．
藤岡知夫編，日本産蝶類および世界近縁
種大図鑑Ⅰ．出版芸術社，東京，pp.139-
261, pls. 12-162.

藤岡清和（2003）口永良部島で採集した蝶．
蝶研フィールド（199）：26-27.

後藤和夫（1995）ミカドアゲハ小野田市竜
王山で採集．ちょうしゅう（9）：1.

後藤和夫（2005）ミカドアゲハを楠町で採
集．山口のむし（4）：17.

後藤和夫（2011）長門市油谷半島に生息す
る蝶類．山口のむし（10）：15-23.

後藤和夫（2012）萩市のミカドアゲハの動
向．山口のむし（11）：28.

後藤和夫（2013a）宇部市平原岳一帯の蝶類．
山口のむし（12）：15-24.

後藤和夫（2013b）ミカドアゲハの追加記
録（2012年）．山口のむし（12）：28.

後藤和夫（2015）山口県の蝶類目録．山口
のむし（14）：1-4.

後藤和夫（2017）阿武町のミカドアゲハに
ついて．山口のむし（16）：62.

長谷川好昭（2008）2008年ミカドアゲハ
調査・和歌山市（和歌山県）．めもてふ
（253）：2842-2843.

長谷川好昭（2012a）ミカドアゲハの津市
における新産地．ひらくら56(2)：49.

長谷川好昭（2012b）ミカドアゲハの幼虫
をタイワンオガタマの植栽で採集．ひら
くら56(2)：49.

林悦子（2016）ミカドアゲハの新食草．
Satsuma（156）：79.

比嘉正一（2008）蝶類の記録（2007年）．
琉球の昆虫（32）：103-115.

比嘉正一（2009）蝶類の記録（2008年）．
琉球の昆虫（33）：97-107.

比嘉正一・長嶺邦雄（2013）沖縄昆虫同好
会創立50周年記念誌 沖縄県の蝶―記録
された島と食草―．沖縄昆虫同好会，西
原．79 pp.

光昆虫グループ（1987）最近県下で採集さ
れた注目すべき昆虫類．山口県の自然
（47）：32-33.

平野心平（2020）神戸市内におけるミカド
アゲハの記録．月刊むし（598）：26-27.

広畑政巳・近藤伸一（2007）兵庫県の蝶．
自費出版．96 pp.

広畑政巳（2016）兵庫県におけるミカドア
ゲハの記録．きべりはむし39(1)：42-
43.

広島市（2000）広島市の生物―まもりたい
生命の営み―．広島市環境局環境企画課，
広島．307 pp.

稲田博夫（2013）岩国市高照寺山山塊部一
帯の蝶類．山口のむし（12）：35-43.

稲田博夫（2016）岩国市城山一帯の蝶類．
山口のむし（15）：21-28.

猪又敏男（1986）大図録日本の蝶．竹書房，
東京．499 pp.

猪又敏男・植村好延・矢後勝也・神保宇嗣・
上田恭一郎（2013）セセリチョウ上科 -
アゲハチョウ上科．日本昆虫目録編集委
員会編，日本昆虫目録，第7巻鱗翅目第
1号．日本昆虫学会，東京．xxv+119 pp.

石川大馳（2024）神戸市立本山南小学校校
庭（神戸市東灘区本山南町）でミカド
アゲハを採集．きべりはむし47(1)：68.

伊藤哲夫（2005）神奈川県初のミカドアゲ
　ハの記録．相模の記録蝶（18）：31.

岩阪佳和（1999）千葉県の鱗翅目蝶類．千
　葉県生物学会編，千葉県動物誌，文一総
　合出版，東京，pp.436-474.

角正美雪・大櫃成章・尾崎由紀・尾崎雄二・
　松本好子・松尾雅仁・田淵千里・大橋昭
　仁・坂本昇・前畑真実（2020）兵庫県伊
　丹市におけるミカドアゲハ（チョウ目，
　アゲハチョウ科）の記録．伊丹市昆虫館
　研究報告（8）：25-26.

角正美雪（2020）兵庫県伊丹市で採集した
　ミカドアゲハ（チョウ目，アゲハチョウ
　科）の飼育記録．伊丹市昆虫館研究報告
　（8）：27-29.

神吉正雄（2020）阪神間におけるミカドア
　ゲハの記録 2 例．きべりはむし 43（1）：
　57-58.

管哲郎（2020）山陽小野田市厚狭でミカド
　アゲハを確認．山口のむし（19）：47.

金井賢一（2015）2014 年硫黄島・黒島（口
　之三島）のチョウ記録と，それを用いた
　教育実践．鹿児島県立博物館研究報告
　（34）：79-86.

金沢久夫（1987）安芸郡府中町の蝶類追加
　（続報）．広島虫の会会報（26）：39-40.

河本実（2017）三重県産蝶類分布表 1957-
　2016．自費出版．889 pp.

河原宏幸（1998）山陽地方における南方系
　チョウ数種の分布拡大．昆虫と自然（33）：
　26-27.

川副昭人・若林守男（1976）原色日本蝶類
　図鑑．保育社，大阪．422 pp.

菊地泰雄（2001）2000 年愛知県知多半島の
　ミカドアゲハの観察記録．蝶研フィール
　ド（180）：27-28.

岸本修（1985）呉市でもミカドアゲハの幼
　虫を採集．広島虫の会会報（24）：28.

北原正彦（2006）チョウの分布域北上現象
　と温暖化の関係．地球環境研究センター
　ニュース（17）：26-27.

小濱継雄（2019）沖縄島西原町におけるミ

カドアゲハの記録．琉球の昆虫（43）：
　89.

小松貴（2016）グラビアシリーズ：昆虫の
　横顔 九州大学周辺の昆虫．昆蟲（ニュー
　シリーズ）19（2）：66-69.

近藤伸一（2020）ミカドアゲハ兵庫県内の
　記録 3 例．きべりはむし 43（2）：52-53.

河野勝行（2010）津市市街地近傍でミカド
　アゲハを目撃．ひゃくとりむし（314）：9.

窪田聖一（2002）愛媛県産成蝶の採集記録
　2001 年版．いよ虫す（18）：65-76.

蔵田耕一（1992）波照間島でミカドアゲハ
　を採集．蝶研フィールド（75）：27.

Makita, H., T. Shinkawa, K. Kondo, L. Xing
　and T. Nakazawa（2003）Phylogeny of the
　Graphium butterflies inferred from nuclear
　28S rDNA and mitochondrial ND5 gene
　sequences. *Trans. lepid. Soc. Japan* 54：91-
　110.

牧田裕道・新川勉・近藤喜代太郎・Lianxi
　Xing・中澤透（2003）アオスジアゲハ族
　の分子系統．昆虫と自然 38（7）：18-22.

的場績（1997）和歌山県産蝶類既報の整理．
　Kinokuni（51）：17-43.

湊秀憲（1986）ミカドアゲハの新産地．い
　よにす（2）：6-7.

中村慎吾（2014）広島県昆虫誌（改定増補
　版）Ⅳ．比婆科 学教育振興会，庄原，
　pp.1871-2329.

中西元男（1995）松阪市市街地のミカドア
　ゲハ．蝶研フィールド（117）：23.

中西元男（1998）愛知県常滑市のミカドア
　ゲハ．佳香蝶 50：42.

中西元男（2017）津市藤方のミカドアゲハ
　幼虫．ひらくら 61（2）：30.

難波通孝（2009）岡山県におけるミカドア
　ゲハの分布拡大～東進に関する定点調査
　（1999～2008 年）～．月刊むし（457）：
　25-31.

難波通孝（2020）ミカドアゲハの分布拡大．
　昆虫と自然 55（12）：16-19.

野林千枝（1998）沖縄島・ミカドアゲハの

いる風景とその生態と斑紋．昆虫と自然 33(1)：11-17.

野林千枝（2018）2017年・沖縄本島および離島の蝶の記録．琉球の昆虫（42）：155-165.

小原正行（2021）ミカドアゲハの奈良県での撮影記録．月刊むし（610）：6.

岡田善嗣・近藤伸一（2018）ミカドアゲハを兵庫県加古川市内で採集．きべりはむし 41(1)：26.

岡村元昭（2007）旧楠町と下関市で採集したミカドアゲハ．山口のむし（6）：26.

沖縄県環境部自然保護課（2017）改訂・沖縄県の絶滅のおそれのある野生生物 第3版（動物編）レッドデータおきなわ．沖縄県環境部自然保護課，那覇．712 pp.

長田庸平・矢後勝也・矢田脩・広渡俊哉（2015）雌雄交尾器とDNAバーコーディングに基づくミカドアゲハ日本産亜種の再検討，特に沖縄島と対馬個体群の所属について．蝶と蛾66：26-42.

長田庸平（2015）ミカドアゲハの日本産亜種の再検討．昆虫と自然50：21-24.

長田庸平（2016）ミカドアゲハの分布拡大と遺伝的分化．環境Eco選書12「チョウの分布拡大」（井上大成・石井実編）．北隆館，東京，pp.34-43.

長田庸平（2018）和歌山県田辺市におけるミカドアゲハの観察記録．大昆 Crude（62）：2-4.

長田庸平（2019a）近畿地方におけるミカドアゲハ日本本土亜種の分布拡大．Nature Study 65(4)：4, 16.

長田庸平（2019b）福岡市箱崎のチョウ類の記録(2013～2016年)．Korasana（91）：4-5.

長田庸平（2019c）東洋区を中心に分布する Graphium 属 eurypylus 種群（チョウ目アゲハチョウ科）の斑紋と雄交尾器に基づく地理的変異．やどりが（263）：21-28.

長田庸平（2020）ミナミミカドアゲハ（チョ

ウ目アゲハチョウ科）の3亜種群の雌交尾器とDNAバーコーディング．やどりが（264）：12-15.

長田庸平・松野茂富（2019）田辺市におけるミカドアゲハの記録．Kinokuni（96）：37.

太田喬三（2009）東温市初のミカドアゲハを確認．いよにす（25）：31.

Page, M. G. P. and C. G. Treadaway（2014）Revisional notes on the *Arisbe eurypylus* species group（Lepidoptera：Papilionoidea：Papilionidae）．*Stuttgarter Beiträge zur Naturkunde A, Neue Serie* 7：253-284.

三枝豊平（2003）アオスジアゲハ属 *Graphium* の系統学と生物地理学．昆虫と自然38(7)：13-17.

三枝豊平・中西明徳・嶌洪・矢田脩（1977）*Graphium* 亜属の系統と生物地理．蝶 1：2-32.

Saigusa, T., A. Nakanishi, H. Shima and O. Yata（1982）Phylogeny and geographical distribution of the swallow-tail subgenus *Graphium*（Lepidoptera：Papilioninae）．*Ent. Gen.* 8：59-69.

酒井千明（1969）三浦半島でミカドアゲハ目撃．昆虫と自然4(10)：30.

佐々木克己（2000）ミカドアゲハ・オガタマノキ・神社．山口の自然（60）：37-38.

佐藤れお・野川裕司・辻本始（2021）奈良県で初記録となるミカドアゲハを採集．やどりが（270）：33.

里中正紀（2014）九州，南西諸島，台湾にすむ蝶類の分布パターンと地理的変異，そこから推測される生態の考察．やどりが（242）：2-11.

白水隆（2006）日本産蝶類標準図鑑．学研，東京．336pp.

菅原春良・高橋直・長瀬正義・林秀行（2011）2009年秋～2010年秋の与那国島・石垣島・西表島の迷蝶．月刊むし（480）：6-22.

Smith, C. R. and R. I. Vane-Wright（2001）A review of the afrotropical species of the genus *Graphium*（Lepidoptera：Rhopalocera：Papilionidae）. *Bull. Br. Mus. Nat. Hist.*（*Ent.*）70（2）：503-719.

田川研（2008）福山市内のミカドアゲハ. びんご昆虫談話会ニュースレター：91.

髙橋昭（2011）愛知県大府市におけるミカドアゲハの目撃. 佳香蝶 63（246）：33-35.

高橋務（2014）和歌山市での早い時期の蝶. *Kinokuni*（85）：16.

高群哲也（2020）堺市美原区でミカドアゲハを採集. 南大阪の昆虫 22：34.

田中真史（2010）京都市左京区吉田山でミカドアゲハを採集. *Spinda*（25）：143.

塚田悦造・西山保典（1980）図鑑東南アジア島嶼の蝶. 第1巻, アゲハチョウ編. プラパック, 東京. 459 pp.

Ujibayashi, K. and T. Yagi（2024）A record of *Graphium doson* C and R Felder, 1864（Papilionidae, Graphiiut）in north Osaka, Japan. *Lepidoptera Science*, 74（4）：145-148.

梅田博久（2014）妙見山（大阪府能勢町）でミカドアゲハを目撃. きべりはむし（37）：39.

矢野和之（2009）東温市においてミカドアゲハを採集. いよにす（25）：32.

山崎由美子（2021）神戸市中央区市街地におけるミカドアゲハの記録. きべりはむし（44）：96.

淀江賢一郎・後藤和夫・難波通孝（2016）中国地方におけるチョウの分布拡大. 環境 Eco 選書 12「チョウの分布拡大」（井上大成・石井実編）. 北隆館, 東京, pp.260-271.

吉尾政信（2002）紀三井寺でミカドアゲハを確認. 南大阪の昆虫 4：19.

湯川淳一（1957）和歌山県産蝶類目録. 紀州昆虫（1）：25-33.

和歌山県環境生活部環境生活総務課（編）（2001）保全上重要なわかやまの自然―和歌山県レッドデータブック―. 和歌山県環境生活部環境生活総務課, 和歌山. 428 pp.

渡邊通人（2023）山梨県初記録と思われるミカドアゲハの目撃記録. 山梨の昆虫（62）：67

■分子情報が解き明かす潜葉性蛾類の多様性

有田豊・広渡俊哉・神保宇嗣・安田耕司・坂巻祥孝・吉安裕・落合和泉・那須義次・新見清夫・平野長男・小林茂樹・安能浩・村瀬ますみ（2009）那須御用邸の動植物相 II. 那須御用邸生物相調査会：49-147.

Davis, D. R and G. S. Robinson（1998）The Tineoidea and Gracillarioidea. In：Kristensen, NP（ed.）. Lepidoptera, Moths and Butterflies. 1. Evolution, Systematics, and Biogeography. Handbook of Zoology, 4. Walter de Gruyter, Berlin：91-117.

神保宇嗣（2016）DNA バーコーディングとその利用法. 鱗翅類学入門：飼育・解剖・DNA 研究のテクニック. 那須義次・広渡俊哉・吉安裕（編）. 東海大学出版部, 神奈川：225-234.

Johns, C.A., M. R. Moore and A. Y. Kawahara（2016）Molecular phylogeny, revised higher classification, and implications for conservation of endangered Hawaiian leaf-mining moths（Lepidoptera：Gracillariidae：*Philodoria*）. *Pacific Science* 70（3）：361-372.

Johns, C.A., E. F. A. Toussaint, J. W. Breinholt and A. Y. Kawahara（2018）Origin and macroevolution of micro-moths on sunken Hawaiian Islands. *Proceedings of the Royal Society B*, 285, 20181047.

Kobayashi, S., Y. Sakamoto, U. Jinbo, A. Nakamura and T. Hirowatari（2011）A new willow leaf blotch miner of the genus

Phyllocnistis (Lepidoptera：Gracillariidae：Phyllocnistinae) from Japan, with pupal morphology and genetic comparison of Salicaceae mining species using DNA barcodes. *Lepidoptera Science* 62(2)：75-93.

小林茂樹・広渡俊哉（2013）ホソガ科コハモグリガ亜科．日本産蛾類標準図鑑 4. 広渡俊哉・那須義次・岸田泰則（編）. 学研教育出版，東京：154-155, pls 4-08-23-4-08-39.

Kobayashi, S., C. A. Johns, C. Lopez-Vaamonde, C. Doorenweerd, A. Kawakita, I. Ohshima, D. C. Lees, S. Sofia Hanabergh and A. Y. Kawahara (2018) Hawaiian Philodoria (Lepidoptera, Gracillariidae, Ornixolinae) leaf mining moths on Myrsine (Primulaceae)：two new species and biological data. *ZooKeys* 773：109-141.

Kobayashi, S., C. A. Johns and A. Y. Kawahara (2021) Revision of the Hawaiian endemic leaf-mining moth genus *Philodoria* Walsingham (Lepidoptera：Gracillariidae)：its conservation status, host plants and descriptions of thirteen new species. *Zootaxa* 4944(1)：001-175.

Kirichenko, N., P. Triberti, S. Kobayashi, T. Hirowatari, C. Doorenweerd, I. Ohshima, G.-H. Huang, M. Wang, E. Magnoux and C. Lopez-Vaamonde (2018) Systematics of *Phyllocnistis* leaf-mining moths (Lepidoptera, Gracillariidae) feeding on dogwood (*Cornus* spp.) in Northeast Asia, with the description of three new species. *ZooKeys* 736：79-118.

Kirichenko, N. I., P. Triberti, E. N. Akulov, M. G. Ponomarenko and C. Lopez-Vaamonde (2019). Novel Data on the Taxonomic Diversity, Distribution, and Host Plants of Leafmining Moths of the Family Gracillariidae (Lepidoptera) in Siberia, Based on DNA Barcoding. *Entomological*

Review 99(6)：796-819.

Kirichenko, N., P. Triberti, E. Akulov, M. Ponomarenko, S. Gorokhova, V. Sheiko, I. Ohshima and C. Lopez-Vaamonde (2019) Exploring species diversity and host plant associations of leaf-mining micromoths (Lepidoptera：Gracillariidae) in the Russian Far East using DNA barcoding. *Zootaxa* 4652(1)：1-55.

黒子浩（1982）コハモグリガ科．井上寛ほか，日本産蛾類大図鑑 1, 講談社，東京：202-203, 2, 188, pls 2(52), 5(1-4), 231(6), 273(8).

Lees D. C., S. Y. Kawahara, R. Rougerie, I. Ohshima, A. Kawakita, O. Bouteleux, J. De Prins and C. Lopez-Vaamonde (2014) DNA barcoding reveals a largely unknown fauna of Gracillariidae leaf-mining moths in the Neotropics. *Molecular Ecology Resources* 14：286-296

Liu T, J. Sun, B. Cai and Y. Wu (2018) *Phyllocnistis podocarpa* sp. nov. (Lepidoptera, Gracillariidae), a buddhist pine leaf-miner from Japan：taxonomy, DNA barcodes, damage and parasitoids. *Zootaxa* 4422(4)：558-568.

■湿地に生息する蛾類の生活様式と系統

Berg, K. (1941) Contribution to the biology of the aquatic moth *Acentropus niveus* (Oliv.). *Vid. Meddr. dansk. Naturh. Foren.* 105：59-139.

Chen Q., Z.-S. Chen, X.-S. Gu, L. Ma, X. Wang and G.-H. Huang (2017) The complete mitogenome of *Parapoynx crisonalis* (Walker, 1859) (Lepidoptera：Crambidae), with phylogenetic relationships amongst three Acentropinae larval forms. *Aquat. Ins.* 38：79-91.

Meneses, A. R., M. V. O. Bevilaqua, N. Hamada and R. B. Querino (2013) The aquatic habit and host plants of *Paracles klagesi*（Rothschild）（Lepidoptera, Erebidae, Arctiinae) in Brazil. *Rev. Brasil. Entomol.* 57：350-352.

Mey, W. and W. Speidel（2008）Global diversity of butterflies（Lepidoptera) in freshwater. *Hydrobiologia* 595：521-528.

Pabis, K.（2018）What is a moth doing under water? Ecology of aquatic and semi-aquatic Lepidoptera. *Knowl. Manag. Aquat. Ecosyst.* (419) 42：1-10.

Regier, J. C., C. Mitter, M. A. Solis, J. E. Hayden, B. M. Nuss, T. J. Simonsen, S.-H. Yen, A. Zwick and M. P. Cummings（2012）A molecular phylogeny for the pyraloid moths（Lepidoptera：Pyraloidea) and its implications for higher-level classification. *Syst. Entomol.* 37：635-656.

Schmitz P. and D. Rubinoff（2011）The Hawaiian amphibious caterpillar guild：new species of *Hyposmocoma*（Lepidoptera：Cosmopterigidae) confirm distinct aquatic invasions and complex speciation patterns. *Zool. J. Linn. Soc.* 162：15-42.

Yoshiyasu, Y.（1985）A systematic study of the Nymphulinae and the Musotiminae of Japan（Lepidoptera：Pyralidae). *Scient. Rep. Kyoto Pref. Univ., Arg.* 37：1-162.

吉安裕（2011）クロバミズメイガ. 駒井古実・吉安裕・那須義次・斎藤寿久（編）：日本の鱗翅類 – 系統と多様性. 東海大学出版会, 神奈川, pp.749-750. Pl. 113.

吉安裕（2018）メイガ類の食性の多様性 – 海藻を食べるツトガ. 昆虫と自然 52(8)：5-9.

■博物画や標本コレクションから探る京都市のチョウ相の変化

近木英哉（1962）島根県の昆虫目録（I）：鱗翅目（蝶). 島根農科大学研究報告 10：A36-A45.

星野鈴 編（1996a）江戸名作画帖全集VII 円山・四条派 応挙・蘆雪・若冲. 駸々堂, 大阪, 192 pp.

星野鈴（1996b）円山応挙. 新潮日本美術文庫（新潮社), 東京, 93 pp.

今井健介・今井長兵衛（2011）京都西賀茂における 1989-1990 年と 2006-2007 年のチョウ類群集の定量的比較. 環動昆 22：59-66.

伊藤修四郎・笹川満広（1970）箕浦忠愛先生. やどりが（62）：44-47.

環境省（2008）里地里山保全再生計画作成の手引き. https://www.env.go.jp/nature/satoyama/tebiki/02-02_03tebiki.pdf, pp.5-8（2020 年 1 月アクセス).

環境省（2020）環境省レッドリスト 2020. https://www.env.go.jp/press/files/jp/114457.pdf, 18-35（2020 年 10 月アクセス).

経田良一（1937）京都市洛西桂川地区昆虫目録. 昆蟲世界 41(9)：343-346.

京都蝶の会（1979a）京都産蝶類採集記録リスト アゲハチョウ科. 杉峠 2(1)：1-21.

京都蝶の会（1979b）京都産蝶類採集記録リスト シジミチョウ科 ウラギンシジミ科. 杉峠 3(1)：2-37.

京都蝶の会（1980）京都産蝶類採集記録リスト シジミチョウ科ミドリシジミ類. 杉峠 4(1)：3-54.

京都蝶の会（1982）京都産蝶類採集記録リスト タテハチョウ科. 杉峠 5(1)：1-53.

京都蝶の会（1983）ジャノメチョウ科 セセリチョウ科採集記録. 杉峠 6(1)：2-39.

京都蝶の会（1984）京都産蝶類採集記録リスト シロチョウ科 マダラチョウ科 テングチョウ科 追加種. 杉峠 7(1)：3-31.

京都蝶の会（1985）京都産蝶類採集記録リスト 追加データー. 杉峠 7(1)：1-30.

京都府（2015）鱗翅（チョウ）目. 京都府レッドデータブック 2015. http://www2.pref.kyoto.lg.jp/cgi-bin/redserch2015/serch.cgi（2018 年 10 月アクセス).

Maes, D., W. Vanreusel, M. Herremans, P. Vantieghem, D. Brosens1, K. Gielen, O. Beck, H. Dyck, P. Desmet and V. Natuurpunt (2016) A database on the distribution of butterflies (Lepidoptera) in northern Belgium (Flanders and the Brussels Capital Region). *ZooKeys* 585：143-156.

松本和馬（2006）森林総合研究所多摩森林科学園のチョウ相．森林総合研究所研究報告 5：69-84.

箕浦忠愛・井上宗二（1955a）京都附近の蝶類（1）．*AKITU* 4：24-26.

箕浦忠愛・井上宗二（1955b）京都附近の蝶類（2）．*AKITU* 4：51-53.

箕浦忠愛・井上宗二（1955c）京都附近の蝶類（3）．*AKITU* 4：111-112.

森下正明（1967）京都近郊における蝶の季節分布．自然－生態学的研究（森下正明・吉良竜夫編），95-132，中央公論社，東京.

邑田仁 監修（2014）スタンダード版 APG 牧野植物図鑑Ⅰ．北隆館，東京．649 pp.

Nishinaka, Y. and M. Ishii（2007）Mosaic of various seral stages of vegetation in the Satoyama, the traditional rural landscape of Japan as an important habitat for butterflies. *Trans. lepid. Soc. Japan* 58：69-90.

小椋純一（1990）室町後期における京都近郊山地の植生景観．木野評論 21：109-125.

小椋純一（2008）強烈な人間活動の圧力と森林の衰退－室町後期から江戸末期．古都の森を守り活かす－モデルフォレスト京都（田中和博編）．京都大学出版会，京都，pp.47-70.

小椋純一（2011）高度経済成長期を契機とした植生景観の変化について（高度経済成長と生活変化）．国立歴史民俗博物館研究報告 171：223-261.

押田佳子・箭木剛之・上甫木昭春（2006）大和葛城山におけるミヤコアオイの生育環境特性に関する研究．ランドスケープ研究 69：587-592.

大和田守（1999）国立科学博物館に最近収蔵された異常型鱗翅類標本について．やどりが（180）：37-42.

諏訪正明（2003）北海道大学の学術標本－特に昆虫標本について－．北大百二十五年史．論文・資料編，北海道大学，札幌，pp.301-318.

高橋佳孝（2004）半自然草地の植生持続をはかる修復・管理法．日草誌 50：99-106.

垂井由継（1964）京都の平地産の蝶．京都の自然（京都自然研究会編）．．六月社，大阪，pp.178-179.

矢後勝也（2005）日本最古の昆虫標本 －東京大学所蔵のチョウ類コレクションから－（1）．昆虫と自然 40(2)：28-31.

矢後勝也・平井規央・神保宇嗣 編（2016）日本産蝶類都道府県別レッドリスト－四訂版（2015 年版）－．日本産チョウ類の衰亡と保護第 7 集．日本鱗翅学会，東京，pp.83-351.

吉田周・平井規央・上田昇平・石井実（2019）箕浦忠愛コレクションから見た昭和前期の京都市周辺のチョウ相．蝶と蛾 70：109-122.

吉田周・平井規央・上田昇平・石井実（2020）京都市郊外の里地里山地域に造成された住宅地のチョウ類群集の構造と変化．蝶と蛾 71：1-14.

■滋賀県における農林業・里山の生物多様性を脅かすニホンジカ被害と対策

江口祐輔（2003）イノシシから田畑を守るおもしろ生態とかしこい防ぎ方．農文協，東京．152 pp.

飯島勇人（2011）山梨県のニホンジカ個体群の齢構成と妊娠率．山梨県森林総合研究所研究報告 30：1-3.

井上雅央・金森弘樹（2006）山と田畑をシカから守る．農文協，東京．134 pp.

環境省（2012）特定鳥獣保護管理計画制度の 概 要．https://www.env.go.jp/nature/

choju/effort/effort5/effort5-3a/saru20121212.pdf.（2022年4月アクセス）.

環境省（2018）統計手法による全国のニホンジカ及びイノシシの個体数推定等について（平成30年度）. https://www.env.go.jp/press/files/jp/110043.pdf.（2022年4月アクセス）.

環境省（2020）野生鳥獣の保護及び管理に係る計画制度. 特定計画の作成状況. https://www.env.go.jp/nature/choju/plan/pdf/plan3-1b.pdf.
（2022年4月アクセス）.

環境省（2022）特定計画の概要. https://www.env.go.jp/nature/choju/plan/plan3-1a.html.（2022年4月アクセス）.

環境省（2021）全国のニホンジカ及びイノシシの生息分布調査について. https://www.env.go.jp/press/files/jp/115729.pdf.
（2022年4月アクセス）.

丸山直樹・常田邦彦・古林賢恒・野崎英吉・宮木雅美・小林史明（1977）関東地方におけるシカの分布－アンケート・聞き取り調査による－. 生物科学29：28-38.

丸山直樹（1981）ニホンジカ *Cervus nippon* TEMMINCK の季節的移動と集合様式に関する研究, 東京農工大学農学部学術報告23. 85 pp.

村上雄秀（2005）丹波山地におけるシカの食害による偏向偏移について. 日本生態学会関東地区会解放. 54：7-19.

中村康弘（2016）シカが生物多様性に及ぼす影響：チョウ類の事例から. 第48回大会公開シンポジウム記録：73-76.

農林水産省（2019）全国の野生鳥獣による農作物被害状況について（令和元年度）https://www.maff.go.jp/j/press/nousin/tyozyu/attach/pdf/201223-1.pdf.（2022年4月アクセス）.

林野庁（2021）野生鳥獣による森林被害. 主要な野生鳥獣による森林被害面積（令和2年度）. https://www.rinya.maff.go.jp/j/

hogo/higai/tyouju.html.（2022年4月アクセス）.

滋賀県（2021）滋賀県における主な野生獣による農作物被害状況. 農作物等野生獣被害防止対策（獣害対策）について. https://www.pref.shiga.lg.jp/ippan/shigotosangyou/nougyou/ryutsuu/18437.html.（2022年4月アクセス）.

滋賀県（2022）滋賀県ニホンジカ第二種特定鳥獣管理計画（第4次）滋賀県ニホンジカ第二種特定鳥獣管理計画（第3次）滋賀県ニホンジカ特定鳥獣保護管理計画（第2次）滋賀県特定鳥獣保護管理計画（ニホンジカ）（第1次）. 野生鳥獣の管理（ニホンジカ, ニホンザル, カワウ, イノシシ）. https://www.pref.shiga.lg.jp/ippan/kankyoshizen/shizen/304225.html.（2022年4月アクセス）.

常田邦彦・丸山直樹・伊藤健雄・古林賢恒・阿部永（1981）2 ニホンジカの地理的分布とその要因. 第2回自然環境保全基礎調査動物分布調査報告書（哺乳類）全国版. https://www.biodic.go.jp/reports/2-6/ad038.html.（2022年4月アクセス）.

寺本憲之（2003）滋賀県における人とサルとの共存を考える. 滋賀の獣たち－人との共存を考える－：103-131. サンライズ出版, 滋賀.

寺本憲之（2005）里やまでの人と獣との共存－地域ぐるみの対策－. 生態学からみた里やまの自然と保護. 講談社, 東京：188-189. .

寺本憲之（2010）住民の合意形成によって被害防止柵をつくる－現代版のシシ垣づくりにむけて. 日本のシシ垣. 古今書院, 東京：320-344. .

寺本憲之（2016）地域社会と野生動物被害の防除. 増補版 野生動物管理－理論と技術－. 文永堂出版, 東京：143-151.

寺本憲之（2018）鳥獣害問題解決マニュアル－森・里の保全と地域づくり－. 古今書院, 東京. 105 pp.

■大阪府北部におけるギフチョウの衰退と
ニホンジカの増加

秋田理沙・石井実（2023）大阪府北部の歌
垣山西麓の里山林で2011年から2012年
に確認された哺乳類．地域自然史と保全
45：63-69.

藤澤正平（1983）ギフチョウとカンアオイ．
403pp. ギフチョウ研究会．

福田晴夫・浜栄一・葛谷健・高橋昭・田中
蕃・田中洋・若林守男・渡辺康之（1982）
原色日本蝶類生態図鑑I．277pp. 保育社．

福田秀志・高山元・井口雅史・柴田叡弌
（2008）カメラトラップ法で明らかにさ
れた大台ケ原の哺乳類相とその特徴．保
全生態学研究13：265-274.

原聖樹（1979）ギフチョウの自然史．
210pp. 築地書館．

長谷川順一（2008）栃木県の自然の変貌
自然の保全はこれでよいのか．181
pp. 松井ピ・テ・オ印刷．

長谷川順一（2009）昆虫の衰退要因として
のシカ害．昆虫と自然44(5)：44-47.

長谷川順一（2010）シカ食害による植生の
変貌と昆虫類の衰退．「日本の昆虫の衰
亡と保護」（石井実監修），pp.104-112.
北隆館，東京．

橋本佳延・藤木大介（2014）日本における
ニホンジカの採食植物・不嗜好性植物リ
スト．人と自然25：133-160.

平井規央・森地重博・矢後勝也・神保宇嗣
編（2022）日本産蝶類都道府県別レッド
リスト－五訂版（2022年版）－．日本
産チョウ類の衰亡と保護 第8集（日本
鱗翅学会 平井規央・森地重博・矢後勝
也・神保宇嗣編），pp.127-415. 大阪公
立大学出版．

井土坂正博・鹿島明広・小寺宏・植田義輔・
樋口高志編（2001）吉野のギフチョウ保
全対策－能勢発電所貴重動植物保全対策
調査報告概要－1996年から2000年にか
けてのギフチョウ・ミヤコアオイの保全
対策－．74 pp. 関西電力・関西総合環境
センター．

石井実（2009）生物多様性からみた里山環
境保全の重要性．日本産チョウ類の衰亡
と保護第6集（間野隆裕・藤井恒編），
pp.3-11. 日本鱗翅学会．

石井実・浅井悠太・上田昇平・平井規央
（2019）「三草山ゼフィルスの森」におけ
るチョウ類群集の24年間の変化．地域
自然史と保全41：97-109.

Ishii, M. and T. Hidaka（1979）Influence of
photoperiod on the adult differentiation in
the pupae of the univoltine Papilionid,
Luehdorfia japonica（Lepidoptera：
Papilionidae）. *Appl. Ent. Zool.* 14：360-
362.

Ishii, M. and T. Hidaka（1983）The second
pupal diapause in the univoltine papilionid,
Luehdorfia japonica（Lepidoptera：
Papilionidae）and its terminating factor.
Appl. Ent. Zool. 18：456-463.

石井実・森地重博・竹内剛・上田昇平・池
口直樹・A. Sliwa・平井規央（2023）大
阪府北部鴻応山のギフチョウ個体群の生
息状況．日本鱗翅学会第69回大会プロ
グラム・講演要旨集，p. 28. 日本鱗翅学
会第69回大会実行委員会．

石井実・植田邦彦・重松敏則（1993）里山
の自然をまもる．171pp. 築地書館，東
京．

泉治一（2005）ギフ蝶の保全に関する提案．
のせギフ通信（3）：24-26.

梶光一（2010）野生生物の保護管理と狩猟
の現状と課題．「改訂生態学からみた野
生生物の保護と法律 生物多様性保全の
ために」（日本自然保護協会編）.
pp.147-154. 講談社，東京．

環境省（2020）「レッドリスト2020」
https://www.env.go.jp/content/900515981.
pdf.（2023年9月）

小林孝道（2002）里山管理とギフチョウの
保全活動．のせギフ通信（1）：23-24.

幸田良介・虎谷卓哉・辻野智之（2014）ニ

ホンジカによる森林下層植生衰退度の広域分布状況. 大阪府立環農水研報1：15-19.

子安鎮郎(2002)巻頭言. のせギフ通信(1)：2-3.

子安鎮郎（2004a）「能勢のギフチョウを守る会」活動を振り返って（成果と展望）. のせギフ通信（2）：1-2.

子安鎮郎（2004b）歌垣の森（吉野地区）でギフチョウを守る. みどりのトラスト（44）：3.

子安鎮郎（2005a）活動を振り返って. のせギフ通信（3）：1-2.

子安鎮郎（2005b）2003年に飼育した個体の羽化状況. のせギフ通信（3）：12-13.

前迫ゆり（2009）カメラトラップ法による春日山照葉樹林の哺乳類と鳥類. 大阪産業大学人間環境論集9：79-96.

Matsumoto, K. (1983) Population dynamics of *Luehdorfia japonica* Leech（Lepidoptera：Papilionidae）. I. A preliminary study on the adult population. *Researches on Population Ecology* 26：1-12.

松村行栄（2010）赤城山のヒメギフチョウ個体群の保全と課題.「日本の昆虫の衰亡と保護」（石井実監修）, pp.113-122.

宮崎俊一（2022）京都府小塩山におけるギフチョウの保全活動. 日本産チョウ類の衰亡と保護 第8集（日本鱗翅学会平井規央・森地重博・矢後勝也・神保宇嗣編）, pp.63-72. 大阪公立大学出版.

溝口重夫（2002）ギフチョウの飼育記録. のせギフ通信（1）：13.

溝口重夫（2004）2003年ギフチョウの飼育. のせギフ通信（2）：9.

森地重博（2002）「能勢のギフチョウを守る会」活動報告. のせギフ通信（1）：9-12.

森地重博（2009）大阪府能勢町におけるギフチョウの保護. 日本産チョウ類の衰亡と保護第6 集：53-59. 日本鱗翅学会自然保護委員会.

森地重博（2011a）2008年度ギフチョウの観察と飼育記録. のせギフ通信（7）：5-7.

森地重博（2011b）編集後記. のせギフ通信（7）：22.

森地重博・近藤伸一（2016）近畿地区におけるチョウ類の生息状況および近年のシカ食害の影響. 日本産チョウ類衰亡と保護第7集（矢後勝也・平井規央・神保宇嗣編）, pp.55-61. 日本鱗翅学会.

森地重博・島崎敬・竹内剛（2004）2003年度ギフチョウ卵調査結果と考察. のせギフ通信（2）：6-8

守山弘（1988）自然を守るとはどういうことか. 農文協, 260 pp. 東京.

宗像精三郎（2002）ギフチョウの飼育・放虫について. のせギフ通信（1）：15.

永井成時（2002）ギフチョウを守る会に参加して. のせギフ通信（1）：27.

永井成時（2004）羽化を心待ちに－二度目の飼育を通して－. のせギフ通信（2）：10.

永井成時（2005）能勢のギフチョウを守る会, 環境大臣賞を受賞. のせギフ通信(3)：20.

仲田元亮（1982）増補改訂能勢の昆虫（蝶の部）. 阪堺出版印刷.

Nakamura, Y.（2011）Conservation of butterflies in Japan：status, actions and strategy. *Journal of Insect Conservation* 15：5-22.

中村康弘（2007）放チョウの問題点と保全のための再導入. 昆虫と自然42(7)：13-17.

中村康弘（2015）ギフチョウ. 環境省自然環境局野生生物課希少種保全推進室編. レッドデータブック2014－日本の絶滅のおそれのある野生生物－5昆虫類. 329 pp. ぎょうせい, 東京.

夏秋優・竹内剛（1999）ギフチョウ成虫のマーキングによる行動調査. 蝶と蛾50：216-222.

能勢のギフチョウを守る会（2005）2003 事業年度歌垣の森保全活動事業報告．のせギフ通信（3）：3-5.

大阪府（2022）大阪府シカ第二種鳥獣管理計画（第 5 期）資料編．02-03 【https://www.pref.osaka.lg.jp/attach/2659/00098340/02-03siryou%20sikakeikaku.pdf 資料編】大阪府シカ第二種鳥獣管理計画（第 5 期）（osaka.lg.jp）（2023 年 10 月）．

大阪昆虫同好会（1998）北摂の昆虫（2）能勢町深山とその周辺地域．北東工業株式会社．

大阪昆虫同好会（2013）増補改訂版大阪府の蝶．北東工業株式会社．

大阪昆虫同好会能勢のギフチョウを調べる会（2001）大阪府能勢町吉野地区のギフチョウ現状調査－関西電力変電所建設による影響・2000 年の調査結果．*Crude*（45）：16-24.

大阪みどりのトラスト協会（2002）新しい活動地から"春の女神"ギフチョウの舞う里山を再生－歌垣の森．みどりのトラスト（38）：7.

プリマック，R.B.・小堀洋美（1997）保全生物学のすすめ 生物多様性保全のためのニューサイエンス．399pp. 文一総合出版，東京．

阪上和男（2011）ギフチョウの幼虫飼育とミヤコアオイの栽培管理について．のせギフ通信（6）：7-10.

島崎敬（2002）"春の女神"ギフチョウの舞う里山の再生をめざして－生息環境整備活動を実施．のせギフ通信（1）：4-5.

竹内剛（2002）北摂地方のギフチョウ．のせギフ通信（1）：18.

竹内剛（2011）チョウ類保全シンポジウム－ギフチョウ・ヒメギフチョウに参加して．北摂地方のギフチョウ．のせギフ通信（6）：21-23.

天満和久（2004）ギフチョウが舞う里山の保全活動－歌垣の森（能勢町吉野地区）－．のせギフ通信（2）：3.

天満和久（2011a）2007 年度能勢のギフチョウを守る会保全報告．のせギフ通信(6)：2-4.

天満和久（2011b）2008 年度能勢のギフチョウを守る会保全報告．のせギフ通信(6)：2-4.

寺町晶久（2002）ギフチョウ飼育状況．のせギフ通信（1）：15.

遠山豊編（1989）北摂の蝶－大阪昆虫同好会 20 周年記念出版－．大阪昆虫同好会．

植田義輔（2002）ギフチョウ卵塊調査結果．のせギフ通信（1）：6-8.

植田義輔（2004a）2003 年歌垣の森 ギフチョウ成虫調査結果．のせギフ通信(2)：4-5.

植田義輔（2004b）能勢のギフチョウを守る会・秋季活動報告．のせギフ通信（2）：11-12.

植田義輔（2005a）2004 年ギフチョウ成虫観察結果．のせギフ通信（3）：6-8.

植田義輔（2005b）2004 年ギフチョウ卵塊調査結果．のせギフ通信（3）：9-11.

植田義輔（2005c）能勢のギフチョウを守る会・冬季活動報告．のせギフ通信（3）：18-19.

植田義輔（2011a）2007 年度活動実施報告．のせギフ通信（6）：12-14.

植田義輔（2011b）2008 年度活動実施報告（3）．のせギフ通信（7）：12-14.

植田義輔（2011c）2008 年度活動実施報告（4）．のせギフ通信（7）：15-16.

植田義輔（2011d）2008 年度活動実施報告（5）．のせギフ通信（7）：17-18.

植田義輔・森地重博・天満和久（2010）大阪府能勢町におけるギフチョウの保全活動．昆虫と自然45(6)：17-21.

渡辺康之編（1981）北摂の昆虫（1）蝶類－能勢地方共同調査報告書－（復刻版）．大阪昆虫同好会．

渡辺康之編（1996）ギフチョウ．269pp. 北海道大学図書刊行会，札幌．

渡辺康之（2013）大阪府のギフチョウの分布と衰亡について．やどりが（238）：2-7．

山本麻衣（2014）野生生物を守る－野生生物管理と外来種の防除．「日本の自然環境政策－自然共生社会をつくる」（竹内和彦・渡辺綱男編），pp.179-196．東京大学出版会．

吉村忠浩・竹内剛・森地重博・A．Sliwa・平井規央・石井実（2015）大阪府北部の鴻応山周辺におけるギフチョウ個体群と食草群落の現状．蝶と蛾 66：62-67．

依光良三（2011）広がるシカの食害と自然環境問題．「シカと日本の森林」（依光良三編），pp.2-55．築地書館，東京．

■チャノキイロアザミウマはなぜウンシュウミカンの大害虫になったのか

CABI（2003）*Crop protection compendium*：*global module*．CAB International, Wallingford, UK．

Kumar,V., G. Kakkar, C. L. McKenzie, D. R. Seal and L. S. Osborne（2013）An overview of Chilli thrips, *Scirtothrips dorsalis* (Thysanoptera：Thripidae) biology, distribution and management．*Weed and Pest Control-Conventional and New Challenges*．53-77p．IntechOpen Limited, London．

黒沢三樹男（1968）日本産総翅目の研究．*Ins. Mats., Suppl. 4*：94 pp．

南川仁博（1957）日本産茶樹害虫目録．防虫科学 22(1)：149-154．

Mound, L. A. and J. M. Palmer（1981）Identification, distribution and host plants of the pest species of *Scirtothrips* (Thysanoptera：Thripidae)．*Bull. Entomol. Res.* 71(3)：467-479．

日本植物防疫協会（2008）病害虫と雑草による農作物の損失．日本植物防疫協会，東京．40 pp．

西野操（1972）チャノキイロアザミウマの永年性作物の被害と対策，ミカン．植物防疫 26：432-434．

農林水産省（2018）耕地及び作付面積統計－果樹栽培面積累年統計（全国）．https://www.e-stat.go.jp/stat-search/files? page=1&layout=datalist&toukei=00500215&tstat=000001013427&cycle=0&year=20180&month=0&tclass1=000001032270&tclass2=000001034721

多々良明夫（1992）カンキツ果実におけるチャノキイロアザミウマの密度と被害との関係．応動昆 36：217-223．

多々良明夫（2004）チャノキイロアザミウマの生態と防除に関する研究．静岡柑試特別報告 7．98 pp．

■ビオトープ池の水生動物・昆虫群集〜池干しによる撹乱の効果を実証する

Coccia, C., B. Vanschoenwinkel, L. Brendonck, L. Boyero and A. J. Green（2016）Newly created ponds complement natural waterbodies for restoration of macroinvertebrate assemblages．*Freshwater Biol.* 61：1640-1654．

市川憲平（2008）里地の水生昆虫の現状と保全．環動昆 19：47-50．

井上清・谷幸三（1999）トンボのすべて．トンボ出版，大阪．

環境省（2007）哺乳類，汽水・淡水魚類，昆虫類，貝類，植物 I 及び植物 II のレッドリストの見直しについて．http://www.env.go.jp/press/8648.html（2018 年 1 月アクセス）

環境省（2017）環境省レッドリスト 2017 の公表について．http://www.env.go.jp/press/103881.html（2017 年 12 月アクセス）．

桐谷圭治（2010）田んぼの生きもの全種リスト．農と自然の研究所・生物多様性農業支援センター，福岡，東京．

武藤明（1994）マルタンヤンマの羽化推移と性比について．*Tombo* 38：65．

西原昇吾・苅部治紀・鷲谷いづみ（2006）水田に生息するゲンゴロウ類の現状と保全．保全生態学研究 11：143-157.

Oertli, B., R. Céréghino, A. Hull and R. Miracle（2009）Pond conservation：from science to practice. *Hydrobiologia* 634：1-9.

Primack R., H. Kobori and S. Mori（2000）Doragonfly pond restoration promotes conservation awareness in Japan. *Conserv. Biol.* 14：1553-1554.

Ricciardi, A. and J. B. Rasmussen（1999）Extinction rates of North American freshwater fauna. *Conserv. Biol.* 13：1220-1222.

西城洋（2001）島根県の水田と溜め池における水生昆虫の季節的消長と移動．日本生態学会誌 51：1-11.

Sala, O.E., F. S. Chapin III, J.J. Armesto, E. Berlow, J. Bloomfield, R. Dirzo, E. Huber-Sanwald, L. F. Huenneke, R. B. Jackson, A. Kinzig, R. Leemans, D. M. Lodge, H. A. Mooney, M. Oesterheld, N. L. Poff, M. T. Sykes, B. H. Walker, M. Walker and D. H. Wall（2017）Global biodiversity scenarios for the year 2100. *Science* 287：1770-1774.

Suzuki, M., N. Hirai and M. Ishii（2017）Early community assembly of aquatic insects in experimental ponds established across the forest margin of a *Satoyama* coppice. *Jpn. J. Environ. Entomol. Zool.* 28：133-142.

鈴木真裕・平井規央・石井実（2018）大阪府の都市部に造成されたビオトープ池の大型無脊椎動物群集に及ぼす池干し効果．環動昆 29：1-12.

鷲谷いづみ（2007）氾濫原湿地の喪失と再生：水田を湿地として活かす取り組み．地球環境 12：3-6.

■長距離移動昆虫オオカバマダラ - 市民サイエンスが支える調査と保護

Agrawal, A. A. and H. Inamine（2018）Mechanisms behind the monarch's decline-migratory failure may contribute to the dwindling of this iconic butterfly's population. *Science* 360(6395)：1294-1296.

Black, S. H.（2016）North American butterflies：are once common species in trouble? *News of The Lepidopterists' Society* 58(3)：124-126.

Boyle, J. H., H. J. Dalgleish and J. R. Puzey（2019）Monarch butterfly and milkweed declines substantially predate the use of genetically modified crops. *PNAS* 116(8)：3006-3011.

Brower, L. P., O. R. Taylor, E. H. Williams, D. A. Slayback, R. R. Zubieta and M. I. Ramírez（2012）Decline of monarch butterflies overwintering in Mexico：is the migratory phenomenon at risk? *Insect Conservation and Diversity* 5(2)：95-100.

Brower, L. P., D. A. Slayback, P. Jaramillo-López, I. Ramirez, K. Oberhauser, E. H. Williams and L. S. Fink（2016）Illegal Logging of 10 Hectares of Forest in the Sierra Chincua Monarch Butterfly Overwintering Area in Mexico. *American Entomologist* 62(2)：92-97.

Kantola, T., J. L. Tracy, K. A. Baum, M. A. Quinn and R. N. Coulson（2019）Spatial risk assessment of eastern monarch butterfly road mortality during autumn migration within the southern corridor. *Biological Conservation* 231：150-160.

Luna, T. and R. K. Dumroese（2013）Monarchs（*Danaus plexippus*）and milkweeds（*Asclepias* species）-the current situation and methods for propagating milkweeds. *Native Plants* 14(1)：5-15.

Monarch Joint Venture（2020）Integrated

Monarch Monitoring Program. Version 3.0.

Oberhauser, K. S., M. D. Prysby, H. R. Mattila, D. E. Stanley-Horn, M. K. Sears, G. Diverly, E. Olson, J. M. Pleasants, W. F. Lam and R. L. Hellmich (2001) Temporal and spatial overlap between monarch larvae and corn pollen. *PNAS* 98(21) : 11913-11918

Reppert, S. M., P. A. Guerra and C. Merlin (2016) Neurobiology of Monarch Butterfly Migration. *Annu. Rev. Entomol.* 61 : 25-42.

Ries, L. and K. Oberhauser (2015) A Citizen Army for Science : Quantifying the Contributions of Citizen Scientists to our Understanding or Monarch Butterfly Biology. *BioScience* 65 (4) : 419-430.

Urqhart, F. A. and N. R. Urqhart (1976) The Overwintering Site of the Eastern Population of the Monarch Butterfly (*Danaus P. plexippus* ; *Danaidae*) in Southern Mexico. *Journal of The Lepidopterists' Society* 30 (3) : 153-158.

Zhan, S. and S. M. Reppert (2013) MonarchBase : the monarch butterfly genome database. Nucleic Acid Research D758-D763 (database issue).

Zhan, S., W. Zhang, K. Niitepōld, J. Hsu, F. J. Haeger, M. P. Zalucki, S. Altizer, J. C. de Roode, S. M. Reppert and M. R. Kronforst (2014) The genetics of monarch butterfly migration and warning colouration. *Nature* 514 : 317-321.

おわりに

　本書では，環境動物昆虫学に関わる，生物群集調査，生活史研究，系統分類学，分子遺伝学的研究などを通して，人間社会と昆虫をはじめとする動物との関係について考える内容を紹介しました．扱った対象生物は，ムクゲキノコムシ類やキバガ類など，一般にはほとんどなじみのない昆虫から，チョウ類，カマキリ類などの身近な昆虫，魚類，両生類，鳥類，哺乳類などに至るまで多岐にわたっています．読者の皆様には，多様なテーマにふれていただけたと思いますが，全体としてのつながりは理解が難しかったかもしれません．

　「はじめに」でも述べられているように，現在の大阪公立大学環境動物昆虫学研究グループは，1949 年に農業昆虫学講座（当時は浪速大学農学部）としてスタートしてから，いくつかの組織再編・改称を経て現在の名称となり，2022 年に旧大阪府立大学から新大学に引き継がれました．

　その間に，主として農業に貢献する害虫防除中心の昆虫学から，時代の流れから多様なニーズに対応するため，生物多様性保全に注目した内容へと変遷を重ねてきました．害虫防除と希少種保全は，「虫を殺す」と「虫を生かす」，という逆のイメージもあるかもしれませんが，昆虫・動物自体やそれらの生息環境について調査研究をおこない，適切に管理する，という点では共通の技術も多く使えます．化学合成農薬のみに頼った管理によるさまざまな弊害から，生物的防除や物理的防除など多くの技術が現在も研究，開発されています．近年は外来種のテーマを扱うことも多くなってきましたが，基本的には従来の害虫や有害動物の管理手法が応用できます．さらに，世界的に見ても，生物多様性の重要性がますます注目されるようになり，「ただの虫」と称される人間活動に直接影響のない大多数の昆虫へも配慮を行うとともに，希少種保全のための管理法の確立が必要となってきました．

　本書はそのような歴史に対応した内容となっているものです．本書が，今後この問題を考えるうえでの一助となれば幸いです．

　さて，本書の発行は約 4 年前に企画され，主として 5 名の編者で作業を続けて参りました．著者の皆様にはその間，長くお待ちいただいた時期もありましたが，編集にいろいろとご協力をいただきました．レイアウトの細部も編者で相談し，各項目の冒頭には読者の理解を促す意味で簡単な紹介文が入っています．著者の方々から頂いた写真や図表にはモノクロでは伝わりきらない内容の

ものも多かったため，全体をカラー印刷としました．表紙デザインも卒業生の後藤ななさんに短期間でお願いし，本書の魅力を向上させたのではないかと思います．

　最後になりますが，本書の出版に際して，大阪公立大学出版会の八木孝司氏および湯井順子氏，研究室職員の西野晶子氏には，たいへんお世話になりました．この場をお借りして感謝申しあげます．

2024 年 10 月
編者を代表して
平井規央

編著者紹介

石井 実（いしい みのる）
京都大学大学院修了．理学博士．大阪府立大学名誉教授．（地独）大阪府立環境農林水産総合研究所理事長．

平井規央（ひらい のりお）
大阪府立大学大学院博士前期課程修了．博士（緑地環境科学）．大阪公立大学大学院農学研究科教授．

上田昇平（うえだ しょうへい）
信州大学大学院修了．博士（理学）．大阪公立大学大学院農学研究科准教授．

平田慎一郎（ひらた しんいちろう）
大阪府立大学大学院博士後期課程単位取得退学．博士（農学）．きしわだ自然資料館学芸員．

那須義次（なす よしつぐ）
大阪府立大学大学院修士課程修了．博士（農学）．大阪公立大学大学院客員研究員．

著者紹介（掲載順，編著者を除く）

夏原由博（なつはら よしひろ）
京都大学大学院博士課程指導認定退学．博士（農学）．名古屋大学名誉教授．

森岡賢史（もりおか たかし）
大阪府立大学生命環境学部卒業．日本トンボ学会．

西中康明（にしなか やすあき）
大阪府立大学大学院博士後期課程修了．博士（農学）．学校法人神戸学園神戸動植物環境専門学校教員．

澤田義弘（さわだ よしひろ）
大阪府立大学大学院博士後期課程単位取得中退．博士（農学）．株式会社ハウ

スドクター環境衛生事業部研究室長.

秋田耕佑（あきた こうすけ）
大阪府立大学大学院修士課程修了．修士（生命環境科学）．大阪市立環境科学研究センター研究員.

岩崎 拓（いわさき たく）
大阪府立大学大学院博士後期課程修了．博士（農学）．日本昆虫学会.

竹内 剛（たけうち つよし）
京都大学大学院理学研究科博士課程修了・博士（理学）．大阪公立大学大学院農学研究科客員研究員

長谷川湧人（はせがわ ゆうと）
大阪府立大学大学院修士課程修了．修士（緑地環境科学）．株式会社オージス総研.

上田恵介（うえだ けいすけ）
大阪市立大学大学院博士課程修了．理学博士．立教大学名誉教授.

松田 潔（まつだ きよし）
大阪府立大学経済学部卒業．博士（緑地環境科学）．日本甲虫学会会員.

山田量崇（やまだ かずたか）
大阪府立大学大学院博士後期課程修了．博士（農学）．兵庫県立大学自然・環境科学研究所准教授／兵庫県立人と自然の博物館主任研究員.

広渡俊哉（ひろわたり としや）
九州大学大学院博士課程単位取得退学．農学博士．九州大学大学院教授.

上田達也（うえだ たつや）
大阪府立大学大学院博士課程修了．博士（農学）．株式会社地域環境計画.

山本 直（やまもと なお）
大阪府立大学大学院博士課程修了．博士（農学）．株式会社総合水研究所．

鳥居美宏（とりい よしひろ）
大阪府立大学大学院修士課程修了．修士（緑地環境科学）．すさみ町．

長田庸平（おさだ ようへい）
九州大学大学院博士課程修了．博士（農学）．大阪市立自然史博物館学芸員．

小林茂樹（こばやし しげき）
大阪府立大学大学院博士後期課程修了．博士（緑地環境科学）．大阪公立大学
大学院客員研究員．

吉安 裕（よしやす ゆたか）
九州大学農学研究科修士課程修了．農学博士．京都府立大学共同研究員．大阪
公立大学大学院客員研究員．

吉田 周（よしだ しゅう）
大阪府立大学大学院博士後期課程修了．博士（緑地環境科学）．日本鱗翅学会．

寺本憲之（てらもと のりゆき）
大阪府立大学農学部卒業．博士（農学）．滋賀県立大学環境科学部客員研究員．

多々良明夫（たたら あきお）
大阪府立大学農学部卒業．博士（農学）．静岡県立農林環境専門職大学生産環
境経営学部教授・学部長．

鈴木真裕（すずき まさひろ）
大阪府立大学大学院博士後期課程修了．博士（緑地環境科学）．大阪公立大学
大学院客員研究員．

馬淵 恵（まぶち めぐむ）
マサチューセッツ州立大学修士課程修了．修士（生物科学）．New England

BioLab, Inc. 研究員.

表紙デザイン
後藤なな（ごとう なな）
大阪府立大学生命環境科学部卒業. 首都大学東京大学院修士課程修了. 修士(理学). 公益財団法人日本自然保護協会. 表紙は，恩師・石井実先生の「私たちは虫たちの声を聞き，代弁しなければいけない」という言葉から着想し，ギフチョウの目から見える四季の里山を描きました. 表紙右から左にかけて季節が移り変わり，さまざまな里山の生き物を登場させています.

事項索引

欧文

IPM	23
cryptobiosis	238
DNA	362
DNA 解析	216, 233
DNA バーコード	268, 279
GPS 装着	48
LAMP 法	56
PFT；Pit Fall Trap	103
RNA	285, 362

あ行

赤虫	238
アルカロイド	364
池干し	355
一般化加法モデル	53
一般化線形モデル	53
遺伝子組換え	363
遺伝的攪乱	9, 251
遺伝の多様性	14, 56, 111, 250
遺伝的分化	257
移動	359
移動分散	104
移動ルート	365
隠蔽種	100
インベントリー	17, 234
ウィンクラー装置	88, 189
永久プレパラート標本	241
栄養段階カスケード	50
液浸標本	229
エクトスパーマリッジ	209
越冬地	361
塩基置換	261, 271
塩基配列	259, 279, 297
黄色粘着トラップ	345

か行

害獣	315
外傷性授精	207
階層ベイズモデル	323
害虫	343
外来種	9
拡大造林事業	318
攪乱	363
下唇鬚	221
化性	150
花粉送搬昆虫	177
簡易プレパラート	243
環境 DNA	17, 56, 107, 247
環境影響評価	333
環境指標生物	72
緩衝地帯	315
乾燥標本	229
気管鰓	293
蟻客	186
寄主植物	75, 199, 215, 222, 307, 329, 345
寄生	116, 137, 344, 365
季節移動	360
季節生活環	139
季節適応	149
擬態	172
機能の反応	166
求愛	167
吸虫管	189
休眠	141, 149, 329
共進化	207
共生関係	180, 186
胸部形態	229
近交弱勢	56
菌食者	186
菌類	180, 186, 201, 226
クラウドソーシング	374
クリプトビオシス	238

群集	144, 301, 354
群集構造	73, 93, 357
景観	21
警告色	172
系統解析	188, 298
系統樹	253
系統分類	227
ケース	215
血体腔	207
原記載	246
検索表	242
絹糸腺	296
原虫	364
好蟻性	179
高次分類群	172
光周性	167
光周反応	151
好白蟻性	180
交尾器	173, 188, 223, 267, 280
交尾嚢	208
ゴール	203
呼吸色素	238
国内外来種	10, 254
国内希少野生動植物種	112
コスメティック・ペスト	350
コドラート	109
コドラート法	72, 239
固有派生形質	290

さ行

サーバーネット	239
再導入	30
最尤法	297
里地里山	1, 5, 69, 71, 353
里山	71
里山林	329
磁気コンパス	361
湿地	291
自動撮影カメラ	337
シフター	87

翅脈	222, 243
市民科学者	360
社会性昆虫	180
集団越冬	360
樹液	204
種間交尾	129
種多様性	353
出現頻度	337
種の感受性分布	49
種の保存法	112
種分化	100
種分布モデル	53
順応的管理	18
小蛾類	213
条件的侵入者	144
条件的便乗者	143
植食者	358
植生管理	83
植生遷移	302
食草	361
食物連鎖	45
人為的撹乱	353
進化	362
人工巣塔	31
新種	171
真性粘菌	180
浸透交雑	264
侵略的外来生物	287
森林性	311
水生昆虫	237
水生動物群集	51
水田生態系	43, 353
すみわけ	115
生活史	123, 237, 329, 356
精生殖器巣	210
生息域外保全	19
生息域内保全	18
生息適地モデル	52
生態系	11, 338
生態系管理	22
生態系サービス	13

索引 439

生態的意義	148	貯穀害虫	227
性フェロモン	167	貯蔵穀物	205
生物指標	72	地理情報システム	52
生物多様性	2, 43, 71, 318, 353	地理的変異	259
生物多様性保全	234	墜落わな	103
生物的防除資材	205	ツルグレン装置	88, 180
生物濃縮	22	底生生物	238
生物農薬	205	適応放散	219
世界遺産	366	デトリタス	357
絶対的侵入者	143	デトリタス食	238
絶対的便乗者	143	テネラル	242
説明責任	22	電気柵	325
絶滅危惧種	46, 369	展翅	285
遷移	21, 80	展足	189
遷移ステージ	80	天敵	349
潜孔	279	灯火採集	242, 286
草原性	304	冬期湛水水田	51
総合的生物多様性管理	24	等級	347
総合的有害生物管理	23	統計モデル	46
造網性	139	動物地理区	198
側系統	197	特定鳥獣保護管理計画	319
側輪卵管	210	土壌動物	83, 85
		土地利用	307
		トランセクト調査法	21

た行

体内時計	361	トランセクト法	73, 371

な行

タイプ産地	281		
多化性	149	内部寄生	226
タギング調査	363	ナビゲーションシステム	361
タグ	363	肉食者	358
多様度指数	68, 94	二次刺毛	232
単為生殖	344	二次草原	308
単系統	173, 197, 297	二次的自然	71
探索飛翔	167	日長	141, 149, 216, 360
短日	149	二名法	172
地衣類	201	ネオテニー	173
地球温暖化	10, 171, 318, 340	ネオニコチノイド殺虫剤	49
長距離移動	359	年間世代数	150
長日	149	農薬	347, 364
鳥獣保護管理法	339		
鳥獣保護法	339		

は行

把握器	207
徘徊性	139
配偶行動	164, 177, 226
配偶飛翔	167
博物画	301
派生形質	224
発香鱗	259
発信機装着	48
ハプロタイプ	251
バランサー	101
半自然草地	47
繁殖地	360
ハンドソーティング	86
斑紋	267, 280, 288
ビオトープ	25, 354
氷河期	265
氷期	251, 259
標識再捕獲	103
標識再捕法	74
便乗	137
便乗姿勢	146
ファレート成虫	142
フェロモン	362
副生殖器	207
腹柄	136
袋状埋積谷	59
腐植食性	219
腐食連鎖	85
プラストロン呼吸	293
分子系統解析	173, 281
分子系統学	228
分子進化	362
分類体系	173, 189
平衡桿	101
ベイズ推定	55
ベールマン装置	87
ヘッドスターティング	335
ヘモグロビン様色素	238
ペリット	33

ベルレーゼ装置	87
変形菌	180
ベントス	239
萌芽更新	78
防御物質	178
ポータブルケース	217, 227
補強	335
捕食	117
捕食寄生者	163
捕食者	165, 172
捕食性	196
捕食性昆虫	136
保全	354
保全生物学	15
保全単位	19
ボランティア	355
ポリネーター	368
ホロタイプ	281

ま行

未記載種	225, 280
水管理	49
蜜源植物	336, 364
ミティゲーション	26
ミトゲノム	298
ミトコンドリア	298
ミトコンドリア DNA	259
みの	213
虫こぶ	203
メソコスム	50
メソスパーマリッジ	209
メタ個体群	19
毛盤呼吸	293
モニタリング	355

や行

野生復帰	29
有機合成殺虫剤	343
ユネスコ	366

幼形成熟	173
幼若ホルモン	362
溶存酸素	293

ら行

ラジオテレメトリー法	103
ラムサール条約	59
卵巣小管	210
ランドスケープ	21, 47
卵嚢	116, 137
リター	179
リモートセンシング	52
臨界日長	149
ルートセンサス法	61
レーザー距離計	110
レッドリスト	3, 97, 150, 202, 249, 258, 269, 299, 305, 330, 353

生物名索引

ア行

アオスジアゲハ	271
アオモンイトトンボ	63
アオヤンマ	66
アカスジカスミカメ	49
アカハネムシ	171
アカハネムシ科	172
アカハライモリ	69
アカハラダカ	37
アカホソアリモドキ	94
アカマダラコガネ	29
アカマダラハナムグリ	29
アカムシ	235
アカムシユスリカ	238
アキアカネ	7, 44
アクテオンゾウカブト	185
アゲハ	309
アゲハチョウ	149
アゲハチョウ科	267, 304
アサヒナカワトンボ	65
アサマシジミ	258
アザミウマ科	344
アジアイトトンボ	47
アシブトハナカメムシ	205
アナグマ	337
アナムネカクホソカタムシ	94
アブラボテ	69
アメリカアシブトハナカメムシ	205
アメリカザリガニ	8, 50, 61
アメリカシロヒトリ	164
アメリカタバコガ	205
アライグマ	315, 337
アルボキリアツスタイマイ	268
イカリモンハンミョウ	26
イコマケシツチゾウムシ	91
イシガキアオグロハシリグモ	140
イシガキカクムネベニボタル	178

イシダシジミ	258
イチモンジセセリ	28
イチモンジチョウ	339
イトトンボ科	50
イノシシ	315, 337
イブリシジミ	258
イモキバガ	221
イモリ科	98
イラガ科	213
ウシガエル	7
ウスグロイガ	34
ウスグロカマキリモドキ	147
ウスヅマスジキバガ	221
ウスバキチョウ	10
ウスバキトンボ	63
ウスバシロチョウ	338
ウスベニヒゲナガ	214
ウチワヤンマ	63
ウラギンスジヒョウモン	310
ウラギンヒョウモン	305
ウラナミアカシジミ	305
ウラナミシジミ	305
ウラナミジャノメ	150
エゾオオマルハナバチ	24
エゾサンショウウオ	103
エゾジカ	315
エベモンタイマイ	267
エラハリヒゲブトムネトゲアリヅカムシ	
93	
エンスイミズメイガ	295
オオアオイトトンボ	63
オオイクビカマキリモドキ	140
オオイタサンショウウオ	102
オオウラギンヒョウモン	305
オオカバマダラ	359
オオカマキリ	115
オオカマキリモドキ	141
オオクジャクヤママユ	164

オオクチバス	7
オオクワガタ	10
オオサンショウウオ	97
オオサンショウウオ科	98
オオシマカクムネベニボタル	178
オオタカ	2, 30
オオツヤムクゲノコムシ	191
オオハサミムシ	166
オオヒキガエル	8
オオムラサキ	76, 310
オガサワラアオゴミムシ	9
オガサワラクチキコオロギ	9
オガサワラシジミ	9
オガサワラトンボ	8
オガサワラハンミョウ	9
オキサンショウウオ	101
オキナワアカハネクロベニボタル	178
オキナワカブトムシ	10
オチバヒメタマキノコムシ	91
オナガアシブトコバチ	123
オビマルハキバガ科	226

カ行

カイコ	14
カキノヘタムシガ	226
カクバネヒゲナガキバガ	226
カザリバガ科	219, 226, 292
ガジュマルクダアザミウマ	203
カスミサンショウウオ	101
カタキオビマルハキバガ	226
カダヤシ	249
カトリヤンマ	61
カブトムシ	10, 149
カマキリカツオアリガタバチ	124
カマキリタマゴカツオブシムシ	123
カマキリモドキ科	135
カマキリヤドリバエ	123
カメハメハアカタテハ	219
カモシカ	316
カラスアゲハ	339

カラドジョウ	45
カラムシカザリバ	226
カワウ	37, 315
カワバタモロコ	56
キイトトンボ	63
キイロサナエ	65
キイロショウジョウバエ	15
キオビミズメイガ	294
キカマキリモドキ	135
キタキチョウ	310, 339
キタサンショウウオ	98
キタノメダカ	249
キトンボ	61
キナバルミカドアゲハ	267
キバガ科	221
ギフチョウ	6, 310, 329
キマダラクロハナカメムシ	205
キマダラルリツバメ	305
キモンクロハナカメムシ	199
キリシマミドリシジミ	271
キロンタイマイ	265
ギンイチモンジセセリ	305
ギンボシヒョウモン	11
ギンヤンマ	63
クシヒゲベニボタル	178
クチナガハナカメムシ	202
クヌギズイムシハナカメムシ	204
クマ	316
クマタカ	37
クマネズミ	8
グミハモグリキバガ	225
クモガタヒョウモン	78
クモノスカメムシ科	207
グリーンアノール	8
クリタマバチ	24
クリマモリオナガコバチ	24
クロアゲハ	309
クロアシブトハナカメムシ	202
クロクビカマキリモドキ	147
クロシジミ	310
クロスジキヒロズコガ	216

クロスジギンヤンマ	61, 63	コヤマトンボ	63
クロスズメバチ	14		
クロセスジハナカメムシ	206		
クロツバメシジミ	264	**サ行**	
クロバイキバガ	217, 232	サシバ	30, 46
クロハナカメムシ	201	サッポロカザリバ	219
クロハナボタル	176	サツマシジミ	271
クロバミズメイガ	298	サツマヒメカマキリ	125
クロヒカゲ	77	サトキマダラヒカゲ	77
クロヒゲブトカツオブシムシ	124	サワガニ	106
クロヒメハナカメムシ	199	サンショウウオ	105
クロマイコモドキ	227	サンショウウオ科	98
クロマルハナバチ	24	サンヨウベニボタル	177
クロミジンムシダマシ	93	シーボルトミミズ	106
クロヤチグモ	144	シオカラトンボ	63
クンツヒメムクゲキノコムシ	191	シオヤトンボ	47
ケカゲロウ科	147	シカ	315
ゲジ	166	シジミチョウ科	304
ケシハナカメムシ	203	シナハマダラカ	44
ケナガツヤハナカメムシ	202	シマヘビ	45
ケヤキフシアブラムシ	201	ジャガイモキバガ	227
ゲンゴロウ類	353	ジャノメチョウ	304
ゲンジボタル	10	ジョウカイボン科	172
コウノトリ	24, 29	シラホシハナムグリ	34
コウモリヤドリカメムシ科	207	シリブトヒメコケムシ	92
コオニヤンマ	63	シルビアシジミ	25, 305
コガシラハナカメムシ	200	シロチョウ科	304
コガタノゲンゴロウ	25	シワクシケアリ	264
コガタブチサンショウウオ	100	ズイムシハナカメムシ	202
コガネムシ科	29	スゲノクサモグリガ	225
コカブト	36	スジゲンゴロウ	8
コゲチャナガムクゲキノコムシ	91, 191	スジツヤチビハネカクシ	91
コシボソヤンマ	63	スジボソヤマキチョウ	305
コチニールカイガラムシ	14	スズムシ	14
コチャバネセセリ	79	スズメ	165
コバネガ科	213, 296	セイヨウオオマルハナバチ	10
コヒメハナカメムシ	199	セイヨウミツバチ	8
コヒョウモンモドキ	338	セグロベニトゲアシガ	226
コブナシコブスジコガネ	37	セセリチョウ科	304
コマツムシ	50	ゼニガサミズメイガ	298
コヤマトヒゲブトアリヅカムシ	93	セレベスミカドアゲハ	267

ゾウムシ科　　　　　　　　90

タ行

タイコウチ	47
ダイサギ	49
タイタンオオウスバカミキリ	185
ダイミョウセセリ	339
タイリクヒメハナカメムシ	199
タカネキマダラセセリ南アルプス亜種	10
タカネトンボ	67
タカネヒカゲ	10
タカムクミズメイガ	298
タガメ	2, 44, 353
タテジマキバガ	221
タテスジカマキリモドキ	147
タテハチョウ科	304
タナゴ	57
タマキノコムシ科	90
チビカマキリモドキ	147
チビクロハナカメムシ	199
チビゲンゴロウ	356
チビコブスジコガネ	37
チャノキイロアザミウマ	343
チャノキホリマルハキバガ	226
チュウゴクオナガコバチ	24
チュウサギ	46
チョウセンカマキリ	115
チョウセンハナボタル	176
チョウトンボ	63
ツキノワグマ	321
ツシマウラボシシジミ	6
ツシマサンショウウオ	101
ツチガエル	50
ツツミノガ科	213
ツトガ科	291
ツマグロカマキリモドキ	140
ツマグロキチョウ	305
ツヤコガ科	213
ツヤヒメハナカメムシ	199
トウキョウサンショウウオ	56

トガマムシ科	147
トキ	24, 37
ドクガ科	161
トコジラミ科	198
ドジョウ	45, 69
トノサマガエル	51
トビイロケアリ	179
トモエガ科	292
トラフトンボ	61

ナ行

ナガオチバアリヅカムシ	93
ナガサキアゲハ	310
ナゴヤダルマガエル	2, 50
ナベブタムシ	293
ナミテントウ	14
ナミヒメハナカメムシ	199
ナミベニボタル	176
ニセコモンタイマイ	267
ニセマイコガ科	226
ニセラーゴカブリダニ	349
ニホンアカガエル	45
ニホンイシガメ	69
ニホンオオカミ	339
ニホンカモシカ	320
ニホンカワトンボ	63
ニホンザル	315
ニホンジカ	6, 84, 315, 332
ニホンノウサギ	337
ニホンマムシ	45
ヌマガエル	51
ネアカヨシヤンマ	66
ネコヤナギコハモグリ	281
ネムリユスリカ	238
ノウサギ	316
ノシメトンボ	63
ノスリ	37
ノネズミ	316
ノムラヒメキノコハネカクシ	93
ノヤギ	7

ハ行

ハイイロチビミズムシ	357
ハイジロオオキバガ	229
ハイマツハナカメムシ	200
バクガ	227
ハシボソガラス	37
ハチクマ	30
バチクレスタイマイ	267
ハッチョウトンボ	66
ハナカメムシ	195
ハナカメムシ科	197
ハナカメムシ類	349
ハネカクシ科	90, 186
ハバネムシ	186
ハマニンニクキバガ	234
ハラビロカマキリ	128
ハラビロトンボ	63
ハンノキマガリガ	214
ヒカゲチョウ	77
ヒキガエル	45
ヒゲジロハサミムシ	36
ヒゲナガガ科	213
ヒゲナガキバガ科	226
ヒサマツミドリシジミ	271
ピストルミノガ	213
ヒヌマイトトンボ	26
ヒマラヤスギキバガ	221
ヒメアカネ	63
ヒメウラナミジャノメ	79, 310
ヒメオナガアシブトコバチ	132
ヒメカマキリモドキ	135
ヒメギフチョウ	335
ヒメクシヒゲベニボタル	178
ヒメシジミ	258
ヒメジンガサハナカメムシ	205
ヒメダカ	255
ヒメダルマハナカメムシ	199
ヒメチャマダラセセリ	7
ヒメボタル	25
ヒモムシ	8

ヒョウモンチョウ	338
ヒョウモンモドキ	6
ヒラタクワガタ	10
ヒラタハナカメムシ	199
ヒラノアラメムクゲキノコムシ	191
ヒルギモドキキバガ	218, 233
ヒロオビミドリシジミ	76, 215
ヒロズキンバエ	15
フタスジシマメイガ	35
ブチサンショウウオ	101
ブチヒゲヤナギドクガ	161
ブッポウソウ	37
フトベニボタル	178
フナ	50
ブランコヤドリバエ	163
ブルーギル	7
ベッコウトンボ	8
ベニコメツキ	171
ベニシジミ	79, 305
ベニボタル	171
ベニボタル科	171
ヘリグロウスキキバガ	221
ボクトウガ	204
ホソオビコマルハキバガ	226
ホソガタナガハネカクシ	94
ホソガ科	279
ホソバネマガリガ	214
ホソフタオビヒゲナガ	214
ホソベニボタル	176
ホソミオツネントンボ	63
ホタル科	172

マ行

マイコアカネ	67
マガリガ科	213
マキハラアカハナボタル	178
マダラガ科	213
マダラコガシラミズムシ	25
マダラトガリホソガ	212, 219
マダラマルハヒロズコガ	216

索引 447

マダラミズメイガ	298
マツモムシ	51
マホロバサンショウウオ	98
マメコバチ	15
マメダルマコガネ	93
マルタンヤンマ	63, 356
マルハキバガ科	224
ミカドアゲハ	267
ミカンコハモグリ	279
ミカンハダニ	349
ミクラミヤマクワガタ	5
ミサゴ	37
ミシシッピアカミミガメ	8
ミズアブ科	356
ミズコハモグリ	283
ミズミミズ科	357
ミツバチ	368
ミツボシキバガ	221
ミツモンホソキバガ	226
ミドロミズメイガ	294
ミナミアシブトハナカメムシ	205
ミナミヒメカマキリモドキ	140
ミナミミカドアゲハ	267
ミナミメダカ	249
ミノガ類	213
ミノムシ	213
ミヤジマトンボ	20
ミヤマシジミ	264
ミヤマチャバネセセリ	305
ミヤマモンキチョウ浅間山系亜種	7
ムクゲキノコムシ科	91, 185
ムナビロムクゲキノコムシ	90
ムニンツヅレサセコオロギ	8
ムネアカテングベニボタル	176
ムネクロテングベニボタル	176
ムラサキシジミ	271
ムラサキツバメ	271
メクラチビゴミムシ類	5
メスグロヒョウモン	339
メダカ	249
モートンイトトンボ	65

モツゴ	249
モリアオガエル	51
モンキチョウ	79, 305
モンシロチョウ	79, 305
モンシロハナカメムシ	203
モンホソキバガ科	226

ヤ行

ヤガ科	226
ヤクシマルリシジミ	267, 271
ヤサハナカメムシ	203
ヤシャブシキホリマルハキバガ	225
ヤナギコハモグリ	280
ヤブヤンマ	63
ヤマアカガエル	48
ヤマカガシ	45
ヤマキマダラヒカゲ	305
ヤマトアミメボタル	178
ヤマトサンショウウオ	56, 104
ヤマトシジミ	305
ヤマトシロアリ	179
ヤマトスジグロシロチョウ	305
ヤマトタマムシ	15
ヤマトヒジリムクゲキノコムシ	190
ヤンバルムクゲキノコムシ	191
ユアサクロベニボタル	178
ユスリカ	235
ユスリカ科	236
ヨーロッパナシキジラミ	205
ヨツボシトンボ	63

ラ行

ラックカイガラムシ	14
リーチタイマイ	267
リスアカネ	66
ルイスウスイロムクゲキノコムシ	187
ルイスハンミョウ	26
ルーミスシジミ	271
ルリシジミ	305

ルリマダラ 364

ワ行

ワタアカミムシガ 227
ワラジムシ 36

大阪公立大学出版会（OMUP）とは
　本出版会は、大阪の5公立大学－大阪市立大学、大阪府立大学、大阪女子大学、大阪府立看護大学、大阪府立看護大学医療技術短期大学部－の教授を中心に2001年に設立された大阪公立大学共同出版会を母体としています。2005年に大阪府立の4大学が統合されたことにより、公立大学は大阪府立大学と大阪市立大学のみになり、2022年にその両大学が統合され、大阪公立大学となりました。これを機に、本出版会は大阪公立大学出版会（Osaka Metropolitan University Press「略称：OMUP」）と名称も改め、現在に至っています。なお、本出版会は、2006年から特定非営利活動法人（NPO）として活動しています。

About Osaka Metropolitan University Press(OMUP)
 Osaka Metropolitan University Press was originally named Osaka Municipal Universities Press and was founded in 2001 by professors from Osaka City University, Osaka Prefecture University, Osaka Women's University, Osaka Prefectural College of Nursing, and Osaka Prefectural Medical Technology College. Four of these universities later merged in 2005, and a further merger with Osaka City University in 2022 resulted in the newly-established Osaka Metropolitan University. On this occasion, Osaka Municipal Universities Press was renamed to Osaka Metropolitan University Press (OMUP). OMUP has been recognized as a Non-Profit Organization(NPO)since 2006.

環境動物昆虫学のすゝめ —生物多様性保全の科学—
Encouragement for the Environmental Entomology and Zoology, A Science of Biodiversity

2024年12月28日　初版第1刷発行

編著者	石井 実・平井規央・上田昇平・平田慎一郎・那須義次 Minoru Ishii, Norio Hirai, Shouhei Ueda, Shin-ichiro Hirata, Yoshitsugu Nasu
発行者	八木孝司
発行所	大阪公立大学出版会（OMUP） 〒599-8531 大阪府堺市中区学園町1-1 大阪公立大学内 TEL　072(251)6533　FAX　072(254)9539 http://www.omup.jp/
印刷所	株式会社太洋社

©2024 Alumni Association of Entomological laboratory, Osaka Metropolitan University.　Printed in Japan.
ISBN 978-4-909933-77-5